개정판

Food Hygiene

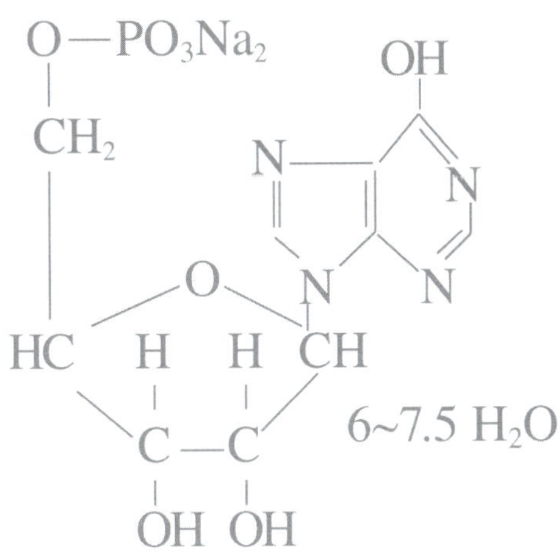

식품위생학

이정훈 · 윤미숙 · 차욱진
유진현 · 이희태 · 김민경

백산출판사

PREFACE

머리말

건강한 삶을 영위하는 것은 인간의 생활에서 가장 중요하다. 위해요소를 제거하면서 안전·건전·완전한 생활을 유지하는 것은 결코 쉬운 일이 아니다. 우리가 먹는 식품이나 기구, 용기 및 포장 등에는 유해인자가 접촉할 수 있고 식품위생법상 규격에 미달하거나 과량사용으로 건강장해를 유발할 가능성이 항상 내재되어 있기 때문이다. 과거에 식품은 토양이나 물과 같은 자연환경 유래 병원미생물이나 식품 자체가 함유하고 있는 유독성분이 건강장해의 중요한 과제였으나, 오늘날은 산업사회의 급속한 발달로 각종 화학적 합성품이 개발되어 이들 물질에 의한 자연환경 및 식품의 오염으로 식품의 유독·유해화가 사회문제로 대두되었다. 또한 가공식품의 다양화, 폭발적인 인구증가, 도시집중화, 국제적 교류 등에 의한 식품의 오염기회도 날로 증가하여 식품의 위생적 관리가 시급히 요구되고 있다. 이에 식품위생에 대한 관심이 고조되고 있고 무공해식품을 선호하는 실정이다.

식품위생학은 식품으로 인하여 발생할 수 있는 가능한 위해요소를 제거하여 인간이 건강을 유지·증진할 수 있도록 하는 것이다. 식품재료 및 식품의 생산·제조·가공·저장·유통·조리 등 모든 과정부터 인간이 섭취할 때까지의 건강장해요인을 제거하여야 한다. 따라서 식품업에 종사하는 관계자는 식품위생법을 준수하여 건강상 위해요인이 없는 안전한 식품을 생산하도록 하여야 할 것이다.

PREFACE

본서는 저자가 식품회사에 근무하면서 터득한 경험과 10년 이상 강의하면서 습득한 지식을 바탕으로 식품위생에 관하여 전반적으로 다루었다. 식품위생에서 중요한 병원균에 의해 발생하는 식중독, 전염병, 인수공통전염병 등을 자세히 다루었으며, 기생충에 대해서도 감염경로를 알기 쉽게 설명하였다. 식품회사에서 앞으로 도입해야 할 HACCP도 체계적으로 설명하였으며 변경된 식품첨가물의 식품 사용기준이나 식품위생법에 대해서도 최신 내용을 수록하려고 노력하였다. 그러나 미흡한 점도 많을 것으로 생각되어 계속적인 연구와 새로운 정보수집으로 수정·보완하여 체계적인 지침서가 되도록 노력하겠다.

끝으로 본서의 출판을 위해 협조하여 주신 백산출판사 진욱상 사장님께 감사드리며, 자료수집 및 출판까지 물심양면으로 도와주신 관계자 여러분께 감사드리는 바이다.

저자 씀

CONTENTS

차 례

Chapter 06 동 · 식물에 의한 식중독 / 163

Chapter 07 화학물질에 의한 식중독 / 203

Chapter 08 식품과 전염병(Food and Infectious Disease) / 225

Chapter 12 식품업소의 위생시설 및 개인위생 / 301

Chapter 13 환경오염과 식품위생 / 341

Chapter 14 식품첨가물(Food Additives) / 361

Chapter 15 식품위생검사 / 421

Chapter 16 식품위생 행정 및 법규 / 437

FOOD HYGIENE

1 식품위생의 개요

1.1 식품의 정의

인간은 수정란의 발육으로 각 기관을 만들어 인체를 형성하고 생명을 유지하게 된다. 인간이 생명을 유지하고 생활을 영위하는 데 필요한 요소를 의식주라 하며, 그중 음식물은 하루라도 없으면 살 수 없는 필수불가결한 요소로 가장 중요하다. 식품으로부터 섭취하는 영양소는 생명과 건강을 유지·증진하는 데 가장 중요한 요소이다. 따라서 식품은 인체의 형성과 생활에 필요한 에너지를 공급할 수 있는 영양소를 한 종류 이상 함유하고 유해물질을 가지지 않는 천연품 또는 인공품으로 우리가 섭취할 수 있는 것이어야 한다. 섭취된 후 체내의 물질대사에 의해 성장과 생명의 유지, 에너지 획득에 필요한 물질을 함유하고 있어야 하며 인간의 건강에 장해를 일으키지 않는 위생상 안전한 것이라야 한다. 우리나라 식품위생법 제2조 제1호에 의하면 '식품이라 함은 모든 음식물을 말한다. 다만, 의약으로서 섭취하는 것은 제외한다.'고 정의하고 있다.

1.2 식품위생의 정의

식품은 인간의 생명을 유지하고, 건강을 증진시키며, 성장발육 및 재생산력을 유지시키는 데 그 근본기능이 있다. 따라서 식품은 한 가지 이상의 영양소를 함유하고 있어야 하며, 병원성 미생물이나 각종 유독물질을 함유하여 인간의 건강과 생명에 장해를 주지 않는 안전한 것이어야 한다. 식품이 건강에 도움을 주지 않고 생명을 위협하거나 잃게 하면 그것은 식품이라기보다는 독물(毒物)이 될 수밖에 없다. 생활이 궁핍하던 시대에는 식품의 질보다 양을 추구하였으나 생활수준의 향상으로 질을 중시하면서 건강에 도움이 되고 안전한 식품에 대한 요구가 증가하고 있다. 경제성장과 더불어 생활의 질적인 면에서의 향상은 식품에 대한 기호도와 선호도를 바꾸어 웰빙(well being)을 추구하게 되었고 건강지향적인 식품에 관심이 높아졌다.

과거에는 식품을 개별 조리하여 섭취하였기 때문에 한 개인 또는 한 가정의 식생활에만 영향을 주었으나, 최근에는 급속한 인구의 증가와 고도의 경제성장으로 사회는 복잡하고 광범위해졌으며, 산업의 발달과 생활수준의 향상으로 외식의 기회가 확대되었고, 핵가족화와 여성의 취업기회 확대는 외식산업이 대형화·규격화·전문화하는데 촉진제 역할을 하게 되었다. 이러한 필요성에 발맞추어 대량 생산시설은 기호성과 저장성을 높일 목적으로 여러 종류의 첨가물을 사용하기 때문에 식중독 사고가 발생하면 그 피해자나 피해지역이 광역화되었다.

건강에 대한 관심이 높아지면서 정부에서도 이에 대한 법적 근거를 마련하여 안전한 식품을 섭취하도록 하고 있다. 우리나라 식품위생법 제2조 11호에서 식품위생이라 함은 '식품, 식품첨가물, 기구 또는 용기·포장을 대상으로 하는 음식에 관한 위생을 말한다.'고 규정함으로써 식품위생의 적용대상에 중점을 두고 있다. 세계보건기구(WHO)에서는 'Food hygiene is all conditions and measures necessary to ensure the safety and suitability of food at all stages of the food chain.' 즉, 식품위생은 먹이사슬의 모든 단계에서 식품의 안전성과 적합성을 보장하기 위한 조치와 방법이라고 정의하였다. 1955년 제네바에서 열린 세계보건기구의 환경위생전문위원회에서는 'Food hygiene means all measures necessary for ensuring the safety, wholesomeness and soundness of food at all stages from its growth, production or manufacture until its final consumption.' 즉, '식품위생이란 식품의 재배, 생산 또는 제조에서부터 최종적으로 사람이 섭취할 때까지 전 단계에서 식품의 안전성, 건전성, 건강성 등을 확보하기 위해 필요한 모든 수단을 의미한다'고 표현하였다. 이것은 식품위생의 범위와 목적을 좀 더 폭넓게 표현하여 식품위생의 범위를 식품의 재료로 사용하는 농산물, 축산물, 수산물 등의 재배, 수확, 저장, 가공, 수송, 수입, 유통, 판매, 조리, 섭취 등의 모든 단계뿐만 아니라 여기에 관련이 있는 생산자, 가공자, 조리자, 영업자, 판매자, 소비자 등을 포함하여 모든 단계에서 식품이 안전하고 완전하며 건전해야 함을 강조하였다.

식품이 안전하다는 것은 유독성분이나 유해인자가 식품에서 검출되지 않아 건강장해로부터 자유로운 것을 뜻하며, 유해·유독물질이나 유해세균이 오염되지 않거나 본래 함유되어 있지 않은 것을 의미한다. 사람은 안전한 식품을 섭취하려고 하는데 안전한 식품이란 어떤 것이며 식품의 안전성을 위협하는 요소들은 어떤 것들이 있는가? 이러한 요소들을 어떻게 찾아내어 어떤 범위에서 관리할 것인가 하는 것은 식품위생학에서 해결해야 할 전반적인 문제이다.

식품의 안전성을 해치는 요인들은 첫째, 부패나 변질된 식품, 둘째, 병원성 미생물에 오염된 식품, 셋째, 유독·유해물질이 들어 있거나 묻어 있는 식품, 넷째, 불결하거나 이물질이 혼입된 식품 등의 네 가지로 분류할 수 있다.

식품위생을 영국은 'Food Hygiene', 미국은 'Food Sanitation'이라 표기하고 WHO에서는 'Food Hygiene'으로 표기하고 있다. 식품위생은 식품의 제조, 가공, 처리 등에 필요한 시설, 장치, 기계, 기구, 용기 등을 위해요소로부터 위생적으로 관리하여 식품의 안전성을 확보하는 것을 강조하고 있기 때문에 'Food Sanitation'을 일반적으로 사용하고 있다. 위의 여러 가지 정의로 미루어보아 식품위생이란 인간이 섭취하는 식품뿐만 아니라 식품의 가공, 제조, 유통, 소비 등과 관련이 있는 식품첨가물, 기구 또는 용기·포장 등에 대하여 위생적으로 안전한 품질을 유지하여 건강하고 안전한 식문화가 되도록 하기 위함이다.

1.3 식품유래 건강장해

인간은 식품을 섭취하여 건강을 유지하고 생명을 영위하며 생활하기 때문에 식품의 안전성은 건강에 직접적으로 영향을 준다. 식품에서 유래하는 위해요소로부터 안전성을 보장하기 위하여 다음과 같은 원칙을 준수하여야 한다.

- 세균성 식중독, 경구전염병, 인수공통전염병 등을 유발하는 병원성 미생물이 식품에 오염되지 않도록 위생수칙을 준수하며 일단 오염되면 사용하지 않고 폐기한다.
- 식품이 부패나 변패를 일으키는 미생물에 오염되지 않도록 저온에 보관한다.
- 식품의 재배, 생산, 수입, 가공, 제조, 저장, 유통, 조리, 소비 등의 과정에서 식품에 유독·유해물질이 혼입되지 않도록 주의한다.
- 식품에 첨가하는 식품첨가물은 식품위생법에 준하여 사용한다.
- 식품에 분변, 폐수, 농약, 중금속 등이 오염되지 않도록 한다.
- 부정·불량식품을 만들지 않는다.

위와 같은 요소들을 만족시키지 못하는 식품을 섭취하면 건강장해가 유발되기 때문에 식품으로서의 가치가 없다.

건강장해의 요인이 되는 물질로는 본래 식품 자체가 가지고 있는 유독·유해성분 이외에도 외적 요인이나 식품의 제조·가공과정이나 생리적인 작용 등에 의하여 생성되기도 한다. 따라서 식품으로 인한 건강장해를 생성요인별로 내인성(內因性, natural), 외인성(外因性, added), 유기성(誘起性, induced) 등으로 분류할 수 있으며 이는 <표 1-1>과 같다.

표 1-1 생성요인별 건강장해의 분류

분 류	종 류
내인성 (natural, intrinsic)	• 자연독 : 버섯독, 복어독, 패류독(마비성 조개독, ciguatera, 식물성 알칼로이드, 발암물질 등) • 생리작용성분 : 항비타민성, 항효소성, 항갑상선 물질
외인성 (added, invaded)	• 미생물 · 생물적 : 식중독, 경구전염병, 인수공통전염병, 곰팡이독, 기생충(회충, 십이지장충, 디스토마 등) • 식품첨가물 －인위적 · 의도적 : 아우라민, 둘신, 롱가릿 등 －비의도적 식품첨가물 : 용기나 포장에서의 용출물질, 잔류농약, 환경오염물질, 방사선 물질, 방사선 강하물 등
유기성 (induced)	• 물리적 작용 : 가열로 인한 산화유지, 자외선 조사 유지 • 화학적 작용 : PAH, *n*-nitrosamine 절임식품, 조리과정의 가열분해물 등 • 생리적 작용 : 아질산염, amine, amide류, 생체 내 생성(*n*-nitroso 화합물)

내인성은 식품 원재료 자체에 함유되어 있는 유독 · 유해성분에 의한 것으로 버섯독 · 복어독 등과 항비타민성, 항효소성, 항갑상선 물질, 식이성 allergen 등의 생리적 작용성분이 있다. 외인성은 식품 원재료 자체에는 함유되어 있지 않으나 재배 · 생산 · 제조 · 수입 · 가공 · 조리 · 유통 · 소비과정에서 외부로부터 유입되거나 이행된 것으로 세균성 식중독, 경구전염병, 곰팡이독, 기생충, 부정 · 불량식품 첨가물 등과 같은 것이 있다. 유기성은 식품의 조리과정에서 생성되거나 섭취하였을 때 생체 내에서 생성되는 물질로 가열이나 자외선 조사에 의한 유지의 산화나 아질산염, 아민, amide 반응물과 같이 화학적인 것 등이 있다.

1-3-1. 식중독(Food poisoning)

식중독(food poisoning)이란 유독 · 유해한 물질이 들어 있는 음식물을 먹고 발생하는 증후군으로 위장장해를 주 증상으로 하는 급성 건강장해를 말하지만, 원인물질에 따라 신경이상을 일으키는 것도 있다. 세균 자체에 의한 감염이나 세균이 생산한 독소에 의한 세균성 식중독, 자연계에 존재하는 동물이나 식물에 함유되어 있는 독소에 의한 자연독 식중독, 인공적으로 만든 화학물질에 의한 화학성 식중독, 곰팡이가 곡류에 증식하여 생산한 곰팡이독 식중독으로 구분할 수 있으며 바이러스에 의해 발생하는 바이러스성 식중독도 있다.

1. 세균성 식중독(Bacterial food poisoning)

세균으로 인해 발생하는 식중독으로 3가지 유형으로 구분할 수 있다.

- 감염형(感染型) 식중독 : 식품에서 증식한 많은 생균을 식품과 함께 경구적으로 섭취하여 발생하는 식중독으로 살모넬라, 장염비브리오, 병원성대장균, 캠필로박터 등이 있다.
- 독소형(毒素型) 식중독 : 식품에서 식중독균이 증식하면서 생성한 독소를 식품과 함께 경구적으로 섭취하여 발생하는 식중독으로 황색포도상구균, 보툴리누스균 등이 있다.
- 중간형(中間型) 식중독 : 식품에서 증식한 식중독균을 식품과 함께 경구적으로 섭취하였을 때 균이 장내에서 증식하는 과정에서 생성한 독소에 의하여 발생하는 식중독으로 퍼프린젠스균, 세레우스균 등이 있다.

그러나 장염도 대부분 음식물과 관련이 있기 때문에 식중독과 정확히 구분하기는 어렵고 발생원인도 불분명한 것이 많으며 잠복기가 전염병처럼 긴 것도 있어 구분이 명확하지 못한 경우도 있다.

2. 자연독 식중독(Natural food poisoning)

독버섯, 감자, 고사리 등과 같이 식물 자체에 함유되어 있는 독성물질에 의한 식물성 자연독과 복어, 조개류, 어류 등에 함유되어 있는 독성물질에 의한 동물성 자연독에 의한 식중독이 있다.

3. 화학성 식중독(Chemical food poisoning)

인공적으로 만든 유독·유해한 화학물질이 함유되어 있는 식품을 섭취하여 발생하는 식중독으로 수은, 카드뮴, 비소, 중금속, PCB, 메탄올 등이 식품의 제조·가공 중에 고의나 오용으로 유입되는 경우와 허가되지 않은 식품첨가물의 사용이나 비허용 식품첨가물 사용에 의한 식중독이 있다.

4. 곰팡이독(Mycotoxin) 식중독

곰팡이독에는 땅콩이나 곡류에 곰팡이가 증식하여 생성하는 aflatoxin이나, 쌀이나 호밀에 증식하여 발생하는 황변미나 맥각중독 등이 있다.

이외에 잔류농약, 환경물질, 공장폐수 등에 의해서도 식중독이 발병한다. 식중독을 종합적으로 분류하면 <표 1-2>와 같다.

표 1-2 발생원인에 의한 식중독의 분류

식중독의 분류		발 생 원 인	미생물 및 원인물질
세균성	감염형	식품의 생균을 다량 섭취하여 발생	살모넬라, 장염비브리오, 병원성대장균 등
	독소형	세균이 생성한 독소를 섭취하여 발생	황색포도상구균, botulinus균
	중간형	세균의 증식과정 중에 생성된 독소에 의해 발생	*welchii*균, *cereus*균
자연독	식물성	버섯독, 감자, 청매, 고사리	-
	동물성	복어독, 조개독, ciguatera	
화학성		비소, PCB, 납, 메탄올	-
기 타		곰팡이독, 잔류농약, 항균물질, 방사선 물질, 공해병	*Aspergillus*, *Fusarium*, 농약 등

1-3-2. 전염병과 기생충

균력이 강한 병원성 미생물이나 기생충이 식품을 매개로 인체에 감염되어 발생하는 것으로 경구전염병, 인수공통전염병, 기생충증 등이 있다. 경구전염병은 병원성 미생물에 오염되어 있는 식품을 섭취함으로써 감염되어 발병하는 것으로 이질, 콜레라,

장티푸스, 파라티푸스, 소아마비, 간염 등이 있다. 인수공통전염병은 사람과 척추동물 사이에 공통으로 감염되는 전염병으로 탄저, 결핵, 브루셀라, 돈단독, 렙토스피라, 야토병 등이 있다. 인수공통전염병은 병원체가 감염된 식육이나 우유 등을 덜 익히거나 날것으로 섭취하였을 때, 혹은 감염동물과의 직·간접접촉으로 감염된다.

기생충증은 충란이 부착되어 있는 채소류나 유충이 있는 어패류, 파충류, 육류 등을 생식하여 감염된다. 회충, 구충, 요충 등은 채소로부터 감염되고 유구조충, 무구조충, 광절열두조충 등은 쇠고기나 돼지고기 등을 익히지 않고 날것으로 섭취하여 감염된다. 최근에는 생활방식이나 식습관이 많이 개선되어 기생충 감염 환자의 비율이 매우 낮은 것으로 보고되고 있으나 생물을 날것으로 섭취하는 식습관 때문에 계속적인 주의와 관심으로 감염을 방지하여야 한다.

1.4 식품 등의 독성

식품이 갖추어야 할 조건 중 가장 중요한 것은 안전성으로 식품 중 인체의 안전성에 위배되는 요소를 제거하고 섭취하는 것이 중요하다. 식품 중의 위해한 요소가 인체에 미치는 영향을 조사하기 위하여 독성시험을 실시한다. 독성시험은 사용하고자 하는 식품첨가물이나 독성이 있는 화학물질을 동물을 대상으로 실시한다.

독성시험에는 만성독성시험, 아만성독성시험, 급성독성시험 등의 일반 독성시험과 발암성·변이원성·최기형성·번식시험 등의 특수 독성시험이 있다. 시험대상 물질을 섭취하였을 때 중독증상이 시간적으로 완만하게 나타나는 경우와 빠르게 나타나는 경우가 있어 전자를 만성중독, 후자를 급성중독이라 한다. 만성중독은 저농도의 독성물질을 계속적으로 섭취하면 체내에 축적되어 나타나는 증상으로 일정기간이 경과한 후에 발증한다. 카드뮴이 오염된 식품을 섭취하여 발생한 이타이이타이병, 유기수은이 오염된 식품의 섭취로 발생한 미나마타병 등이 그 좋은 예이다. 급성중독은 며칠 이내에 그 증상이 나타나는 것으로 세균성 식중독, 복어 중독, 독버섯 중독 등인데,

급성위장염이 주 증상이고 심하면 호흡곤란, 마비, 혼수상태 등으로 사망하게 된다.

급성독성시험은 마우스나 흰쥐에 검체 일정량을 한 번 투여하여 반수의 동물이 죽는 반수치사량(LD_{50}; 50% lethal dose)으로, 화학물질의 독성 강도를 나타내거나 비교하기 위한 방법이다. 일반적으로 설치류를 시험대상으로 하며 시험물질을 한 번 투여하고 2주일 동안의 사망률로 반수치사량을 구한다. 시험동물의 체중 kg당 검체 mg으로 표시하며 이 값이 적을수록 독성이 강하고 값이 클수록 독성이 약하다.

FOOD HYGIENE

2 식품위생관련 미생물

2.1 개 요

우리가 생활하는 자연환경에는 어느 곳이든지 미생물이 존재하고 있어 항상 접촉하며 생활하고 있으며, 이들 미생물은 물질순환에 대단히 중요한 역할을 하고 있다. 미생물은 사람에게 질병을 일으키는 병원성 미생물(pathogenic microorganism)과 질병을 일으키지 않는 비병원성 미생물(nonpathogenic microorganism)로 구별한다. 미생물의 증식은 자연환경에 따라 다르며 증식조건이 알맞아야 한다. 식품에는 많은 미생물이 존재하고 고유의 미생물총(microflora)이 형성되는데, 대부분은 비병원성 미생물로 위생적인 면에서 크게 우려하지 않아도 된다. 식품에 미생물이 단순히 부착되어 있거나 증식하는 상태일지라도 일정한 범위 내의 균수라면 정상적인 식품으로 간주한다. 한편, 식품 중의 미생물총은 최적의 발육조건에서 증식이 최고조에 달하여 부패 및 발효를 하므로 병원성이 없는 미생물이라도 안심하여서는 안된다.

식품에 존재하는 미생물 중 가장 문제가 되는 것은 병원성 미생물로 경구섭취에 의해 세균성 식중독이나 경구전염병이 발생할 수 있다. 이들 병원성 미생물은 식품 중에서 부패나 발효의 양상을 보이지 않기 때문에 미생물 오염을 육안으로 식별하기가 매우 어려워 식품위생상 문제가 되고 있다. 식품에서 미생물이 증식하는 데 영향을 주는 요인은 <표 2-1>과 같다.

표 2-1 식품에서 미생물이 증식하는 데 영향을 주는 요인

내적요인	영양분, pH 및 완충제, 산화환원전위, 수분활성도, 보존료의 양이나 종류
환경요인	상대습도, 온도, 대기 등 조건
잠재요인	미생물의 비증식속도, 상리공생, 경쟁
가공요인	슬라이싱, 수세, 포장, 방사선조사, 저온살균

2.2 식품 중에 존재하는 미생물

식품 중에는 많은 생균이 증식하고 있어 일반적으로 식품 g당 10^4~10^7의 미생물이 존재하는 것으로 알려져 있다. 어류의 표피에는 10^3~10^8/cm^2, 아가미나 장관에는 10^3~10^6/g, 냉동어패류에는 10^2~10^5/g, 염장용 소금에는 1.3×10^2~3.8×10^3/g의 미생물이 생존하고 있으며 갓 지은 밥에도 10^2~10^3/g의 내열성 세균의 포자가 생존해 검출되고 있다.

곡물, 채소, 과실 등은 수확하면서, 우유는 착유하면서, 어패류는 바다에서 잡히면서, 가축은 도살되면서 그 자연환경으로부터 1차오염을 받고, 사람에 의해 운반・집하되어 공장에서 원료를 취급할 때 또는 시장, 점포, 주방 및 가정에서 2차오염이 시작되어 최후 단계까지 계속된다.

식품의 미생물은 1차나 2차오염에 의해 서로 공생(symbiosis)과 길항(antagonism)의 상태로 미생물총(microflora)을 형성하는데, 일반적으로 비병원성이기 때문에 문제가 되지는 않으나 병원성 미생물이 미생물총을 이루면 식품위생상 큰 문제가 된다. 초기에는 여러 종류의 미생물들이 미생물총을 구성하나 시간이 지남에 따라 많은 종류의 미생물은 도태되고 몇 종의 미생물만 생존하는 경향을 나타낸다. 식품의 미생물총은 온도, 수분, 영양분, 조성 및 pH 등의 조건에 따라 형성되며 그 특징은 다음과 같다.

- 한두 종의 미생물이 우세한 상태를 유지하여 식품에 미생물총을 형성한다. 전분질 식품에는 호기성의 포자형성균이, 어류에는 수생세균인 *Pseudomonas*가 우세한 점종을 이룬다.

- 미생물총이 한번 형성되면 외부의 환경으로부터 2차오염이 있어도 본래의 구성에 변화를 주지 못하여 계속 유지된다.
- 육류같이 수분이 많은 식품은 세균이, 과일류나 수분이 적은 식품은 곰팡이가 우선적으로 미생물총을 형성한다.
- 농산물, 수산물, 축산물 등과 같이 가공조리하지 않은 신선한 식품은 그들이 처한 환경미생물에 의하여 미생물총이 형성된다.
- 가공식품은 원료에 존재하던 미생물 중 가공처리 이후에 생존하고 있는 내열성균과 가공 중 2차오염으로 인한 미생물에 의하여 미생물총이 형성된다.
- 표면적이 넓거나 통기성 상태의 식품은 호기성균이, 유리산소가 적거나 없는 상태의 식품은 혐기성균이 미생물총을 형성한다.
- 식품의 원료·가공·저장 조건에 따라 미생물총이 형성되는데, 저온에서는 호냉세균(psychrophiles), 고온에서는 호열세균(thermophiles), 염분농도가 높으면 호염세균(halophiles), 당이 많은 산성식품에서는 유산균류가 미생물총을 형성한다.

미생물총은 식품의 특성, 환경, 가공조건 등에 따라 변할 수 있어 반드시 일정하다고 단정할 수는 없으나 일반적으로 가공하지 않은 신선식품은 영양소(기질)에 따라 가공식품은 가공과 저장방법에 따라 미생물총이 형성된다.

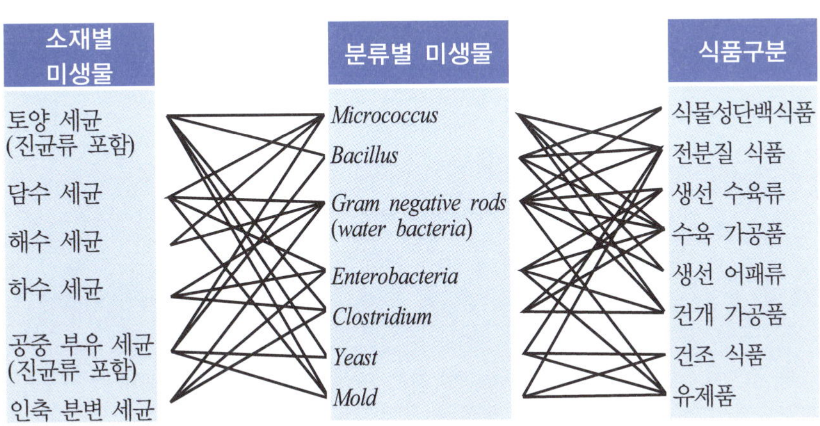

[그림 2-1] 식품의 미생물총과 유래

수분함량이 적은 곡류나 두류 혹은 산성식품은 곰팡이가, 유리당분 함량이 높은 과실류에는 효모나 젖산균이 잘 증식하여 미생물총을 형성한다. 육류와 같이 수분과 단백질이 많은 식품에는 세균이 미생물총을 형성하여 부패를 일으키고, 채소류와 같이 수분과 탄수화물이 많은 신선식품에는 발효성 간균이나 Bacillaceae가 우점종을 이룬다. 식품에 오염되는 미생물총의 근원별 분류는 <표 2-2>와 같다.

표 2-2 식품에 오염되는 미생물총의 근원

오염원	종 류
물 (저온세균)	• *Pseudomonas*(녹농균, 형광균) • *Vibrio*(장염비브리오, 비브리오패혈증, 콜레라) • *Flavobacterium*(황 · 등 · 적 · 황갈색 색소) • *Moraxella*(색소 생산 안 함) • *Alcaligenes*(산 생성 안 함, 알칼리 생성) • *Chromobacterium*(적색색소, 토양이나 물 미생물) • *Acinetobacter*(토양미생물) • *Aeromonas*(장내세균과 유사, 식수원, 식품, 우유에 감염)
토 양	• *Nocardia*(병원성, 비병원성) • *Mycobacterium*(결핵균, 나병균 등) • *Streptomyces*(항생물질 생산) • *Actinomyces*(방선균, 항생물질 생산) • *Cytophaga*(황색색소)
동물기생 오염원	• *Enterobacteriaceae*(장내세균과; 대장균, 살모넬라, 이질균, 퍼프린젠스균, 장티푸스균, 파라티푸스균 등) • *Staphylococcus*(포도상구균, 황색, 흰색, 레몬색 색소 생성) • *Streptococcus*(연쇄상구균, 용혈성으로 α, β, γ) • *Micrococcus*(부패균, 황 · 홍 · 적색의 비수용성 색소 생성, 비병원성) • *Bacillus anthracis*(탄저균) • *Leptospira*(렙토스피라증) • *Listeria*(리스테리아균) • *Erysipelothrix*(돈단독균) • *Corynebacterium*(디프테리아균)

오염원	종 류	
식품기생 오염원	세 균	• *Erwinia*(식물병원균, 시장 병원균) • *Pseudomonas* • *Xanthomonas*(식물병원균, 황색색소) • *Agrobacterium*(다당류 점액 생성, 색소 형성 안 함, 해초분해균) • *Corynebacterium*
	효 모	• *Saccharomyces*(출아법, 포자형성, 주정발효) • *Schizosaccharomyces*(분열법, 출아법, 포자형성) • *Rhodotorula*(황색, 적색 색소 생성, 식품의 착색 원인)
	곰팡이	• *Oospora*(수용성 변패) • *Botrytis*(회색변성)
	비병원성 세균	• *Lactobacillus*(발효유, 치즈) • *Streptococcus*(발효유)
건조한 환경에 상재하는 오염원	• *Micrococcus* • *Staphylococcus* • *Bacillus*(탄저균, *cereus*균) • *Aspergillus*(발효공업, 곰팡이독, *aflatoxin*) • *Penicillium*(푸른곰팡이, 황변미)	
혐기적 환경에 상재하는 오염원	• *Clostridium*(파상풍균, 보툴리누스균, 퍼프린젠스균) • *Bacteriodes*(포자 형성 안 함)	

2.3 미생물에 의한 식품오염

미생물에 의한 식품오염은 1차오염과 2차오염으로 구분하는데, 1차오염은 주로 자연환경에 의한 것으로 원료의 재배, 생산, 저장 중에 발생하며, 2차오염은 식품의 처리, 제조, 가공, 유통, 소비 등과 같은 과정에서 발생한다.

2-3-1. 자연으로부터 오염

1. 토양미생물의 오염

토양은 미생물이 증식할 수 있는 알맞은 환경을 갖추고 있어 1g당 10^5~10^6마리 정도가 존재하고 있다. 이들 중에는 일반세균 이외에 특수한 생리작용을 하는 특수세균도 있다. 미생물의 종류나 양은 영양분, 수분, 온도 등에 따라 다르지만, 세균류가 대부분으로 90% 정도를 차지하며 토양 속보다는 표면에 많고 중온균이나 고온균, 호기성과 혐기성 세균, 포자를 형성하거나 형성하지 않는 세균 등과 방선균, 사상균, 효모, 조류, 원생동물 등이 있다.

토양 중에 서식하면서 생물학적 물질순환의 기능으로 유기물을 분해하여 비옥화하거나 자정작용(self purification)을 한다. 토양미생물은 빗물 등과 함께 하천, 저수지, 바다에 흘러 들어가 이들을 오염시키고, 먼지와 함께 공중에 부유하여 공중부유균의 근원이 되는 등 토양으로부터 오염될 수 있는 기회가 많다. 식품은 토양미생물에 노출되어 있어 직·간접적으로 오염되며 오염되기 쉬운 식품으로는 어패류, 과채류, 곡류, 유제품, 육류 등 모든 식품이 해당된다.

식품을 오염시키는 토양미생물 중 대표적인 세균류는 *Bacillus*, *Pseudomonas*, *Clostridium*, *Micrococcus*, *Leuconostoc*, *Escherichia*, *Aerobacter*, *Achromobacter*, *Serratia*, *Acetobactor*, *Proteus* 등이다. 사상균류에는 *Aspergillus*, *Penicillium*, *Mucor*, *Rhizopus* 등이 효모류에는 *Saccharomyces*, *Torula*, *Monilia* 등이 있다. 방선균은 호기성·혐기성, 고온성·중온성·저온성, 부생성·기생성, 내산성·호중성 등의 특성을 가지고 있다. 식품오염에 관여하는 종류로는 *Mycobacterium*, *Corynebacterium*, *Brevibacterium* 등이 있다.

2. 담수미생물의 오염

담수세균은 하천, 늪, 연못, 저수지 등에 서식하고 있는 세균으로 일반적으로 저온 및 중온세균, Gram 음성이다. 고유의 미생물총을 형성하고 있으나 토양세균, 생활하수세균, 분변세균 등으로부터 오염되는 경우가 많다. 특히 하수는 토양, 인수의 분변, 가정폐기물 등의 미생물로부터 오염되고 있으며, 미생물의 증식에 필요한 영양원이 되는 유기물이 많아 부패세균의 증식이 쉬워 1mL 중에 수만~수백만 마리가 존재한다. 지하수는 지층의 정화작용으로 오염도는 극히 낮으나 우물물은 깊이와 관리에 따라 오염도가 달라진다. 일반 음용수의 일반세균수는 1mL 중에 100마리 이하, 대장균군은 음성으로 규정하고 있다. 사람의 경우 병원성 미생물이 오염된 담수를 섭취하거나 식수로 사용하고 식품공장의 용수로 사용하기 때문에 감염된다.

담수에 미생물총을 구성하고 있는 세균류는 저온세균으로 *Pseudomonas*, *Aeromonas*, *Flavobacterium*, *Achromobacter*, *Alcaligenes* 등이며 최적온도는 20~25℃이다. *Escherichia*, *Aerobacter*, *Proteus* 등과 같이 하수나 분변세균, *Bacillus*, *Micrococcus*, *Mycobacterium* 등과 같이 토양세균 및 사상균이나 효모 등도 있다.

3. 해수미생물의 오염

소금농도가 1~3%인 해수에는 호염세균이 주종을 이루고 연안, 외양, 조류, 수심 등에 따라 고유의 미생물총이 형성되어 해수의 자정작용을 하나 유기물 혼입이 많아지면 그 능력을 상실하게 된다. 해수세균은 저온세균이 주종으로 해수의 표면과 근해에 서식하고 있으며 육지로부터 담수・하수・분변세균의 유입으로 오염되고 있어 오염된 수산식품을 섭취하면 경구전염병이나 장염비브리오, 비브리오패혈증 등과 같은 식중독이 발생할 수 있다. 특히 어시장이나 어항 주변의 해수는 다양한 종류의 미생물로 오염되어 있어 어류나 패류의 직접적인 오염원이 되기 때문에 이들을 취급할 때는 2차오염에 주의하여야 한다.

4. 공중미생물의 오염

공기 중에는 고유의 미생물이 없이 토양이나 먼지로부터 오염된 많은 종류의 미생물이 존재하고 있다. 이것은 건조한 환경이나 자외선에 살아남은 균종들로 대부분 Gram 양성의 아포형성세균, 사상균이나 효모의 포자 등이다. 공중미생물의 수와 종은 바람, 온도, 습도, 고도, 기류, 강우 등에 따라 달라진다. 식품공장에서 공중미생물은 가공식품에 직간접적인 2차오염의 주원인으로 작용하여 제어가 매우 어려우며 공장위생관리에도 어려움을 주고 있다. 공기 중에 부유하는 공중미생물은 가공 중 식품

표면에 낙하하여 오염을 일으키고 식기나 용기 등에 부착하여 간접적 오염의 원인이 된다. 공중미생물에 대해서 특별한 규정은 정해져 있지 않으나 사이토는 50 이하를 청정, 50~75를 요주의, 75를 서한도, 75~100를 고도, 100 이상을 금기도 등으로 구분하였다.

5. 분변미생물의 오염

사람이나 동물의 소화기관인 위, 소장, 대장 등에는 각각 다른 세균이 미생물총을 형성하여 서식하고 있으며 분변세균으로 외계로 배출된다. 생활환경의 개선으로 인한 분뇨의 완전처리시설로 식품에 오염될 수 있는 기회는 줄었으나 시설의 미비나 무단 방류로 토양이나 하천을 오염시키고 분변을 비료로 사용하여 채소류에 기생충이 오염되고 있다.

분변미생물은 장내에서 서식하고 있는 *Escherichia*, *Lactobacillus*, *Clostridium*, *Enterococcus* 등이 주종으로 소화기계전염병이나 식중독의 원인이 된다. 분변이 식품에 오염되었는지를 확인하기 위하여 대장균이나 장구균을 오염지표균으로 검사하고 있다. 분변 이외에 세균은 소변으로도 배출되며 땀, 타액, 머리카락, 손, 손톱 등에 부착하고 있는 미생물도 식품과 접촉하여 오염원이 되고 있다. 가축의 분변으로는 *Salmonella* 식중독을 비롯한 인수공통전염병 등이 오염되고 있다.

6. 식물부착 미생물의 오염

식물의 종류와 환경에 따라 그 표면에 특징적인 미생물총이 형성되나 병원성 미생물이 아니면 문제가 되지 않는다. 부착세균은 *Micrococcus*, *Pseudomonas*, *Flavobacterium*, *Xanthomonas*, *Lactic acid bacteria* 등, 곰팡이는 *Apergillus*, *Penicillium*, *Fusarium* 등과 여러 종류의 효모도 있다. 이들 중 곰팡이는 곡류나 서류에 증식하여 아플라톡신, 맥각, 황변미 등과 같은 곰팡이독(mycotoxin)을 생산하여 사람이나 가축에 암 등을 유발하므로 식품위생상 문제가 되고 있다.

2-3-2. 식품의 가공 · 저장 중 오염

식품의 원료인 곡물, 채소, 과실 등은 수확 · 저장 · 운반 중, 우유는 목장에서 착유 중, 가축은 도축과정에서 1차오염되고 이들이 수송되어 공장에서 제조 · 가공 시 그 공장의 공중미생물에 의해 2차오염된다. 신선식품은 보통 저온에 저장하기 때문에 저온균에 의하여 2차오염되므로 원료의 처리나 가공 시 이들을 제어할 수 있는 위생적인 시설이나 설비를 갖추어 오염 균수를 최소한으로 하여야 하며 비위생적 요인을 제거하여야 한다. 식품의 가공이나 저장 중에는 원료뿐만 아니라 부재료, 식품첨가물, 기구, 포장 · 용기 등도 오염되므로 이들에 대해서도 위생상태를 청결하게 유지해야 한다.

2.4 주요 식품미생물

우리가 생활하는 자연계에는 매우 많은 종류의 미생물이 서식하고 있으나 식품위생상 식품과 직접 관계되는 미생물수는 그리 많지 않다. 식품에서 발견되는 주요 미생물은 세균, 사상균, 효모 등으로 이들 중 어떤 종은 유용한 미생물로 발효공업과 같은 식품산업에 이용되고, 어떤 종은 병원성 미생물로 인간에 질병을 유발한다. 미생물을 생육온도에 따라 저온균(psychrophilic bacteria, psychrophiles), 중온균(mesophilic bacteria, mesophiles), 고온균(thermophilic bacteria, thermophiles)으로 분류한다. 저온균은 증식 가능한 온도가 0~25℃, 최적온도가 15~20℃인 균으로 보통 온도가 낮은 해수나 토양 속에 서식하는 세균으로 저온에서 증식이 활발하다. 중온균은 증식 가능한 온도가 15~55℃, 최적온도가 25~40℃인 균으로 대부분의 미생물이 이 범위의 온도에서 잘 자란다. 고온균은 45℃ 이상의 고온에서 증식이 활발한 균으로 증식 가능한 온도는 40~75℃, 최적온도는 50~60℃이다. 미생물에 따른 증식온도는 [그림 2-2]와 같고 온도가 미생물에 미치는 영향은 <표 2-3>과 같다.

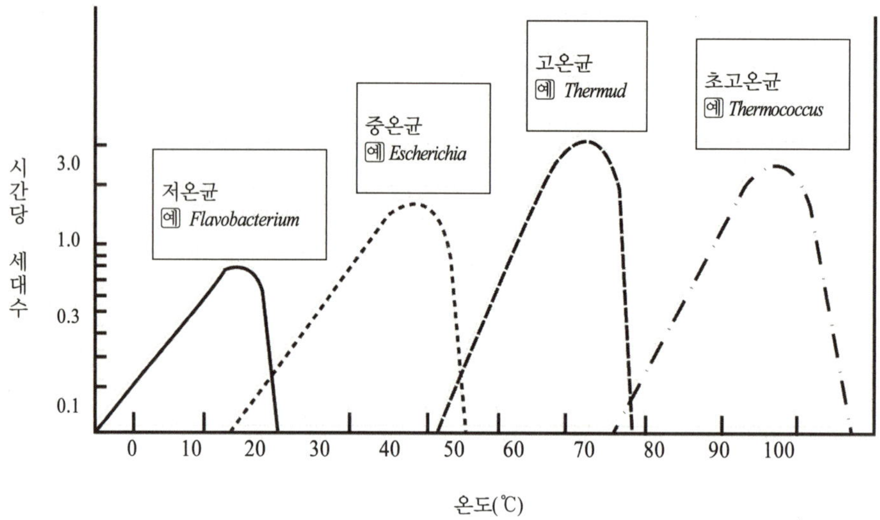

[그림 2-2] 미생물에 따른 증식온도

▌표 2-3▐ 미생물의 증식과 온도

온도(℃)	미생물의 증식
0	미생물 성장 정지
4~15	미생물 성장 억제
18~38	미생물 가장 잘 번식
40	대부분의 미생물 성장 정지
50~70	호열성 세균은 잘 번식
65~88	미생물 생활세포는 사멸
100	장시간 가열로 포자 사멸
121	단시간 가열로 모든 포자 사멸

식품의 세균을 분류하면 다음과 같다.

- 식품세균
  - Gram 양성
    - 운동성, 포자형성
      - 호기성 : *Bacillus*
      - 혐기성 : *Clostridium*
    - 비운동성, 무포자
      - *Catalase*음성 : 유산균군(Lactobacteriaceae)
      - *Catalase*양성
        - 구균 : *Micrococcus*, *Sarcina*
        - 간균 : *Coryneforms*
  - Gram 음성
    - 황색, 오렌지색의 균체 색소생산 : *Flavobacterium*
    - 균체 색소비생산
      - 비운동성 : *Achromobacter*
      - 운동성
        - 주모성 편모
          - 당(糖)비발효
          - 당발효, *oxidase* 음성 : 장내세균과(Enterobacteriaceae)
        - 극모성 편모
          - 당(糖)비발효 : *Pseudomonas*
          - 당발효, gas 비생산 : *Vibrio*
          - 당발효, gas 생산 : *Aeromonas*

2-4-1. 세균(Bacteria)

세포소기관인 엽록소와 미토콘드리아가 없이 세포막과 원형질만으로 간단하게 이루어져 있는 단세포의 원핵생물로 광합성 작용을 하지 못하며 분열로 증식한다. 형태에 따라 구균(球菌, coccus), 간균(桿菌, bacillus), 나선균(螺旋菌, spirillum) 등으로 구분하며 편모가 있는 것과 없는 것, 아포를 형성하는 것과 형성하지 않는 것 등이 있다. 환경조건에 따라 포자를 형성하여 생존한다.

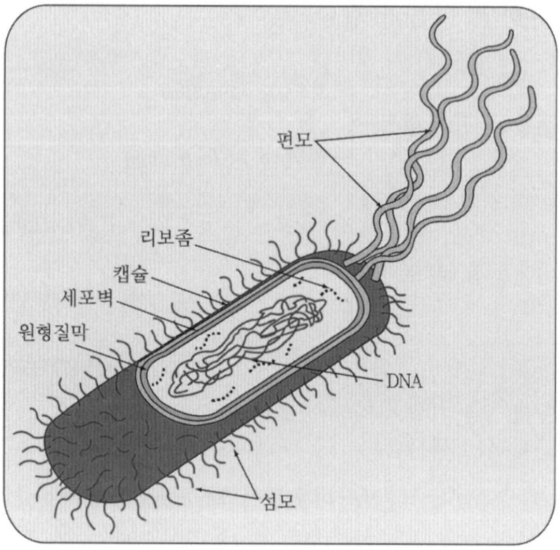

[그림 2-3] 세균의 모형도

1. *Bacillus*속

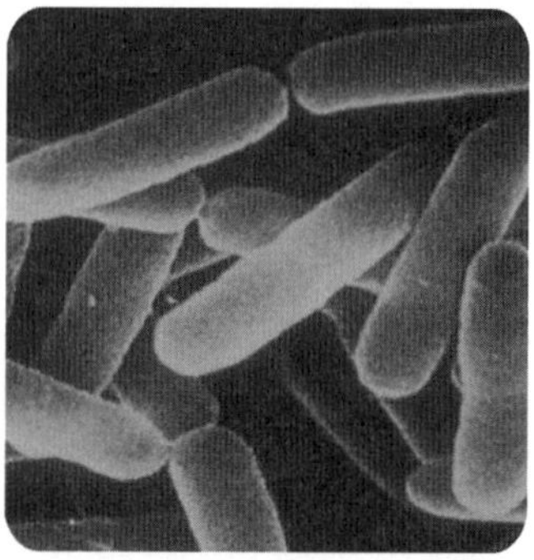

[그림 2-4] *Bacillus subtilis*

Gram 양성의 간균으로 호기성 또는 통성혐기성이며 내열성의 내생포자를 형성한다. 자연계에 널리 분포되어 있는 대표적인 식품오염균으로 단백질과 전분 분해력이 강한 것이 많아 식품을 변패시키고 산과 가스를 생성하여 특이한 냄새를 발생시킨다. 이 속의 대표균은 *B. subtilis*로 고초균(枯草菌)이라 한다. 육류 및 어육제품, 빵, 우유, 유제품, 채소, 밥 등에서 증식하여 부패의 원인이 된다. 증식온도는 28~40℃이고 증식적온은 35℃로 *B. natto*는 삶은 콩에서 잘 증식하고 단백질 분해력이 강하여 청국장 제조에 이용하고 있다. 병원균으로는 식중독을 일으키는 세레우스균(*B. cereus*)과 인수공통전염병을 일으키는 탄저균(*B. anthracis*)이 있다. 내열성포자는 100℃에서 3시간, 120℃에서 1시간 가열해야 사멸된다.

2. *Staphylococcus*속

Gram 양성의 무포자 구균으로 호기성 및 통성혐기성이며 자연계에 널리 분포되어 있다. 화농성 질환의 병원균이고 색소생성에 따라 병원성이 달라지는데 황색색소를 생성하는 황색포도상구균은 독소형 식중독의 원인균이다.

3. *Micrococcus*속

Gram 양성의 무포자 구균으로 호기성 및 통성혐기성이며 대부분 비수용성 색소를 생산하며 열에 약하다. 증식최적온도는 25~30℃이고 단백질 분해력은 강하나 전분 분해력은 약하다. 공기, 물, 해수, 유제품, 젓, 육류 등에 널리 분포하고 있으며 식품 부패의 대표적인 균이다. 이 균의 특징은 영양요구가 간단하고, 내염성이 강한 것이 많고, 수분이 적은 식품에서도 잘 증식하고, 식품의 표면에 번식하여 변색시키고, 육제품 등에서 표면에 점질물을 생성한다. 단백분해성 세균은 부패균으로 중요하나 병원성은 없다.

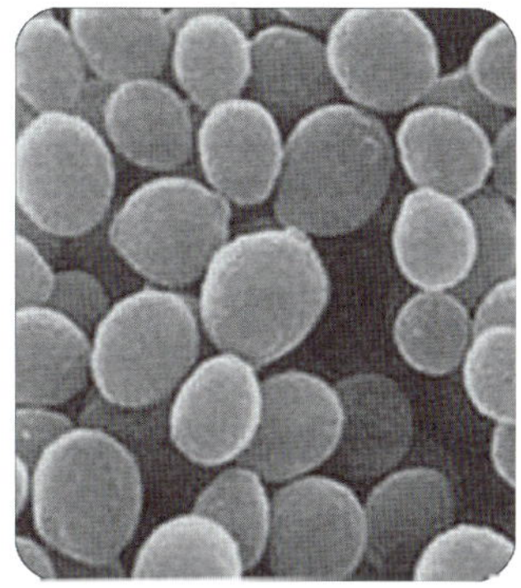

[그림 2-5] *Micrococcus*

4. *Pseudomonas*속

Gram 음성의 무아포 간균으로 호기성이며 종속영양균속이다. 이 속의 균은 증식이 빠르고, 저온에서도 증식이 가능한 호냉균이며 단백질과 유지 분해력이 강하다. 또한 황록색의 형광성 색소나 황색, 적색, 갈색 등의 색소를 생성하고 방부제에 대한 저항력이 강하며 약산성에서도 잘 자란다. 담수, 토양, 해수, 동식물 등에 널리 분포하며 육류, 육가공품, 우유, 달걀, 어패류, 채소류 등에 중요한 변패균이다. 식물에는 병원성이 있으나 동물이나 사람에는 질병을 일으키지 않는다.

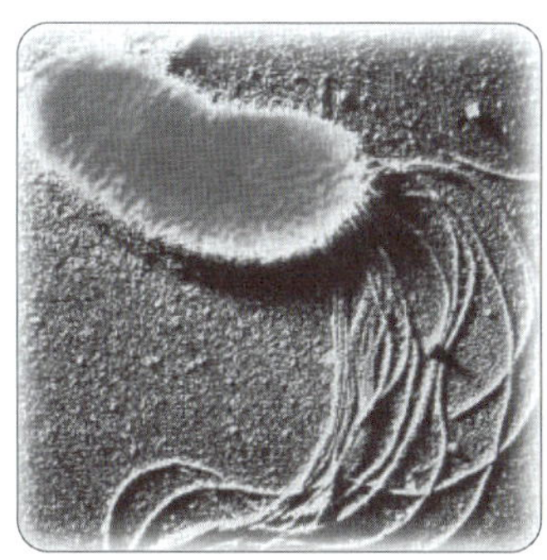

[그림 2-6] *Pseudomonas*

5. *Vibrio*속

Gram 음성의 구부러진 간균으로 통성호기성이고 편모를 가지고 있으며 대부분은 수생세균으로 해수에서 발견된다. 일부 종은 사람이나 동물에게서 심각한 질병을 일으키는 균으로 *V. cholera*는 인간에게 콜레라를, *V. parahemolyticus*는 장염비브리오 식중독을, *V. vulnificus*는 비브리오패혈증을 일으킨다.

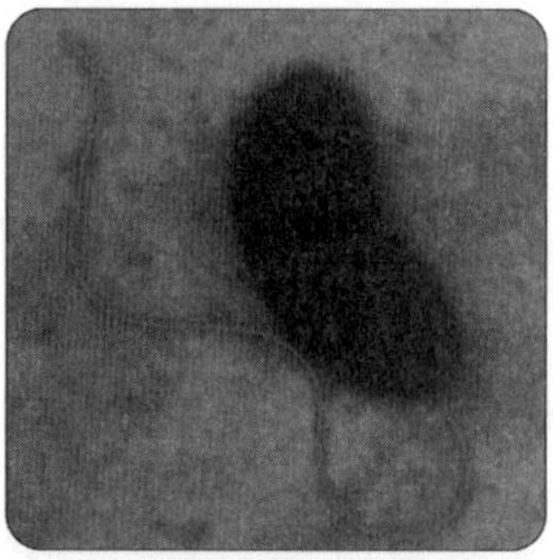

[그림 2-7] *Vibrio*

6. *Escherichia*속

Gram 음성의 호기성 또는 통성혐기성이며 무포자 간균으로 젖당을 분해하여 산과 가스를 생산하는 장내세균과이며 *Escherichia*, *Enterobacter*, *Klebsiella*, *Citrobacter* 등이 있다. 식품, 물, 토양 등에서 쉽게 검출되는 부패세균 중 하나로 식품의 오염지표균이다.

7. *Lactobacillus*속

Gram 양성의 간균 혹은 구균으로 미호기성이며 운동성이 없고 색소를 생성하지 않는 무포자 균이다. 유당을 분해하여 젖산을 생성하므로 젖산균이라 하고, 에너지원으로 당을 발효하여 50% 이상의 젖산을 생성한다. 젖산 생성 형식은 정상발효형(homo형)과 이상발효형(hetero형)의 두 가지 형태가 있다. 일반적으로 젖산균에는 유익한 세균이 많아 *L. bulgaricus*, *L. acidophilus*, *L. casei* 등은 치즈나 젖산 음료의 발효균으로 맛, 향, 보존성 등을 향상시키나 유해한 면도 있어 우유와 버터를 변패시키고 육류, 소시지, 햄 등의 표면에 점질물을 생성한다.

8. *Clostridium*속

Gram 양성의 간균으로 내부에 방추형(clostridial)이나 곤봉형(plectridial)의 내열성 포자를 형성한다. 혐기성이고 주모로 운동을 하지만 비운동성인 것도 있으며 포자는 공기, 물, 토양 등에 널리 분포하여 식품에 쉽게 혼입된다. 토양이나 하수 등에 오염되어 육류, 육류가공품(소시지, 햄 등), 어패류, 채소류, 통조림 등을 부패시켜 악취를 내고

*Cl. botulinum*나 *Cl. welchii*균은 사람에게 세균성 식중독을 일으킨다.

9. *Proteus*속

Gram 음성의 간균으로 주모가 있어 운동성이 있으며 통성혐기성이고 장내세균과(Enterobacteriaceae)이다. 자연계에 널리 분포하고 단백질 분해력이 강하여 육류의 부패균으로 잘 알려져 있다. 대표적인 균으로 *P. morganii*는 강력한 알레르기성 식중독 원인균이다.

10. *Serratia*속

Gram 음성의 작은 간균으로 주모가 있으나 운동성이 적으며 증식최적온도는 25~28℃이고 색소를 생산하는 장내세균과이다. 토양, 하수, 수산물 등에 널리 분포하나 식품에 분포하는 것은 많지 않다. 적색 색소를 생산하며 빵, 우유, 육류 등에서 잘 번식한다. 특히 *S. marcescens*는 단백질 분해력이 강한 부패균으로 생선, 어묵, 쇠고기 등의 부패 원인균이고 수산 연제품의 표면을 적변시킨다.

2-4-2. 곰팡이(Fungi)

자연계에 널리 분포하는 사상균류로 사상의 균사가 집합하여 균사체를 이루고 있어 사상균(곰팡이)이라고 한다. 오래된 빵, 치즈, 과일 등에서 다양하게 나타난다. 대부분의 곰팡이는 유성생식 및 무성생식으로 증식하며 증식최적온도는 25~30℃이고 증식 pH 범위는 넓다.

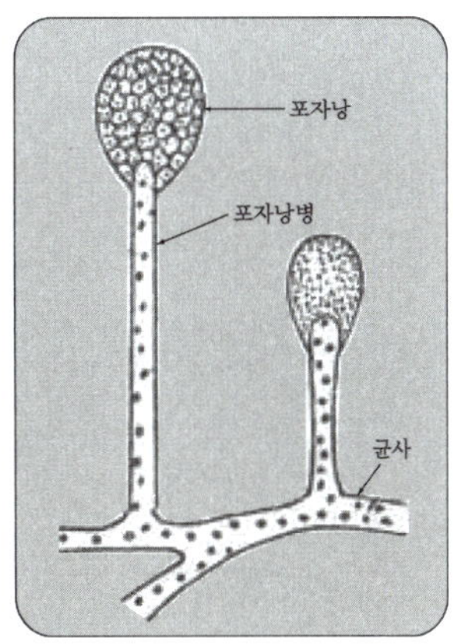

[그림 2-8] *Mucor*속

1. *Mucor*속

털곰팡이라고 하며 자연계에 널리 분포하고 특히 토양 중에 많으며 내생포자를 형성한다. 무성생식은 분생포자에 의하고 유성생식은 접합포자에 의하며 균사는 단세포이다. 식품을 변패시키는 곰팡이로 잘 알려져 있으나 발효공업에 이용되는 균도 많이 있다. *Mucor mucedo*는 육류, 빵, 채소, 과일 등에 오염되어 변패를 일으키고 *M. rouxii*는 전분 당화력과 알코올 발효력이 있어 amylo법에 이용한다.

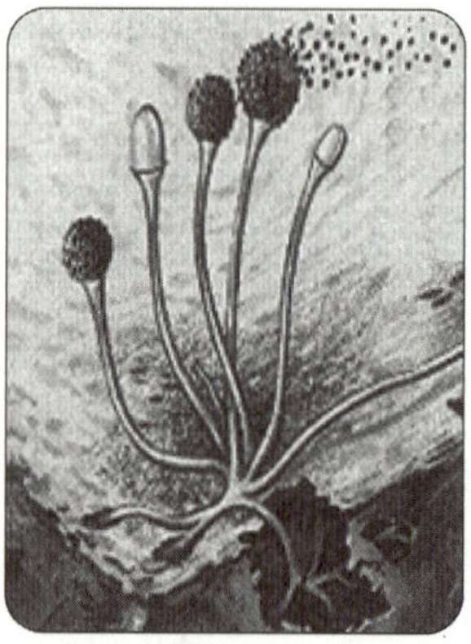

[그림 2-9] *Rhizopus*속

2. *Rhizopus*속

거미줄곰팡이로 내생포자를 형성하고 증식이 빠르며 자연계에 널리 분포하고 있다. 증식최적온도는 32~34℃이고 우리나라와 중국에서 술 양조에 관여하는 곰팡이로 활용도가 높다. 젖산과 푸마르산을 생산하는 균주도 있고 amylo법과 포도당 제조 등 발효공업에 유용한 균주가 있다. 딸기, 채소, 밀감 등과 같은 원예작물의 부패균으로 *R. nigricans*는 곡류, 빵, 과자 등 여러 식품에 발생하여 빵곰팡이(bread mold)라고 한다.

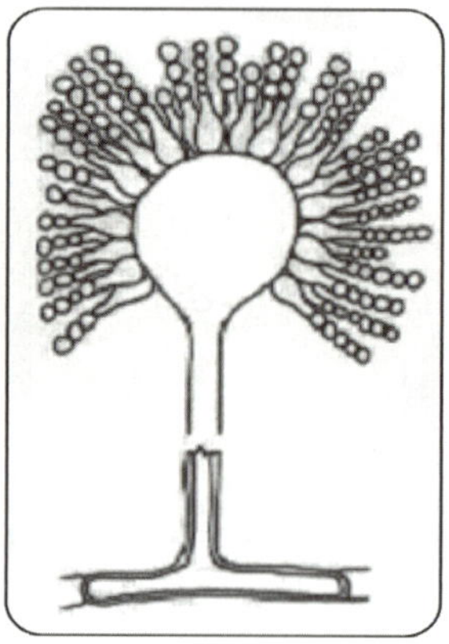

[그림 2-10] *Aspergillus*속

3. *Aspergillus*속

누룩곰팡이라고도 하며 식품 및 발효공업에 중요한 균주가 많이 있다. 전분분해력과 단백질분해력이 강하여 동양 각국에서 옛날부터 양조제조에 이용하였으며 의약이나 효소제의 생산에도 이용한다. 집락의 색은 황색, 녹색, 흑색, 백색 등 여러 가지이고 곡류나 채소류에 증식하여 부패를 일으킨다. Aflatoxin을 생산하는 *A. flavus* 이외에 곰팡이독을 생산하는 균주가 많이 있다.

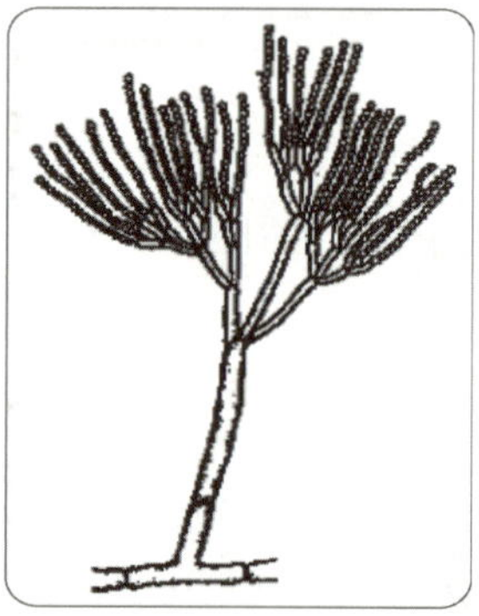

[그림 2-11] *Penicillium*속

4. *Penicillium*속

푸른곰팡이라고 하며 자연계에 널리 분포하고 있고 집락의 색은 청색, 회백색, 황갈색, 적색 등이다. 떡, 빵, 치즈,

과일, 채소 등에 번식하여 부패를 일으키고 독소를 생성하는 등 유해한 균주가 많으나 penicillin을 비롯하여 각종 유기산을 생성하거나 치즈 숙성에 관여하는 유용한 균주가 있다. *P. citricum*, *P. islandicum* 등은 황변미를 생산하는 등 곰팡이독을 생산하는 균주가 많이 있다.

2-4-3. 효모(Yeast)

주로 출아법에 의하여 증식하는 진균류의 총칭으로 형태는 구형, 난형, 타원형이며 필라멘트나 균사를 형성하지 않는 단세포로 식품산업에서 양조나 제빵에 이용한다. 그러나 효모 중에는 양조공업이나 식품 등에 유해하거나 병원성인 것도 있다. 과피, 수액, 토양, 담수, 해수, 배설물 등에 분포하고 있으며, 식품에 부착하면 세균보다 먼저 증식하고 공존하면서 식품을 변패시켜 품질을 저하시킨다.

1. *Zygosaccharomyces*속

다극출아로 증식하며 세포의 형태는 구형, 타원형, 원통형이다. 간장발효에 관여하거나 간장표면에 회백색의 피막을 만들어 풍미를 나쁘게 하기도 한다. 50~60%의 당, 18% 이상의 에탄올, 2.0~2.5%의 초산 등에 강한 저항성을 가진 균으로 벌꿀이나 시럽의 변패균이다.

2. *Pichia*속

자연계에 널리 분포하고 다극출아로 증식하며 당 발효성은 미약하거나 없다. 배양액면에 얇은 피막을 형성하는 산막효모(firm yeast)로 주류와 간장에 유해한 균이다. *Pichia membranaefaciens*는 이 속의 대표균으로 맥주나 포도주에 균막을 형성하는 유해균이다.

3. *Tolula*속

포자를 형성하지 않는 특징이 있으며 된장, 간장, 맥주, 포도주, 청량음료 또는 꿀과 같이 당이 높은 식품을 변패시킨다.

4. *Candida*속

자연계에 널리 분포하고 다극출아로 증식하며 형태는 원형, 타원형, 원통형 등으로 다양하다. 탄화수소 자화능이 강하여 SCP(single cell protein) 생산균주가 있고, 산막효모로 액면에 막을 형성하여 맥주, 간장, 포도주 등 발효음료의 유해균이다. 어떤 균은 사람의 피부, 인후, 점막 등에 기생하여 캔디다증을 일으킨다.

2.5 식품의 오염지표균

사람이나 동물의 장관에 존재하는 미생물 중에는 병원균이 있어 이들의 분변이 식품이나 음용수에 오염되면 세균성 식중독, 소화기계 전염병, 인수공통전염병 등에 감염될 위험이 크다고 볼 수 있다. 일상적으로 섭취하는 음식물에 미량으로 존재하는 이들의 병원균을 각각 개별적으로 검사하기는 대단히 어렵고 비용이 많이 들 뿐만 아니라 시간도 많이 요구된다. 때문에 분변에 다수 존재하며 병원균과 항상 공존하는 세균을 오염의 지표로 하여 검사하는 세균을 오염지표균이라 하며 위생지표균, 위생척도균이라고도 한다. 오염지표균으로 필요한 조건은 사람이나 동물의 장관에서 유래한 세균으로 분변과 같이 외계에 배출된 후에는 증식하지 않고 장기간 생존만 하고 있으며 소수라도 비교적 용이하게 검사가 가능하여야 한다. 오염지표균으로 대장균군(大腸菌群)과 장구균을 검사대상으로 하고 있다. 오염지표균은 식품의 제조, 가공, 조리, 저장 등의 과정이 얼마나 위생적으로 다루어졌는지, 수산물, 축산물, 농산물 등이 얼마나 청정한 환경에서 생산되었는지를 간접적으로 나타낸다.

2-5-1. 대장균군(Coliform group)

대장균군은 세균분류학상의 학명이 아니고 사람의 장 속에 사는 *Escherichia coli*와 그와 유사한 'coli-aerogenes group'이라고 하는 특정한 균군을 말한다. 대장균군은 'Gram

음성의 무아포성 간균으로 35℃에서 48시간 배양 시 유당을 분해하여 산과 가스를 생성하는 비포자 형성의 호기성이나 통성혐기성균'으로 사람이나 동물의 장 속에 사는 대장균과 그와 비슷한 균을 통틀어 일컫는 말로 6,600여 종이 알려졌다. 대부분 주모를 가지고 운동성이 있으나 없는 것도 있으며 당을 발효한다. 대장균군은 분변 유래균인 *Escherichia*속, *Klebsiella*속, *Citrobacter*속 등과, 분변과는 관계없이 토양이나 식물에서 유래하는 *Enterobacter*속, *Erwinia*속 등과, 장내세균과가 아닌 *Aeromonas*속 등을 모두 포함하는데 이들을 정확히 구별하기는 매우 어렵다. 대장균은 사람이나 동물의 장관에 존재하는 상재균으로 회맹부에서 대장에 걸쳐 증식하며 분변 1g 중에 10^8~10^{11} 마리 정도 있다.

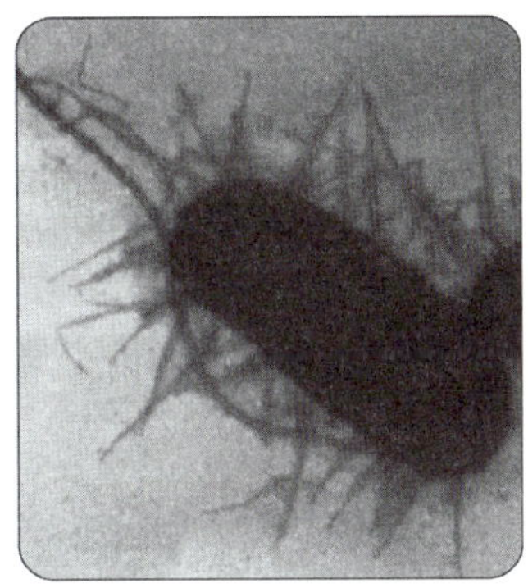

[그림 2-12] *Escherichia coli*

대장균군은 분변뿐만 아니라 자연환경에도 있어 이들이 검출되었다고 반드시 분변이 오염되었다고 단정할 수는 없으나 보통 사람이나 동물의 장관에 서식하므로 음식물에서 검출되는 것은 분뇨가 오염되어 있음을 의미하여 음식물이 식중독균, 소화기계 전염병균, 수인성 전염병균, 기생충, 바이러스 등에 오염되어 있거나 오염될 가능성이 있음을 뜻하는 것이다. 따라서 가열처리식품에서 대장균군이 검출되면 가열온도가 낮아 비위생적으로 처리함으로써 식중독균이나 전염병균에 오염될 가능성이 있음을 시사하는 것이다. 그러나 대장균(*E. coli*)은 냉동 안전성이 약하여 이를 지표미생물로 단독으로 사용하면 문제를 야기할 수도 있다.

대장균군의 특성은 병원균보다 물속에서 생존력과 저항력이 강하고, 검출하기도 쉬우며 검사법도 간단하다는 것이다. 소독에 대한 저항력은 병원균보다는 강하나 바이러스보다는 약하다.

2-5-2. 장구균

사람이나 온혈동물의 장관에 상존하는 Gram 양성의 구균으로 포자를 형성하지 않고 포도당을 분해하여 젖산을 생성하며 통성혐기성, catalase 음성, 쌍구형 및 짧은 연쇄상 배열을 한다. 대사에 산소가 필요하지 않으나 산소가 풍부한 환경에서 생존이 가능하고 일반적으로 병원성은 없으며 열에 대한 저항성이 강하고 여러 가지 약제에 내성이 있다. 장구균은 내열성이 강하여 우유의 저온살균에서 생존 가능하고 소금농도 6.5% 이상이나 pH 9.5에서도 증식이 가능하다. 5~8℃에서 증식 가능한 것도 있으나 대부분 고온성으로 48~50℃에서 잘 증식하여 온도범위가 매우 넓다.

장구균속 중 임상적으로 의의를 가지고 있는 균은 *Enterococcus faecalis*, *E. faecium*, *E. avium* 등 3종이고, 이외에 *E. casseliflavus*, *E. durans*, *E. gallinarium* 등이 있는데 *E. faecalis*가 가장 흔하게 분리되고 있다. *E. faecalis*는 사람의 분변에 널리 분포하여 분변오염의 지표가 되고 그 변종인 *E. durans*는 사람이나 여러 동물의 분변에서 검출되므로 모두 장구균으로 간주한다. 대장균군 중 어떤 균은 자연계에도 널리 분포하고 있으므로 이것의 검출이 반드시 분변오염의 지표라고 볼 수는 없다.

분변 중에 존재하는 장구균수는 대장균군보다 적으나 자연계에 정착하지 않기 때문에 외계에서 증식할 기회가 적어 식품에서 장구균의 검출은 분변오염에 더 중요한 의미를 나타낸다. 대장균군은 저온에 대한 내성이 약하여 냉동식품에서 사멸률이 빠르나 장구균은 오랫동안 생존 가능하므로 냉동식품의 오염지표균으로 더 효과적이다. 그러나 정확한 오염상태를 파악하기 위하여 두 균군을 같이 검사하는 것이 바람직하다. 오염지표균인 대장균과 장구균의 특성 비교는 <표 2-4>와 같다.

표 2-4 대장균군과 장구균의 특성(Jay, 1970)

특 성	대 장 균 군	장 구 균
형태	간균	구균
그람 염색성	음성	양성
장관 내 균수 수준	분변 1g 중 10^8~10^{11}	분변 1g 중 10^5~10^8
각종 동물의 분변에서 검출상황	동물에 따라서 불검출	대부분의 동물에서 검출
장관 외에서의 검출상황	일반적으로 낮다.	일반적으로 높다.
분리, 고정의 난이	비교적 쉽다.	비교적 어렵다.

특 성	대 장 균 군	장 구 균
외계에서의 저항성	약하다.	강하다.
동결에 대한 저항성	약하다.	강하다.
냉동식품에서의 생존성	일반적으로 적다.	일반적으로 크다.
건조식품에서의 생존성	적다.	크다.
생선, 채소류에서의 검출률	낮다.	일반적으로 높다.
생육에서의 검출률	일반적으로 낮다.	일반적으로 낮다.
절인 고기에서의 검출률	낮거나 없다.	일반적으로 높다.
식품매개 장관계 병원균과의 관계	일반적으로 크다.	적다.
비장관계 식품매개 병원균과의 관계	적다.	적다.

2.6 소독과 살균

소독(disinfection)은 대상물 중 병원성 미생물이 전파되는 것을 억제하거나 사멸시켜 감염 위험성을 낮추는 조작으로 미생물의 포자는 제거되지 않으며 비병원성 미생물이 남아 있어도 무방하다. 살균(sterilization)은 물리화학적 자극을 가하여 단시간에 어떤 형태의 미생물이든 완전히 사멸시키거나 불활성화하여 무균상태로 만드는 것을 말한다. 그러나 살균하여도 미생물의 대사산물이나 독소는 제거되지 않고 남아 있을 수 있어 식중독 발생을 방지하기위한 완전한 방법이라 할 수 없다. 살균에는 균체를 기계적으로 파괴하거나 단백질을 변성시키거나 효소를 비활성화(非活性化)하는 등의 방법이 있다.

세균학에서 살균보다는 멸균과 소독 용어를 사용하고 있는데, 식품의 보존성 향상을 위하여 가열하는 것을 살균이라 하나 우유의 저온살균은 60℃에서 30분간 행하지만 완전히 무균상태는 아니다. 이것은 유통기간을 연장하기 위한 수단으로 세균학적으로는 소독에 가깝다.

소독과 살균을 위한 소독제의 구비조건으로는 석탄산 계수(phenol coefficient)가 높을 것, 안전성이 클 것, 용해성이 높을 것, 인수에 독성이 낮을 것, 부식성이나 표백성이 없을 것, 강한 침투성이 있을 것, 저렴한 가격일 것, 사용이 간편할 것, 유기물의 존재 여부에 관계없이 소독작용이 강할 것, 소독 대상물에 손상을 주지 않을 것 등이나 위의 조건을 모두 만족시키는 소독제는 없다.

2-6-1. 물리적 소독법

1. 화염살균법

알코올램프나 버너 등의 화염으로 대상물 표면의 미생물을 20초 이상 직접 태워 살균하는 방법으로 백금선, 백금이, 유리기구, 금속기구 등을 살균하는 데 이용한다.

2. 건열살균법(Dry oven)

건열살균기를 이용하여 160~170℃에서 1~2시간 작용시켜 살균하는 방법으로 아포까지 살균이 가능하다. FDA에서는 유리기구는 160℃에서 1시간 이상, 금속용기에 들어 있는 유리용기는 2시간 이상 작용시키도록 권장하고 있다. 증기멸균법을 이용할 수 없는 초자기구, 유리, 용기, 피펫, 분말 등을 살균할 때 이용한다. 건열살균은 습열살균보다 열전도가 느려 높은 온도가 필요하며 세균포자의 건열살균 시 온도와 시간의 관계는 <표 2-5>와 같다.

표 2-5 세균포자의 건열살균 시 온도와 시간의 관계

세 균	살 균 시 간(분)						
	120℃	130℃	140℃	150℃	160℃	170℃	180℃
B. anthracis	–	–	180	60~120	9~90	–	3
Cl. botulinum	120	60	15~60	25	20~25	10~15	5~10
Cl. perfringens	50	15~35	5	–	–	–	–
Cl. tetani	–	20~40	5~15	30	12	5	1
soil spores	–	–	–	180	30~90	15~60	15

3. 자외선살균법

태양광선 중 파장이 100~3,900Å을 자외선이라 하며 가장 강한 살균력을 나타내는 파장은 2,500~2,600Å이다. 그러나 태양으로부터 지표에 도달하는 자외선은 2,900Å 이하의 것이 아니어서 살균력은 미약하다. 따라서 살균력이 가장 강한 자외선을 인위적으로 만들어 방출하는 것이 저압수은등으로서 2,537Å의 자외선등이다. 자외선은 미생물의 핵과 미토콘드리아 내부에 있는 DNA를 파괴하여 호흡활성과 증식작용을 방해하여 세균 또는 곰팡이를 살균한다. 자외선의 살균효율은 조사거리, 풍속, 온도 등에 영향을 받으며 균종에 따라 차이가 있다.

자외선 살균법의 장점은 사용방법이 간단하고, 모든 균에 효과가 있고, 조사 받은 균에 내성을 주지 않고, 피조사물에 변화를 주지 않고, 공기나 물의 살균에 적합한 것 등이다. 단점은 대상물에 침투성이 없어 조사되는 표면과 조사되는 동안만 살균되어 잔류효과가 없고, 유지제품에 장시간 조사하면 지방산이 산패되고, 유기물이 존재하면 흡습당하여 효과가 저하되고, 피부에 조사되면 붉은 반점이 나타나고, 눈에는 결막염이나 각막염의 원인이 되기도 한다. 자외선의 살균력은 균종에 따라 차이가 있어 이질균(적리균)의 경우 15W의 살균 등으로 50cm 거리에서 1~2분 내에 사멸하고 10cm 거리에서는 6~10초 만에 사멸한다. 대장균의 살균을 1로 하였을 때 세균은 1.5~5배, 효모류는 3~6배, 곰팡이류는 5~50배 정도의 살균시간이 필요하다. 살균대상은 물과 공기이며 조리시설 등에서 시설 내의 공기살균과 물이나 용액의 살균 및 도마, 조리기구의 표면살균에 이용하며 식품공장의 공중낙하균을 제거할 때도 이용한다.

4. 방사선살균법

Co-60, Cs-137과 같은 방사성동위원소로부터 방출되는 감마선, 가속기에서 인공적으로 만들어진 전자선, X선 등의 방사선을 이용하여 살균하는 방법으로, 식품조사에는 Co-60을 가장 많이 사용하고 있으며 방사선으로 살균한 식품을 조사식품이라 한다. 장점은 에너지가 적게 소모되고, 완전 살균・살충이 가능하고, 발아・발근 억제효과가 우수하고, 숙도조절이 가능하여 세계 각국에서 활용하고 있다. 방사선 조사로 대상물의 온도상승이 거의 없으며, 감마선은 투과력이 강하여 포장하지 않거나 포장한

채로, 더욱이 동결상태에서도 조사할 수 있는 등 기타 살균법에서 생각할 수 없는 장점을 가지고 있다. 조사된 식품은 다시 조사할 수 없으며, 조사한 식품에는 5cm 크기의 다음과 같은 도안을 제품 포장이나 용기에 표기하여야 한다.

[그림 2-13] 국제적 통용 방사선 조사마크

5. 저온살균법

저온살균은 1864년에 미생물학자인 Louis Pasteur와 Claude Bernard에 의해서 포도주 살균법으로 최초로 고안한 것으로 파스퇴르의 이름을 본떠 pasteurization이라고 명명하였다. 열에 감수성이 커 고온에서 변질되거나 파괴되기 쉬운 영양소 등이 들어 있는 식품의 미생물을 제거하는 데 사용되며 모든 미생물을 완전히 제거하는 멸균과는 구별된다. 63~65℃에서 30분 정도 살균하는 것으로 우유의 우형 결핵균 살균을 목표로 하여 처리하는데 *Salmonella*, *Brucella*, *Streptococcus* 등의 균도 살균된다. 그러나 약간의 유산균과 같은 변패미생물은 살아남기 때문에 제품을 낮은 온도(5~7℃)에서 보존하여야 한다. 우유, 달걀, 혈청, 맥주 등의 살균이나 pH가 4 이하인 산성식품, 과즙, 알코올음료, 수분활성도(*Aw*)가 낮은 식품, 가염·가당된 식품 또는 가열 후 냉장되는 식품, 방부제 첨가식품 등에 사용한다.

6. 고압증기멸균법

1879년 Charles Chamberland가 발견한 방법으로 고압증기 멸균기(autoclave)를 이용하여 15lb/inch^{2}의 높은 압력으로 115.5℃에서 30분, 121℃에서 20분간, 126℃에서 15분간 멸균하는 것으로 실험실에서 많이 사용한다. 고압증기는 침투력이 우수하여 보툴리누스균이나 혐기성의 아포형성균 살균을 목적으로 하고 있으며 아포를 포함한 병원성 세균, 바이러스 등 모든 미생물을 사멸시킬 수 있어 완전 멸균이 가능하다. 고압상태에서 손상받지 않는 식료품, 솜, 세균배지, 생리식염수, 수액제, 수술도구 등 여러 종류의 멸균이 가능하나 고온에서 변질되는 것, 분말이나 기름 등의 멸균에는 부적합하다. 고압증기멸균을 효과적으로 하기 위해서는 멸균할 물건의 포장과 멸균기 속에서의 적절한 위치 선택이 중요하다. 고압증기멸균의 압력, 시간, 온도의 관계는 <표 2-6>과 같다.

표 2-6 고압증기멸균의 압력, 시간, 온도의 관계

기 압	시 간	Lbs(inch^2)	온도(℃)
1		1	100
		5	108.8
1.5		7	111.7
	30분	10	115.5
2		14	120.2
	20분	15	121.2
3	15분	20	126.5
		26	131.5

7. 자비(열탕)살균법

자비 중 본질이 변질되지 않는 대상물에 이용하는 방법으로 100℃의 물에 30분 이상 가열한다. 포자까지 완전 멸균은 불가능하고, 물에 1~2%의 탄산나트륨(비등수)을 넣으면 살균효과가 증가하며 금속제품의 녹이 방지된다.

8. 증기멸균법

끓는 물의 뜨거운 수증기를 이용하여 미생물을 살균하는 방법으로 100℃의 유통수증기를 이용하는 방법과 고압수증기를 이용하는 방법이 있다. 소형의 기구, 용기, 식기, 조리기구 등의 살균 시 100℃의 유통수증기에서 30~60분 가열한다. 일반적으로 균

은 가열에 의해 체내 단백질이 변성하여 기능을 상실하는데 수분이 많으면 비교적 저온에서 상실된다. 건열에는 탈수작용이 일어나므로 습열보다 효과가 적다. 습열에서 세균포자의 온도에 따른 사멸시간은 <표 2-7>과 같다.

표 2-7 습열에서 세균포자의 온도에 따른 사멸시간

세 균	사 멸 시 간(분)							
	100℃	105℃	110℃	115℃	120℃	125℃	130℃	134℃
B. anthracis	2~15	5~10	–	–	–	–	–	–
B. subtilis	many hours	–	–	40	–	–	–	–
A. putrefactive	780	170	41	15	5~6	–	–	–
Cl. tetani	5~90	5~25	–	–	–	–	–	–
Cl. perfringens	5~45	5~27	5~15	4	1	–	–	–
Cl. botulinum	300~530	40~120	32~90	10~40	4~20	–	–	–
Soil bacteria	many hours	420	120	15	6~30	4	–	10~15
Thermophilic bacteria	–	400	100~300	40~110	11~35	3.9~8.0	3.5	–
Cl. sporogenes	150	45	45	12	–	–	–	–

9. 간헐멸균법

100℃ 이상으로 가열하면 파괴되어 사용할 수 없는 물질에 내열성균이 오염되었을 때 고압증기멸균을 대신하는 방법으로 100℃에서 40~60분간 살균 후 24시간 동안 항온기에 보관하고 다음날 같은 조건으로 살균하되 같은 방법으로 3회에 걸쳐 간헐적으로 살균하는 방법이다. 포자를 형성하는 균에 적합한 방법으로 살균 후 포자를 발아시켜 다시 살균하는 원리이다.

10. 소각법

불로 태워 살균하는 방법으로 가장 효과가 확실하다. 균에 오염된 침구류나 폐기물

처리에 효과적이며 포자를 형성하는 균에 좋은 방법이다. 법정전염병으로 죽은 가축이나 오염된 물품은 이 방법으로 처리한다.

11. 일광소독법

일광소독법은 태양광선의 자외선을 이용하는 방법으로 직사광선은 모든 균에 대하여 강한 살균력을 가지고 있다. 결핵균, 장티푸스균, 페스트균의 경우 직사광선에서 몇 시간이면 사멸된다. 광선이 닿는 표면만 살균되고 지방 식품에 직사광선을 지나치게 조사하면 지방이 산패되는 단점이 있다.

12. 여과법

미생물이 통과하지 못하는 미세한 기공이 있는 여과기를 이용하여 미생물을 제거하는 방법이다. 의약품이나 세균배양기, 가열로 변성되는 혈청, Vaccine류의 제균을 목적으로 한다. 여과기에는 Chamberland 여과기, Barkefeld 여과기, Membrane 여과기 등이 있으며 식품공장에서 무균공기를 만들 목적으로는 공기여과기(air filter)를 사용한다.

2-6-2. 화학적 소독법

소독이나 살균에 화학약품을 이용하여 병원성 미생물을 제거하는 방법으로 화학약품이 미생물에 작용하는 기작에 따라 단백질 응고(승홍, 포르말린 등), 산화작용(과산화수소, 과망간산칼륨 등), 단백질과 화합물 생성(염소, 요오드 등), 단백질 변성(강산, 강알칼리, 중금속 염류 등) 등에 의하여 미생물이 살균된다.

화학약품의 소독효과는 대상물과 접촉시간이 길수록, 온도가 높을수록, 소독제의 농도가 진할수록 효과가 커진다. 그러나 유기물의 농도가 높으면 효과가 감소되고 대상 균종에 따라 화학약품에 대한 감수성의 차이로 효과가 달라진다. 화학약품의 소독력은 '소독력(killing power) = $C_n \times t$(C = 농도, n = 희석계수, t = 시간)'에 의하여 효능을 표시한다.

1. 석탄산(Phenol)

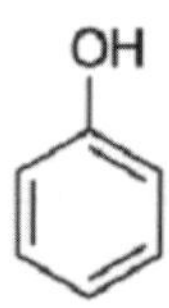

화학식은 C_6H_5OH로 노란색 또는 밝은 분홍색을 띠는 무색 결정이며 특징적인 냄새가 난다. 석탄을 건류하여 생기는 콜타르에서 분류한 산성물질이기 때문에 석탄산이라고 명명하였다. 100mL의 물에 8.3g의 페놀이 녹으며 수용액은 약산성이다. 세균 단백질을 응고하거나 용해작용이 있으며 2~5% 용액을 사용하나 평균 3% 사용한다. 오물에는 5% 수용액을 사용하며 주 소독대상은 배설물이지만 오염된 실내 벽이나 기물소독에도 사용한다. 페놀은 소독제의 표준약품으로 일정한 온도 하에서 장티푸스균에 대한 5% 석탄산의 살균력과 각종 소독제의 살균력을 비교하여 그 효능을 표시하는 것을 석탄산 계수(phenol coefficient)라 한다. 소화기, 호흡기, 피부접촉 등으로 인체에 유입되면 심각한 장애나 사망에 이를 수 있는 맹독성 물질이다.

$$\text{석탄산 계수(P.C)} = \frac{\text{소독제의 희석배수}}{\text{석탄산의 희석배수}}$$

2. 크레졸(Cresol)

화학식은 $CH_3C_6H_4OH$로 석탄 타르 및 나무 타르 중에서 석탄산과 함께 발생하는 방향족화합물로 소독제나 방부제로 사용한다. 약리작용은 페놀과 같고 소독력은 석탄산보다 2배 높으나 독성은 다소 약하다. 물에 녹지 않기 때문에 비누에 녹여 3% 크레졸 비누액으로 만든 수용액을 전염병이나 일반 소독용으로 사용하고 1~2% 수용액은 피부 또는 점막 등의 일반 소독에 사용한다. 식품에는 사용하지 않으며 손, 발, 오물통, 축사 등의 소독에 사용한다. 산이나 염을 가하면 크레졸이 분리되어 용해되지 않아 소독력이 감소한다.

3. 포름알데히드(Formaldehyde)

화학식은 HCHO로 메탄올을 산화시켜 얻는 화학물질로 상온에서 자극적인 냄새가 강하다. 고농도나 고온에서 안정된 기체로 환원성이 강하고 산화시키면 포름산이 된다. 탄소가 포함된 물질이 불완전연소해도 만들어진다. 대상물에 손상을 주지 않으며 유일한 가스 소독제로 병실, 발효실, 도서실 등을 살균한다. 석탄산 계수는 0.4로 과망간산칼륨(5% $KMnO_4$)과 혼합하면 가스가 발생한다.

4. 포르말린(Formalin)

Formaldehyde의 35~40% 수용액으로 중합을 막기 위해 10% 정도의 메탄올을 첨가한 무색투명한 액체이다. 소독제 · 살균제 · 방부제 · 방충제 · 살충제 · 지한제(止汗劑) 등의 용도로 30~50배 희석하여 약 1% 용액으로 사용한다. 무균실, 국실, 발효실, 병실, 거실, 도서실 등의 소독에 사용하고 실내 소독 시 분무 후 밀폐시켜야 하며 단백질이 있으면 효력이 저하되므로 분뇨, 배설물, 퇴비 등에는 사용하지 않는다.

5. 승 홍

화학식은 $HgCl_2$로 살균력이 강하여 아포형성균도 1~수시간 내에 사멸시키나 단백질이 있으면 살균력이 저하된다. 보통 1,000배로 희석(승홍 1, 염산 10, 물 989)하여 손, 발, 무균실 등의 소독에 사용하나 금속에는 부식성이 있어 적합하지 않다. 독성이 매우 강한 살균제로 식품, 식기, 음료수 등에 접촉되지 않도록 주의하여야 하고 치사량은 0.2~0.4g이다.

6. 생석회(Lime)

화학식은 CaO로 석회 2와 물 1을 혼합하면 $Ca(OH)_2$가 되는데 오물, 하수구, 분뇨 등의 소독에 사용한다. 강한 알칼리성 물질로 피부나 점막을 상하게 하므로 흡입하지 않도록 주의한다.

7. 양성비누(Cationic soap)

보통비누는 지방산에 Na 또는 K가 결합하여 $RCOO\text{-}Na^+$로 되어 비누의 주체가 되는 유효기는 음이온의 지방산이다. 양성비누는 제4급 암모늄염의 유도체로 보통비누와 반대로 해리하여 양이온이 비누의 주체가 되는 것으로 양이온 계면활성제 · 양성

비누・역성비누(invert soap)라고 한다.

살균력이 강하고 물에 잘 녹으며, 냄새가 없고 자극성 및 부식성이 없어 손이나 식기의 소독에 사용한다. 10% 용액의 원액을 200~400배로 희석해서 대상물에 5~10분간 처리한다. 결핵균에는 살균력이 떨어지고 비누와 같은 음이온 계면활성제와 함께 사용하면 불용성 침전물이 생성하여 효력이 저하되고 유기물이 존재하면 세척 후 사용한다.

8. 차아염소산나트륨(Sodium hypochlorite)

화학식은 NaOCl로 유효염소 4% 이상을 함유하고 있다. 식품첨가물의 살균제로 허가되어 있으며 살균주체는 HClO이다. 물에 잘 녹으며 수용액은 저장 중 분해되어 염소가스를 발생하므로 장기간 보관하게 되면 살균제로서 효력이 저하된다. 살균력은 pH와 유효염소량에 영향을 받아 비해리상태이나 pH가 낮을수록 살균력이 강하며 아미노산, 단백질, 당분 등에 의해 살균력이 감소한다. 차아염소산나트륨의 살균작용에 대한 pH의 영향은 <표 2-8>과 같다. 살균 이외에 표백과 탈취효과가 있으며 상수도에서 염소 주입 후 10분 후의 잔류염소량은 0.2~0.4ppm이 되어야 한다. 식품의 부패균이나 병원균을 사멸하기 위하여 살균제로 사용하여 음료수, 과채류, 용기・기구・식기 등에 사용한다.

▌표 2-8▌ 차아염소산나트륨의 살균작용에 대한 pH의 영향

시 험 균	99.99% 사멸에 필요한 유효염소량(ppm)			
	pH4	pH6	pH8	pH10
Pseudomonas aeruginosa	1	1	2	2~5
Bacillus subtilis 포자	200	200~500	1,000	>1,000

9. 표백분(Bleaching powder)

화학식은 $CaOCl_2$로 소석회에 염소를 흡수시켜서 만든 백색분말로 염소계 표백제의 하나이다. 유효염소가 35% 이상 함유되어 있으며 고도표백분은 70% 이상이다. 유리염소에 의하여 살균되고 병원균의 포자를 몇 분 내에 사멸시킨다. 소독대상에 유기물

이 함유되어 있으면 유기물과 결합하여 소독력이 현저하게 저하된다. 맑은 물에는 1/200만(0.5ppm), 더러운 물에는 1/5만~1/50만의 농도로 소독하고 보통 우물이나 풀 등에 사용한다.

10. 오존(Ozone)

화학식은 O_3로 산화에 의한 강력한 살균력을 가지고 있다. 침전물이 생기지 않고 냄새가 없어 좋으나 공기소독에는 높은 농도가 필요하고 인체에 독성이 있어 장시간 흡입하면 호흡기관을 해치므로 주의해야 한다. 물 소독에는 대개 1m^3의 물에 3~4g의 오존이 필요하고 공기의 정화(淨化), 음료수 소독, 표백이나 유기화합물의 구조 결정 등에 사용한다.

11. 에틸알코올(Ethyl alcohol)

화학식은 C_2H_5OH로 70% 용액이 가장 살균력이 강하고 미생물의 단백질을 변성시키거나 용해시켜 세균을 사멸하니 아포의 살균에는 거의 효과가 없다. 산을 가하면 살균력이 증가하고 주로 손이나 주사부위의 소독에 사용한다.

12. 과산화수소(Hydrogen peroxide)

화학식은 H_2O_2로 살균력은 발생기 산소에 의하며 2.5~3.0%의 과산화수소용액을 옥시돌이라 하여 피부의 화농성 부위나 고름의 소독에 사용한다.

13. 머큐로크롬(Mercurochrome)

수은 유기화합물을 알코올에 녹인 것으로 옥도정기라고도 한다. 물에 녹아 적색의 용액이 되며 2%의 수용액이 창상(創傷) 및 점막의 살균소독제로서 사용된 적이 있으나 지금은 거의 사용하지 않는다.

▌표 2-9▌ 소독제의 종류와 용도

종 류	사 용 농 도		용 도
금 속 류	• $HgCl_2$ • 유기수은제 merthiolate mercurochrome • $AgNO_3$ • $CuSO_4$ • organic copper compound	0.1~0.5% 0.02% 2% 0.1%	소독제 피부소독 피부소독 신생아 안질예방 살조제 식물조직
할 로 겐 (halogen)	• I_2+KI • Cl_2 • $CaOCl_2$, $NaClO$ • 클로라민	 0.2~0.4ppm	피부소독, 의료기구소독 음료수소독, 하수소독 음료수소독 식품공업의 일반소독
석탄산 유도체 (phenol)	• phenol • cresol • creosote	3~5% 1~3% 0.1%	피부소독, 의료기구소독 피부소독, 오물소독 구강소독
지방족화합물	• alcohol • 이소프로필알코올 • formaldehyde	70% 30~70% 1~1.5%	피부소독 의료기구소독 소독제
양이온 세제 (cationic detergent)	• 제4암모늄 화합물	-	비누, 화장품, 식기류 소독
산소계	• 과산화수소 • 과산화초산	2.5~3%	피부 실내

2-6-3. 종류별 소독 · 살균법

1. 음용수 소독

- 물리적 방법 : 자비소독, 자외선 조사
- 화학적 방법 : 염소소독(잔류염소량 0.2ppm), 표백분, 오존소독

2. 조리기구 소독

- 물리적 방법 : 자비소독(100℃에서 30분 이상), 일광소독, 증기소독
- 화학적 방법 : 역성비누(0.01~0.1%), 차아염소산나트륨

3. 과채류 소독

- 물리적 방법 : 자외선소독
- 화학적 방법 : 차아염소산나트륨(500배 희석용액에 담근 후 수돗물로 세척), 표백분(유효염소 100ppm) 용액으로 소독 후 수돗물로 세척

4. 수건 및 식기 소독

- 물리적 방법 : 자비소독, 증기소독, 일광소독
- 화학적 방법 : 역성비누, 염소계 소독제

5. 전염병환자가 사용한 것

- 물리적 방법 : 일광소독(결핵환자), 소각
- 화학적 방법 : 석탄산, 포르말린, 크레졸, 포름알데히드

6. 화장실 및 하수구 소독

- 화학적 방법 : 3% 석탄수, 3% 크레졸수, 포르말린 용액, 표백분, 생석회, 소석회

7. 조리장 및 식품창고 소독

- 물리적 방법 : 수증기, 자외선, 오존소독
- 화학적 방법 : 역성비누액, 차아염소산나트륨, 표백분 등

8. 조리사의 손 소독

10% 역성비누액을 손에 붓고 손톱 사이까지 솔로 문지르면서 4~5분간 접촉한 후 흐르는 수돗물에서 솔로 깨끗이 씻어낸다.

3 식품의 부패 및 저장

3.1 개 요

식품을 그대로 방치하면 미생물, 햇볕, 산소, 화학물질 등에 의하여 식품 본래의 성질, 즉 품질적인 면에서 외적 및 관능적 변화가 일어나 식용으로 적합하지 않은 상태가 되는 것을 변질(spoilage)이라고 한다. 식품의 변질은 물리적・화학적・생물학적 요소가 단독 혹은 복합적으로 작용하여 발생한다. 수분함량이 높은 식품은 수분증발에 의한 건조, 광선이나 공기에 의하여 산화, 본래 가지고 있는 효소에 의하여 식품의 향, 색, 영양성분 등의 변화, 식품 속에 함유되어 있는 미생물의 작용으로 변화되는 모든 것을 변질이라 한다. 변질은 미생물에 의한 생물학적 요인이 대부분이며 가장 중요하다고 볼 수 있다.

식육, 달걀, 어패류 등과 같이 고분자 유기물인 단백질로 되어 있는 식품이 혐기적 상태에서 미생물의 작용에 의하여 저급물질로 분해되고 형태, 경도, 색택, 맛 등이 변화하는 과정을 부패(putrefaction)라 하고 식품이 부패되면 본래의 가치가 저하된다. 단백질이 혐기성 세균에 의하여 분해되면 여러 가지 아미노산과 아민뿐만 아니라 황화수소, 암모니아, 메캅탄, 메탄 등과 같은 가스가 발생하여 악취가 난다.

질소를 함유하고 있지 않은 유기화합물인 탄수화물도 물이나 공기와 같은 화학적 요인에 의하여 변질될 뿐만 아니라 세균에 의해서도 분해되는데 이러한 과정은 단백질 분해과정과 달라서 변패(deterioration)라고 한다. 동물성 식품은 단백질이 주성분이나 지방과 탄수화물도 있어 미생물에 의하여 부패될 때 단백질과 함께 지방과 탄수화물도 동시에 분해되므로 부패와 변패를 명확히 구분하기란 매우 어렵다. 따라서 주도적으로 작용을 받는 성분이 무엇인가를 고려하여 부패 또는 변패란 용어를 사용한다. 미생물에 의하여 단백질과 지방이 분해되면서 동시에 탄수화물이 주 분해물질로 되어 인간에 유용한 물질이 생성되는 것을 발효(fermentation)라 한다. 효모에 의한 알코올 발효, 젖산균에 의한 김치발효, 요구르트, 치즈 등이 발효의 좋은 예이다.

유지를 공기 중에 장시간 방치하면 산성이 되어 불쾌한 냄새가 나고, 맛이 나빠지거나 빛깔이 변하는데 이것을 산패(rancidity)라 한다. 산패는 공기 속의 산소와 결합하여 자동적으로 발생하며, 이외에 빛, 열, 세균, 효소, 습기 등에 의해서도 화학변화를 일으켜 발생한다. 유지를 많이 함유하는 식품이 산패되면 맛의 저하, 비타민이나 아미노산 등의 파괴, 이취, 심할 때는 유독물질이 생성된다. 유지의 산패를 방지하기 위해서는 항산화제(抗酸化劑, 산화방지제)를 첨가하고, 습기가 없고 서늘한 냉암소에 보관하여야 한다.

3.2 식품의 부패미생물

식품은 보관 중 본래 오염되어 있던 미생물이나 공중미생물의 오염으로 미생물총(microflora)이 형성된다. 부패미생물이 오염되면 식품성분 중 단백질은 세균의 효소에 의해 분해되어 아민, 암모니아, 황화수소 등과 같은 여러 가지 대사산물의 생성으로 섭취할 수 없는 상태가 된다. 많은 종류의 미생물 중에서 특히 유기물을 부패하는 세균이라는 뜻으로 병원균이나 식중독균과 구별하여 부패세균(putrefactive bacteria)이라 한다.

부패는 식품에 한 종류의 미생물이 혼입되어 발생하기보다는 일반적으로 여러 종류의 미생물이 시간적 차이를 두고 증식하면서 진행된다. 부패초기에 식품표면에 호기성세균이 오염되어 증식하면 식품성분 중 특히 단백질은 부패세균이 분비하는 효소작용으로 분해되어 변색, 퇴색, 조직의 연화 등과 같은 변화가 일어나고 이어서 그 조직 내로 혐기성세균이 침입하여 부패가 계속 진행된다.

표 3-1 주요 식품의 부패와 관련 미생물

식품	부패결과	관련 미생물
어패류	부패	*Pseudomonas, Achromobacter, Flavobacterium, Corynebacterium, Bacillus, Sarcina, Serratia, Vibrio, Clostridium, Escherichia, Proteus*
달걀	부패	*Pseudomonas fluorescence*(녹색부패), *Pseudomonas, Acinetobacter*(무색부패), *Proteus melauovogenes*(흑색부패)
소시지	산패(신맛)	*Lactobacillus, Leuconostoc*(0~11℃) *Microbacterium, Micrococcus*(높은 온도)
두부	산패나 반점	*Bacillus subtilis, B. sereus, B. megaterium*
빵	변패	*Rhizopus nigricans, Penicillium expansum, P. stoloniferum, Aspergillus niger, Monilia sitophila, Mucor, Geortichum*
	적색 빵	*Serratia marcescens*
식육	점질물질, 변색, 반점, 산패	*Pseudomonas, Acinetobacter, Moraxella, Alcaligenes, Lactobacillus, Leuconostoc, Streptococcus, Flavobacterium*
	부패	*Clostridium, Alcaligenes, Proteus*
냉장 포장육	부패	*Pseudomonas, Acinetobacter, Lactic acid bacteria, Brochothrix thermosphacta*(비통기성 필름)

부패세균의 종류는 식품에 따라 달라 수분이 많은 단백질 식품인 축산물이나 어패류는 주로 *Bacillus*, *Pseudomonas* 등이, 단백질 가공식품은 *Bacillus*, *Clostridium* 등이 부패를 일으킨다. 빵, 건어물, 과실 등과 같이 수분이 적거나 산성식품은 곰팡이에 의해서 부패가 일어난다. 곰팡이나 효모는 식물성 식품에 증식하여 부패를 일으키는 경우는 적으나 품질을 저하시켜 식품으로의 가치를 떨어뜨린다. 부패세균은 일반적으로 단백질 분해력이 강한 특징을 가지고 있으며 주요 식품의 부패와 관련된 미생물은 <표 3-1>과 같다.

3.3 부패요인

부패는 미생물이 식품 분해과정에서 생성되는 산물에 의한 것으로 수분이 많고 통풍이 잘되지 않으며 온도가 높은 곳에서 잘 일어난다. 부패세균은 대부분 혐기성세균으로 유기물을 완전히 분해하지 못하고 중간분해 물질 형태로 만들어 악취와 오물 등의 원인이 된다. 따라서 부패를 방지하기 위해서는 부패세균이 번식할 수 없는 환경을 만들고 산소를 충분히 공급해 주어야 한다.

식품의 부패는 화학적 조성이 가장 중요한 인자로, 탄수화물이 많은 식품은 호기성미생물이 분해하여 산을 생성하지만, 육류나 어류같이 단백질을 주성분으로 하는 식품은 혐기성세균이 부패를 일으키기 쉽다. 유지류는 호기적 산화를 일으키는 경우가 많다.

식품의 부패는 미생물이 관여하는 과정으로 미생물이 증식하기 위한 조건에는 다음과 같은 것들이 있다.

1. 온 도

미생물은 종류마다 증식에 알맞은 온도범위를 가지고 있다. 미생물에 의한 식품의 부패는 온도에 가장 큰 영향을 받는다. 각각의 미생물은 특정한 온도이하에서 성장하지 않는 최저온도, 성장이 가장 활발한 최적온도, 특정온도 이상에서 성장하지 않는 최고온도를 가지고 있다. 저온균의 최적온도는 15~20℃, 중온균의 최적온도는 25~40℃, 고온균의 최적온도는 50~60℃이다. 대부분의 부패세균은 중온균으로 여름철에 부패가 쉽게 일어나기 때문에 식품위생관리상 저온을 유지하는 것이 중요하다. 식품을 저온에 보관하면 미생물의 증식이 저지되고 식품이 가지고 있는 효소의 작용이 억제된다. 그러나 저온세균은 0℃ 이하에서도 증식이 가능하므로 식품을 냉동 또는 냉장하여도 부패는 서서히 진행된다고 볼 수 있다. 미생물의 증식온도는 <표 3-2>와 같다.

▌표 3-2▌ 각종 미생물의 증식온도

미생물	온도(℃)		
	최저	최적	최고
Bacteria			
Acetobacter	5	-	42
Aeromonas	0~5	25~30	38~41
Bacillus cereus	10	-	47~50
Brevibacterium	5	-	42
Clostridium	0~45	-	60
C. botulinum	3~10	30~40	42~45
C. perfringens	15~20	30~40	45~51
C. pultrefaciens	0	20~25	30
C. thermosaccharolyticum	43~45	55~62	70~71
Escherichia coli	3~10	37~41	48~50
Lactobacillus	5	30~40	53
Leuconostoc	10	20~30	40
Micrococcus	10	25~30	45
Moraxella	-1~2	30	41~42
Propionibacterium	2~3	30~37	45
Proteus	10	37	43~45
Pseudomonas	-7~4	20~30	31~43
P. aeruginosa	8	-	42
P. fluorescens	0~6	20~25	40
Salmonella	5~10	35~37	46~49
Staphylococcus	5~10	35~40	46~48
S. aureus	5~10	35~39	44~48
Streptococcus cremoris	-	25~30	-
S. faecalis	5~10	37	49~51

미생물	온도(℃)		
	최저	최적	최고
S. lactis	10~15	25~30	40
S. thermophilus	20	40~45	52
Vibrio	-	10~37	-
V. parahaemolyticus	3~13	35~37	42~44
Xanthomonas	0~5	25~31	40
Yersinia enterocolitica	0~4	-	37
Molds			
Aspergillus fumigatus	-	30~40	-
Botrytis cinerea	-1	20	30
Cladosporium	-5~-8	-	-
Penicillium rubrum	-	25~28	-
Rhizopus stolonifer	5	-	25
Yeasts			
Candida	0	-	29~48
C. lipolytica	5	25	35~40
Hansenula	-	37~42	50
Saccharomyces	0~7	20~35	40
Torulopsis	0	17~25	30~35

2. 수 분

수분은 미생물의 성장과 증식에 중요한 환경인자로 어느 정도 이상의 수분이 필요하기 때문에 식품의 수분함량을 조절하여 부패를 방지할 수 있다. 식품 중의 수분은 자유수(free water)와 결합수(bound water)로 존재하는데, 미생물은 자유수와 단백질이나 탄수화물과 약하게 결합한 일부의 결합수는 이용할 수 있으나 단백질이나 탄수화물 등과 결합하여 안정한 상태를 유지하고 있는 결합수는 이용하지 못한다. 식품 중의 자유수는 미생물 부패에 중요한 인자이나 환경에 따라 함량이 달라지기 때문에 수분함량 %보다는 수분활성도(water activity, Aw) 개념을 도입하여 다음 식에 의하여 산출한다.

$$Aw = \frac{P}{P_0} = \frac{n_2}{n_1 + n_2}$$

P : 밀폐용기 내에 주어진 용액의 증기압

P_0 : 주어진 용매의 증기압

n_1 : 용질의 mole수

n_2 : 용매의 mole수

밀폐용기 안의 식품 수분은 용기의 상대습도와 평형을 이루기 때문에 평형상대습도라 하며 $Aw \times 100 = RH$의 관계가 성립한다. 미생물이 식품 중에서 증식하기 위해서는 일정한 Aw값이 필요한데 미생물의 Aw값은 <표 3-3>과 같다.

수분활성도 값이 높을수록 미생물은 증식하기 쉽다. 증식 가능한 Aw의 최저한계는 세균 0.9, 효모 0.88, 특수한 세균 0.75, 내건성 곰팡이 0.65, 내삼투압성 효모 0.6이다. 식품을 건조시키면 세균, 효모, 곰팡이 순으로 증식이 어려워지며 Aw가 0.65 이하에서는 곰팡이도 생육하지 못한다. 따라서 식품의 Aw를 0.6 이하로 유지하여 저장하면 미생물에 의한 변패를 방지할 수 있다. 식품별 수분활성도(Aw)는 <표 3-4>와 같다.

▌표 3-3▐ 주요 식품 미생물의 증식 최저 *Aw*값

미생물	최저 *Aw*	미생물	최저 *Aw*
Most spoilage bacteria	0.90~0.91	*Staphylococcus albus*	0.88~0.92
Acinetobacter	0.95~0.98	*S. aureus*	0.83~0.92
Aeromonas	0.95~0.98	*Streptococcus*	0.92~0.98
Alcaligenes	0.95~0.98	*Vibrio parahaemolyticus*	0.94~0.98
Arthrobacter	0.95~0.98	Halophilic bacteria	0.75
Bacillus	0.90~0.99	Most yeasts	0.87~0.94
B. cereus	0.92~0.95	Osmophilic yeasts	0.60~0.78
Citrobacter	0.95~0.98	Most molds	0.70~0.80
Clostridium botulinum	0.90~0.98	Xerophilic molds	0.60~0.70
Type A	0.93~0.95	*Aspergillus*	0.68~0.88
Type B	0.93~0.96	*A. glaucus*	0.70~0.75
Type E	0.94~0.97	*A. flavus*	0.78~0.90
C. perfringens	0.93~0.97	*A. hatophilicus*	0.68
Corynebacterium	0.95~0.98	*A. niger*	0.80~0.84
Enterobacter	0.95~0.98	*Botrytis cinerea*	0.93
Escherichia coli	0.94~0.97	*Debaryomyces*	0.87~0.91
Flavobacterium	0.95~0.98	*Fusarium*	0.80~0.92
Klebsiella	0.95~0.98	*Hansenula*	0.89~0.90
Lactobacillus	0.90~0.96	*Mucor*	0.80~0.93
Leuconostoc	0.96~0.98	*Penicillium*	0.78~0.90
Micrococcus	0.90~0.95	*Rhodotorula*	0.89~0.92
M. roseus	0.90~0.93	*Saccharomyces cerevisiae*	0.90~0.94
Pseudomonas aeruginosa	0.96~0.98	*S. rouxii*	0.62~0.81
P. fluorescens	0.94~0.97	*Xeromyces bisporus*	0.60~0.61
Salmonella	0.93~0.96		

▌표 3-4▐ 식품의 수분활성도(*Aw*)

식품	*Aw*	식품	*Aw*
신선한 과일, 채소	0.97~1.00	젤리	0.82~0.94
가금류, 생선	0.98~1.00	쌀	0.80~0.87
신선한 육류	0.95~1.00	과일 케이크	0.80~0.87
푸딩	0.97~0.99	밀가루	0.67~0.87
달걀	0.97	케이크 아이싱	0.76~0.84
과일이나 채소주스	0.97	당밀	0.76
빵	0.95~0.96	꿀	0.54~0.75
내부	0.94~0.97	건조과일	0.51~0.89
껍질	0.30	초콜릿 캔디	0.69
치즈	0.91~1.00	귀리	0.65~0.75
파머산	0.68~0.76	커피	0.60~0.65
염지육	0.87~0.95	캐러멜	0.60~0.65
케이크	0.90~0.94	국수	0.50
냉장비스킷반죽	0.94	건조란	0.40
메이플시럽	0.90	비스킷	0.30
염지달걀노른자	0.90	건조채소	0.20
애완견 사료	0.83~0.91	시리얼	0.10~0.20
견과류	0.66~0.84	크래커	0.10
잼	0.75~0.80	설탕	0.10

3. 수소이온농도

식품이 가지고 있는 효소나 외부에서 혼입된 미생물이 작용하기 위해서는 식품에 일정한 범위의 수소이온농도가 필요하다. 미생물은 증식에 가장 알맞은 최적 pH, 산성 쪽의 최저 한계인 최저 pH, 알칼리 쪽의 최고 한계인 최고 pH를 갖는다. 일반적으로 세균의 증식최적 pH는 중성부근인데 대부분의 부패세균은 pH 5.5 이하에서는 증식이 저해되지만 효모와 곰팡이는 산성영역에서도 증식이 잘된다. 곰팡이의 증식 pH

범위는 2~11이나 pH 4.5~6.8의 미산성에서 잘 증식하며 효모의 pH 범위는 4.0~8.5이다. 미생물이 증식하기 위한 최저, 최적, 최고 pH 범위는 <표 3-5>와 같다.

표 3-5 미생물 증식의 pH 범위

미생물	pH		
	최저	최적	최고
Bacteria(most)	4.5	6.5~7.5	9.0
Acetobacter	4.0	5.4~6.3	–
Bacillus subtilis	4.2~4.5	6.8~7.2	9.4~10.0
Clostridium botulinum	4.8~5.0	6.0~8.0	8.5~8.8
C. perfringens	5.0~5.5	6.0~7.6	8.5
C. sporogenes	5.0~5.8	6.0~7.6	8.5~9.0
Erwinia carotovora	4.6	7.1	9.3
Escherichia coli	4.3~4.4	6.0~8.0	9.0~10.0
Gluconobacter oxydans	4.0~4.5	5.5~6.0	–
Lactobacillus(most)	3.0~4.4	5.5~6.0	7.2~8.0
L. acidophilus	4.0~4.6	5.5~6.0	7.0
L. plantarum	3.5	5.5~6.5	8.0
Leuconostoc cremoris	5.0	5.5~6.0	6.5
L. oenos	–	4.2~4.8	–
Pediococcus cerevisiae	2.9	4.5~6.5	7.8
Propionibacterium	4.7	6.2~7.0	7.5
Proteus vulgaris	4.4	6.0~7.0	8.4~9.2
Pseudomonas(most)	5.6	6.6~7.0	8.0
P. aeruginosa	5.6	6.6~7.0	8.0~9.0
Salmonella(most)	4.5~5.0	6.0~7.5	8.0~9.6
S. typhi	4.0~4.5	6.5~7.2	8.0~9.0
S. choleraesuis	5.0	7.0~7.6	8.2
Serratia marcescens	4.6	6.0~7.0	8.0
Staphylococcus aureus	4.0~4.7	6.0~7.0	9.5~9.8
Streptococcus lactis	4.1~4.8	6.4	9.2

미생물	pH		
	최저	최적	최고
Vibrio	5.5~6.0	−	9.0
V. cholerae	−	8.6	−
V. parahaemolyticus	4.8~5.0	7.5~8.5	11.0
Yeasts	1.5~3.5	4.0~6.5	8.0~8.5
Hansenula	−	4.5~5.5	−
Kluyveromyces	1.5~2.0	−	−
Pichia	1.5	−	−
Saccharomyces cerevisiae	2.0~2.4	4.0~5.0	−
S. rouxii	1.5	3.5~5.5	8.5~10.5
Molds	1.5~3.	4.5~6.8	8.0~11.0
Aspergillus niger	1.2	3.0~6.0	−
A. oryzae	1.6~1.8	−	9.0~9.3
Botrytis cinerea	2.5	−	7.4
Mucor	−	3.0~6.1	9.2
Penicillium	1.9	4.5~6.7	9.3
Rhizopus nigricans	−	4.5~6.0	−

4. 산 소

미생물은 산소요구나 산소의 내성차이에 따라 편성호기성, 통성혐기성, 미호기성, 편성혐기성 등으로 구분한다. 미생물의 관점에서 산소농도보다 산화환원전위(oxidation-reduction potential; ORP)로 나타내는 것이 합리적으로 *Eh* 또는 rH로 표시한다. 호기성 미생물은 양(+)의 *Eh*, 혐기성 미생물은 음(−)의 *Eh*를 갖는 조건에서 잘 자란다. *Eh*값의 최고치는 산소가 대량 존재하는 환경의 +816mV(pH7)이고 최저치는 수소가 대량 존재하는 환경의 −421mV(pH7)이다.

식품 중의 ORP는 식품의 성분이나 가공 등에 따라서 달라진다. ORP가 낮은 식품표면에 공기 중의 유리산소가 침투하여 ORP가 상승하면 호기성균이 증식하여 *Eh*가 낮아지고 뒤이어 혐기성균이 증식하여 변질이 일어난다. ORP가 높을 때 탄수화물은 CO_2와 물로, 단백질은 CO_2, NH_3, 물로 분해된다. ORP가 낮으면 탄수화물은 알코올과 유기산으로 전환되고 단백질은 부패되어 암모니아, 황화수소, 메캅탄 등의 악취물질로 전환된다. 식품재료의 산화환원전위는 <표 3-6>과 같다.

▌표 3-6▌ 식품재료의 산화환원전위

식품	*Eh*(mV)	pH
식육(사후강직 전)	−200	5.7
고기 간 것	+225	5.9
밀알	−320~−360	6.0
분쇄한 보리	+225	7.0
시금치	+74	6.2
배	+436	4.2
포도	+409	3.9
레몬	+383	2.2

3.4 부패의 이화학적 변화

부패의 원인은 다양하지만 식품성분인 단백질, 탄수화물, 지방 등의 고분자 화합물은 식품 중의 효소에 의하여 분해되어 저분자 화합물인 아미노산, 지방산, 유기산 등으로 전환된다. 이들 저분자 화합물은 다시 미생물에 의하여 분해되어 부패산물이 생성된다. 이와 같이 부패는 저분자 화합물이 부패미생물에 의하여 각종 부패산물을 생성하는 것을 말한다. 부패가 진행되면 각종 아민류가 생성되어 알칼리성이 된다. 아미노산은 부패세균에 의한 탈탄산반응, 탈아미노반응, 이들의 혼합반응 등에 의하여 여러 가지 분해산물을 생성하는데 그 분해의 화학반응은 다음과 같다.

1. 탈탄산반응

비가역적 반응으로 아미노산에 미생물이 작용하여 carboxyl(−COOH)기를 떼어내 아민(amine), CO_2, 개미산 등을 생산하는 반응이다. 산성조건에서 잘 일어나며 중성~알칼리성에서는 반응하지 않는다.

$$R \cdot CH \cdot NH_2 \cdot COOH \longrightarrow \underset{\text{amine}}{R \cdot CH \cdot NH_2} + CO_2$$

$$R \cdot CH \cdot NH_2 \cdot COOH \xrightarrow{+2H} \underset{\text{amine}}{R \cdot CH \cdot NH_2} + \underset{\text{개미산}}{HCOOH}$$

Histidine이 부패반응으로 histamine이 되어 allergy성 식중독을 일으키므로 식품위생상 매우 중요하다. 각종 아미노산에 대한 탈탄산반응 생성물은 <표 3-7>과 같으며, 이러한 반응 생성물은 매우 강한 유독성 아민으로 allergy성 식중독의 원인물질인 ptomaine으로 불린다.

표 3-7 아미노산의 부패로 생성되는 아민류

아미노산	아민류
histidine	histamine
tyrosine	tyramine
lysine	cadaverine
ornithine	putrescine
arginine	agmatine
valine	isobutylamine
leucine	isoamylamine
serine	ethanolamine

아미노산	아민류
aspartic acid	L-Alanine, β-alanine
glutamic acid	γ-aminobutylic acid
cystine	cystamine

2. 탈아미노반응

아미노산에 미생물이 작용하여 호기적, 가수분해적, 혐기적, 불포화적 탈아미노반응으로 암모니아와 함께 keto산, hydroxy산, 포화지방산, 불포화지방산 등을 만들고 이외에 알코올이나 phenol 등도 만들어진다.

- 호기(산화)적 탈아미노반응

$$R \cdot CH \cdot NH_2 \cdot COOH \xrightarrow{+O} \underset{\alpha\text{-keto산}}{R \cdot CO \cdot COOH} + NH_3$$

- 가수분해적 탈아미노반응

$$R \cdot CH \cdot NH_2 \cdot COOH + H_2O \rightarrow \underset{\text{hydroxy acid}}{R \cdot CH \cdot OH \cdot COOH} + NH_3$$

- 환원(혐기)적 탈아미노반응

$$R \cdot CH \cdot NH_2 \cdot COOH + 2H \rightarrow \underset{\text{포화지방산}}{R \cdot CH_2 \cdot COOH} + NH_3$$

- 불포화적 탈아미노반응

$$R \cdot CH_2 \cdot CH \cdot NH_2 \cdot COOH \rightarrow \underset{\text{불포화지방산}}{RCH{=}CHCOOH} + NH_3$$

3. 탈탄산반응과 탈아미노반응의 혼합반응

• 가수분해

$$R \cdot CH \cdot NH_2 \cdot COOH + H_2O \rightarrow R \cdot CH_2 \cdot OH + NH_3 + CO_2$$

$$\underset{\text{valine}}{(CH_3)_2CH \cdot CH \cdot NH_2 \cdot COOH} + H_2O \rightarrow \underset{\text{isobutyl alcohol}}{(CH_3)_2CH \cdot CH_2 \cdot OH} + NH_3 + CO_2$$

• 환원

$$R \cdot CH \cdot NH_2 \cdot COOH + 2H \rightarrow R \cdot CH + NH_3 + CO_2$$

$$\underset{\text{glycine}}{CH_2 \cdot NH_2 \cdot COOH} + H_2O \rightarrow CH_4 + NH_3 + CO_2$$

• 산화

$$R \cdot CH \cdot NH_2 \cdot COOH + O \rightarrow R \cdot COOH + NH_3 + CO_2$$

$$\underset{\text{alanine}}{CH_3 \cdot CH \cdot NH_2 \cdot COOH} + O_2 \rightarrow CH_3COOH + NH_3 + CO_2$$

4. 기 타

• 어류의 trimethylamine oxide(TMAO)는 미생물의 환원효소에 의해 trimethylamine(TMA)으로 분해되어 부패취의 원인이 된다.

$$\underset{\text{TMAO}}{(CH_3)_3NO} + NADH + H^+ \rightarrow \underset{\text{TMA}}{(CH_2CH_3)_3N} + NAD^+ + H_2O$$

• 함황아미노산은 미생물에 분해되어 메캅탄이 되고 다시 H_2S가 생성되어 악취를 낸다.

$$\underset{\text{cysteine}}{HS \cdot CH_2 \cdot CH \cdot NH_2 \cdot COOH} \rightarrow \underset{\beta\text{-thio 젖산}}{HS \cdot CH_2 \cdot CH_2 \cdot COOH}$$

$$\rightarrow \underset{\text{thioglycol산}}{HS \cdot CH_2 \cdot COOH} \rightarrow \underset{\text{mercaptane}}{CH_3 \cdot SH} \rightarrow H_2S$$

- Tryptophan은 분해되어 skatole과 indole로 전환된다.

3.5 부패의 판정

식품은 자연환경에서 미생물에 의한 부패로 먹을 수 없게 된다. 특히 가열조리한 식품은 자연식품보다 더욱 부패하기 쉬워 부패한 식품은 모양, 색상, 경도 등의 외관과 이화학적 변화가 일어나고 악취가 나기 때문에 어렵지 않게 식별할 수 있어 먹지 않으므로 식품위생상 위험이 없으나, 부패가 시작되는 초기단계에서는 식별이 쉽지 않아 문제가 된다.

1. 관능검사에 의한 판정

식품의 부패를 인간의 관능 즉 시각, 촉각, 미각, 후각 등에 의하여 판단하는 것을 관능검사(organoleptic examination)라 한다. 개인적인 차이가 있으나 예민하고 신속성이 있어 이화학적 분석과 별도로 이용한다. 식품의 종류에 따라 차이는 있으나 부패가 시작되면 아민, 암모니아, 산패, 곰팡이, 알코올, 에스테르, 분변 등의 부패취가 발생하며, 색택의 변화로는 광택의 소실 및 착색, 퇴색, 변색 등이 있고 미각의 변화로는 이미, 무미, 자극성 등이 나타난다.

액체식품에서는 침전, 응고, 발포, 혼탁 등이 나타나고, 고체식품에서는 탄력성과 유연성 저하, 연화, 점액화 등이 일어난다.

2. 생균수 검사에 의한 판정

식품의 부패가 진행되면 생균수가 증가하므로 균수를 측정하여 식품의 선도를 판정한다. 생균수 측정은 조작이 복잡하고 검출시간이 오래 걸려 다소 실용적이지 못하고 세균이 식품에 골고루 부착되어 있지 않을 뿐만 아니라 세균 중에는 부패활성이 강한 것과 그렇지 않은 것이 있어 생균수 측정만으로 부패의 정도를 판정하기는 정확치 않다. 일반적으로 식품 1g당 혹은 1mL당 생균수가 10^5이면 안전한계로 간주하고 10^7~10^8이면 초기부패로 판정한다.

3. 화학적 검사에 의한 판정

어류나 육류 같은 단백질 식품은 선도저하와 함께 휘발성 염기질소(amine, ammonia 등), trimethylamine, histamine, pH 등의 변화를 검사하여 부패의 정도를 판정할 수 있다.

- 휘발성 염기질소

단백질 식품은 선도저하와 함께 아민이나 암모니아 같은 휘발성 염기질소가 생성되기 때문에 이들을 정량하여 선도를 판정할 수 있다. 휘발성 물질의 측정은 보편적으로 이용되고 있으며 일반적으로 30mg% 정도일 때 초기부패로 판정한다. 검사방법으로는 감압법, 통기법, 미량확산(Conway)법 등이 있다.

- trimethylamine

어류가 죽으면 신선한 어육의 trimethylamine oxide(TMAO)는 시간이 경과함에 따라 세균의 효소작용에 의해 trimethylamine(TMA)로 환원되어 생성되는 양이 증가하기 때문에 이 양을 측정하여 어류의 부패정도를 판정할 수 있다. 무색, 흡습성, 가연성 등의 특징을 가진 제3급 아민으로 강한 썩은 생선 냄새가 나는 가스이다. 검사방법으로는 포르말린으로 암모니아를 고정한 후 측정하는 방법과 요오드의 복염으로 하여 이염화에틸렌으로 추출하여 측정하는 방법이 있다. 4~6mg%가 함유되면 초기부패로 판정한다.

- histamine

어류의 부패과정에서 미생물의 작용으로 아미노산인 histidine이 유독 아민류인 histamine으로 전환되어 어육 중에 축적되는데 이 양이 4~10mg% 함유되면 알레르기성 식중독을 일으킨다. 신선한 어육에서는 일반적으로 histamine이 검출되지 않는다.

- pH

신선한 어육이나 축육의 pH는 7 부근이나 사후강직으로 젖산이나 인산이 생성되어 pH가 6 정도까지 내려가고 이어서 부패가 시작되면 단백질이 분해하여 암모니아나 염기성 물질로 전환되어 pH가 8.0 부근으로 상승한다. pH가 저하되었다가 상승되는 6.2~6.5를 보통 초기부패로 판정한다.

3.6 식품의 저장법

식품의 품질이 변하지 않도록 보존하는 것을 저장이라 하는데, 여기서 품질이라고 하는 것은 기호적 가치를 중시하여 맛을 의미한다. 맛을 유지하기 위해서는 식품의 물리적 · 화학적 상태 등을 중시하여야 한다. 식품 저장을 위해서는 품질을 변하게 하는 요인과 영향을 주는 인자가 무엇인지, 영향을 미치는 한계는 어디까지인지 등을 고려해야 한다.

3-6-1. 물리적 저장법

식품이 변패하는 것을 방지하기 위한 저장방법으로 유해미생물이 증식하지 못하거나 지연되도록 증식환경을 변화시키거나, 미생물 오염을 방지하여 무균상태로 유지하는 방법이 있다.

1. 건조저장법

햇볕이나 열풍에 식품을 노출시켜 수분을 증발하여 제거하거나 냉동 또는 감압상태에서 탈수로 수분함량을 줄여 저장하는 방법으로 수분을 15% 이하로 조절하여 저장한다. 주로 채소, 과일, 곡류, 분유, 건어물, 커피, 차, 국수, 양념류, 치즈, 곶감 등의 저장에 이용한다. 식품별 건조방법은 <표 3-8>과 같다.

▌표 3-8▌ 식품의 건조방법

종 류		방 법	제 품
자연 건조법	일광 건조법	식품을 햇볕에 건조	건포도, 곡류, 해산물, 채소류 등
인공 건조법	열풍 건조법	가열한 공기를 식품의 표면에 접촉하여 건조	육류, 어류, 알류 등 각종 고체 식품
	배건법	식품을 불에 볶거나 불을 쬐어서 건조	보리차, 옥수수차, 녹차 등
	고온 건조법	80℃ 이상의 고온에서 건조	α 전분
	동결 건조법	동결한 재료를 감압하여 승화로 수분을 제거하여 건조	육류·어류·채소·과즙 등의 인스턴트식품
	분무 건조법	액체재료를 건조실내에 분무하여 열풍으로 건조	분유, 치즈, 아이스크림 믹서 등
	감압 건조법	건조기 내를 진공에 가깝게 감압하여 건조	물엿, 맥아 엑기스, 토마토퓌레 등
	탈수 건조법	식품 중의 수분을 탈수하여 건조	육류, 어류, 달걀 등
	증발법	식품 중의 수분을 가열 증발하여 건조	연유, 과즙엑기스, 엿 등
	거품 건조법	재료에 표면활성제를 가하여 불활성기체를 채우고 거품을 일으켜 건조	과즙, 점도가 높은 식품

2. 냉장저장법

미생물이 증식하기에 알맞은 온도보다 낮은 온도에서 저장하여 증식속도를 조절하는 방법으로 냉장고를 이용한다. 일반세균이나 대장균은 10~15℃, 부패세균은 5℃, 곰팡이류는 0℃ 이상에서 증식하므로 이보다 온도를 낮추어 저장한다. 과일, 채소, 알류, 생선, 우유 등의 저장에 이용한다. 식품별 저장온도는 <표 3-9>와 같다.

▌표 3-9▌ 식품별 저장온도

식 품	저장온도(℃)	식 품	저장온도(℃)
쇠고기	0~1	당근, 양배추, 양파	0
우유	3~4	고구마, 바나나	10~15
달걀, 생선	0~3	감귤, 복숭아, 사과	4~7
조리식품	4~7	오이, 가지, 토마토	7~10
파인애플	5~7	사과, 배, 포도	0

3. 냉동저장법

식품의 유통이나 저장을 목적으로 하는 냉동방법은 보통 −15~−30℃에서 행한다. 미국 등 여러 나라에서는 냉동식품의 표준저장온도를 −18℃로 규정하고 있으나, 우리나라는 −15℃로 규정하고 있다.

4. 가열살균에 의한 저장법

뜨거운 열로 가열하여 식품에 들어 있는 미생물을 사멸시킴으로써 저장기간을 연장하는 방법이다.

5. 방사선 조사 저장법

1) 방사선의 이용

방사선은 일종의 빛에너지로 물질을 쉽게 투과하는 성질을 가지고 있다. 방사선을 식품에 조사함으로써 방사능 물질에서 나오는 이온화된 방사선 에너지를 식품에 이용하는 것이다. 감마선(γ), 엑스선(X), 전자선 등의 전리방사선을 식품에 조사하면 식품 본래의 성질에는 변화가 없는 즉, 식품의 맛, 외관, 품질에 거의 영향을 주지 않는 비가열 살균처리기술이다. 식품에 방사선을 조사하면 살균·살충 효과와 함께 식물의 싹을 자라지 못하게 하여 식품의 보존이 가능해지고 병원균, 기생충, 해충 등을 사멸시켜 위생적인 식품을 만들 수 있다. 방사선 조사는 대상물의 온도상승이 거의 없이 냉살균이 가능하며 대량처리에 유용할 뿐만 아니라 침투성이 강하기 때문에 포장이나 용기 속에 밀봉된 식품을 그대로 조사할 수 있는 장점이 있다. 식품 조사용 방사선의 장단점은 <표 3-10>과 같다.

▌표 3-10▐ 식품 조사용 방사선의 장단점

구 분	장 점	단 점
Co-60	• 침투력이 좋고 균일하게 조사된다. • 이용이 아주 쉽다. • 환경에 유해한 위험도가 적다. • 식품조사에 80% 이상을 이용한다.	• 반감기가 5.27년으로 짧다. • 식품 가공속도가 다소 느리다.
Cs-137	• 반감기가 30년으로 길다. • 방출에너지가 적어 차폐기물이 작아도 된다.	• 침투력이 약하고 균일하게 조사되지 않는다. • 공정속도가 느리다. • 수용성과 염화세슘이 낮은 융점 때문에 환경유해성이 크다. • 연료보급이 핵폐기물에 의존하므로 공급이 한정되어 있다. • 식품조사에 20% 정도 이용한다.

세계보건기구(WHO), 국제식량농업기구(FAO) 및 국제원자력기구(IAEA) 등이 50년 이상 연구한 결과를 바탕으로 안전성을 인정하고 있으며 '식품저장에 이용되는 수준의 방사선은 인체에 해가 없다'고 하였다. 방사선 조사는 미생물 살균 등의 용도와 안전성 등을 확인하여 물리적, 화학적, 영양학적 변화가 거의 없는 수준으로 품목별 조사선량을 승인하여 사용하고 있고 조사할 수 있는 품목도 제한적으로 허용하고 있다.

전 세계 52개국에서 230여 종의 식품에 방사선 조사가 허용되고 있으며, 우리나라의 경우 식품의 발아억제, 숙도지연, 살충·살균 등의 목적으로 식품에 지정된 선량 이하의 방사선으로 조사할 수 있도록 규정하고 있다. 2009년에 감자, 생버섯, 건조향신료 등 26개 품목에 방사선 조사기준을 설정하여 허용하였고 현재 국내에서 허용되고 있는 방사선 조사식품은 <표 3-11>과 같다.

표 3-11 국내 방사선 조사식품 허가품목 현황

허가품목	허가선량(kGy)	목 적
감자, 양파, 마늘	0.15	발아억제
밤	0.25	숙도지연
생버섯 및 건조버섯	1	숙도지연
건조향신료	10	살균 · 살충
가공식품 제조원료용 건조식육 및 어패류 분말	7	살균 · 살충
된장, 고추장, 간장분말	7	살균 · 살충
조미식품 제조원료용 전분	5	살균 · 살충
가공식품 제조원료용 건조채소류	7	살균 · 살충
건조향신료 및 이들 조제품	10	살균 · 살충
효모, 효소식품	7	살균 · 살충
알로에 분말	7	살균 · 살충
인삼(홍삼 포함) 제품류	7	살균 · 살충
2차 살균이 필요한 환자식	10	살균
난분	5	살균 · 살충
가공식품 제조원료용 곡류, 두류 및 그 분말	5	살균 · 살충
조류식품	7	살균 · 살충
복합조미식품	10	살균
소스류	10	살균 · 살충
분말차	10	살균 · 살충
침출차	10	살균 · 살충

2) 방사선 이용 살균방법

방사선 조사에 의한 살균처리법에는 완전살균(radappertization), 식중독균살균(radicidation), 불완전살균(radurization) 등이 있다.

- 완전살균(radappertization)

  4~6 Mard의 선량으로 *Clostridium botulinus* 등의 아포를 형성하는 미생물까지 완

전하게 살균하는 방법으로 축육 및 어육가공품, 사료, 발효원료 등에 이용하고 있다. 조사된 식품은 밀폐용기로 캔이나 병 등에서 장기보관이 가능하다.

- 식중독균살균(radicidation)
  0.8~1.0 Mard의 선량으로 포자를 형성하지 않는 병원균인 살모넬라균이나 장염비브리오균 등의 살균을 목적으로 하는 방법으로 처리된 식품에서 세균이 검출되지 않는 조건으로 하고 있다. 달걀, 식육, 어육 등의 밀봉하지 않는 식품에 주로 이용한다.
- 불완전살균(radurization)
  흡수방사선량을 0.1~0.3 Mard로 내려 특정의 부패미생물수를 감소시켜 보존성을 연장시키는 살균방법이다. 병원균의 증식이나 독소생산 우려가 적은 과일류나 주스류 등을 대상으로 하며 부패세균, 곰팡이, 효모 등의 증식을 억제함으로써 식품의 보존기간을 연장하는 방법이다.

3) 식품조사에 이용

(1) 식중독 억제

식육이나 건조식품에 감마선을 조사하여 미생물을 살균함으로써 식중독 예방이 가능하다. *Salmonella*, *Campylobacter*, *Yersinia*, *Listeria* 등 포자를 형성하지 않는 식품 중의 병원균은 저선량으로 살균이 가능하여 식품위생상 문제를 해결하는 데 아주 유용하다. 쇠고기, 돈육, 어류 속의 병원균을 살균할 수 있으며, 특히 냉동한 육류식품을 조사하는 데 아주 실용적이다.

(2) 발아의 억제

감자, 고구마, 양파, 마늘, 생강, 밤 등에 저선량의 감마선을 조사하면 발아가 억제되어 저장기간이 연장된다. 그러나 아주 적은 0.01~0.1kGy의 선량을 대맥에 조사하면 오히려 발아가 촉진되어 맥아 제조기간이 단축된다.

(3) 과실 · 채소의 숙도 지연

과실이나 채소의 종류에 따라 저선량의 감마선을 조사하면 숙도가 지연되어 보존성이 연장된다. 방사선 선량이나 대상물의 성숙도에 따라 성숙지연의 정도, 숙도의 촉진 혹은 억제 등이 달라진다.

(4) 해충 제거

0.5kGy 이하 저선량의 감마선은 해충의 알이나 유충 등 모든 경우의 저장 해충을 사멸하거나 불임화시킬 수 있다.

(5) 식품의 보존성 연장

식품 중의 미생물 증식을 억제하거나 완전히 멸균하는 데 필요한 선량은 대상 미생물의 방사선 감수성과 미생물 오염 정도에 따라 달라진다. 과실, 채소, 육류, 닭고기, 생선, 해산물 등의 식품에 저선량 조사와 냉장을 병용하면 맛이나 향에 변화는 주지 않으며 저장기간을 상당히 연장할 수 있다.

3-6-2. 화학적 저장법

1. 염장법

식품에 고농도의 식염 첨가로 미생물의 증식을 저지하여 저장하는 방법이다. 식염으로 인해 식품의 수분활성도는 낮아지고 삼투압은 높아져 세포의 원형질 분리가 일어나 미생물의 생육이 억제된다. 일반적으로 식품 중 소금농도가 10% 정도면 부패를 일으키는 미생물의 증식이 억제되지만 완전히 사멸되지는 않는다. 따라서 소금에 저장하는 방법은 식품의 부패를 방지하는 효과는 있으나 직접 미생물을 살균하는 효과는 없다. 저장법으로 건염법은 10~15% 소금을 뿌려 저장하는 방법으로 굴비, 자반, 햄 등에 이용하고, 침염법은 20~25°Be 소금물에 절여서 저장하는 방법으로 젓갈류에 이용한다.

2. 당장법

높은 농도의 당용액에서는 삼투압 때문에 세균번식이 억제되는 것을 이용한 방법으로 50% 이상의 농도에서 일반세균은 거의 번식하지 못한다. 당류는 분자량이 적고 용해도가 높을수록 효과가 좋으며 결정이 석출되지 않아야 한다. 상온에서 설탕의 용해도는 약 67%인데, 여기서 세균의 증식은 억제되나 효모나 곰팡이는 견디어 낸다. 설탕과 전화당을 같은 양으로 섞어 만든 포화용액은 가용성 고형물을 75%까지 높일 수 있고 당이 석출되지 않기 때문에 식품의 저장성을 높일 수 있다. 농축유, 잼, 젤리, 주스, 정과류 등에 이용한다.

3. 산 저장법

pH는 미생물 생육에 중요한 요소 중 하나로 pH에 따라 생육이 달라지기 때문에 산 첨가로 pH를 낮추어 저장하는 방법을 산 저장(pickling)법이라 한다. 부패세균은 약알칼리성에서 잘 자라고 pH 4.5 이하에서는 증식이 억제되며 pH 3~4에서는 단백질의 변성으로 미생물이 사멸하게 된다. 산의 종류에 따라 효과가 다른데 무기산보다 유기산의 효과가 더 좋다. 초산, 젖산, 구연산, 프로피온산 등이나 그의 염을 이용하고 있다. 산을 단독으로 사용하는 것보다 산과 소금, 산과 당, 산과 보존료 등으로 혼합하여 사용하면 미생물의 생육을 저지시키는 효과가 더 상승한다. 장아찌, 피클 등 채소의 단기 저장에 이용한다.

4. 훈연법

연기 속의 페놀성 물질과 포름알데히드 같은 휘발성 물질의 살균성과 pH 저하를 이용하는 방법으로 목재를 불완전연소시키면 셀룰로오스와 리그닌이 분해하여 알데히드, 페놀, 각종 유기산 등이 포함된 살균력이 있는 연기가 발생한다. 이를 육에 작용시켜 육의 수분을 제거하는 동시에 육 속에 침투시켜 세균을 죽이거나 생육을 저지하여 저장하는 방법이다. 살균 이외에 육의 맛이 연해지고 향기 물질이 생성되어 햄, 소시지, 베이컨 등의 육류 저장에 이용한다.

5. 가스 저장법

과일이나 채소를 저장할 때 공기 중의 이산화탄소농도를 2~10%, 산소농도를 1~5%로 감소시켜 냉장상태를 유지하면서 저장하는 방법을 CA저장(controlled atmosphere storage)이라 한다. 공기의 조성을 변형하면 생체 내의 효소활성이 낮아지고 미생물 생육이 억제된다. 저장소의 이산화탄소 농도를 높이면 호흡작용을 억제할 뿐만 아니라 과일의 착색을 방지하고 후숙 중에 일어나는 여러 가지 화학변화를 적게 함으로써 저장 과일 및 채소의 신선도를 유지하는 데 효과가 크다. 그러나 이산화탄소 농도가 너무 높으면 방향이 없어지고 착색을 방해할 뿐만 아니라 갈변하여 생리장해를 일으킨다. 사과, 배, 서양배, 토마토, 딸기, 바나나 등에 효과가 크다. 이와 유사한 방법으로 공기 중의 산소농도를 줄이고 대신 질소나 이산화탄소가스 농도를 증가시켜 호기성 미생물의 증식을 억제하는 방법을 MAP(modified atmosphere package)저장이라 한다. 육류, 생선, 과일, 채소 등의 저장에 이용한다. 식품별 MAP 저장 시 가스 조성은 <표 3-12>와 같다.

표 3-12 식품별 MAP 저장 시 가스 조성

식 품	% CO_2	% O_2	% N_2
신선육	30	30	40
	15~40	60~85	0
절인 육	20~50	0	50~80
슬라이스하여 익힌 쇠고기	75	10	15
달걀	20	0	80
	0	0	100
가금류	25~30	0	70~75
	60~75	5~10	>20
	100	0	0
	20~40	60~80	0
돼지고기	20	80	0
가공육	0	0	100
흰살어류	40	30	30
치즈(경화)	0~70	0	30~100
치즈(연화)	0	0	100
파스타	0	0	100
베이커리제품	0	0	100
	100	0	0

6. 밀봉가공 저장법

미생물은 열에 대한 저항한계가 있어 한계온도 이상으로 올리면 사멸하기 때문에 식품을 견고한 용기로 밀폐하여 높은 온도에서 가열로 멸균하여 저장하는 방법을 밀봉가공 저장법이라 한다. 통조림, 병조림, 레토르트 파우치 등에 이용하고 있으며 탈기 밀봉저장법이라고도 한다. 식품을 안전하게 장기간 저장할 수 있을 뿐 아니라 저장 및 운반에도 용이하다. 또한 풍미가 좋고 영양가가 높으며 즉시 먹을 수 있게 조리되어 있고 위생적으로도 완전한 식품저장법이나 높은 열로 가열하여 신선도가 떨어지는 단점이 있다.

7. 발효 저장법

미생물이 식품 중의 성분을 발효하여 생성한 유기산류는 식품의 맛과 질을 좋게 하고 저장성을 증가시키는 특성을 이용한 것으로 김치류, 장류, 젓갈류, 식초 등에 이용한다.

8. 진공포장 저장법

포장지 내부의 공기를 제거하면 식품 속의 효소가 산소와 접촉하지 못하여 효소작용이 억제되는 원리를 이용한 저장법으로 포장지는 공기 불투과성이라야 한다. 과채류, 육류 등 일회용 식품의 포장에 주로 이용한다.

9. 보존료 이용 저장법

미생물 증식으로 식품이 부패하거나 변질되는 것을 방지하기 위하여 사용하는 첨가물을 보존료라 한다. 미생물을 완전히 죽이지는 못하지만 생리적 활동을 억제하거나 증식을 저해하는 작용을 하기 때문에 살균작용보다는 정균작용(靜菌作用)을 한다. 식품위생법에 의하여 사용식품의 범위, 사용량 등이 규정되어 있는 것들로 데히드로초산 및 그 염, 안식향산 및 그 염, 소르빈산 및 그 염, 프로피온산 및 그 염 등이 있다.

FOOD HYGIENE

4 세균성 식중독

4.1 개 요

4-1-1. 세균성 식중독의 정의

식중독(food poisoning)을 유발하는 요인은 너무 많기 때문에 정확히 정의하기란 어렵지만 식품기인성 질환으로 '소화기를 통한 식품의 섭취로 인체에 유해한 병원성 미생물 또는 유독·유해한 물질에 의하여 발생하였거나 발생한 것으로 판단되는 감염성 또는 독소형 질환으로 그 증상이 비교적 급격한 생리적 현상이나 만성적 축적에 의하여 발생하는 건강상의 장해'를 말한다. 동·식물의 독에 의한 이상과 함께 신경증상도 포함된 넓은 의미의 비정상적인 상태도 포함된다. 세계보건기구(WHO)에서는 '식품 또는 물의 섭취로 발생하였거나 발생된 것으로 생각되는 감염성 또는 독소형 질환'으로 규정하고 있다. 미생물과 화학물질에 의한 식중독의 분류는 <표 4-1>과 같다.

협의로는 병원성 미생물의 섭취나 그 균이 생성한 독소를 함유한 음식물을 먹고 설사, 복통, 발열, 구토, 메스꺼움 등의 급성위장염 증상과 신경증상을 일으키는 질병을 말한다. 다만, 기생충이나 영양섭취 결핍으로 발생하는 질병이나 병원성 미생물에 의한 경구전염병은 식중독에서 제외한다.

▮표 4-1▮ 식중독의 분류

<table>
<tr><td rowspan="11">식중독</td><td rowspan="3">미생물</td><td rowspan="2">세균성</td><td>감염형</td><td>세균이 체내 증식에 의한 것
예) 살모넬라, 장염비브리오, 병원성 대장균, 캠필로박터, 여시니아, 퍼프린젠스균, 세레우스균 등</td></tr>
<tr><td>독소형</td><td>세균이 생성한 독소에 의한 것
예) 황색포도상구균, 보툴리누스균 등</td></tr>
<tr><td>바이러스성</td><td>-</td><td>예) 노로바이러스, 로타바이러스, 간염 A 바이러스, 간염 E 바이러스 등</td></tr>
<tr><td rowspan="8">화학물질</td><td rowspan="3">자연독</td><td>동물성</td><td>예) 복어독, 독꼬치, 시구아테라 등</td></tr>
<tr><td>식물성</td><td>예) 버섯독, 감자독, 시안배당체 화합물 등</td></tr>
<tr><td>곰팡이독</td><td>예) 아플라톡신, 황변미독, 맥각독 등</td></tr>
<tr><td colspan="3">고의 또는 오용으로 첨가되는 화학성 유해·유독물질
예) 식품첨가물</td></tr>
<tr><td colspan="3">본의 아니게 잔류나 혼입되는 유해물질
예) 유해 중금속, 잔류농약 등</td></tr>
<tr><td colspan="3">제조, 가공, 저장 중에 생성되는 유해물질
예) 지질산화 생성물, 니트로소아민 등</td></tr>
<tr><td colspan="3">기타 예) 메틸알코올, 4에틸납 등</td></tr>
<tr><td colspan="3">조리기구나 포장 예) 납, 비소, 녹청(구리) 등</td></tr>
</table>

4-1-2. 세균성 식중독의 역사

식중독은 인류의 역사가 시작한 때와 같이 발생하였으리라 본다. 식중독은 부패하였거나 유독·유해한 물질이 함유되어 있는 식품을 섭취하였을 때 발생하였을 것이지만 식중독에 대한 체계적이고 과학적으로 연구가 이루어진 것은 19세기 후반부터이다. 1870년 이탈리아의 Francesco Selmi는 단백질 분해산물인 amine을 ptomaine이라 하여 이를 식중독의 원인물질이라 제창하였고 20세기 초까지 이 ptomaine설이 지배하였다. 그러나 ptomaine설은 1888년 독일의 Gärtner가 식중독의 원인균으로 살모넬라를 발견하였고, 1895년에 Van Ermengen이 보툴리누스 식중독을 밝혔으며, 1930년대에

Dack, Jardan, Dolman 등이 황색포도상구균에 의한 식중독을 실험으로 증명함으로써 세균학이 발달함에 따라 ptomaine설은 점차 자취를 감추게 되었다. 이외에도 1960년대 후반에 미국에서 장염비브리오 식중독이 발생하였다. 현재 수많은 실험과 연구결과 식중독의 원인균으로 살모넬라, 장염비브리오, 병원성대장균, 퍼프린젠스균, 포도상구균, 보툴리누스균, 캠필로박터, 여시니아, 세레우스 등이 밝혀졌다.

우리나라 식중독의 학술적 보고는 1937년 조선학회지에 기록되어 있으며 1960년대부터 세균성 식중독의 보고서를 필두로 발표건수가 증가하고 있다. 발생건수는 증가하고 있으나 식중독 원인이 확실하게 밝혀지지 않아 대부분이 세균성 식중독이라 추정하고 있다. 앞으로 새로운 병원성 미생물에 의한 식중독이 등장할 것으로 예측하고 이에 발맞추어 미생물 검사법의 발달은 원인불명의 식중독사고를 해명하는 데 도움이 될 것으로 본다.

4-1-3. 우리나라 식중독 발생상황

식품의약품안전처의 통계에 의한 2006년부터 2015년까지 10년간 월별/연도별 식중독 발생 현황은 <표 4-2>와 같다. 통계에서 월별로는 6월에 가장 많은 식중독과 환자수가 발생하였고 다음이 5월, 8월, 9월이었다. 식중독은 미생물이 증식하기에 가장 알맞은 온도인 여름철에 발생하여야 하나 한창 더운 여름보다 여름이 시작되는 5~6월에 발생빈도가 높은 것은 하루 중 일교차가 크고 여름보다 식중독에 대한 주의를 소홀히 하기 때문이다. 통계에 의하면 5~6월에 식중독 발생은 799건, 발생 환자수는 33,309명이었고 여름철인 7~8월에 식중독 발생은 753건, 발생 환자수는 17,581명으로 5~6월에 배 이상 많았다. 식품의약품안전처의 조사에 따르면 5~6월에 봄나들이 단체관광 및 야외 수련활동이 많아 여행지 주변 음식점에서 식중독이 발생하였기 때문으로 분석되었다. 연도별로는 2007년에 510건으로 가장 많은 식중독 사건이 발생하였고, 월별로는 8월에 76건 발생으로 발생 환자수는 754명이었다. 그러나 6월에 발생 건수는 56건이나 발생 환자수는 1803명으로 가장 많았다. 2007년과 2008년 이후에는 발생 건수가 줄었다가 2014년 이후에 증가하였으나 발생 환자수는 오히려 감소하였다.

▌표 4-2▌ 연도별/월별 식중독 발생현황

월	구분	2006년	2007년	2008년	2009년	2010년	2011년	2012년	2013년	2014년	2015년	합계
1	발생건수	6	31	13	14	9	11	9	22	9	36	173
	환자수	52	730	177	126	142	137	294	286	56	324	2972
2	발생건수	4	28	14	22	17	14	21	4	14	12	157
	환자수	52	277	144	279	430	351	392	50	80	142	2512
3	발생건수	8	41	23	20	15	21	11	19	24	25	244
	환자수	319	820	680	753	364	690	296	327	1063	451	8587
4	발생건수	8	42	31	26	20	26	17	24	22	30	295
	환자수	75	959	751	709	893	827	387	896	371	402	8539
5	발생건수	6	65	28	36	15	19	28	20	35	27	361
	환자수	809	1296	627	1232	201	1017	680	252	1548	491	13734
6	발생건수	56	56	36	29	29	35	27	24	36	31	438
	환자수	4567	1803	1256	1318	1908	414	503	677	955	754	19575
7	발생건수	31	49	28	20	34	23	20	26	33	34	331
	환자수	348	849	354	378	561	740	300	611	484	542	6445
8	발생건수	42	76	38	18	41	38	28	15	43	31	422
	환자수	1514	754	538	324	770	1482	590	405	1429	1743	11136
9	발생건수	35	44	51	20	35	25	38	18	27	30	399
	환자수	1161	1343	1207	301	783	809	1403	450	261	414	11979
10	발생건수	15	25	37	7	18	9	24	15	24	34	231
	환자수	216	287	454	416	335	194	189	141	257	281	3509
11	발생건수	8	32	29	7	15	16	17	21	32	25	221
	환자수	190	294	440	40	362	267	346	492	342	204	4403
12	발생건수	40	21	26	9	23	12	26	27	50	24	274
	환자수	1530	274	859	123	469	177	678	371	620	298	6412
합계	발생건수	259	510	354	228	271	249	266	235	349	339	3546
	환자수	10833	9686	7487	5999	7218	7105	6058	4958	7466	6046	99803

2006년부터 2015년 까지 10년간 연도별/지역별 식중독 발생현황은 <표 4-3>과 같다. 경기도가 식중독 발생이 849건, 발생 환자수가 23,321명으로 가장 많았고 다음이 서울특별시로 식중독 발생이 507건, 발생 환자수가 15,009명이었다. 다른 지역에 비하여 발생 건수와 환자수가 높은 것은 인구밀도가 높기 때문으로 판단된다. 세종시의 경우 가장 적은 발생 건수와 환자수로 나타났는데, 이는 식중독 예방에 대한 주의보다는 인구가 적은 것이 주원인으로 생각된다.

▌표 4-3▐ 연도별/지역별 식중독 발생현황

연도	구분	서울	부산	대구	인천	광주	대전	울산	세종	경기	강원	충북	충남	전북	전남	경북	경남	제주	불명	합계
2006	발생건수	61	3	9	39	6	9	7	0	52	24	2	8	6	12	11	4	6	0	259
	환자수	2559	397	700	2227	198	77	571	0	1797	934	48	462	212	259	162	123	107	0	10833
2007	발생건수	48	28	18	45	8	25	27	0	115	41	9	13	34	38	39	13	9	0	510
	환자수	505	891	490	790	129	204	219	0	1724	843	345	222	1157	1046	466	340	315	0	9686
2008	발생건수	38	17	17	30	8	23	27	0	75	16	4	13	14	29	23	6	14	0	354
	환자수	352	599	439	341	90	143	827	0	2163	359	295	381	100	524	555	75	244	0	7487
2009	발생건수	43	8	6	19	9	10	5	0	47	11	4	15	5	7	16	10	8	5	228
	환자수	1189	217	241	248	165	223	284	0	1073	335	222	498	34	450	362	241	86	131	5999
2010	발생건수	39	21	3	12	21	8	7	0	69	11	7	19	7	8	28	4	7	0	271
	환자수	825	665	188	265	261	170	135	0	2694	387	200	365	231	89	483	138	122	0	7218
2011	발생건수	33	18	4	9	2	16	13	0	62	15	8	15	12	21	4	11	6	0	249
	환자수	740	1046	230	481	50	277	137	0	1505	355	354	868	318	261	74	222	187	0	7105
2012	발생건수	35	11	12	19	4	3	8	0	90	17	9	9	4	13	13	13	6	0	266
	환자수	837	325	238	986	91	22	123	0	1078	929	168	187	98	243	196	333	204	0	6058
2013	발생건수	34	11	9	11	4	2	6	2	70	9	4	6	24	17	6	7	9	4	235
	환자수	707	213	121	300	38	11	120	69	829	554	60	85	806	493	121	296	83	52	4958
2014	발생건수	52	7	8	27	7	8	18	2	100	11	16	14	17	21	19	7	11	4	349
	환자수	1905	77	155	1428	51	72	214	25	1891	117	201	216	299	389	246	37	65	78	7466
2015	발생건수	39	6	17	19	9	6	4	1	95	23	10	23	18	24	13	19	11	2	339
	환자수	784	78	154	148	127	41	101	4	2649	128	264	363	430	218	288	204	45	20	6046
합계	발생건수	507	148	129	247	92	140	136	5	849	201	87	159	161	228	198	134	110	15	3546
	환자수	15009	5530	4625	7917	1761	1831	3453	98	23321	6158	3752	4541	5162	5518	4130	4339	2377	281	99803

2006년부터 2015년까지 10년간 연도별/원인시설별 식중독 발생현황은 <표 4-4>와 같다. 식중독 발생 건수는 2007년이 480건, 발생 환자수는 9,535명으로 가장 많았고 다음이 2014년에 발생 건수가 342건, 발생 환자수가 7,438명이었다. 원인 시설별로는 음식점에서 발생 건수가 1,775건, 발생 환자수가 22,345명으로 가장 많았고, 다음이 직영으로 운영하는 학교에서 많이 발생하여 집단으로 많은 인원이 감염되는 것으로 나타났다. 위탁으로 운영하는 학교에서도 발생 환자수가 많아 어린이나 청소년을 대상으로 하는 집단급식소의 주방시설을 청결히 유지하고 위생에 더욱 주의를 기울여야 할 것으로 나타났다.

표 4-4 연도별/ 원인시설별 식중독 발생현황

원인시설	구분	2006년	2007년	2008년	2009년	2010년	2011년	2012년	2013년	2014년	2015년	합계
학교 (직영)	발생건수	24	36	33	27	30	27	51	44	49	41	439
	환자수	1994	2308	2533	1496	2770	1648	2851	2254	4058	1989	31992
학교 (위탁)	발생건수	46	21	6	12	8	3	3	2	2	불명	160
	환자수	4998	793	450	1220	620	413	334	86	77	불명	15343
학교 외 집단급식	발생건수	23	41	22	20	15	10	9	14	15	36	256
	환자수	1081	1432	633	719	799	460	246	608	380	853	11779
음식점	발생건수	108	289	208	98	133	117	95	134	213	217	1775
	환자수	1971	3476	2392	1132	1704	1753	1139	1297	1761	1626	22345
기타	발생건수	33	82	48	24	25	33	22	24	50	35	466
	환자수	515	1320	1108	664	774	2217	758	502	1078	1533	13395
불명	발생건수	10	11	13	36	57	51	72	12	13	3	296
	환자수	155	206	195	679	540	563	676	189	84	15	3865
합계	발생건수	244	480	330	217	268	241	252	230	342	332	3392
	환자수	10714	9535	7311	5910	7207	7054	6004	4936	7438	6016	98719

2006년부터 20105년까지 연도별/원인균별 식중독 발생현황은 <표 4-5>와 같다. 원인균별로는 병원성 대장균에 의한 식중독 발생이 402건, 발생 환자수가 23,524명이었고, 노로바이러스에 의한 식중독 발생이 529건, 발생 환자수는 19,832명으로 가장 많은 건수와 환자수를 나타냈다. 장염비브리오나 황색포도상구균에 의한 식중독도 여전히 많이 발생하고 있다. 그러나 아직까지 식중독의 원인이 명확히 알 수 없는 불명 발생 건수가 1,297건, 발생 환자수가 17,937명으로 가장 많은 수치를 나타내고 있다.

▌표 4-5▐ 연도별/원인균별 식중독 발생현황

원인물질	구분	2006년	2007년	2008년	2009년	2010년	2011년	2012년	2013년	2014년	2015년	합계
병원성대장균	발생건수	38	62	36	37	28	32	31	31	38	25	402
	환자수	2832	1945	1278	1671	1926	2109	1844	1089	1784	1555	23524
살모넬라	발생건수	22	42	22	17	27	24	9	13	24	11	297
	환자수	576	1497	387	477	677	1065	147	690	1416	197	9685
장염비브리오균	발생건수	25	33	24	12	18	9	11	5	7	불명	208
	환자수	547	634	329	106	223	133	195	40	78	불명	4168
캠필로박터제주니	발생건수	1	7	6	7	15	13	8	6	18	19	105
	환자수	53	449	73	405	380	329	639	231	490	682	4296
황색포도상구균	발생건수	32	38	15	12	19	10	5	5	15	8	207
	환자수	1924	843	556	864	372	323	35	63	195	148	8127
클로스트리디움퍼프린젠스	발생건수	0	0	0	0	0	0	0	0	0	13	13
	환자수	0	0	0	0	0	0	0	0	0	357	357
바실러스세레우스	발생건수	5	1	14	0	14	6	6	8	11	6	77
	환자수	59	50	376	0	401	98	111	112	49	22	1584
기타세균	발생건수	1	0	0	0	0	2	0	0	0	불명	25
	환자수	5	0	0	0	0	20	0	0	0	불명	1731
노로바이러스	발생건수	51	97	69	32	31	31	50	43	46	46	529
	환자수	3338	2345	2105	568	1994	1524	1665	1606	739	865	19832
기타바이러스	발생건수	3	2	1	0	2	3	1	1	4	1	28
	환자수	33	32	26	0	8	21	22	2	102	6	1063
원충	발생건수	0	0	0	0	0	0	0	0	0	10	10
	환자수	0	0	0	0	0	0	0	0	0	84	84
자연독	발생건수	1	3	2	6	6	4	3	0	1	불명	34
	환자수	4	22	50	126	33	27	13	0	5	불명	332
화학물질	발생건수	1	0	2	0	1	0	0	0	0	불명	5
	환자수	14	0	34	0	3	0	0	0	0	불명	59
불명	발생건수	77	221	157	100	105	108	129	90	157	불명	1297
	환자수	1288	1788	1839	1255	1030	1132	1090	609	919	불명	17937
합계	발생건수	257	506	348	223	266	242	253	202	321	242	3340
	환자수	10673	9605	7053	5472	7047	6781	5761	4442	5777	5209	94072

4-1-4. 세균성 식중독의 특징

식중독의 원인은 아직 명확하게 밝혀지고 있지 않으나 대부분이 세균에 의한 것으로 본다. 세균성 식중독의 특징은 <표 4-6>과 같다. 식중독은 상대적으로 전염병보다 균력(virulence)이 약한 세균이 다량 증식한 식품을 섭취하거나, 식품 내에서 세균이 증식하면서 만들어낸 독소를 섭취하였을 때 발병한다. 그러나 경구전염병은 균력이 강하기 때문에 장티푸스나 파라티푸스 A균형은 매우 적은 수의 균에 감염되어도 발병한다. 식중독 원인균인 살모넬라, 장염비브리오, 병원성 대장균 등은 몇 십만 이상을 섭취하여야 발병한다. 식중독은 사람과 사람 사이에 감염이 없고 2차오염도 발생하지 않으며 면역도 획득하지 못한다. 경구전염병은 사람과 사람 사이에 전파되고 2차오염이 발생하며 한번 질병에 걸리면 면역을 획득하는 것도 있다. 보통 식중독은 잠복기가 짧으나 경구전염병은 상대적으로 긴 것이 특징이다.

표 4-6 주요 세균성 식중독의 특징

	원 인 균	잠복기(시간)	주 요 증 상
감염형	살모넬라 장염비브리오 병원성 대장균 여시니아 캠필로박터	6~48(평균 12~24) 8~24(평균 15~20) 6~72(평균 10~15) 3~7일 2~7일	설사, 복통, 발열, 두통, 구역질 설사, 복통, 구역질, 구토, 발열 복통, 설사, 발열, 두통 설사, 복통, 발열, 두통 설사, 복통, 발열, 두통
독소형	포도상구균 보툴리누스균	1~6(평균 3) 12~96(평균 18~36)	구역질, 구토, 설사, 복통 복시, 연하곤란, 호흡곤란 구역질, 구토
중간형	바실러스 세레우스 퍼프린젠스균	1~6 6~22(12)	복통, 설사

4.2 감염형 식중독(Bacterial infection)

4-2-1. *Salmonella* 식중독(*Salmonella* food poisoning)

1. 개 요

1885년 Daniel E. Salmon과 Theobald Smith는 돼지에서 콜레라 원인균인 *Salmonella enterica var. Choleraesuis*를 처음 분리하였고, 1888년 독일의 Gärtner는 폐사한 송아지고기를 섭취하고 식중독 발생으로 사망한 사체에서 원인균을 분리하여 *Bacillus enteritidis*라고 명명하였으며, 1890년에 Lignieres의 제안에 의하여 세균의 명칭을 Salmon의 이름을 따라 *Salmonella*라고 하였다. 살모넬라의 발견은 식중독의 원인이 세균에 의해 발생하는 것을 해명한 것으로 학술적으로 중요한 의미를 가진다. 살모넬라에 의한 식중독은 증가추세에 있어 공중위생상 심각한 문제이며 전 세계에 분포하고, 특히 북미나 유럽 각국에서 가장 많이 발생한다. 자연계에 광범위하게 존재하여 물, 토양, 곤충, 공장, 부엌, 동물의 분변, 육류, 가금류, 생선 등 어느 곳이든 검출된다. *Salmonella* 중 *S. typhi*는 장티푸스와 패혈증, *S. paratyphoid*는 파라티푸스를 발병하나 대부분의 종은 경미한 증상을 나타낸다. 2008년 봄 미국에서 토마토와 멕시코산 피망을 먹고 수백 명이 살모넬라 식중독 증세를 보였다.

2. 성상 및 특징

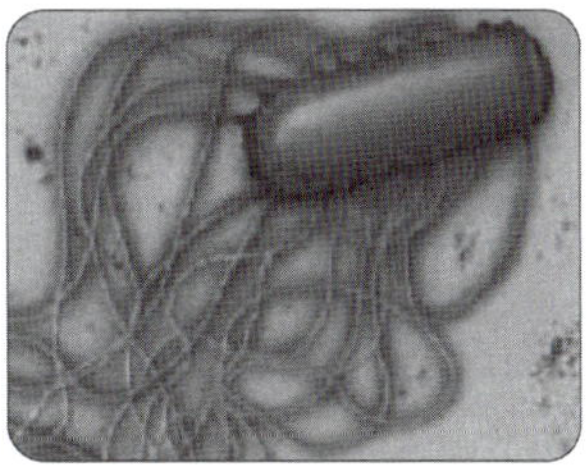

[그림 4-1] *S. enteritidis*

*Salmonella*는 온혈·냉혈동물 및 사람의 장내세균으로 Gram 음성의 무아포성 간균이고 주모성 편모를 가져 운동성이 있으며 호기성 또는 통성혐기성균이다. 크기는 직경이 0.7~1.5 μm, 길이가 2~5 μm 정도이며 증식 최적 pH는 7~8, 최적온도는 25~37℃이며 43℃까지 증식하지만 10℃ 이하에서는 잘 자라지 못한다. 유기물의 산화·환원작용으로 에너지를 얻고 대부분이 유화수소(H_2S)를 생산한다. 포도당을 탄소원

으로 하여 가스를 생산하며 cytochrome oxidase 음성을 나타낸다. 포자를 형성하지 않아 열에 대한 저항성이 약하여 55℃에서 1시간, 60℃에서 20분간 가열로 사멸되나, 안전을 위하여 75℃에서 10분 이상 가열한다. 냉동으로 파괴되지 않는다.

Kauffmann−White의 분류표에 의하면 O항원과 H항원의 조합에 따라 *Salmonella*는 현재까지 2,500종 이상의 혈청형으로 분류되었으나 식중독을 일으키는 종은 *S. tyhimurium*, *S. enteritidis*, *S. cholerae-suis*, *S. thompson*, *S. infantis*, *S. derby* 등이나 대부분 *S. enteritidis*와 *S. tyhimurium*에 의한다.

3. 원인식품 및 감염경로

원인식품으로는 식육, 가금류, 달걀 등이 가장 중요하지만 실제 식중독 발생사례는 특정식품에 한정되지 않고 우유, 유제품, 생선, 새우, 생선묵, 생선요리와 효모, 코코넛, 소스류, 샐러드, 드레싱, 케이크 믹스, 크림 충전물, 토핑류, 초콜릿 등 다양하다. 온도가 높은 5~9월의 여름철에 주로 발생하나 현재는 집단급식이나 학교급식으로 인하여 겨울철에 발생하는 경우도 빈번하다. 미국은 식육, 우유, 달걀 등과 그 가공품에 의한 발생률이 높으며 일본은 어패류와 그 가공품 및 도시락, 튀김, 어육연제품 등이 원인식품이다.

가축이나 가금 중 가장 높은 보균동물은 닭, 돼지, 소 등으로 보균의 원인은 먹이에서 유래한다. 유럽과 미국에서 돼지고기의 감염은 35%에 달하는 것으로 보고되고 있다. 소는 돼지만큼 보균율이 높지 않은데 이는 어분, 골분 등을 포함하는 농후사료를 많이 섭취하지 않으며 돼지와 같은 탈모과정이 없기 때문이다.

사람, 가축, 가금, 개, 고양이, 식육, 알 등과 하수와 하천수 등의 자연환경에 균이 존재하며, 보균자의 손, 발 등 2차오염에 의한 오염식품을 섭취할 때에도 감염된다. 계육의 오염은 가금처리장에서 도계 중 일어나며 교차오염은 내장을 제거할 때는 물론이고 냉각, 포장, 해체, 내장을 분류할 때에도 일어난다. 달걀의 살모넬라 오염원인은 가금의 난소, 난관 등과 관련이 있으며 난각 표면에 오염된 살모넬라가 난각을 통과하여 내부에 침입한다. 침입한 살모넬라는 난백의 pH가 8.5~9로 생존하기 어려워 난황부분에서 증식하는 수직감염을 일으킨다. 우유 및 그 가공품에서 생유가 때로는 살모넬라증(salmonellosis)의 원인이 되나 오염은 대변에서 유래한다. 사람, 야생동물 또는 가축의 살모넬라를 포함한 대변에서 직접 또는 간접적으로 오염된 식품의 섭취가 감염의 주요한 원인이다.

4. 임상증상

살모넬라증의 잠복기간은 8~48시간으로(평균 24시간) 균종에 따라 다르며 급성위장염을 일으킨다. 주요 증상은 설사, 복통, 오한, 구토, 발열 등으로 1~2일에 최고에 달하고 일주일이면 회복된다. 설사는 경증일 경우 1일 1~2회이나, 중증일 경우에는 수회부터 수십 회로 3~4일간 지속되고 양이 많으며 심하면 혈변이 나타나고 발열은 38℃로 1~2일 지속되는 것이 보통이다. 균이 생체 내로 침입하면 소장에서 분열 및 증식하면서 독소를 생산하고 염증을 일으키나 독성은 비교적 약한 편이다. 모든 연령에서 증상이 나타나나 노인, 어린아이, 유아 등에 심각한 증세를 보인다.

5. 예방법

살모넬라는 주변 환경에 광범위하게 분포하고 있어 균을 완전히 제거하는 것은 불가능하나 청결한 위생상태를 유지하면 예방이 가능하다. 살모넬라 식중독 예방을 위하여 다음 몇 가지 사항을 준수한다.

- 식품은 60℃에서 30분, 75℃에서 10분 이상 가열하여 섭취한다.
- 자외선으로 살균한다.
- 균의 증식을 방지하기 위하여 5℃ 이하에서 저온보관 및 저온 유통한다.
- 조리된 식품은 가능한 신속히 섭취한다.
- 조리에 사용된 기구 등은 세척·소독하여 2차오염을 방지한다.
- 식품제조자는 개인위생을 청결히 하고 정기적인 건강진단을 받는다.
- 식품취급업자나 소비자에 대한 위생교육을 실시한다.
- 식품의 저장장소 및 조리장 등은 금속망을 설치하여 방충·방서를 철저히 한다.

〈요약〉

원인균	살모넬라 • 토양, 물, 건조한 환경에서 장시간 생존
감염경로	• 인수의 분변 • 달걀과 식육류 및 그 가공품 • 분변에 오염된 식품
임상증상	• 잠복기 : 8~48시간(평균 24시간) • 증상 : 발열, 복통, 설사, 구토, 메스꺼움, 식욕감퇴 등
예방법	• 달걀이나 생육은 5℃ 이하에 보관 • 사용한 기구에 의한 2차오염 방지 • 육류생식 금지 • 74℃에서 1분 이상 가열

4-2-2. 병원성 대장균 식중독(Pathogenic *E. coli* food poisoning)

1. 개 요

대장균(*Escherichia coli*)은 사람이나 동물의 대장에 서식하는 정상적인 미생물총(microflora)으로 자연계에서도 쉽게 발견된다. 장내세균으로 비타민 K_2 등을 생산하고 장내에서 질병 원인 박테리아의 번식을 방해하기도 한다. 1885년에 독일의 Theodor Escherich가 이 균을 처음 발견하였다. 일반적으로 대장균은 장에서는 병원성을 나타내지 않지만 장 이외의 부위에 침입하면 방광염, 복막염, 신우염, 패혈증 등을 일으킨다. 1945년 Bray가 영국에서 유아에게 설사를 일으키는 대장균을 보고한 이래, 유아뿐 아니라 성인에게도 급성위장염을 일으키는 특정의 혈청형을 가진 대장균들이 발견되어 이들을 병원성 대장균(pathogenic *E. coli*)이라 하여 일반 대장균과 구별하였다. 사람이나 동물의 장내세균과는 달리 외래성 대장균으로 식품 및 음용수에 오염되어 식중독을 일으킨다.

O항원, K항원, H항원 등의 항원구조에 따라 700종 이상의 혈청형이 밝혀졌고 어떤

대장균은 이질균이 생산하는 독소와 같은 Shiga toxin을 생산한다.

형태학적으로 이질균과 구별하기 어렵지만, 생물학적으로 대장균은 젖당 및 포도당을 분해하여 산과 가스를 생성하고 우유를 응고하여 인돌(indole)을 만든다. 식품에서 대장균의 존재여부는 분변에 의한 오염유무의 지표가 되고, 수질검사 등에 이용하는 위생학상 매우 중요한 미생물이다. 또한, 대장균은 번식이 쉽고 다루기 쉬워 가장 많이 연구가 이루어진 원핵생물 중의 하나로 바이오테크놀로지에서도 중요하게 이용되고 있다.

2. 성상 및 특징

병원성 대장균은 장내 공생균인 대장균과는 달리 외래성 대장균으로 사람에게 병원성을 나타내는데, 장관 상주균과 생화학적 성상이 유사하여 구별하는 데 매우 어려움이 있다. 일반적으로 대장균은 Gram 음성의 무아포성 간균으로 젖당이나 포도당을 분해하여 산과 가스를 생성하는 호기성 또는 통성혐기성균으로 주모성 편모를 가지나 협막은 없다. 증식최적온도는 37℃이나 어떤 종은 49℃에서도 증식한다. 양쪽 끝이 둥글고 길이 2~4 μm, 너비 0.4~0.7 μm의 간균으로 편모가 있어 운동성이 있다. 일반 대장균과 병원성 대장균은 혈청학적으로 항원성의 차이가 있다. 항원에 따라 O항원(균체항원) 180종, H항원(편모항원) 90종, K항원(협막항원) 50종 등이 밝혀졌다.

병원성 대장균은 발병기전에 따라 4가지로 분류한다. 성인에게 급성위장염을 일으키는 장관병원성 대장균(enteropathogenic *E. coli*; EPEC), 대장 점막의 상피세포에 침입하여 조직 내 감염을 일으키는 장관침투성 대장균(enteroinvasive *E. coli*; EIEC), 장독소를 생성하는 장관독소원성 대장균(enterotoxigenic *E. coli*; ETEC), 최근 일본 및 미국 등 전 세계적으로 새롭게 대두된 *E. coli* O157: H7과 같이 베로독소(Verotoxin)를 생성하는 장관출혈성 대장균(enterohemorrhagic *E. coli*; EHEC) 등으로 모두 병원성 대장균이다.

- 장관병원성 대장균(enteropathogenic *E. coli*; EPEC)

  생물학적 성상으로는 보통의 대장균과 식별하기 어려우나 특정의 O 및 K 혈청형을 가진 대장균이 신생아 소장에 감염되어 구토, 발열, 수양성 및 혈액성 설사, 복통 등의 급성위장염을 일으키는 감염형 식중독이다. 발병기전은 아직 명확히 밝혀지지 않았고 잠복기는 약 9~12시간이다. 원인식품은 육류, 가금류, 분변에 오염된 식품 등이고 신생아는 오염된 분유와 유아 음식에 의하여 감염된다. 혈청형으로 O18, O20, O26, O28, O44, O55, O86, O111, O114, O119, O125, O126, O127, O142, O158, O159 등이 밝혀졌다.

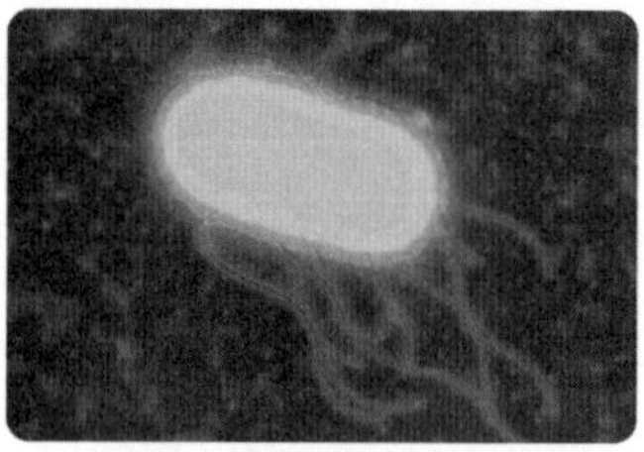

[그림 4-2] 병원성 대장균

- **장관침투성 대장균**(enteroinvasive *E. coli*; EIEC)
  대장점막의 상피세포에 침입하여 감염을 일으키기 때문에 가벼운 이질과 유사한 장염으로 이질로 잘못 생각하기도 한다. 발열과 복통이 주 증상이고 세포의 괴사에 의한 궤양형성, 염증, 혈액과 점액이 섞인 설사 등을 일으킨다. 잠복기는 약 10~18시간이고 환자의 약 10% 정도는 합병증을 일으킨다. 주 원인식품은 정확히 알려지지 않았으나 분변에 오염된 물이나 햄버거, 살균이 불량한 저온살균 우유에 의한다. 혈청형으로 O28, O112, O124, O136, O143, O144, O152, O164, O167 등이 밝혀졌다.
- **독소원성 대장균**(enterotoxingenic *E. coli*; ETEC)
  콜레라와 유사한 장독소(enterotoxin)를 생산하는 대장균으로 60℃에서 10분 가열 시 불활성화되는 이열성 독소(heat-labile enterotoxin)와 100℃에서 30분간 가열해도 불활성화되지 않는 내열성 독소(heat-stable enterotoxin)가 있어 환자로부터 분리한 것은 하나 혹은 두 가지 독소를 가지고 있다. 대장균은 소장상부에서 증식하여 mL당 10^7~10^9의 균수에 이르면 콜레라와 같은 급성위장염(설사증)을 일으킨다. 여행자 장염이나 설사(travelers' diarrhea)의 원인으로 저개발국가의 유아나 여행자에게 감염률이 높다. 잠복기는 10~12시간으로 증상은 5일 정도 지속된다. 증상은 수양성 설사, 복통, 구토, 메스꺼움, 산성증, 피로, 탈수, 불안감 등이며 열은 없거나 미열이 있다. 혈청형으로 O6, O8, O15, O20, O25, O27, O63, O78, O80, O114, O115, O128, O148, O153, O159, O167 등이 밝혀졌다.
- **장관출혈성 대장균**(enterohemorrahagic *E. coli*; EHEC)
  베로독소(verotoxin)를 생산하여 대장점막에 궤양을 일으키고 출혈을 유발하는 대장균을 장관출혈성 대장균이라고 한다. 이질과 비슷한 10~100의 균수로도 발병할 수 있고, 감염형 식중독으로 잠복기는 3~8일이다. 1982년에 미국에서 햄버거에 의한 식중독이 발생하였는데 원인균이 O157:H7로 밝혀져 중요한 식중독 원인균으로 지목받게 되었다. 증상은 심한 복통과 혈변이며 발열은 없거나 미약하다. 대개 8일 정도 지속되다 치유되나, 어린 환자 중 0~15%까지 신장기능을 영구 상실하는 용혈성 요독증후군, 아주 심한 경우 심부전증을 유발한다. 원인식품은 완전히 조리하지 않은 분쇄 쇠고기, 살라미, 치즈, 칠면조, 샌드위치, 오염된 물 등이고 사람과 사람사이에 감염되며 균이 식품에 오염되어도 육안이나 냄새로 식별이 불가능하다. 어린이와 노약자에게 발병률이 높다. 혈청형은 O26, O103, O104, O111, O113, O146, O157 등이 밝혀졌으며 대표적인 대장균이 O157:H7이다.

3. 원인식품 및 감염경로

계절에 관계없이 연중 발생하나 여름철에 특히 많은 편이다. 환자나 보균자의 분변이나 소・돼지・개・고양이의 분변에 존재하기 때문에 이들의 분변에 오염된 식품이 식중독의 원인이 된다. 원인식품은 분쇄한 쇠고기, 햄, 치즈, 소시지, 크로켓, 채소 샐러드, 로스트비프, 분유, 도시락, 두부, 소의 간 등이며 유아에서는 오염된 우유가 원인이 된다. 장관침투성 대장균(EIEC)은 이질균과 같이 사람을 고유숙주로 하며, 사람과 사람으로의 감염은 없으나 장관출혈성 대장균은 예외이다. 자연계에서는 어패류나 하천수 등에서 검출되므로 1차 및 2차오염에 의하여 감염될 수 있다. 1996년 5월부터 수개월에 걸쳐 일본에서 장관출혈성 대장균인 O157:H7에 의한 집단식중독으로 1만여 명의 환자 중 11명이 사망하였다.

4. 예방법

병원성 대장균은 생활주변에 널리 분포하고 있어 식품오염 가능성이 대단히 높다. 예방은 감염형 식중독균에 준하며 다음 사항을 준수한다.

- 보균자 및 환자의 분변오염을 방지한다.

- 주방환경을 청결히 하고 특히 식품이나 음용수를 냉장보관(7℃ 이하)하거나 냉동보관(-18℃ 이하)한다.
- 방충·방서 시설을 갖추어 식품에 접촉하지 못하도록 한다.
- 식품은 60℃에서 약 30분간 가열하여 섭취한다.
- 칼이나 도마 등의 조리기구는 재료에 따라 별도로 사용하여 2차오염을 방지한다.
- 생육과 조리된 음식을 구분하여 보관하고 분쇄고기는 중심부 온도가 74℃로 1분 이상 지속되도록 가열한다.

〈요약〉

원인균	병원성 대장균(O157:H7) • 10~100마리로 식중독 발생 • 베로독소 생산 • 용혈성 요독증으로 사망할 수 있음
감염경로	• 환자나 동물의 분변에 오염된 물이나 식품 • 오염된 칼, 도마 등으로 다진 음식물
임상증상	• 잠복기 : 12~72시간(균종에 따라 다양) • 증상 : 설사, 복통, 발열, 구토 등
예방법	• 칼, 도마 등을 구분 사용하여 2차오염 방지 • 생육과 조리된 음식물 구분 보관 • 다진 고기류는 74℃에서 1분 이상 중심부까지 가열

4-2-3. 장염비브리오 식중독(*Vibrio* food poisoning)

1. 개 요

장염비브리오균은 1950년 일본 오사카를 중심으로 집단 발생한 식중독의 원인균으로 후지노(藤野)는 *Pasteurella parahaemolyticus*라고 명명하였으며 전갱이포가 원인식품이었다. 5년 후인 1955년 다키가와(瀧川)는 요코하마에서 병원급식으로 나온 절인 오이에서 식중독균을 분리하여 호염균(*Pseudomonas enteritidis*)이라 명명하였다. 그 후 1963년 후쿠미(福見)와 사카자키(坂崎)에 의해 *Pasteurella parahaemolytica*와 *Pseudomonas enteritidis*는 *Vibrio*에 속하는 균종으로 밝혀져 *Vibrio parahaemolyticus*라는 학명을 사용하게 되었다.

일반적으로 장염비브리오 식중독은 6~10월의 여름철에 집중 발생하고, 겨울철에 발생률이 적은 것은 기온이 낮아 장염비브리오 식중독을 일으킬 만큼 균이 증식하지 않기 때문이다. 유럽이나 미국에서는 흔한 식중독이 아니나 우리나라와 일본은 어패류를 날로 먹는 식습관 때문에 여름철에 많이 발생한다. 장염비브리오균은 근해에서 쉽게 발견되며 세계적으로 분포하고 있다. 회집에서 발생하는 빈도가 가장 높고 여름철에 70% 이상 발생한다. 비브리오균은 대부분 병원성이 없거나 어류에 질병을 유발하지만 콜레라의 원인균인 *V. cholera*, 비브리오패혈증 원인균인 *V. vulnificus*, 식중독 원인균인 *V. parahaemolyticu* 등이 사람에게 질병을 일으킨다.

2. 성상 및 특징

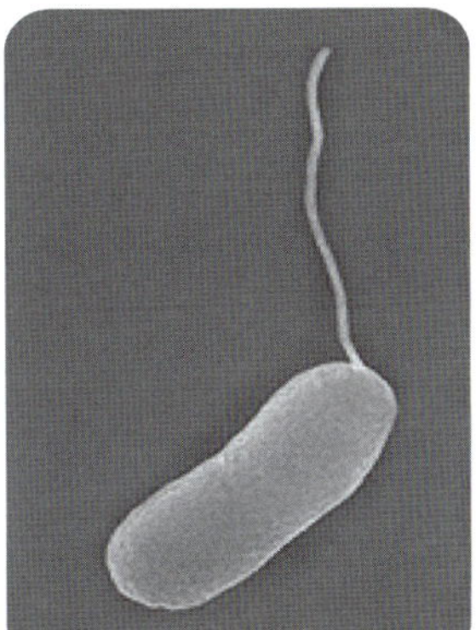

[그림 4-3] 장염 *Vibrio*균

장염비브리오균은 호염균의 일종으로 식염농도 1~8%에서 증식이 가능하고, 3~4%의 농도에서 가장 잘 증식한다. 그러나 식염농도 0.5% 이하나 담수에서는 거의 자라지 못한다. 식염농도 10%에서 증식이 억제되고 식염이 있을 때 증식 수분활성도는 0.992이고 최소는 0.948이다. Gram 음성의 무아포성 간균으로 한 개의 극성 편모를 가지며, oxidase 양성, 운동성이 있는 통성혐기성균이며 크기는 0.5~0.8×2~5.0 μm이다. 균의 최적 증식온도는 30~37℃로서 10℃ 이하에서는 잘 증식하지 않으나 15℃ 이상에서는 급격히 증식한다. 증식최적 pH는 7.5~8의 약알칼리성으로 약산성에서는 잘 증식하지 못한다. 세대시간(generation time)은 10~12분으로 매우 빨라 대장균이나 이질균의 2배속도로 증식한다. 장염비브리오균 중 특정조건에서 사람과 토끼의 혈구를 용혈시키는 것을 카나가와(神奈川) 현상이라 하는데 장염비브리오균이 생성한 독소 때문이다. 카나가와 현상은 임상분리균의 9%에서 발생하지만 환경분리균에서는 2% 이하에서 발생한다. 비브리오균종에 따른 감염원 및 증상은 <표 4-7>과 같다.

표 4-7 비브리오균에 의한 감염원 및 감염증

세 균 명	감 염 원	증상	감염조건
V. cholerae	하천수	콜레라	
V. cholerae non-O1	연안해수	위장염	
V. mimicus	사람, 어패류	연조직감염 이감염 패혈증	창상 기초질환
V. fluvialis	연안해수 어패류	설사증 위장염	
V. parahemolyticus	연안해수 어패류	급성위장염 연조직감염	 창상
V. hollisae	어패류	설사증	
V. hollisae	연안해수 어패류	설사증	
V. vulnificus	연안해수 어패류	연조직감염 패혈증	창상 기초질환
V. alginolyticus	연안해수	연조직감염 이감염 호흡기감염	창상
V. damsela	연안해수 어패류	연조직감염	창상
V. cincinnatiensis	연안해수 어패류	패혈증(?)	기초질환
V. metschnikovii	연안해수 어패류	위장염(?) 패혈증(?)	 기초질환

3. 원인식품 및 감염경로

장염비브리오는 해수세균으로 날것이나 덜 익힌 어류나 패류 및 2차오염된 가열식품 등에 의하여 식중독이 발생한다. 원인식품으로는 굴, 조개, 새꼬막, 오징어, 전갱이, 게장, 초밥, 생선회 등이고 도시락이나 복합조리식품도 식중독의 원인이 되는 것은 오염된 어패류의 체표, 내장, 아가미 등에 부착되어 있다가 냉장고, 도마, 행주, 칼 및 조리자의 손을 통하여 2차오염되기 때문이다. 또한 오이절임과 같이 식염농도가 높은 식품에도 때때로 발생한다.

해수욕 시 피부창상을 통해서도 감염된다. 장염비브리오 식중독은 여름철(6~10월)에 집중하고 겨울철에 수온이 13~15℃ 이하로 내려가면 발생하지 않는다고 본다. 식중독을 일으키려면 10^6 이상의 장염비브리오균에 감염되어야 한다.

4. 임상증상

장염비브리오균에 오염된 식품을 섭취한 후 8~24시간(평균 12시간)의 잠복기로 증상이 나타나며 잠복기가 짧을수록 위독한 증상을 보이는 경향이 있다. 주요 증상은 심한 복통, 설사, 발열(37.5~38.5℃), 구역질, 구토, 오한 등으로 특히 상복부에 견딜 수 없을 만큼의 심한 통증이 있다. 일반적으로 설사는 수양성이나 대장염이 생기면 이질 모양의 출혈성 설사변이 나오는 경우도 있다. 설사 횟수는 수회로부터 10회 이상인 경우도 있다. 이런 증세는 2~10시간 계속되지만 일반적으로 72시간에 회복되기 때문에 특별한 조치가 필요 없으나 10일간 계속되는 경우도 있다. 사람과 사람 간의 전염은 없으며 사망률은 극히 낮으나 노인은 때로 탈수에 의한 심쇠약사(心衰弱死)를 일으키는 경우도 있다. 장염비브리오균은 소장에서 아직 밝혀지지 않은 장독소를 생산한다.

5. 예방법

식품 중에 장염비브리오균이 소량 있다고 해서 반드시 식중독에 걸리는 것은 아니므로 식중독을 일으킬 만큼의 많은 균을 섭취하여야 한다. 여름철에는 연안 해수 중에 장염비브리오균의 검출률이 높으므로 어패류의 오염은 피할 수 없다. 기온이 높은

6~9월에 어패류의 생식을 금하고 특히 간경변 등 중증도의 기초질환을 가진 사람들이나 위 절제를 받은 사람들은 생선회나 초밥 등의 어패류 섭취를 삼가야 한다.

어패류를 취급할 경우에는 수돗물로 잘 씻고, 횟감용 칼이나 도마는 구분 사용하여 조리기구와 손 등을 통해 다른 식품으로의 2차오염이 되지 않도록 주의한다. 장염비브리오균은 열에 약하기 때문에 60℃에서 15분 이상, 80℃에서 7~8분 이상 가열 후 섭취하는 것이 안전하며 오염된 조리기구는 잘 씻고 열탕이나 살균·소독제로 처리하는 것이 중요하다. 또한 염분이 없는 물에서는 생존이 어려우므로 수돗물로 잘 씻는 것도 식중독예방에 좋은 수단이 될 수 있다.

〈요약〉

원인균	장염비브리오 • 해수온도 15℃ 이상에서 활발히 활동 • 2~5%의 소금농도에서 잘 자람 • 포자를 형성하지 않아 열에 약함 • 주로 6~10월에 균수 급증
감염경로	• 여름철 근해에서 채취한 어패류 및 생선회 • 오염된 어패류를 취급한 칼, 도마 등에 의한 2차오염
임상증상	• 잠복기 : 8~24시간(평균 12시간) • 증상 : 복통, 발열, 설사, 구토 등
예방법	• 어패류는 수돗물로 잘 씻어 섭취 • 생선용 칼, 도마 등은 구분하여 사용 • 오염된 조리기구는 10분간 세척 소독으로 2차오염 방지

4-2-4. *Campylobacter* 식중독(*Campylobacter* food poisoning)

1. 개 요

미호기(微好氣) 상태에서 증식하는 *Campylobacter*는 옛날에는 소나 양에 유산을 일으키는 병원균으로 알려져 *Vibrio*속으로 분류되었고 1970년까지는 사람에게 질병을 일으키지 않는 것으로 알려졌으나, 1972년에 처음으로 사람의 설사환자 분변에서 검출되어 설사증의 새로운 원인균으로 등장하게 되었다. 1980년대 초기부터 *Campylobacter*의 분리배지나 간단한 미호기 배양법의 개발로 연구가 급속히 진행되어 본 균이 설사증이나 식중독의 원인세균으로 본격적으로 알려지게 되었다. 후진국이나 개발도상국에서는 살모넬라보다 많은 설사증의 원인이 되고 있고, 2세 이하의 어린이 감염률이 매우 빈번하여 사망의 원인이 되기도 한다. 선진국에서도 이 균에 의한 식중독 발생률이 계속적으로 증가하고 있으나 원인은 확실히 밝혀지지 않고 있다.

가축이나 개, 고양이 등 모든 동물에 분포하여 식육, 식품 등을 매개로 감염된다. 현재 16종과 6아종이 밝혀졌고 식중독의 대표적인 균으로 *C. jejuni* (subspecies *jejuni*), *C. coli*, *C. laridis* 등이 사람에서 99% 이상 검출되고 이 중 *C. jejuni*가 90%를 차지하고 있다. 미국이나 유럽의 경우 건강한 사람에서는 검출되지 않으나 건강한 소, 닭, 조류 등에서는 검출되고 염소처리하지 않은 시냇물이나 연못에서도 검출된다.

2. 성상 및 특징

*Campylobacter*는 Gram 음성의 무아포 나선균(spiral)으로 협막을 형성하고 한쪽 혹은 양쪽에 편모가 있어 운동성이 있으며 크기는 0.9×0.5~5.0 μm이다. 증식최적조건은 산소농도 3~5%, 이산화탄소 농도 2~10%, 질소농도 85%인 미호기성 세균(microaerophilic bacteria)으로 산소농도 21%, 건조, 열, 소독제, 산성 등의 환경에 매우 민감하다.

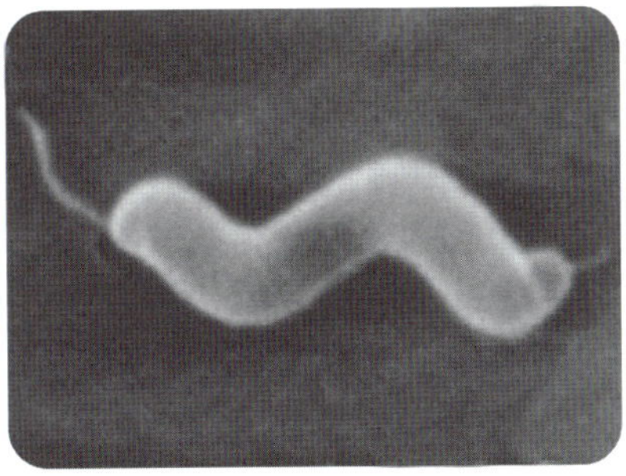

[그림 4-4] *Campylobacter jejuni*

증식온도는 31~46℃이고 최적온도는 35~43℃이며 30℃ 이하에서 증식하지 않는 특성이 있고 증식 pH는 5.5~8.0이다. 균의 분열시간은 장내세균의 약 2배인 46~60분이다. 호기적 조건인 실온에서는 2~3일에 사멸되지만 10℃ 이하의 호기적 조건에서는 비교적 장시간 생존한다. 영하 20℃ 이하의 동결상태나 진공포장 및 가스충선으로 포장한 생육 등에서 1개월 이상 생존할 수 있다. 소금 농도 3.5%에서는 증식이 불가능하고 건조에 약해 쉽게 사멸되며 70℃에서는 1분 이내에 사멸된다.

3. 원인식품 및 감염경로

이 균은 사람, 가축, 가금, 애완동물, 야생동물, 어패류 및 하천 등 자연환경에 널리 분포하는 균으로 가축 중 소에서는 수~20%, 돼지에서는 30~70%, 닭에서는 20~50%로 살모넬라보다 검출률이 높으며, 야생 조류에도 분포되어 있다. 동물은 이 세균을 배설하기 때문에 중요한 감염원이 되어 소, 돼지, 닭 등의 도살 후 식육에 오염될 위험성이 높다. 특히 닭고기는 도살처리 공정상 오염기회가 많아서 70% 전후의 높은 검출률을 나타내 도계 처리시설의 위생관리가 중요하며 닭고기를 취급하였던 손이나 조리기구 등의 위생에도 충분한 주의를 기울여야 한다. 보균동물과의 접촉 또는 이 균으로 오염된 식품이나 음료수를 매개로 감염된다. 일본에서는 주로 닭고기와 음료수, 미국의 경우는 생우유, 닭고기, 음료수 등이 주요 원인식품이다. 이 식중독은 연중 발생하지만 다른 세균성 식중독이 발생하는 7~9월의 여름철보다 5~6월에 많이 발생한다. 식중독 발생을 위한 *C. jejuni*의 균수는 종에 따라 다르나 대략 500~10,000마리 정도이다.

4. 임상증상

잠복기간은 2~7일(평균 3~4일)로 다른 세균성 식중독에 비하여 긴 편이다. 주요증상은 설사, 복통, 발열, 두통, 구토, 근육통, 메스꺼움 등이나 감염되어도 증상을 느끼지 못하는 사람도 있다. 성인은 수양성 설사가 많으며 소아에서는 혈변을 배설하는 경우가 많다. 식중독의 예후는 양호하여 약물치료 없이 발병 후 1주일 이내에 회복되고 사망하는 경우는 거의 없으나 균이 혈액으로 침투하여 심각한 상태를 유발하기도 하고 재발률은 약 25% 정도이다. *C. jejuni*에 의한 식중독 기작은 명확히 밝혀지지 않았으나 장내에서 내열성 독소를 생산하여 설사를 유발하는 것으로 보인다.

5. 예방법

가축이나 가금류에 널리 분포하고 있으므로 보균동물과의 접촉을 피하고 식육으로부터 오염을 방지한다. 특히 닭고기는 중앙부분을 75℃로 유지하여 3분 이상 가열하고, 원재료와 조리한 식품을 분리 보관하여야 하며, 식육을 냉장보관할 경우 육즙이 다른 식품에 스며들거나 혼입되는 일이 없도록 반드시 밀봉 보관한다. 생육을 만진 경우는 손을 깨끗하게 씻어 소독하고 도축장에서는 위생적으로 처리하여 교차오염을 방지한다. 물에서 장기간 생존이 가능하므로 충분히 가열하여 섭취한다.

〈요약〉

원인균	캄필로박터 • 산소가 적은 환경에서 잘 증식 • 30℃ 이상에서 증식 활발 • 소량의 균수로 식중독 발생
감염경로	• 닭고기와 관련된 식품 • 가축, 애완동물, 도축, 도계과정에서 오염된 식품 • 염소 소독이 불충분한 물
임상증상	• 잠복기 : 2~7일(평균 3~4일) • 증상 : 복통, 설사, 발열, 구토, 근육통 등
예방법	• 개인위생 철저 및 생육을 만진 후 손을 깨끗이 세척 • 생육과 조리된 식품을 구분하여 보관 • 가급석 수돗물 사용 • 74℃에서 1분 이상 중심부까지 가열

4-2-5. 퍼프린젠스균 식중독(*Clostridium perfringens* food poisoning)

1. 개 요

퍼프린젠스균(*Cl. perfringens*, *Cl. welchii*)은 자연계에 널리 분포하고 있으며 사람이나 동물의 장내세균으로 분변, 토양, 물, 부패한 식물, 가열처리가 부족한 육류, 사람이나 척추동물의 장관, 곤충, 토양(10^3~10^4cfu/g) 등에서 검출된다. 포자는 토양, 침전물, 사람이나 동물의 분변에 오염된 것에서 검출된다.

1890년대에 영국, 독일, 프랑스에서 각각 개별적으로 발견되었다. 과거에는 *Clostridium welchii*라 했으며, 임상재료에서 분리되는 *Clostridium*속 중에서 50%로 가장 많이 차지한다. 1957년 Hobbs가 장내세균으로 장염을 일으키는 사실을 확인하였고 식중독을 발생시킨다는 것을 밝혔다. 특정 균주가 증식된 식품을 섭취함으로써 발생되는 식중독으로 퍼프린젠스균이 장관 내에서 아포를 형성할 때 일종의 독소를 생산하고 이것이 식중독의 직접적인 원인이 되는 것으로 보고 있다. 이런 점에서 퍼프린젠스균 식중독은 감염형과 독소형을 합친 특수한 중간형태로 분류한다. 이 균에 의한 식중독은 대부분이 A형 퍼프린젠스균에 의한 것으로 증상도 경증이다. 그러나 1947~1949년 독일에서 괴사성 장염(necrotic enteritis)이라는 출혈성 장염이 발생하여 원인이 F형의 퍼프린젠스균이라는 것이 Eeissler에 의해 보고되었다. '집단급식 식중독'이라고 말할 정도로 급식을 원인으로 한 대규모 집단발생을 자주 일으킨다. 영국이나 미국에서는 식중독 발생률이 3번째로 높다.

2. 성상 및 특징

퍼프린젠스균은 *Clostridium*속에 속하며 학명은 *Cl. perfringens*이다. Gram 양성의 편성혐기성 간균이고 편모는 없으며 난형의 아포를 형성하고 협막이 있으며 크기는 3×9 μm이다. 증식최적온도는 43~45℃로 일반세균보다 높은 고온성이며, 증식최적 pH는 6.0~7.0으로 pH 5.5 이하에서는 증식이 억제되고 수분활성도는 0.93~0.97이다. 세대시간은 10~12분으로 대단히 짧다. 온도에 따른 퍼프린젠스균의 분열시간은 <표 4-9>와 같다.

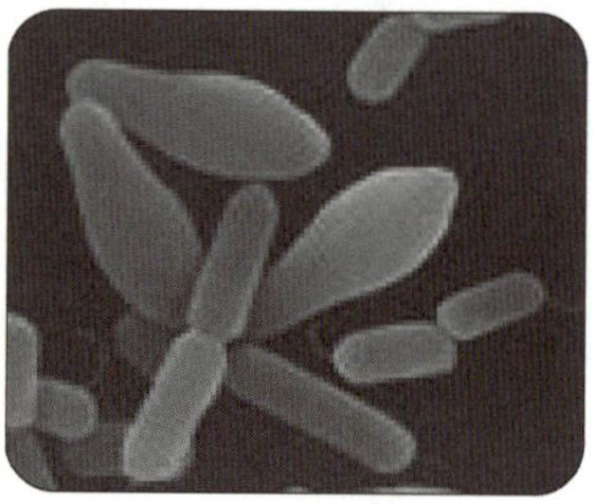

[그림 4-5] *Clostridium perfringens*

이 균은 장독소로 α, β, γ 등 12가지의 독소와 효소를 생산하는데 균의 종류와 생산능력에 따라 A~F의 여섯 종으로 분류한다. 그중 사람의 식중독 원인이 되는 것은 주로 A형 균이고 C형 균에 의한 것도 보고되고 있다. 아포는 일반적으로 105℃에서 5분간 가열로 사멸하나 A형 균의 아포는 내열성으로 100℃에서 4시간 가열하여도 사멸하지 않는다. *Cl. perfringens*는 쇠고기와 닭고기에서 잘 자라며 멸균한 쇠고기는 좋은 배지가 되어 독소생산을 촉진한다.

표 4-8 온도에 따른 퍼프린젠스균의 분열시간

온도(℃)	분열시간(분)
1 이하	분열하지 않음
25	100
30	50
35	34
40~45	10~12
50	분명치 않음
55	분열하지 않음

3. 원인식품 및 감염경로

미국이나 유럽에서는 퍼프린젠스균에 의한 식중독이 살모넬라나 포도상구균 식중독과 더불어 자주 발생하는 것으로 보고되고 있다. 퍼프린젠스균은 토양 및 하수 등에 널리 분포되어 있어 오염기회가 많으며 사람의 분변 중에 항상 존재하고 있다.

원인식품은 육류와 그 가공품, 어육이나 그 가공품 등의 동물성 고단백질 식품으로 미리 가열조리하여 상온에 5시간 이상 방치한 식품에서 자주 발생한다. 한꺼번에 많은 양의 식품을 가열조리 후 용기에 담아 장시간 실온에서 냉각하여 저장하는 동안 가열에서 사멸되지 않고 남아 있는 소량의 균이 식중독을 일으킬 수 있는 양으로 증가하여 발생한다. 따라서 많은 양의 식품을 조리하여 저장하는 집단급식소인 학교, 병원, 양로원, 기숙사, 교도소 등에서 잘 발생하기 때문에 '집단조리 식중독'이라고 불린다. 서구에서는 육류를 조리한 후 보관하였다가 먹는 습성 때문에 발생률이 높다. 오염된 식품을 가열조리하여 30~50℃의 혐기성 상태에 저장한 경우 내열성 아포가 증식하여 통상 1g당 10^5마리 이상의 생균이 들어 있는 식품을 섭취하였을 때 장관에서 생성된 장독소가 장관점막에 작용하여 발생한다. 합병증은 거의 발생하지 않으며 '생체 내 독소생산형' 식중독이라고 한다.

퍼프린젠스균은 배양과정에서 아포 형성과 더불어 균체 내 독소(장독소; entrotoxin)를 생산하며, 시간이 경과하면 독소는 균체 외로 방출한다. *Cl. perfringens*의 균형에 따른 장독소는 <표 4-9>과 같다. Enterotoxin은 A, C 및 D형 균의 일부가 생산하며 생화학적으로 단순단백질이고 분자량 35,000정도이며 등전점(isoelectric point)은 pH 4.3이다. 알칼리에는 저항성이 있으나 pH 4.0 이하에서는 불안정하다. 비교적 열에 약하여 *Cl. perfringens* 장독소(CPE)는 이열성으로 74°C에서 가열로 파괴된다. pH 4.0 이하에서 단시간에 파괴되므로 식품 중에 생산된 독소는 식품과 함께 섭취되어도 위산에 의해 무독화되어 발증하지 않는다.

표 4-9 *Clostridium perfringens*가 생성하는 독소

균 형	독 소
Type A	α(alpha)
Type B	α(alpha), β(beta), ε(epsilon)
Type C	α(alpha), β(beta)
Type D	α(alpha), ε(epsilon)
Type E	α(alpha), ι(iota)

4. 임상증상

잠복기는 8~22시간(평균 12시간)이다. 증상은 복통과 설사가 특징적이고, 수양성(水樣性) 설사가 1일 1~3회인 경우가 많고 드물게 점혈변이 배출된다. 설사는 일과성으로 1~2일에 가벼운 증상으로 회복된다. 구역질, 구토, 발열은 일부 환자에서만 볼 수 있으며 예후는 양호하다. 드물게 탈수와 합병증으로 사망하는 경우도 있다. 청・장년기보다 신생아 및 고령자에서 검출률이 높다.

5. 예방법

이 균에 의한 식중독 발생률은 적고 증상도 가벼운 편이지만 집단으로 발생하는 경우가 많다. 사람이나 동물의 분변, 하수, 토양 등에 넓게 분포되어 있으므로 이들로부터의 오염을 방지하고 편성혐기성균이기 때문에 일반 세균성 식중독과는 예방책을 달리하여야 한다.

- 조리 후 바로 섭취하지 않는 식품은 소량씩 나눔으로써 공기와 접촉하여 혐기성 상태가 되지 않도록 한다.
- 조리한 식품은 신속히 섭취하나 보관 후에는 74℃ 이상의 높은 온도에서 재가열하여 사멸시킨다.
- 가열식품은 10℃ 이하의 저온이나 55℃ 이상의 온도에 보관하여 아포의 발아를 억제시킨다.
- 신선한 원재료로 필요한 양만 신속하게 가열 조리하여 섭취한다.

〈요약〉

원인균	클로스트리디움 퍼프린젠스 • 포자를 형성하여 가열에도 생존하는 내열성균 • 산소가 없는 환경에서 성장 가능
감염경로	• 동물 분변이나 토양에 존재 • 많은 양을 조리한 음식물을 장시간 방치
임상증상	• 잠복기 : 8~22시간(평균 12시간) • 증상 : 설사, 복통 등 가벼운 증상 후 회복
예방법	• 많은 양을 조리한 음식은 신속히 제공 • 냉각한 국 등은 잘 섞으면서 재가열 • 보관 시 재가열한 후 냉장보관

4-2-6. *Cereus*균 식중독(*Bacillus cereus* food poisoning)

1. 개 요

*Bacillus*는 식품의 부패균으로 포자를 형성한다. *B. cereus*는 1887년에 최초로 분리되었으며 세레우스균 식중독은 Hauge가 보고한 것으로 1947~1949년에 걸쳐서 노르웨이 오슬로 시내의 병원에서 발생한 사례가 최초이고 1955년 이후 식중독균으로 확인되었다. 일본은 1982년 3월 세레우스균을 식중독균으로 새롭게 지정하였다.

2. 성상 및 특징

*B. cereus*는 Gram 양성의 긴 간균으로 내열성 포자를 형성하며 주모성의 편모로 운동성이 있는 통성혐기성균이다. 크기는 길이 5~10 μm, 너비 1 μm이고 증식온도는 10~48℃로 넓으며 최적온도는 30~37℃이나 4°C나 55°C에서 생존 가능한 종도 있다. 증식 pH 범위는 4.3~9.3이고 최소 수분활성도는 0.912이며 호기적 상태에서 잘 자라나 혐기적 조건에서도 잘 자란다. 장독소 생산으로 식중독을 일으킨다.

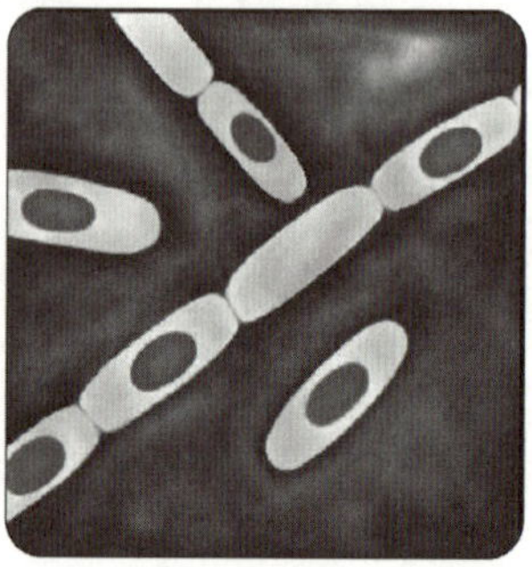
[그림 4-6] *Bacillus cereus*

3. 원인식품 및 감염경로

이 균에 의한 식중독은 두 가지로 분류한다. 하나는 잠복기가 1~6시간으로 짧은 구토형이다. 메스꺼움, 구토, 복통 등을 주요 증상으로 하는 황색포도상구균에 의한 식중독과 잠복기가 유사하고, 원인식품은 중화요리점의 쌀밥과 볶음밥이다. 1971~1984년 동안 영국에서 잠복기가 평균 3시간으로 주요증상이 메스꺼움과 구토였고 복통과 설사(환자의 30~40%)를 수반하는 경우도 있었으나 발열은 거의 없는 식중독으로 Gilbert 등은 이러한 것을 설사형에 비하여 구토형 식중독이라 하였다. 구토형은 영국에서 가장 많이 발생하였고 일본, 네덜란드, 캐나다 등에서도 보고되었다. 쌀 제품, 감자, 파스타 등과 같은 전분질 식품이나 치즈류 등에 의하여 발생한다. 다른 하나는 잠복기가 8~16시간(평균 12시간)이고 복통과 설사를 주요 증상으로 하는 설사형으로 *Cl. perfringens* 식중독과 유사하다. 설사형은 육류, 우유, 채소, 어류, 수프류, 마닐라소스, 소시지, 푸딩 등 여러 가지 식품에 의하여 발생한다.

4. 임상증상

구토형 식중독은 잠복기가 1~6시간(평균 3시간)으로 메스꺼움 및 구토를 주요증상으로 하고 복통을 수반하는 일이 있으나 설사와 발열은 거의 없다. 설사형 식중독은 잠복기가 8~16시간(평균 12시간)으로 설사 및 복통을 주요증상으로 하고 메스꺼움, 구토, 발열은 거의 없다. 구토형 및 설사형 식중독의 어느 것도 증상은 가볍고 24시간 내에 회복된다. 설사형 독소는 분자량이 큰 단백질에 의하고 구토형 독소(emetic toxin; ETE)는 분자량이 1.2kDa인 내열성 펩타이드로 4개의 아미노산이 3회 반복하여 환상으로 이루어졌고 pH 2~11, 열, 단백질분해 효소에 저항력이 강한 특징을 가지고 있다.

5. 예방법

자연환경 중의 세레우스균을 감소시키는 것은 불가능하며 식품에 대한 오염을 완전히 차단하는 것도 매우 어려운 일이다. 식품을 가열이나 저온보관하여 아포나 균을 사멸시키거나 발아를 억제시키고 조리장에서는 2차오염을 방지한다. 조리한 많은 양의 식품은 4~60°C의 온도범위 밖에서 보관한다. 조리한 식품은 신속히 냉각시켜 포자의 발아를 억제시킨다. 구토형 독소는 126℃에서 90분 가열로 실활(失活)되지 않으므로 식품을 재가열할 때는 100℃ 이상으로 유지한다. 설사형 장독소는 장내에서 생성되는 열, 산, 일칼리, 단백질 가수분해효소에 민감하고 열에 약하여 60℃에서 5분 가열로 실활(失活)되므로 가열 섭취한다. 예방대책은 다른 세균성 식중독과 기본적으로는 같다.

〈요약〉

미생물	바실러스 세레우스 • 내열성 포자 형성 • 설사형과 구토형 독소
감염원	• 설사형 : 육류, 수프, 푸딩 등 • 구토형 : 쌀밥, 볶음밥 등 • 토양과 관계있는 식품원재료 및 가공조리식
임상증상	• 잠복기 – 구토형 : 1~6시간(평균 3시간) – 설사형 : 8~16시간(평균 12시간) • 증상 – 구토형 : 구토, 복통, 설사, 메스꺼움 등 – 설사형 : 설사, 복통 등

예방법	• 조리한 음식은 실온에 장시간 방치 금지 • 5℃ 이하 냉장보관 • 조리 후 바로 섭취

4-2-7. *Yersinia* 식중독(*Yersinia* food poisoning)

1. 개 요

*Yersinia*는 11개 종 중 페스트 원인균인 *Yersinia pestis*, 가성결핵 원인균인 *Y. pseudotuberculosis*, 식중독 원인균인 *Y. enterocolitica* 등이 병원균으로 알려져 있다. *Y. pseudotuberculosis*와 *Y. enterocolitica*는 사람에 대하여 설사증 등의 장염증상과 여러 가지 질병을 일으켜 여시니아 감염증이라고 하며 세계각지에서 발생하는 것으로 보고되고 있다. *Y. enterocolitica*는 1939년 미국에서 Schleifstein과 Coleman이 소아의 위장염 증세에서 최초로 분리하였고, 5~15세 연령에 잘 감염되고 감염된 사람의 연령에 따라 증상이 다르게 나타난다. 일본에서는 1972년에 사람의 설사증, 충수염 등의 산발장염 환자로부터 분리 및 대규모의 집단감염사례가 보고되면서 학교급식을 원인으로 한 식중독 사건이 잇따라 발생하였다. *Y. enterocolitica*는 가축화된 동물에서 검출되는 일이 많고, 주로 돼지고기를 통하여 사람에게 감염되는 것으로 생각된다. 사람과 함께 생활하는 개, 고양이, 쥐 등이 보균하고 있다.

2. 성상 및 특징

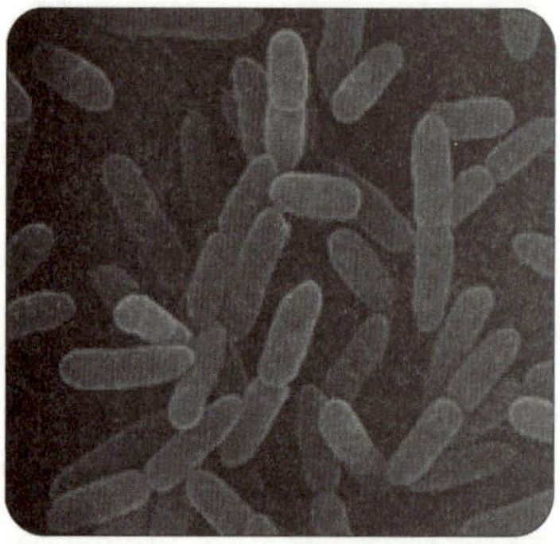
[그림 4-7] *Yersinia enterocolitica*

*Yersinia*는 Gram 음성으로 oxidase 음성이며 유당 비발효성의 간균이다. 통성혐기성이며 보통 편모를 갖지만 4℃의 저온에서도 증식하는 저온발육 병원균이다. 균체는 작고, 막대기형 혹은 구형으로 다른 장내세균과는 차이가 많다. 성상은 배양온도에 따라 다르며 28~30℃에서는 운동성이 있으나 37℃에서는 운동성이 없다. 증식최적온도는 25~30℃, 증식 pH

범위는 4.4~9.0이다. 분열시간은 이질균과 대장균 등의 2배인 40~45분이다.

3. 원인식품 및 감염경로

정상적인 장내세균은 아니나 상처, 타액, 장간막 림프관 등에서 검출되고 돼지, 개, 설치류, 양, 고양이 등에서 검출되며 특히 *Y. enterocolitica*는 연못, 호수, 가축(소, 돼지, 양 등), 굴, 어류, 아이스크림, 우유 등에서도 검출된다. 저온균으로 낮은 온도에서 보관하여도 균이 증식하여 식중독을 일으킨다. 어린 새끼돼지는 여시니아에 쉽게 감염되며 도축장의 돼지에서는 혈청형 O:3균이 가장 많고 드물게 혈청형 O:5, 27균도 검출된다. 소에서도 드물게 검출되나 혈청형은 O:5, 27균이다. 식품의 여시니아 오염실태는 분명하게 밝혀져 있지 않으며 건강한 사람으로서 이 균의 보균자는 극히 적다. 진공포장이나 저온에서도 증식할 수 있는 특성을 가지고 있고, 식품의 취급이나 보존에 방심할 수 있는 가을과 초겨울에 식중독이 발생할 수 있으므로 주의해야 한다.

4. 임상증상

잠복기는 4~7일로 알려져 있으나 명확하지 않으며 1~3주간 지속되는 경우도 있다. 음식물과 함께 섭취된 여시니아는 소장(회장 말단부)에서 증식하여 장염을 일으키거나 혈중으로 들어가 패혈증을 일으킨다. 감수성이 높은 유아에 발병률이 높고 설사증이 많으며 맹장염이나 림프절염 등의 증상과 유사하다.

설사는 주로 수양성이고 발열, 복통, 메스꺼움, 구토, 혈변 등의 증상이 나타난다. 임상증상은 혈청형에 따라 달라 O:3균에 의한 감염은 주증상이 설사이고, O:8균에 의한 감염은 패혈증을 일으키기도 한다. 우리나라에서 O:3균에 의한 것은 설사, 복통, 발열 등이 주 증상이다. 북유럽에서는 연령이 높은 집단에서 관절염을 일으키는 것으로 보고되어 있다. 드물게 합병증으로 피부발진, 관절통, 혈액 내 침입 등의 현상이 나타난다.

5. 예방법

*Y. enterocolitica*는 돼지가 중요한 보균동물로 사람으로의 감염은 주로 돈육을 통하

여 발생하는 것으로 보고 있다. 여시니아는 냉장온도에서 증식이 억제된다고 하나 장기간 생존하므로 냉장을 과신하지 말아야 한다. 냉장 및 냉동육과 그 제품의 유통과정에서 이들로부터의 다른 식품에 2차오염되는 것도 주의한다. 65℃ 이상의 온도로 쉽게 사멸되므로 가열 섭취하고 음식을 조리하기 전에 손은 비누로 깨끗이 세척하고, 애완견이나 고양이의 설사물을 접촉한 후에는 손을 깨끗이 씻어야 한다.

〈요약〉

원인균	여시니아 • 저온에서 증식가능하고 포자를 형성하지 않아 열에 약함
감염경로	• 인수의 분변에서 오염된 우물, 약수물, 돈육 등 • 감염경로는 살모넬라와 유사
임상증상	• 잠복기 : 4~7일(평균 2~5일) • 증상 : 복통, 설사, 발열, 구토 등
예방법	• 돈육 취급 시 조리기구와 손을 깨끗이 세척 • 칼, 도마 등은 채소류와 구분 사용 • 가열 조리온도 철저 준수 • 가급적 수돗물 사용

4-2-8. *Citrobacter* 식중독(*Citrobacter* food poisoning)

*Citrobacter*는 장내세균과로 *E. coli*나 살모넬라에 매우 가깝다. 구연산을 탄소원으로 하고 Gram 음성의 포자를 형성하지 않는 운동성이 있는 통성혐기성균이다. 자연계에 널리 분포하고 있어, 토양, 물, 하수, 음식물 및 사람과 동물의 장관에 상재하여 설사환자의 대변, 건강한 사람이나 동물의 분변에서도 발견되고 혈액, 뇌척수액, 요로, 코 등에서도 발견된다. 잠복기는 1~48시간(평균 13시간)이고 임상증상은 설사, 복통, 발열, 오한, 두통, 후증, 구토, 욕지기, 현기증 등이다. 예방은 사람이나 동물이 식품에 오염시킬 기회를 최소화하는 위생적인 습관이 필요하고 최소한 74℃ 이상의 온도에서 조리해야 하며 균이 증식할 수 없는 온도에서 식품을 보관하는 방법이 권장된다.

4.3 독소형 식중독

4-3-1. 보툴리누스 식중독(Botulism)

1. 개 요

보툴리누스균(*Clostridium botulinum*)이 식품 중에서 혐기성 상태로 증식하여 생산한 독소의 경구섭취로 발생하는 독소형 식중독이다. 세균성 식중독 가운데 증상이 매우 심하고 위험하여 치명률이 가장 높다. 이 식중독은 18~19C에 유럽, 특히 독일에서 소시지에 의한 경우가 많아 일명 소시지 중독이라고도 하였다. 보툴리누스는 라틴어로 sausage라는 뜻으로 botulism은 1800년 Kerner가 명명하였다. 1895년 Émile van Ermengem 등이 벨기에에서 처음으로 세 사람의 사망원인인 햄에서 균을 분리하여 체외독소에 의해 발병하는 것을 확인하였고, 1951년 일본 북해도에서 청어로 만든 청어요리가 E형 균에 의한 식중독으로 보고되었다. 미국에서 영유아가 A형 또는 B형 균의 아포를 경구섭취하여 소화관 내에서 증식, 독소를 생산해서 발병했다고 하는 장관 내 독소형의 전례가 발견되어 영유아 보툴리누스균증(infant botulism)으로서 주목받고 있다.

2. 성상 및 특징

원인세균은 *Clostridium botulinum*으로 Gram 양성의 편성혐기성 간균으로 크기는 3~8×0.9~1.2 μm 정도이다. 한쪽 끝에 난원형의 내열성 아포를 형성하고 다수의 주모성 편모가 있어 활발한 운동을 한다. 아포는 자연환경과 열에 대한 저항성이 매우 강하고 증식할 때 강한 신경독(neurotoxin)을 생산한다. 대체로 중온균이나 E형 균은 호냉성으로 5℃에서도 증식하여 독소를 만든다.

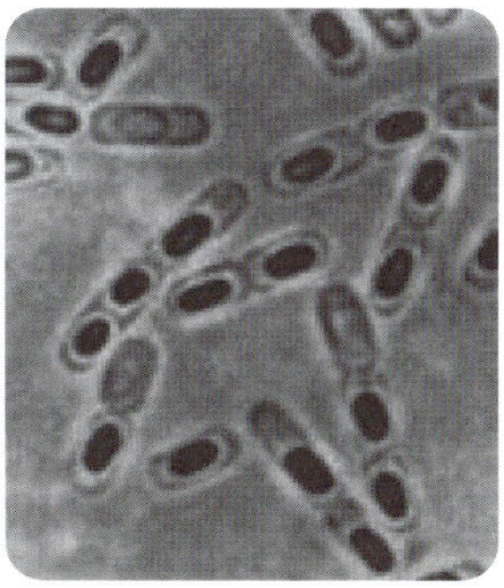

[그림 4-8] *Clostridium botulinum*

생산되는 독소의 항원특이성에 따라 균을 A, B, C(C_α, C_β), D, E, F, G 등의 7형으로 분류한다. 이 중 A, B, E 및

F형은 사람에 식중독을 일으키고, C와 D형은 닭과 가금류, 소, 말, 어류 등과 같은 동물에 식중독을 일으킨다. G형은 아르헨티나에서 분리되었으나 아직 식중독 발생보고는 없다. A, B, F형 균의 아포는 일반적으로 내열성・내구성이 매우 강하여 100℃에서 6시간, 120℃에서 4분 이상 가열로 사멸하지만, E형 균의 아포는 비교적 약하여 90℃에서 5분이나 80℃에서 20분 가열로 사멸한다.

소시지, 육류제품, 채소 캔류, 해산물 제품 등에서 발생한다. 보툴리누스균은 토양, 숲, 퇴적물, 호수, 해변가, 어류나 포유동물의 소화관, 게나 패류의 아가미와 내장 등에서 발견된다. 생물학적 성상에 따른 보툴리누스 균종의 특징은 <표 4-10>과 같다.

▮표 4-10▮ 생물학적 성상에 따른 보툴리누스균의 특징

성상 \ 균	I	II	III	IV
독소	A, B, F	B, E, F	C, D	G
아포내열성	120℃, 4분	80℃, 20분	100℃, 15분	-
증식최적온도	35~40℃	28~32℃	40~42℃	-
증식최저온도	10℃	3.3℃	15℃	-
trypsin에 의한 독소활성화	-	+	-	+

3. 보툴리누스(Botulinus) 독소

보툴리누스균이 생산하는 독소는 이열성(易熱性)의 신경독(neurotoxin)으로 항원특이성에 따라 A, B, C(C_α, C_β), D, E, F, G 등 7형으로 분류하며 어떤 종은 한 가지 이상의 독소를 생산하는 경우도 있다. A, B, E, F의 4개형 균주가 사람에게 식중독을 일으키는데 B형이 가장 강하다. 독소는 단순단백질로 독성성분과 비독성성분의 복합체로 되어 있다. 복합체로 되어 있는 독소를 경구섭취하면 펩신이나 트립신 같은 단백질 분해효소 혹은 위산에 의하여 분해되지 않고 B, E, F형 균의 독력은 오히려 상승한다. A형과 B형 독소는 자신의 단백질 분해효소에 의해 활성화되고, C형과 D형 독소는 그 자체로 강한 독력을 나타낸다. A, B, E, F형은 사람에게 식중독을 일으키고, C와 D형은 소, 조류 등에 질병을 일으킨다.

식품과 함께 섭취된 독소는 소장상부의 십이지장에서 림프관을 통하여 흡수되어 아세틸콜린 작동성의 신경접합부에 작용하여 아세틸콜린의 유리를 저해함으로써 신경지배를 받는 근육의 마비를 일으킨다. 중증일 때에는 호흡근 마비로 질식하여 사망한다.

보툴리누스 독성은 복어독이나 뱀독보다 1,000배 강하며 마우스에 대한 경구 치사량은 0.001㎍/kg, 정맥주사인 경우 0.0003㎍/kg이다. 사람에는 0.1㎍ 정도로 중독을 일으킬 수 있고, 경구치사량은 수 ㎍으로 추정한다. 보툴리누스 균종의 표현형 군은 <표 4-11>와 같다.

표 4-11 *Cl. botulinum*의 표현형 군

성질	Ⅰ군	Ⅱ군	Ⅲ군	Ⅳ군
독소형	A, B, F	B, E, F	C, D	G
단백분해성	+	-	약	-
당분해성	-	+	-	-
감염원	사람	사람	동물(소, 조류)	-
독성유전자	크로모좀	크로모좀	박테리오파지	프라스미드
유사균	*Cl. sporogenes* *Cl. putrificum*	*Cl. butyricum* *Cl. beijennickii*	*Cl. haemolyticum* *Cl. novyi type A*	*Cl. subtemibale* *Cl. haemolyticum*

4. 원인식품 및 감염경로

보툴리누스균 아포는 토양, 바다, 하천, 연못의 바닥 등에 널리 분포하고 있어서 농작물, 어패류, 육류 등에 오염되기 쉽다. 보툴리누스균에 의한 식중독은 세계적으로 발생하지만 균형은 나라와 지역에 따라 차이가 있다. 구미에서는 육제품, 햄, 소시지, 통조림 등의 소비가 많아 A형과 B형 균에 의한 발생빈도가 높고, 일본, 러시아, 캐나다, 스칸디나비아 반도 등에서는 E형 균에 의한 발생빈도가 높다.

육류, 채소, 어류 등의 식품재료 가공이 부적절하면 부착되어 있던 포자가 사멸되지 않고 생존하고 있다가 혐기적 조건에서 발아하여 독소를 생산하여 식중독을 일으킨다. 원인식품은 통조림, 병조림, 레토르트 식품, 식육, 소시지, 훈연 혹은 염장한 어류 등이나 비위생적으로 처리한 식품, 분변에 오염된 것은 모두 식중독을 유발할 수 있

다. 발생빈도는 적으나 치명률이 높은 식중독으로 미국에서 발생하는 30건 중 10건은 비위생적 가공으로 만든 식품이나 가정에서 만든 캔류 등에서 발생하고 드물게 공장에서 제조한 것에서도 발생한다.

5. 임상증상

증상은 가벼운 것에서부터 일일 이내에 사망하는 중증까지 다양하다. 잠복기는 12~36시간으로 독소량에 따라 달라 독소량이 많으면 2~4시간에 신경증상이 나타나고 10일간 지속되기도 한다. E형 독소의 잠복기가 가장 짧고, A형과 B형 독소는 상대적으로 길다.

Cl. botulinum 독소는 말초신경계, 신경절 말단, 부교감신경 말단, 신경말단 등에 영향을 주어 마비를 일으킨다. 초기증상은 메스꺼움, 구토, 권태, 허약함, 어지러움, 입마름 등이고 신경계의 증상은 복시, 시력저하, 눈꺼플 처짐, 언어장애, 호흡곤란, 근육위축, 변비, 동공산대, 안검하구 등이다. 유아 botulism은 1976년에 처음으로 밝혀졌으며 1세 이하의 유아에게서 발병한다. 유아가 포자를 섭취하면 장내에서 증식하면서 독소를 만들어 식중독을 유발한다. 토양, 수조, 먼지, 식품, 꿀 등이 이 식중독과 관련된 것들로 특히 유아에게 벌꿀을 주지 않는 것은 포자가 있을 가능성이 있기 때문이다. 처음에는 변비로 시작하여 혼수상태로 되며 포자 섭취 후 3~30일에 발생하고 사망률은 5% 정도이다. 상처 botulism은 식품과 관련 없이 매우 드물게 발생한다. 보툴리누스균과 다른 균이 상처에 감염되어 독소가 만들어지고 이 독소가 혈액을 통하여 몸에 퍼져 식중독을 일으킨다. 잠복기는 4~14일이고 항생제로 치료가 가능하다.

6. 예방법

보툴리누스균은 토양, 동물의 분변, 연해의 어패류, 해저토 등 광범위하게 분포하고 있으므로 오염을 완전히 차단하기는 불가능하다. 식품 원재료는 포자에 오염될 가능성이 있으므로 채소나 곡류는 깨끗이 세척하고 어패류는 신선한 것으로 조리한다. 포자를 형성하는 내열성 균이므로 120℃에서 4분 이상이나 100℃에서 30분 이상 가열로 식품을 완전살균한다. 그러나 높은 온도에서 처리하면 식품의 관능적 손실이 발생하므로 pH 4.6 이하, 수분활성도 0.94 이하, 냉동 또는 냉장보관, 질산염, 아스코르빈산염, 알코올 등으로 처리하여 포자가 발아하지 못하는 환경을 만드는 것도 좋은 방법이다. 질산염이나 아스코르빈산염을 첨가하더라도 이미 생성된 독소는 파괴되지 않는다. 또한 독소는 이열성으로 80℃에서 30분, 100℃에서 20분 이상 가열로 독소를 파괴함으로써 예방이 가능하다.

〈요약〉

원인균	클로스트리디움 보툴리늄 • 내열성 포자 형성으로 가열에도 생존 • 산소가 없어도 성장 • 신경을 마비하는 독소 생산으로 사망
감염원	• 병, 통조림, 레토르트 등 제조과정에서 멸균처리 철저(120℃에서 4분)
임상증상	• 잠복기 : 8~36시간 • 증상 : 신경장애, 현기증, 두통, 호흡곤란 등
예방법	• 병·통조림, 레토르트 등의 멸균 처리 철저(120℃에서 4분) • 믿을 수 있는 회사제품 사용 • 의심되는 병·통조림 등은 폐기

4-3-2. 포도상구균 식중독(*Staphylococcal* food poisoning)

1. 개 요

1880년 스코틀랜드 의사 Alexander Ogston이 종기의 고름에서 *Staphylococcus aureus*를 처음 발견하였고, 1884년 Vaughn이 최초로 포도상구균 식중독을 보고하였으며, 1914년 Barber는 필리핀의 한 농장에서 유방염에 걸린 젖소에서 착유한 우유로 인한 식중독을 보고하였다. 1930년 Dack는 포도상구균 배양액을 임상자에게 마시게 하여 3시간 후 식중독 증상이 나타나는 것으로 독소에 의한 식중독을 증명하여 장독소(enterotoxin)라 명명하였다. 같은 해에 Jordan도 포도상구균을 우유에 배양 후 임상자에게 마시게 하여 같은 식중독 증상이 일어나는 것을 확인함으로써 포도상구균 식중독은 장독소에 의해 발생하는 것으로 입증되었다.

포도상구균(*Staphylococcus*)은 Staphylococcaceae과에 속하며 현미경으로 보면 포도송이와 같은 균괴를 형성하여 포도상구균이라 하였다. 'Staphylo'의 어원은 그리스어로 '포도송이'란 뜻이고 'aureus'는 '금색'을 뜻하는 것으로 이 균은 황색의 색소를 생성한다. 20여 종이 밝혀졌으나 *S. aureus*는 노란색을 *S. pidermidis*(*albus*)는 흰색의 색소를 생성하는 균으로 인간과 관계가 깊다.

*S. aureus*는 식중독을 포함하여 여러 가지 감염증을 일으키는 가장 중요한 균종으로 장티푸스 다음으로 발생현황이 많고 잠복기가 극히 짧으며 생성되는 장독소(enterotoxin)가 내열성이기 때문에 식품 중에서 생산된 것은 일반 조리법으로 파괴되지 않는다.

2. 성상 및 특징

황색포도상구균은 Gram 양성의 구균으로 무포자의 통성혐기성이며 현미경으로 관찰 시 포도송이 모양으로 보인다. *S. aureus*는 배지에서 큰 노란색의 집락을 형성하고 혈액한천배지에서 용혈성이 있다. 크기는 0.5~1.0 μm으로 증식온도는 15~45℃(최적증식온도 30~37℃), 증식 pH는 4.2~9.3(최적증식 pH 7.0~7.5)이며 10%의 식염농도에서도 잘 자라는 호염성균이다<표 4-12>.

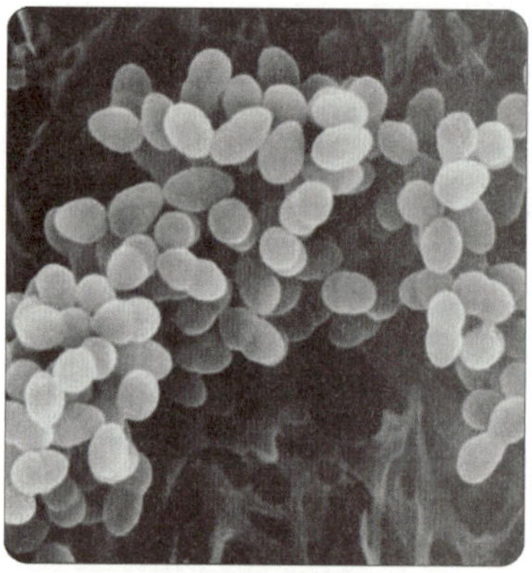

[그림 4-9] 포도상구균

포도당을 발효하여 젖산을 생성하고, mannitol 발효, catalase 양성, oxidase 음성, coagulase 양성 등의 특성을 가지고 있다. 건조한 환경에 저항성이 강하여 식품이나 가검물 등에서 수개월간 생존하며 콧구멍, 피부, 점막 등에서 발견되는 식중독 원인균이다.

*S. epidermidis*는 배지에서 작은 흰색의 집락을 형성하며 용혈성이 없고 coagulase 음성, mannitol 비발효, 비병원성의 장내미생물로 보호역할도 한다. 주로 피부에서 발견되고 병원의 환경에서는 병원성을 나타낸다.

Hajek와 Marsalek는 황색포도상구균을 생물학적 성상에 따라 A, B, C, D, E, F형으로 분류하여 A형은 사람에서, B형은 가금류나 돼지에서, C형은 소, 산양, 면양 등에서, D형은 산토끼에서, E형은 개, 말, 밍크 등에서, F형은 토끼, 여우 등에서 유래하는 균주라 하였다. 색소생성에 따른 병원성은 <표 4-13>과 같다.

표 4-12 *S. aureus* 증식에 필요한 조건

최저 *Aw*	최저 pH	최고 pH	최고 염농도(%)	최저온도 (℃)[a]	최고온도 (℃)[a]	산소요구
0.83	4.0	9.8	7~10, 20까지	6~7	45~47	통성혐기성

a; 산소가 있을 때 가장 잘 자람

표 4-13 *Staphylococcus*의 색소생성과 병원성

균 종	색소 색	병원성
Staphylococcus aureus	황 색	강
Staphylococcus epidermidis	백 색	약
Staphylococcus citreus	레몬색	무

3. 장독소(Enterotoxin)

사람에서 유래한 포도상구균이 동물에서 유래한 균들보다 장독소를 더 잘 생산한다. 장독소는 1930년 Dack 등에 의해 붙여진 명칭으로 분자량 26,360~ 28,494의 단백질로 항원특이성에 따라 A, B, C, D, E, F, G형으로 구분한다. 장독소는 단백질로 되어 있지만 단백질 분해효소인 트립신, 키모트립신, 파파인 등에 의하여 불활성화되지 않으며, 펩신에 대해서는 pH 2 이하에서 불활성화된다. *S. aureus*가 식품에서 생산한 조독소는 내열성으로 100℃에서 1시간, 120℃에서 20분 가열하여도 파괴되지 않으나 식품 내의 독소와는 달리 정제독소인 경우 A형은 80℃에서 30분, 100℃에서 1분간 가열로 파괴된다. B형은 100℃에서 60분, C형은 100℃에서 1분 가열로 80% 파괴되고, 30분 가열로 100% 파괴되어 장독소 중에서는 B형이 가장 내열성이다. 따라서 장독소는 열에 매우 강하여 끓여도 파괴되지 않기 때문에 감염형 식중독과 달리 가열처리한 식

품을 섭취할 경우에도 식중독이 발생할 수 있다.

장독소의 구토활성에 대한 감수성은 사람이 가장 예민하고 다음이 원숭이이다. 원숭이에 대한 장독소의 구토활성 독소량 ED_{50}은 정맥투여 시 체중 kg당 A형 0.03㎍, B형 0.1㎍이고 경구투여 시 0.9㎍ 이하로 독소에 따라 차이가 있다. 사람에게는 지금까지 보고된 식중독 원인식품 중 장독소 A형이 압도적으로 많아 90% 이상을 차지하고 1㎍ 이하의 양으로 식중독 증상이 나타나며 이 정도의 장독소를 만들기 위해서는 식품 1g에 100,000마리 이상의 균이 존재해야 한다. *S. aureus*의 증식과 독소생산에 필요한 조건은 <표 4-14>와 같고 온도가 20~25℃이면 독소생산이 감소하고 10℃ 이하에서는 생산되지 않는다.

표 4-14 *S. aureus*의 증식과 독소생산 조건

항목	증식	독소 생산
온도	7~48℃, 최적 37℃	10~48℃, 최적 30~45℃
수분활성도	호기적 조건 0.83 → 0.99 혐기적 조건 0.90 → 0.99	호기적 조건 0.85 → 0.99 혐기적 조건 0.92 → 0.99
pH	4~10, 최적 6~7	4~9.6, 최적 7~8

4. 원인식품 및 감염경로

원인식품은 육류 및 가공품, 가금류나 난제품, 베이커리제품, 우유 및 가공품, 곡류 및 가공품, 복합조리식품 등으로 다양한 식품에서 증식이 가능하다. 식품원료 중 식육, 생유, 어패류 등의 감염률이 높고, 식육 중에서는 특히 닭고기가 30~60%로 가장 높다.

외국에서는 포도상구균에 의한 식중독 발생빈도가 높아 미국, 캐나다, 프랑스, 영국, 핀란드 등의 나라에서는 1위이거나 살모넬라 또는 가스괴저균 식중독에 이어 2위 또는 3위의 발생률을 보이고 있다. 중국에서는 살모넬라, 장염비브리오, 프로테우스에 이어 발생률이 높고 일본에서는 장염비브리오, 살모넬라 식중독에 이어 세 번째로 많이 발생하나, 발생건당 환자수가 적고 소규모의 발생이 많다. 포도상구균 식중독은 계절적인 편향성은 없지만, 봄부터 가을까지 고르게 발생하며, 여름철에 발생률이 높은 편이

다. 연중 발생하는 요인으로는 황색포도상구균이 환경(온도, 습도)에 직접 좌우되지 않고, 사람이나 동물에 상재하고 있다는 점, 식품의 제조·취급 중에 사람의 손가락이나 타액에 의하여 식품이 오염되기 쉽다는 점 등을 고려할 수 있다. 최근 난방시설이 잘 되어 겨울철에도 식중독균이 증식하기 쉬운 환경이 되어 식중독 발생이 빈번하다.

황색포도상구균의 1차보균자는 사람이나 동물이다. 공기, 먼지, 하수, 용기, 콧구멍, 목, 피부, 머리, 점막 등 광범위하게 분포하여 있고, 건강한 사람의 보균율은 30~40%이며, 유통되고 있는 각종 식품에서도 높은 비율로 검출된다. 동물의 황색포도상구균은 돼지, 닭, 말, 산토끼, 개 등에서 검출되고 착유 시 생유로 이 균이 오염되면 식품위생상 중요한 문제가 발생한다. 상처 등의 화농성 질환으로부터 균이 식품에 오염된 후 20℃ 이상의 온도가 일정시간 경과하면 장독소가 생산되기 때문에 화농성 질환자에 대한 위생관리가 중요하다.

5. 임상증상

임상증상은 *Bacillus cereus*에 의한 구토형 식중독과 유사하며 잠복기는 1~6시간(평균 3시간)으로 매우 짧다. 증상은 독성에 대한 개인의 감수성, 섭취한 독소나 식품의 양, 건강상태 등에 따라 차이가 있다.

이 균을 섭취하더라도 식중독 발병률은 다른 균보다 낮아 15~20% 정도이다. 일반적인 증상은 메스꺼움, 구토, 구역질, 복부경련을 동반한 복통, 피로, 무력감 등으로 구토는 반드시 수반된다. 증세가 심한 경우 두통, 근육통, 일시적인 혈압이나 맥박 변화 등이 나타난다. 발열은 불규칙적으로 발생하거나 발생하지 않는 경우도 있고 발생하여도 38℃를 넘는 경우는 매우 드물다. 황색포도상구균에 의한 식중독으로 사망하는 예는 거의 없으나, 노인, 유아 및 병약자 등은 구토에 의한 토물이 기관지 폐쇄를 일으켜 사망하는 경우도 있다. 일반적으로 증상은 1~2일에 회복되나 중증인 경우는 오래 지속된다. 피부에 감염되면 균혈증, 심내막염, 수막염, 폐렴, 화농성 관절염, 골수염 등의 증상이 나타난다.

6. 예방법

황색포도상구균은 대부분의 사람이나 동물이 보균하고 있는 균으로 화농성 질환 등의 질병을 일으키거나 식품을 오염시켜 식중독을 일으킨다. 대부분의 오염은 사람이나 동물이 관여하고 특히 식중독 발생 시의 오염원으로는 조리종사자에 의한 경우가 많으므로 조리사의 위생관리가 아주 중요하다. 특히 화농성 질환이 있는 사람이 식품을 제조하거나 조리에 참여하지 않도록 하고 손은 반드시 비누를 사용하여 20초 이상 깨끗이 씻어야 한다. 머리카락에서도 많은 균이 검출되므로 음식에 유입되지 않도록 청결한 위생복과 모자를 착용하고 얼굴이나 머리를 만진 맨손으로 식품을 취급하지 않도록 한다.

세균의 증식억제로는 가공조리한 식품을 상온에서 몇 시간 이상 장시간 방치하지 않고 빨리 소비하여 균이 증식할 기회를 부여하지 않고 균이 증식하지 못하는 7℃ 이하나 60℃ 이상에서 보관한다. 황색포도상구균은 포자를 형성하지 않아 60℃에서 30분 이상 가열로 사멸이 가능하나 생성된 장독소는 일반조리법으로 파괴되지 않기 때문에 식품에서 균의 증식을 방지하여야 한다.

〈요약〉

원인균	황색포도상구균 • 장독소 생산으로 식중독 유발 • 건조한 환경에서 생존 • 독소는 100℃에서 파괴되지 않음
감염경로	• 사람이나 동물의 피부, 머리카락, 점막 등에 널리 분포 • 화농성 질환자가 취급·조리한 식품
임상증상	• 잠복기 : 1~6시간(평균 3시간) • 증상 : 구토, 복통, 설사, 오심, 복부경련 등
예방법	• 손 씻기 등 개인위생 관리 철저 • 화농성 질환자의 조리종사 금지 • 위생장갑 착용하고 음식물 취급 • 위생복, 위생모자 착용 및 청결유지

4.4 기타 세균성 식중독

4-4-1. *Aeromonas* 식중독(*Aeromonas* food poisoning)

1. 개 요

*Aeromonas*속은 14종이 밝혀졌고 사람의 질병과 관계가 깊다. 이 중 *A. hydrophila*, *A. caviae*, *A. sobria*가 사람에 감염되어 생성한 독소에 의해서 식중독이 발생한다. 민물이나 염수의 상재균으로 민물고기나 양서류 혹은 사람에게도 상처감염이나 섭취로 질병을 일으킨다. 1958년 Caselitz에 의해서 *A. hydrophila*, *A. sobria*가 사람의 설사증 원인균으로 밝혀졌으며 1982년 3월 이 두 균을 새로운 식중독균으로 지정하였다.

2. 성상 및 특징

Gram 음성의 통성혐기성 간균으로 유동성이 있고 당을 분해하여 산과 가스를 생산한다. 생화학적으로 *A. hydrophila*는 장내세균과의 균주 특히 *Escherichia*와 *Klebsiella*속과 유사하다. 중온성 세균으로 증식최적온도는 28℃, 증식최고온도는 42℃로 10℃ 이하에서는 증식하지 않는다. 열대지방에 많이 분포하고 있으며 담수, 해수, 염소처리나 하지 않은 물 등에서 검출된다. 비교적 내염성으로 28℃에서 4%의 NaCl에서도 증식이 가능하고 젤라틴, 헤모글로빈을 분해하고 염소, 냉장, 냉동 등에 저항성이 강하다.

3. 원인식품 및 감염경로

원래 수생세균으로 냇물, 호수, 하수 등에 분포하고 있으나 생선이나 패류에서 검출되고 유통되는 쇠고기, 돼지고기, 양고기, 가금류 등에서도 검출되기 때문에 이들로부터 감염된다. 원인식품은 마카로니, 크로켓 등이고 음용수에 의해서도 감염된다.

4. 임상증상

잠복기는 5~9시간으로 건강한 사람, 면역력이 약한 사람, 악성 종양을 앓고 있는 사람에게 장염을 일으킨다. 콜레라와 같은 수양성 변이나 이질과 같이 혈액이나 점액이 있는 설사를 하며 83%에서 발열이 있다.

5. 예방법

가열조리 후 섭취하며 다른 식중독에 준한다.

4-4-2. NAG *Vibrio* 식중독(NAG *Vibrio* food poisoning)

1. 개 요

NAG *Vibrio*의 NAG는 'non-agglutinable'의 약자로 '비응집성'을 뜻하며 *Vibro cholera*의 항혈청에 응집하지 않는 균을 말한다. 생태학적으로나 형태학적으로 콜레라균과 구별이 안되나 혈청학적으로 구별되어 *V. cholerae* non O1(NAG *Vibrio*), V. *mimicus*, *V. fulvialis* 등이 있다.

콜레라와 생태가 같으나 콜레라보다 경미한 증상을 보인다. 경구섭취하면 장독소를 생산하여 설사를 일으키거나 장독소를 생산하지 않는 것도 있다. 주로 열대나 아열대에서 상재하는 균이나 유럽, 우리나라, 일본 등에서도 검출되며 특징적으로 사람과 영장류에게만 감염된다.

2. 성상 및 특징

Gram 음성의 통성혐기성이며 무아포성 간균으로 콤마형이다. 한쪽 끝에 편모가 있어 활발한 운동성이 있다.

3. 원인식품 및 감염경로

해수에서 비브리오균의 증식이 활발한 여름철에 덜 익히거나 날것의 어패류를 섭취하여 집중적으로 발생한다. 우리나라에서는 인도나 인도네시아 등의 국가에서 귀국한 여행자에 한정되어 나타났으나 최근에는 국내 발생자도 있다. 아프리카나 인도에서는 유사콜레라 설사로 많이 발생하고 있으며 급성위장염 증상을 나타내기도 한다. 미국 및 유럽에서도 산발적으로 발생하고 있다.

4. 임상증상

잠복기는 수시간에서 2~3일이며 집단으로 발생하는 경우 12~24시간에 발증하는 경우도 있다. 콜레라균에 의한 것과 유사하여 수양성 설사, 복통, 발열 등의 증상과 환자의 25% 정도에서 구토와 메스꺼움이 나타나고 혈변이나 점액성의 설사를 하며 심하면 설사를 일주일간 계속하는 경우도 있다. 기초질환이 있는 환자는 패혈증으로 진전되는 경우도 있다. 100만 이상의 균을 섭취해야 식중독 증상이 나타난다.

5. 예방법

장염비브리오균의 예방법에 준한다. 오염된 음료수에 의한 감염이 많으며 어패류에 의한 감염기회도 많아 항상 저온으로 취급하여야 하고 2차오염도 방지한다. 물이나 식품 특히 어패류는 가열섭취하고 사람 사이의 감염은 없다.

4-4-3. *Vibrio vulnificus* 식중독(*Vibrio vulnificus* gangrene)

1. 개 요

*Vibrio vulnificus*는 패혈증 또는 괴저병이라 하며 Vibrionaceae과에 속한다. 1970년 미국의 New England 해안에서 해수욕하던 중 피부상처로 침입한 균이 패혈증을 유발하여 원인균으로 처음 보고되었고, 1976년 Hollis 등에 의하여 유당 발효균으로 밝혀졌다. 같은 해에 Reichelt 등이 *Beneckea vulnifica*로 명명하였고, 3년 뒤인 1979년 Farmer에 의해서 *V. vulnificus*로 명명되었다. 우리나라에서는 1985년 25명의 환자가 발생하여 12명 사망으로 사회적 충격을 주었다. 보건복지부에서 1985년 7월 17일 비브리오패혈증으로 명명하였다.

2. 성상 및 특징

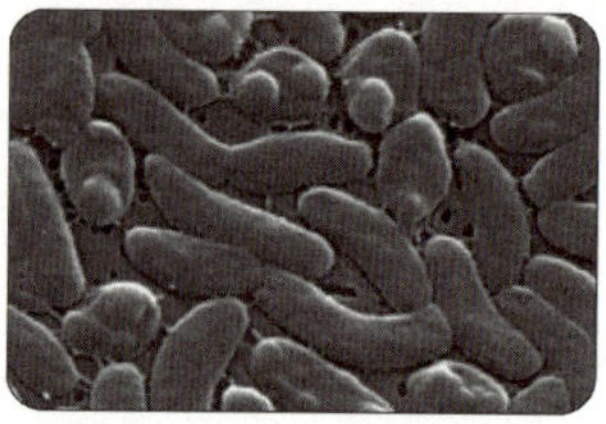

[그림 4-10] *Vibrio vulnificus*

Gram 음성의 만곡형 간균으로 운동성이 있고 극단모성 편모가 있으며 소금 농도가 1~3%에서 잘 자라는 호염성 균이다. *V. parahemolyticus*와 달리 유당 분해능이 밝혀져 *V. vulnificus*로 명명되었다. 산성용액보다 알칼리용액에서 잘 증식하고 4℃ 이하에서 활동을 정지하며 60℃ 이상에서는 사멸한다. 우리나라의 해안 갯벌에 모두 분포하고 있다.

3. 원인식품 및 감염경로

여름철 해안지역을 중심으로 발생하며, 만성간질환자 등 저항력이 약한 허약자가 바지락, 고막, 홍어회, 굴, 조개, 게 등의 패류를 생식하거나 해안지역에서 낚시 또는 어패류 손질 시 균에 오염된 해수 및 갯벌 등에서 피부상처를 통해 감염된다. 건강한 사람에게는 알려지지 않았으나 질환자나 허약자들은 100 미만의 균수에 의하여 패혈증이 유발된다.

4. 임상증상

두 가지 임상증상이 있다. 첫째는 간질환, 알코올 중독자, 당뇨병 등을 가진 사람들이 오염된 굴 등의 해산물을 생식하여 발생하는 원발성 패혈증으로 급작스런 발열, 오한, 전신 쇠약감 등을 시작으로 때로는 구토, 설사, 복통을 동반한다. 잠복기는 16~24시간으로 발병 30시간 전후에 대부분의 환자에서 피부증상으로 사지 특히 하지에 부종, 발적, 반상출혈, 수포형성, 궤양, 괴사 등이 나타난다. 치명률이 40~50%로 매우 높다. 두 번째는 해수에 오염되어 있던 균이 노출된 상처를 통하여 침입하거나, 해안에서 조개껍질이나 생선 지느러미 등에 의해 생긴 창상으로 침입했을 때 창상 부위에 부종이나 홍반발생과 함께 급격히 진행되어 대부분의 경우 수포성 괴사가 생긴다. 잠복기가 12시간으로 창상감염의 사망률은 15% 이상이다.

5. 예방법

비브리오패혈증 식중독을 예방하기 위하여 어패류는 60℃ 이상으로 가열하여 섭취하고, 생선은 신선한 것을 재료로 하여 아가미, 비늘, 내장 등을 제거한 후에 깨끗하게 세척한다. 만성간질환자, 만성신장질환자, 알코올 중독자, 당뇨병, 만성신부전증, 항암제 사용자, 폐암, 후천성면역결핍증 환자 등과 같은 허약자는 6~10월 사이에 어패류 생식을 금하고 해안지역에서의 낚시나 갯벌에서의 어패류 손질 등을 피해야 한다. 여름철 해변에 갈 때 피부에 상처가 나지 않도록 주의하며, 상처가 났을 때는 깨끗한 물에 씻고 소독한다. 사람에 의한 감염은 없다.

4-4-4. *Proteus*균 식중독(*Proteus* food poisoning)

*Proteus*는 Enterobacteriaceae과에 속하며 정상적인 장내세균으로 Gram 음성의 간균이다. 운동성이 있고 호기성 또는 통성혐기성으로 단백질 분해력이 강하며 주변환경에서 쉽게 검출된다. *Escherichia*, *Klebsiella*, *Enterobacter*, *Serratia*속과 함께 사람에 질병을 일으키고 육류나 어패류의 대표적인 부패균으로 선도가 좋지 않은 어패류에서 다량 검출된다.

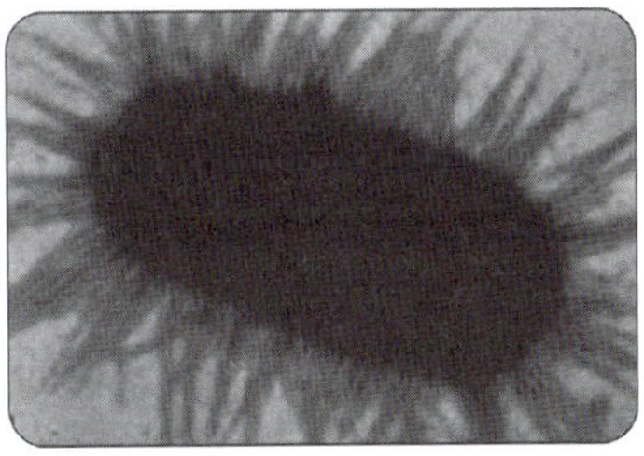

[그림 4-11] *Proteus mirabilis*

*Proteus mirabilis*에 의한 감염률이 90% 이상을 차지하고 있으며 *P. vulgaris*, *P. penneri* 등은 장기요양시설이나 병원에서 감염을 일으킨다. 잠복기는 4~35시간(평균 12~16시간)으로 설사, 복통, 구토 등의 급성위장염 증상을 일으키고 발열과 두통이 있는 경우도 있다. 예후가 좋아 1주일이면 회복되고 사망하는 일은 거의 없다.

4-4-5. *Plesiomonas* 식중독(*Plesiomonas* food poisoning)

1949년 Ferguson 등이 *Plesiomonas shigelloides*(*Aeromonas shigelloides*)를 분리하였고,

1982년 일본에서 이 균에 의한 식중독이 발생하여 새로운 식중독균으로 지정되었다. Gram 음성의 간균으로 담수, 담수어, 패류, 소, 염소, 돼지, 고양이, 개, 원숭이, 독수리, 뱀, 두꺼비 등에서 검출된다. 증식온도는 8~44℃이나 최적온도는 37℃로 오염된 물 또는 어패류를 통하여 감염된다. 잠복기는 10~50시간으로 주요증상은 장염으로 수양성 설사와 복통이다. 발열이 없는 경우도 있으나 있는 경우는 38℃ 정도이다. 면역력이 약한 사람에게 감염되어 패혈증을 유발한다. 예방은 세균성 식중독에 준하며 물은 가열하여 섭취하고 어패류에 의한 2차오염에 유의한다.

4-4-6. Norovirus 식중독(Norovirus food poisoning)

세계적으로 비세균성 장염원인의 90% 이상, 미국에서 식중독 사건의 50% 이상을 차지하고 있는 중요한 식중독 원인균이다. 외가닥의 RNA를 가진 껍질이 없는(Non-envelop) 바이러스로 사람의 장관에서는 증식할 수 있으나 동물이나 세포배양으로는 배양되지 않는다. 연중 발생 가능하며 2차 발병률이 높다. 원인식품은 분변의 바이러스가 오염된 식품으로 패류, 샐러드, 과일, 냉장식품, 샌드위치, 상추, 냉장조리 햄, 빙과류 등과 물을 섭취하여 감염되며 사람과 사람 사이에서도 전파된다. 잠복기는 1~2일로 증상은 오심, 구토, 설사, 복통, 두통 등이다. 주로 분변-구강 경로(Fecal-oral route)를 통하여 감염이 된다. 집단급식을 하는 요양원, 병원, 교도소, 기숙사, 선박 등에서 발생빈도가 높다. 가열이나 염소 소독제에 매우 약하나 알코올이나 세제에는 강하다.

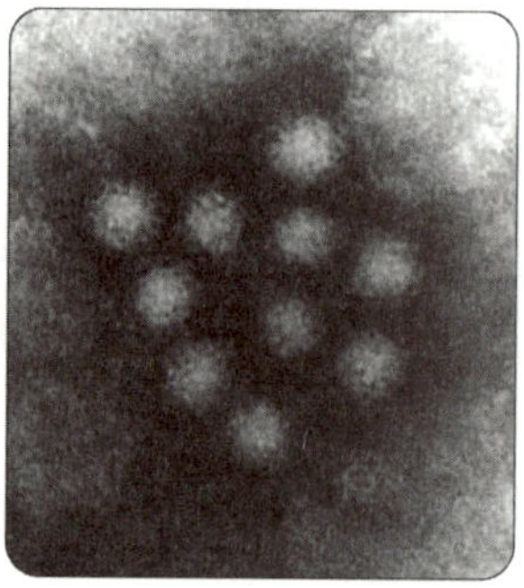

[그림 4-12] Norovirus

예방은 감염자의 분변이나 구토물에 접촉하지 않도록 하여 2차감염을 방지하고, 접촉한 경우에는 충분히 세척하고 소독한다. 조리기구, 칼, 도마, 행주, 바닥 등은 200ppm의 차아염소산나트륨으로 살균한다. 조리에 종사하는 자는 조리하기 전이나 용변을 본 후에는 반드시 손을 잘 씻는다. 과일이나 채소는 흐르는 물로 깨끗이 씻고 오염지역에서 채취한 어패류 등은 85℃에서 1분 이상 가열하여 섭취한다. 가열·조리한 음식물을 맨 손으로 만지지 않도록 위생장갑을 착용하는 것도 중요하다.

4-4-7. Allergy성 식중독

20세기 초반까지 부패한 동물이나 식물에서 생성되는 alkaloid성 물질인 유독 ptomaine이 식중독의 원인물질로 알려져 왔다. 그러나 세균학의 발전으로 식중독을 일으키는 병원균이 밝혀지고 학문적으로 설명할 수 있게 되어 ptomaine설은 자취를 감추게 되었다. 단백질 속의 histidine은 *Proteus morganii*에 의하여 histamine으로 전환되어 특징적인 식중독을 유발한다는 것이 처음으로 일본에서 증명된 후 항히스타민제로 치유되어 allergy성 식중독이란 이름이 붙여졌다.

Histidine이 많은 꽁치, 고등어, 정어리, 참치, 방어 등 등푸른 생선에 *Proteus morganii*가 증식하여 대량의 histamine과 그 밖의 부패 amine을 생성하여 이들의 공동작용으로 allergy성 식중독이 일어난다. 잠복기는 5분에서 1시간(평균 30분 전후)이며 주증상은 눈이나 입 주위에 안면홍조, 귀 바퀴의 열감, 상반신에서 전신에 걸쳐 붉은 홍조, 담마진양 발진(두드러기) 및 두통 등의 증상이 나타난다. 심할 경우는 구토나 설사를 하는데 수시간~1일이 지나면 회복된다.

4.5 세균성 식중독 예방법

4-5-1. 식중독 발생 증가요인

의학과 문화수준의 발달에도 불구하고 최근 세계적으로 세균에 의한 식중독 사례가 증가하고 있는 실정이며 그 요인을 분석하면 다음과 같이 세 가지로 요약할 수 있다. 첫째, 국제 간 교류확대로 식품의 수출입이 자유화되고 수송속도가 빨라짐에 따라 식중독 세균의 전파속도가 빨라졌다. 둘째, 생활양식의 변화로 단체급식, 냉장·냉동식품 등 즉석식품의 소비가 증가하여 많은 인원이 집단으로 식중독에 걸릴 가능성이 높아졌다. 셋째, 암, 당뇨, 에이즈 등 만성질환자 및 노인 증가로 일반인에 비해 면역기능이 저하되어 위험군(high risk group)의 수가 증가됨에 따라 식중독균에 노출 시 발병할 가능성이 높아졌다.

4-5-2. 식중독 예방

식중독을 예방하기 위하여 식품재료의 취급, 보관 및 해동 등 재배에서부터 생산, 가공, 조리, 유통, 저장, 소비 등에 이르는 각 단계 동안 식중독 세균의 오염을 방지하기 위한 노력이 필요하다. 또한 가공현장과 취사장에서도 현장위생 및 종업원위생을 통하여 미생물 확산이 방지되도록 하여야 한다. 특히 병원균이 증식할 수 있는 모든 식품은 충분히 가열 및 냉각하고 2차오염(secondary contamination)을 방지한다. 세균성 식중독을 예방하려면 식품 속에 세균의 오염·증식 방지 및 완전살균 등을 습관화하여 철저히 준수한다.

1. 식품재료

식품재료는 신선하고 품질이 양호한 것을 사용한다. 신선하지 못한 것, 살균이나 위생처리가 되지 않은 것, 유통기한이 경과된 것, 포장이 조잡하거나 찢어진 것, 제조원이 불분명한 것, 검인이 없는 식육, 냉장·냉동이 안된 어패류나 식육 등은 식품재료로 사용하지 않는다. 어패류 및 식육 등은 비닐에 넣어 보관하여 다른 식품에 교차오염을 방지하고, 냉장·냉동식품은 제일 마지막으로 구입한다.

2. 식품의 취급과 보관

식품재료는 냉장고에 보관하여 미생물에 의한 부패가 발생하지 않도록 한다. 우유, 달걀, 과채류, 어패류, 식육 등 부패하기 쉬운 것은 10℃ 이하에서 보관하고, 오랫동안 보관하면서 사용할 식품재료는 냉동고에 보관한다.

3. 식품의 해동

냉동고에 보관했던 식품을 조리하거나 섭취하기 전에 해동하는 방법은 다음과 같다.

- 식품의 온도가 5℃ 이하로 유지되는 냉장고에서 해동한다.
- 20℃ 이하의 흐르는 충분한 양의 물에 담가 해동한다.
- 전자레인지에서 해동한 식품은 즉시 조리한다.
- 실온에서의 해동을 피한다.

[그림 4-13] 식중독 예방 3대 요령(식약처 제공)

FOOD HYGIENE

5 곰팡이독에 의한 식중독

5.1 곰팡이 특성

곰팡이(Funji)는 자연계에 널리 분포하는 사상균류(Filamentous funji)로 빵, 치즈, 과일 등에서 자란다. 자연계의 물질순환에 중요한 역할을 하고 식품이나 사료를 위시한 생활관련 물질의 부패·변질에도 관여하고 있다. 식품에 흔히 발생하는 곰팡이는 *Aspergillus*, *Penicillium*, *Fusarium* 등으로 증식하기 위해서는 온도, 습도(수분활성도), 산소, 수소이온 농도, 영양분, 보존료 유무 등의 인자가 관여한다. 곰팡이 포자가 발아하여 균사가 성장하는 데는 2~3일이 소요되어 세균이나 효모보다 증식이 느리다. 곰팡이는 세균에 비해 다소 낮은 15~30℃의 온도에서 증식하고 최적온도는 20~25℃이다. 세균에 비해 수분활성도가 낮은 곳에서도 잘 자라며, pH도 3~8의 넓은 범위에서 잘 자란다. 약산성에서도 증식하여 과실, 채소 등 저산성 식품도 보관이 적절하지 않으면 곰팡이가 증식한다. 곰팡이는 호기성이며 일반적으로 약제내성, 광선(자외선, 방사선)조사에 대한 저항성이 강하다.

곰팡이가 증식하는 데 가장 큰 영향인자는 온도와 습도로 저장농산물의 2차오염을 방지하기 위하여 가스저장이나 저온저장 등이 필요하고 수분을 증발시켜 수분활성도를 0.7 이하로 유지하는 것이 중요하다. 식품별로 곰팡이독을 생산하는 곰팡이류는 <표 5-1>과 같다.

▌표 5-1▌ 식품별 곰팡이독을 생산하는 곰팡이류

식 품	곰팡이독을 생산하는 곰팡이류
곡류 곡류 가공품 두류	*Aspergillus falvus, A. paraciticus, A. ochraceus, A. versicolor, Fusarium Graminearum, Penicillium citricum, P. griseofulvum, P. islandicum, P. verrucosum, P. rubrum, P. purpurogenum, P. cyclopium*
땅콩, 견과류	*A. flavus*
향신료	*A. flavus, A. paraciticus, A. versicolor*
유지원료	*A. flavus, A. paraciticus*
연성치즈	*P. camemberti, P. greiceofulvum*
경성치즈	*A. versicolor, P. expansum, P. verrucosum, P. cyclopium*
과즙, 과즙제품	*P. expansum*
육류	*P. verrucosum*
햄	*A. versicolor*
커피원두	*A. flavus, A. ochraceus, A. versicolor*
건조과일	*A. flavus*
치즈	*P. brevicompactum, P. roqueforti*

1. 곰팡이독(Mycotoxin)과 곰팡이중독증(Mycotoxicosis)

곰팡이독(진균독, mycotoxin)은 곰팡이가 생산하는 유독 대사산물로 사람이나 가축에 급성 혹은 만성의 생리적 · 병리적 장애를 유발하는 유독물질군을 총칭한다. 그리스어로 곰팡이를 뜻하는 'mykes'와 프랑스어로 독을 뜻하는 'toxicum'에서 유래하였다. 곰팡이독을 경구적으로 섭취하여 일어나는 급성 · 만성의 건강장해를 곰팡이중독증(mycotoxicosis)이라고 한다. 생체에 병원성 진균이 침입하여 증식함으로써 발증되는 진균증(medical mycosis)과는 구별된다.

곰팡이독을 생산하는 곰팡이는 200여 종 이상이 밝혀졌고 곰팡이독도 300종 이상이 검출되고 있다. 주요 곰팡이독을 생산하는 곰팡이와 관련식품은 <표 5-2>와 같다. 이들은 비교적 저분자 물질로 병원미생물이 생산하는 고분자 물질 독소와는 다르다.

곰팡이가 곡류나 과실류에 기생하여 곰팡이독을 생산하며 이것을 식품과 함께 섭취함으로써 식중독을 일으킨다.

표 5-2 주요 곰팡이독과 원인 곰팡이 및 관련식품

곰팡이독	곰팡이	식품
Ergot alkaloids	*Claviceps purpurea*	곡류
Aflatoxins	*Aspergillus flavus*, *A. parasiticus*	견과, 옥수수, 건과류
Cyclopiazonic acid	*A. flavus*	견과류
Ochratoxin A(OTA)	*A. ochraceus*, *Penicillium viridicatum*, *P. cyclopium*	곡류와 그 제품, 생커피
Citirinin	*P. citrinum*, *P. expansum*	곡류
Patulin	*P. expansum*	사과제품
Citreoviridin	*P. citreoviride*	쌀
T-2 toxin (type A trichothecene)	*Fusarium sporotrichioides*, *F. poae*	곡류
Deoxynivalenol (type B trichothecene)	*F. culmorum*, *F. graminearum*	곡류
Diacetoxyscripenol (type A trichothecene)	*F. sporotrichioides*, *F. poae*	곡류
Zeralenone	*F. culmorum*, *F. graminearum*, *F. moniliforme*	곡류
Fumonisins, Moniliformin, Fusaric acid	*F. moniliforme*	옥수수
Tenuazonic acid, Alternariol, Alternariol methyl ether	*Alternaria alternata*	과일, 채소

사람에 대한 곰팡이독은 고대 로마시대부터 알려졌으나 중세 유럽에서 발생했던 맥각중독이 가장 오래된 것이고, 1960년대 영국에서 발견된 aflatoxin은 강력한 발암물질로 확인되어 곰팡이독의 위해성이 세계적으로 인식되는 계기가 되었다.

곰팡이는 일반적으로 열에 약하여 50~60℃에서 10분만 가열해도 대부분 사멸하지만 곰팡이독은 비교적 열에 안정하여 가공과정에서 분해되지 않고 잔류하고, 수확 전

이나 후에 곡류나 그 가공품에 오염되어 증식할 기회가 많고, 만성독성으로 발암성이 매우 강한 종류도 있어서 세계적으로 관심이 높고 식품위생상 매우 중요하다. 우리나라도 쌀을 주식으로 하고 발효식품을 많이 섭취하며 여름철의 기후가 곰팡이 증식에 적합하여 곰팡이독에 대한 피해가능성을 주시해야 한다. FDA는 1985년부터 식품이나 사료의 곰팡이독 함량을 규제하고 있다.

수의학자 Joseph Forgacs는 가축을 대상으로 한 곰팡이독 연구에서 그 특징을 다음과 같이 요약하였다.

- 탄수화물이 풍부한 농산물을 섭취하여 발생하는 경우가 많다.
- 의심스러운 원인식품에서 곰팡이오염의 증거나 흔적이 있다.
- 급성 곰팡이중독증에는 계절적인 경향이 있다. 예로 *Fusarium*이 생산한 독소 중독은 추울 때, *Penicillium*이나 *Aspergillus*가 생산한 독소 중독은 고온다습할 때 많이 발생한다.
- 감염형이 아니어서 사람 사이, 동물 사이, 동물과 사람 사이에서 직접 이행되지는 않는다.
- 항생물질이나 약제요법도 별 효과가 없다.

곰팡이독이 장해를 일으키는 생체 내의 중요기관이나 부위에 따라 다음과 같이 분류한다.

- 간장독(hepatotoxin) : 간경변, 간종양, 간세포 괴사를 일으키는 물질군으로 간암을 일으키는 aflatoxin을 비롯하여 rubratoxin, sterigmatocystin, 함염소 peptide, luteoskyrin, ochratoxin 등이 있다.
- 신장독(nephrotoxins) : 신장에 급성 또는 만성의 신장증(nephrosis)을 일으키는 물질군으로 citrinin, kojic acid 등이 있다.
- 신경독(neurotoxins) : 뇌와 중추신경계에 장해를 일으키는 물질군으로 patulin, citreoviridin, maltoryzine 등이 있다.
- 기타 : 광과민증 피부염 물질(photodynamic dermatoxic metabolites)인 sporidesmin, psoralen과 salframine, fusarium 독소, zearalenone 등이 있다.

5.2 곰팡이독의 종류

1. Aflatoxin

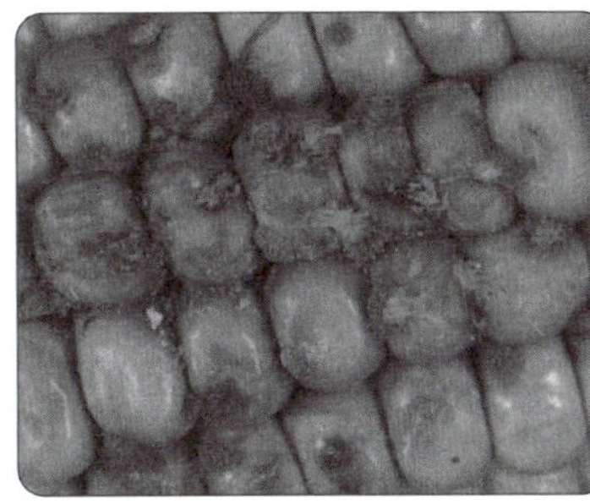

[그림 5-1] 옥수수의 *A. flavus*

1960년 영국에서 봄과 여름 사이 가금류 농장에서 10만 마리 이상의 칠면조가 폐사하는 사건이 발생하였으나 처음에는 그 원인을 알 수 없어 turkey-X 질병이라고 하였다. 영국정부에서 가축을 부검한 결과 급성 간장장해로 폐사한 것이 밝혀졌다. 질병의 원인은 Oil Cake Mills, Ltd에서 사료용으로 가공한 브라질산 땅콩을 추적 검사한 결과 *Aspergillus flavus*가 땅콩박에 번식하여 생산한 강한 형광성 독소인 것으로 확인되었다.

최근에 aflatoxin은 *A. flavus*, *A. paraciticus*에 의해서만 생성된다는 것이 확인되었고 aflatoxin의 'a와 fla'는 '*Aspergillus*와 *flavus*'에서 명명되있으나 같은 해에 가상 녹성이 강한 aflatoxin B와 이것보다 1/3 정도 독성이 낮은 aflatoxin G의 구조가 밝혀졌다.

Aflatoxin을 생산하는 곰팡이는 주로 열대지방인 남미, 아프리카, 동남아시아 등에 넓게 분포하여 농산물을 오염시키고 있다. 옥수수, 수수, 쌀, 밀, 땅콩, 콩, 해바라기, 목화, 후추, 아몬드, 호두, 브라질 넛 등의 곡류에서 수확 전이나 수확 후 습도가 높은 곳에 장시간 저장하였을 때 증식한다.

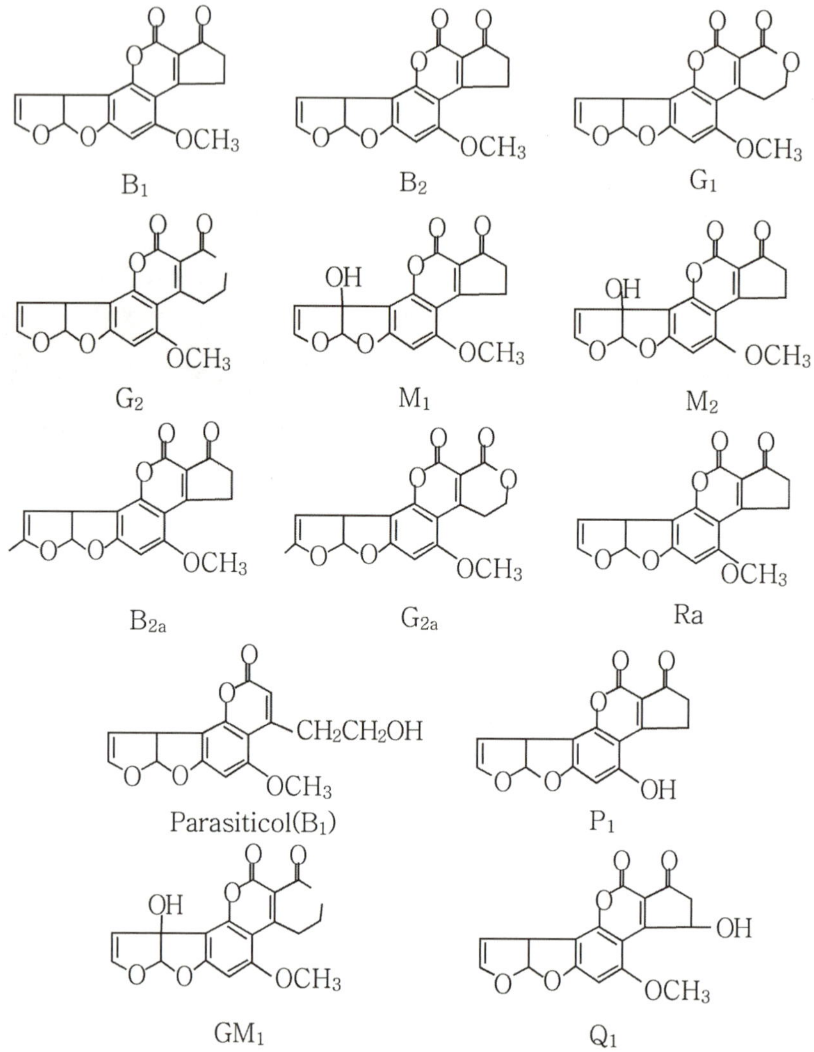

[그림 5-2] aflatoxin의 화학구조

최적 생산조건은 기질수분 16~18%, 상대습도 80~85%, 온도 28~30℃이며 쌀, 보리, 옥수수, 땅콩 등의 탄수화물이 풍부한 곡류에서 잘 발생한다. 곡류에서 *A. flavus*와 *A. paraciticus*의 증식을 방지하기 위하여 저장고의 상대습도를 70% 이하로 유지하여야 한다. 특히 옥수수의 수분함량을 12% 이하로 유지하는 것이 바람직하다.

Aflatoxin은 *A. flavus*와 *A. parasiticus*가 식품에서 증식하면서 생산한 2차대사산물로 생체에서 강력한 독성, 발암성, 돌연변이, 면역억제 등의 영향을 나타낸다. Dihydrofuran 고리를 가지는 화합물을 총칭하며 중요한 B_1, B_2, G_1, G_2를 포함하여 아직까지 13종의 aflatoxin이 밝혀졌고 aflatoxin의 물리화학적 성질은 <표 5-3>과 같다.

표 5-3 Aflatoxins의 물리화학적 성질

Aflatoxin	분자식	분자량	융점(℃)
B_1	$C_{17}H_{12}O_6$	312	268~269
B_2	$C_{17}H_{14}O_6$	314	286~289
G_1	$C_{17}H_{12}O_7$	328	244~246
G_2	$C_{17}H_{14}O_7$	330	237~240
M_1	$C_{17}H_{12}O_7$	328	299
M_2	$C_{17}H_{14}O_7$	330	293
B_2a	$C_{17}H_{14}O_7$	330	240
G_2a	$C_{17}H_{14}O_8$	346	190

무색, 무미, 무향의 낮은 농도로 곡물에 불규칙하게 분포되어 있어 찾아내기가 매우 어렵다. 자외선을 조사하면 형광성을 띠나 aflatoxin이 있다고 확정할 수는 없어 추가적인 검사를 하여야 한다. 건조한 상태에서는 가열에 매우 안정하나 수분이 있으면 가열로 파괴가 가능하다. Aflatoxin은 물에 극히 불용이나 아세톤, 메탄올, 클로로포름에 녹고 강산이나 강알칼리에 의해 분해된다. 차아염소산소다, 과망간산칼륨, 염소, 과산화수소, 오존 같은 산화제와 작용하여 aflatoxin의 분자구조가 변화하고 형광성을 상실한다.

Aflatoxin 중 동물에 대한 독성은 B_1이 가장 강력하고, G_1, B_2, G_2의 순이며 M_1도 B_1과 거의 같은 독성을 가진다. B_2와 G_2에 수소를 첨가하면 B_1과 G_1으로 전환되고, G_1과 G_2는 *A. parasiticus*가 주로 생산하는 것으로 밝혀졌다. M_1과 M_2는 곰팡이가 있는 사료를 먹인 우유에서 처음으로 검출되었다.

Aflatoxin은 강력한 발암성 물질임이 여러 동물실험 결과 밝혀졌다. 독성의 정도는 동물에 따라 다르나, 특히 어린 동물에 민감하며 aflatoxin B_1의 여러 동물에 대한 경구투여 시 LD_{50}은 <표 5-4>와 같다.

▌표 5-4▐ 경구투여 시 동물에 대한 Aflatoxin B_1의 LD_{50}(FAO)

시험동물	LD_{50}(mg/kg)	시험동물	LD_{50}(mg/kg)
토끼	0.30	비비	2.00
새끼오리(생후 11일)	0.43	닭	6.30
고양이	0.55	쥐(수컷)	5.50~7.20
돼지	0.60	쥐(암컷)	17.90
무지개송어	0.80	짧은꼬리원숭이(암컷)	7.80
개	0.50~1.00	마우스	9.00
양	1.00~2.00	햄스터	10.20
기니피그	1.40~2.00		

Aflatoxin에 대한 규제는 대단히 엄격하여 FDA에서 권장하는 한계수준은 <표 5-5>와 같다. 각국의 허용기준을 보면 미국 20ppb(총량, 식품과 사료), 호주 5ppb(총량, 전 식품), 브라질 50ppb(B_1, 땅콩박), 프랑스 10ppb(총량, 전 식품), 일본 0ppb(B_1, 전 식품), 중국 50ppb(B_1, 쌀, 땅콩, 옥수수 등), 영국 5ppb(B_1, 견과 및 견과제품), 우리나라는 10ppb(B_1, 혼합사료는 20ppb, 사료원료는 50ppb)로 되어 있다.

▌표 5-5▐ FDA 권장 Aflatoxin 한계수준

사 료	한계수준(ppb)
육성우용 옥수수나 다른 곡류, 식육용 소, 돼지, 가금류용 면실박	300
100lb나 이상의 육성돈용 옥수수나 다른 곡류	200
식육용 소, 돼지, 다 자란 가금류용 옥수수나 땅콩제품	100
사람, 착유용 동물, 어린 동물, 가금류용 옥수수, 땅콩제품, 동물용 사료	20
브라질 견과류	20
식품류	20
우유	0.5(aflatoxin M_1)
땅콩이나 그 제품류	20
피스타치오	20

2. 맥각중독(Ergotism)

맥각(ergot)은 보리나 호밀에 곰팡이가 증식하여 흑청색의 균핵을 이룬 것을 건조한 것을 말하며, 이것을 섭취하여 발생하는 식중독을 맥각중독(ergotism)이라 한다. *Claviceps*속 진균류는 약 50여 종이 밝혀졌고 이 중 가장 중요한 것은 *Claviceps purpurea*로 주로 열대지방에서 증식하며 호밀이나 유사한 식물에 증식하여 사람이나 동물에 맥각중독(ergotism)을 일으키는 alkaloids를 만든다. 중세 유럽에서 맥각에 오염된 호밀로 만든 빵을 먹은 사람들에서 발생한 식중독사건으로 기록에 의하면 프랑스에서 994년에 20,000명 이상의 사람이 사망한 것으로 되어 있다. 맥각은 인체의 근육수축, 특히 자궁의 수축을 일으키기 때문에 의약품으로 사용되어 왔다. 곡류 중에 0.5%의 맥각이 혼입되면 독성을 나타내고 7% 이상이면 생명이 위험해진다. 중독증상으로 급성은 구토, 설사, 복통 등의 소화기계통 장애 및 두통, 팔다리와 가슴의 통증, 안면창백, 무기력 등이 나타나고 만성일 경우는 말초혈관의 순환장애를 일으켜 팔과 다리에 괴저(gangrene)를 일으킨다. 맥각의 독성분 중 주성분은 alkaloid에 속하는 물질로서 맥각 alkaloid라고 부르며 <표 5-6>과 같이 세 군으로 구분한다.

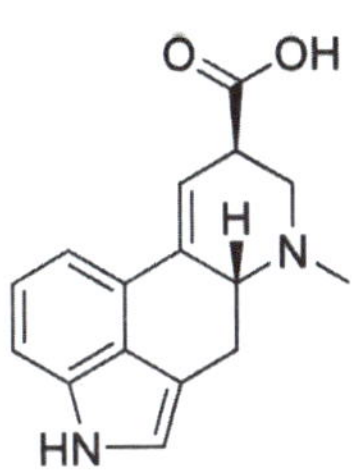

lysergic acid

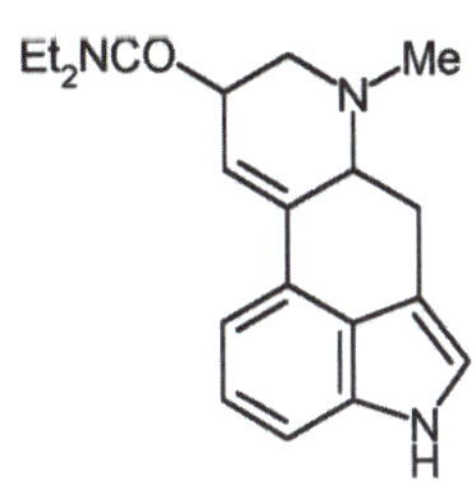

lysergic acid diethylamide(LSD)

표 5-6 맥각 알칼로이드의 종류

군	알칼로이드	분자식	융 점
Ergotamine	Ergotamine	$C_{35}H_{35}O_5N_5$	180℃
	Ergotaminine		241~243℃
	Ergosine	$C_{33}H_{37}O_5N_5$	228℃
	Ergosinine		222℃

군	알칼로이드	분자식	융 점
Ergotoxine	Ergotoxine	$C_{35}H_{39}O_5N_5$	
	Ergocristine		100℃
	Ergocorinine	$C_{31}H_{39}O_5N_5$	182~184℃
	Ergocriminine		228℃
	Ergocryptine	$C_{32}H_{41}O_5N_5$	212℃
	Ergocrytinine		240~242℃
	Ergotoxinine	$C_{35}H_{39}O_5N_5$	
	Ergocristnine		226℃
Ergometrine	Ergometrine	$C_{19}H_{23}O_5N_3$	162~163℃
	Ergobasinine	$C_{19}H_{23}O_2N_3$	195~197℃

[그림 5-3] 맥각균이 증식한 호밀

3. 황변미(Yellow rice) 중독

쌀에 수분함량이 14~15% 이상이면 곰팡이가 증식하기에 알맞은 조건으로 *Aspergillus* 나 *Penicillium*속 등의 곰팡이가 오염되어 이들이 생성하는 색소 때문에 쌀이 황색으로 변한 것을 황변미(yellow rice)라고 하며 이를 섭취하여 발생하는 중독을 황변미 중독이라 한다. 황변미는 동남아시아 지방의 쌀에서 특히 많이 발생하는데 이는 온도가 높고 저장하는 곡류의 수분함량이 높기 때문이다.

황변미의 독소에 관한 연구는 다음과 같이 세 가지로 이루어졌다.

첫째, toxicarium 황변미로서 1937년 일본의 미야케(三宅)가 대만쌀에서 *Penicillium toxicarium* Miyake를 분리 동정하였고 이후에 *P. citreoviride*로 명명하였으며, 1947년 히라다(平田)는 이 균주가 생산하는 독소를 citreoviridin($C_{17}H_{35}O_7$)이라 하였다. 이외에 *P. ochrosalmoneum*, *P. ochrosalmoneum*, *A. terreus* 등도 생산한다. Citreoviridin은 곰팡이독 중 마비를 일으키는 신경독으로 혈액순환 이상, 호흡장해, 마비, 경련 등을 일으키며 중증일 경우 호흡마비로 사망한다. 만성 중독 시 빈혈을 일으키는 것으로 알려져 있다. 마우스에 대한 LD_{50}은 복강투여 시 80mg/kg, 피하주사 시 10mg/kg, 경구투여 시 30mg/kg이다. Citreoviridin은 벤젠, 알코올, 클로로포름, 에테르, 디클로로메탄 등과 같은 유기용매에는 잘 녹으나 물이나 헥산에는 거의 녹지 않는다. Citreoviridin의 독력은 자외선 또는 2일 정도 햇볕에 쪼이면 불활성화되는 것으로 알려져 있다. *P. citreoviride*의 자연오염은 쌀에서만 알려져 있으며 최적생산온도는 12~18℃이다.

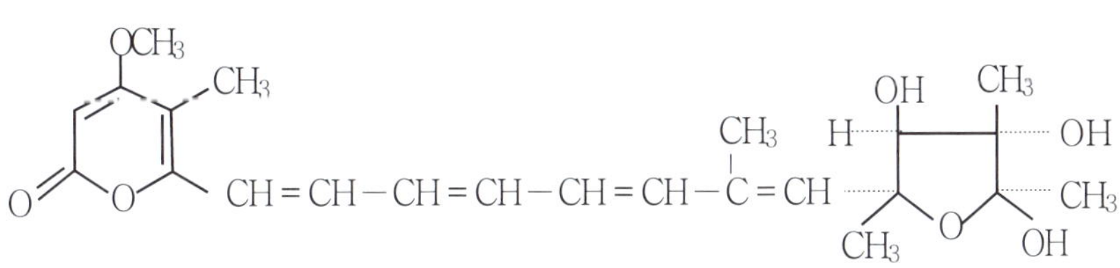

citreoviridin

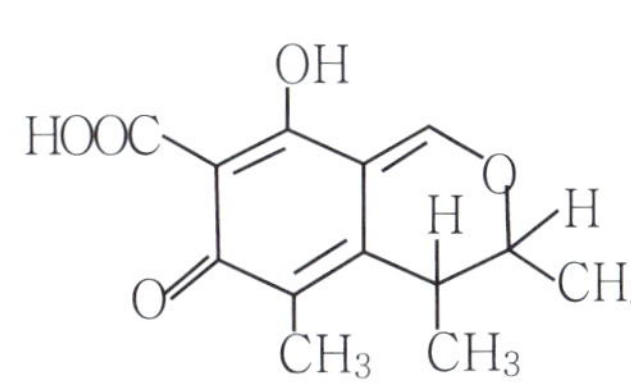

citrinin

둘째, 태국황변미로 1951년 쓰노다(角田廣)가 대만 및 태국쌀에서 *P. citrinum*을 분리하였고 생산되는 독성물질은 citrinin이다. 페놀 화합물의 노란색 결정체로 융점은 173~174℃이고 자외선을 쪼이면 강한 레몬색의 형광을 나타낸다. 전형적인 신장독으로 신장의 세뇨관 상피세포에 변형을 주어 신장증(nephrosis)을 일으키며 마우스에 대한 LD_{50}은 피하 또는 복강주사 시 35mg/kg인 것으로 알려져 있다. 특히 온대지방에서 많이 발생하며 쌀 이외에 옥수수, 맥류(麥類), 땅콩, 치즈 등에서도 발생한다.

셋째, islandia 황변미로 쓰노다(角田廣)가 이스라엘산 쌀에서 *Penicillium islandicum*을 분리하였고 유독 대사산물은 황색색소인 luteoskyrin과 함염소 peptide(islanditoxin, cyclochlorotin)이고 이외에 erythroskyrin, rubroskyrin, iridoskyrin, skyrin, islandicin, carenarin 등도 *Penicillium islandicum*이 생성하는 것으로 밝혀졌다. Luteoskyrin은 지용성으로 간장독을 일으키며 융점이 278℃인 polyhydroxy-anthraquinone계 색소로 DNA합성을 저해하는 것으로 알려져 있다. 마우스에 대한 LD_{50}은 경구투여 시 221mg/kg, 피하주사 시 147mg/kg이며 독성의 발현은 2~3일에 나타나며 간암으로 진행되어 사망한다. Cyclochlorotin은 간장에 강력한 독성을 나타내며 luteoskyrin보다 훨씬 강력하다.

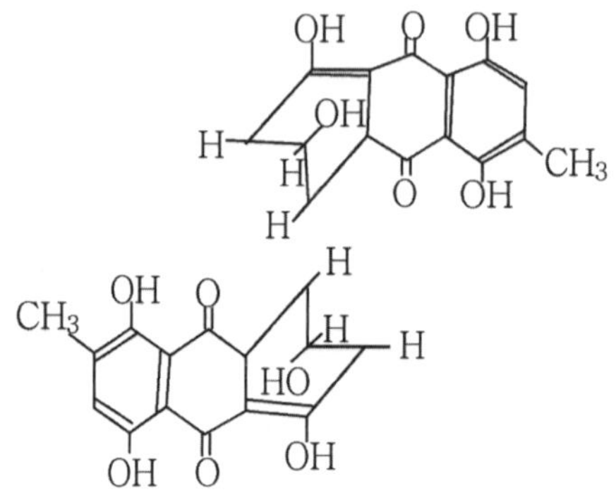
luteoskyrin

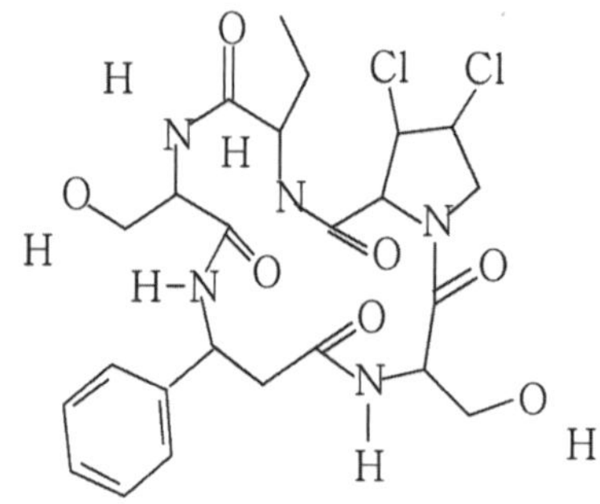
islanditoxin

4. 식중독성 무백혈구증(Alimentary toxic aleukia; ATA)

1890년경 옛 소련 남서부의 우크라이나 지역에서 보리와 밀로 만든 빵을 섭취한 사람들에게서 식중독성 무백혈구증(alimentary toxic aleukia; ATA)이 발생하였고, 1944년 소련 오레인버그 지방에서도 유사한 중독증이 발생하여 주민의 10%가 중독되고 중독자 중 40~80%가 사망하였다. 이들 지역은 눈이 많이 내리는 기온이 낮은 추운 지방임에도 불구하고 저온에서 잘 증식하는 *Fusarium tricinctum*, *Cladosporium epipylum*, *Cladosporium fagi* 등이 생산한 독성물질에 의한 것임이 확인되었고, 이들이 생산하는 곰팡이독으로 sporofusariogenin, epicladosporic acid, fagicladosporic acid 등이 밝혀졌다.

중독증상은 구강 및 소화기에 이상과 경련을 일으키며 위염, 오심, 구토, 호흡촉진 등의 급성증상을 나타내기도 한다. 장기간 섭취하였을 경우는 말초성 백혈구 감소, 과립백혈구 감소, 괴사성 염증, 출혈성 발진, 패혈증, 임파구의 증가원인이 되며, 신장의 출혈, 혈액응고시간의 지연 등이 나타난다. 오래 경과하면 조혈기능 이상으로 백혈구가 많이 감소된다.

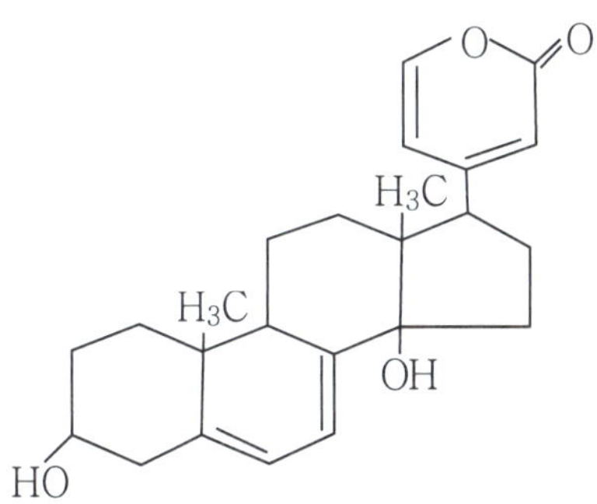

sporofusariogenin

$CH_3(CH_2)_7CH = CH(CH_2)_{13}COOH$

epicladosporic acid

$CH_3(CH_2)_9CH = CH(CH_2)_9COOH$

fagicladosporic acid

5. 트리코테신류(Trichothecene)

2차 세계대전 후 구소련에서 곰팡이에 오염된 밀을 섭취하여 많은 사람들이 곰팡이독에 감염되어 생명을 잃었다. 원인독소는 *Fusarium*, *Myrothecium*, *Trichoderma*, *Trichothecium*, *Cephalosporium*, *Verticimonosporium*, *Stachybotrys* 속 등의 곰팡이가 생성하는 유독대사산물인 트리코테신류(Trichothecene)계 화합물이었다. *F. tricinctum*은 T-2 toxin과 diacetoxyscirpenol, *F. nivale*는 nivalenol과 fusarenon X, *F. roseum*은 vomitoxin과 monoacetoxyscirpenol, *F. solani*는 neosolaniol을 생산하는 것으로 밝혀졌다. 곰팡이독은 피부, 호흡기, 소화기로 감염되며 노출된 지 몇 분에서 2~4시간에 증상이 나타난다. 피부에 접촉하면 타는 것과 같은 느낌이 들고 피부가 붉어지며 물집이 생기고 허물이 벗겨진다. 호흡기로 침입하면 인후통, 가려움, 출혈, 재치기, 콧물, 혈액이 섞인 침, 입과 목의 아픔, 기침, 숨가쁨, 구토, 환상 등의 증상이, 소화기로 침입하면 복통, 메스꺼움, 구토, 혈변 등의 증상이 나타나며, 중증이면 기력상실, 심장질환, 충격 등으로 사망한다.

이러한 독성은 DNA 및 단백질 합성의 저해로 인해 여러 조직들이 현저하게 손상되어 발생하는 것으로 알려졌다. 독소는 비휘발성이고 분자량이 250~550인 저분자 물질로 물에 녹지 않으나 아세톤, 에틸아세테이트, 클로로포름, 메탄올, 에탄올 등과 같은 유기용매에는 잘 녹는다.

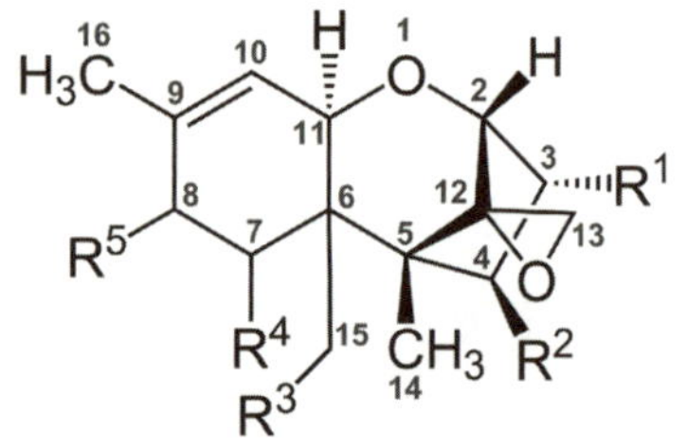

trichothecene

가장 대표적인 독소인 T-2 toxin은 마우스에 복강투여 시 LD_{50}은 3.04mg/kg이다. 독소 중 가장 독성이 강한 것은 monoacetoxyscirpenol로 복강투여 시 LD_{50}은 0.75mg/kg이다. 비경구투여 시 동물에 대한 Trichothecene류의 치사량(LD_{50})은 <표 5-7>과 같다.

Trichothecene의 측쇄 그룹

Trichothecene	R_1	R_2	R_3	R_4	R_5
T-2 toxin	$-OH$	$-OCOCH_3$	$-OCOCH_3$	$-H$	$-OCOCH_2CH(CH_3)_2$
HT-2 toxin	$-OH$	$-OH$	$-OCOCH_3$	$-H$	$-OCOCH_2CH(CH_3)_2$
4,15-diacetoxyscripenol(DAS)	$-OH$	$-OCOCH_3$	$-OCOCH_3$	$-H$	$-H$
Nivalenol	$-OH$	$-OH$	$-OH$	$-OH$	$=O$
Deoxynivalenol(DON)	$-OH$	$-H$	$-OH$	$-OH$	$=O$

표 5-7 동물에 대한 Trichothecene류의 치사량(LD_{50}, mg/kg)

Trichothecene류	마우스	쥐	기니아피그	토끼	고양이	개	돼지	원숭이
T-2 toxin	5.2 (IV)	0.9 (IV)	1.0 (IV)	1.0 (IM)	<0.5 (SC)	-	1.2 (IV)	0.8 (IM)
HT-2 toxin	9.0(IP) -	-	-	-	-	-	-	-
4,15-diacetoxy scripenol(DAS)	12.0 (IV)	1.3 (IV)	-	1.0 (IV)	-	1.1 (IV)	0.38 (IV)	-
Nivalenol	6.3 (IV)	-	-	-	-	-	-	-

Trichothecene류	마우스	쥐	기니아피그	토끼	고양이	개	돼지	원숭이
Deoxynivalenol (DON)	43 (SC)	-	-	-	-	-	-	-
Verrucarin A	1.5 (IV)	0.8 (IV)	-	0.54 (IV)	-	-	-	-
Roridin A	1.0 (IV)	-	-	-	-	-	-	-
Satratoxin H	1.0 (IP)	-	-	-	-	-	-	-

IV : 정맥주사, IM : 근육 내 주사, SC : 피하주사, IP : 복강 내 주사

6. 오크라톡신(Ochratoxin)

Ochratoxin은 *Aspergillus ochraceus*, *A. alliaceus*와 *Penicillium verrucosum* 등이 생산하는 유독 대사산물로 Ochratoxin A, B, C, mellein, 4-hydroxymellein, 4-hydroxyochratoxin A 등 여섯 종류로 이 중 Ochratoxin A의 독성이 가장 강하고 흰색의 결정분말이며 형광물질이다. 오크라톡신은 옥수수, 쌀, 보리, 콩, 향신료, 커피콩, 포도, 건포도, 무화과 등이나 동물의 조직이나 근육, 사람의 혈액, 모유 등에서도 검출된다. 자외선을 조사하면 산성용액에서는 녹색, 알칼리 용액에서는 푸른색의 형광을 낸다. 빛에 불안정하여 습도가 높은 곳에서 햇볕에 노출되면 서서히 분해되나 열에는 안정하고 융점은 169℃이다. 극히 안정하여 커피콩을 200℃ 정도에서 볶아도 20~30% 정도 잔류한다. 동물에 간장 및 신장장해를 일으킨다. 여러 동물에 대한 Ochratoxin A의 LD_{50}은 <표 5-8>과 같다.

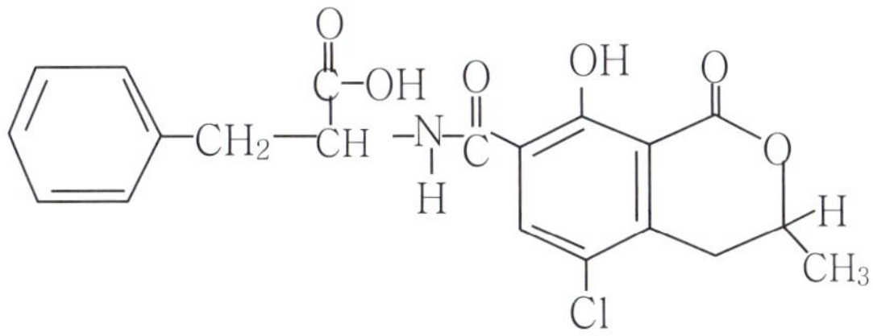

Ochratoxin A

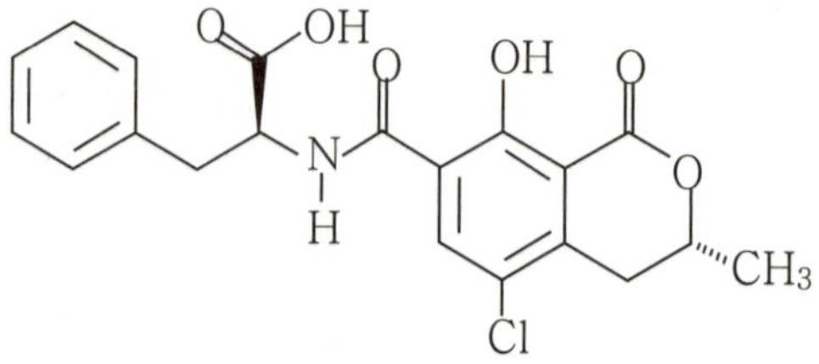

Ochratoxin B

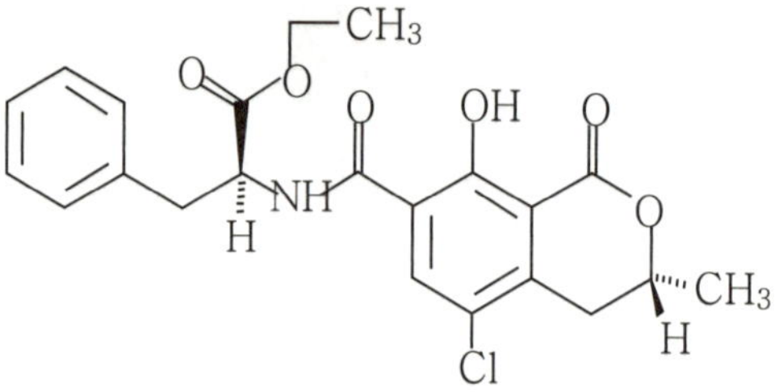

Ochratoxin C

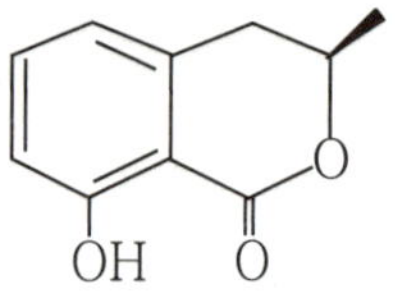

mellein

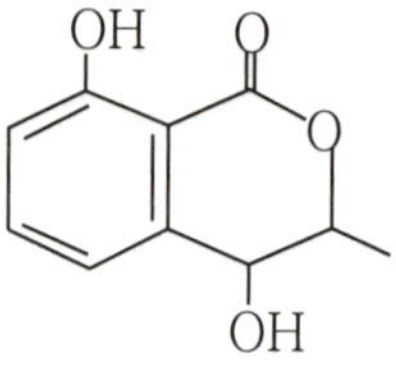

4-hydroxymellein

▌표 5-8▌ 여러 동물에 대한 Ochratoxin A의 LD_{50}

동물	LD_{50}(mg/kg)	투여방법
오리새끼	0.5	경구
마우스(암컷)	22	복강
쥐(수컷)	30.5	구강
쥐(암컷)	21.4	구강
쥐(수컷)	12.6	복강
쥐(암컷)	14.3	복강
닭	3.3	구강
칠면조	5.9	구강
메추리	16.5	구강

동물	LD_{50}(mg/kg)	투여방법
무지개송어	4.7	복강
개	0.2	구강
돼지(암컷)	1	구강

7. 제아랄레논(Zearalenone)

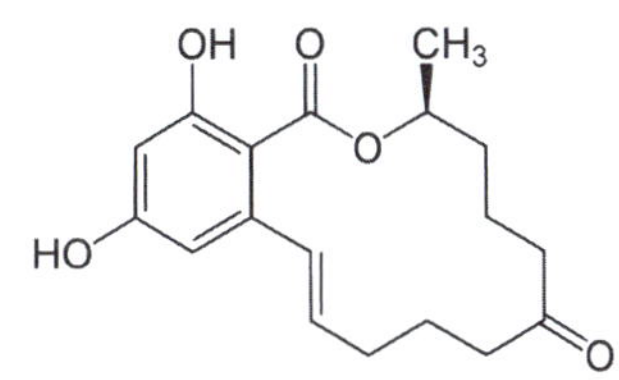

zearalenone

F. graminearum(*Gibberella zeae*, *F. roseum*), *F. culmorum*, *F. crookwellense* 등이 생산한 유독 대사산물로 zearalenone ($C_{18}H_{22}O_5$) 또는 F-2 mycotoxin이라 한다. 발정성의 곰팡이 대사산물(estrogenic fungal metabolite)로 열에 안정하고 옥수수, 보리, 귀리, 밀, 쌀, 수수 같은 농작물과 빵에서 검출된다. 곡물저장 시 습도가 높고 온도가 낮은 곳에서 잘 증식하고 감염된 곡물은 핑크색을 띤다. 자외선을 조사하면 녹색의 형광을 나타내고 융점은 162~163°C이며 에탄올이나 아세톤에 잘 녹으나 물에는 불용이다.

돼지에 가장 감염이 잘되어 불임과 유산의 원인이 되는 독소로 소나 가금류에도 감염된다. 증상은 외음부 팽창과 탈출, 유방 및 자궁의 비대가 특징인 소위 가축의 발정증후군(estrogenic syndrome) 물질이다. 돼지용 사료에는 0.5mg/kg 이상 함유되지 않도록 주의해야 하고 마우스에 경구투여 시 LD_{50}은 20g/kg이다. 사람에게는 유방암과의 관련성이 의심되고 있다.

8. 루브라톡신(Rubratoxin)

*Penicillium rubrum*과 *P. purpurogenum*이 생산하는 유독 대사산물로 소나 면양의 옥수수 중독증 원인 물질이다. 1957년 이 균에 오염된 옥수수를 소의 사료로 이용하여 중독된 사건으로 처음 알려지게 되었다. Rubratoxin($C_{26}H_{30}O_{11}$)은 A와 B 두 종이 분리되었으며 B가 더 많이 생성된다. 중독증상은 노출량, 연령, 성, 인종 등에 따라 다르고 간에 현저한 장애를 일으키기 때문에 간 질환자는 매우 위험하고, 신장이나 폐에도 유해작용을 나타낸다고 보고되었다. 마우스에 대한 LD_{50}은 경구투여 시 400mg/kg이

며 발암성은 없는 것으로 알려져 있다.

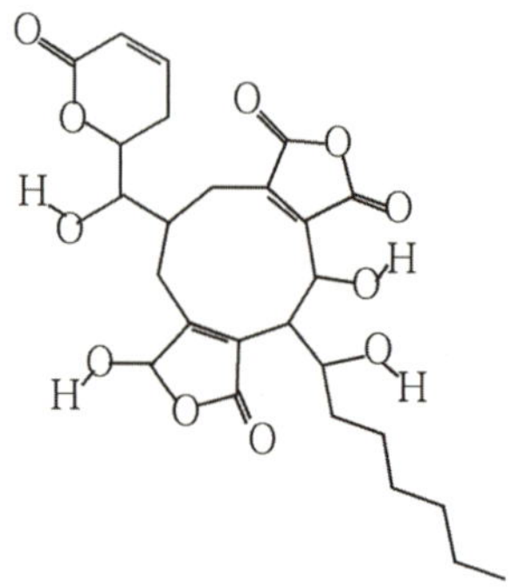

rubratoxin A

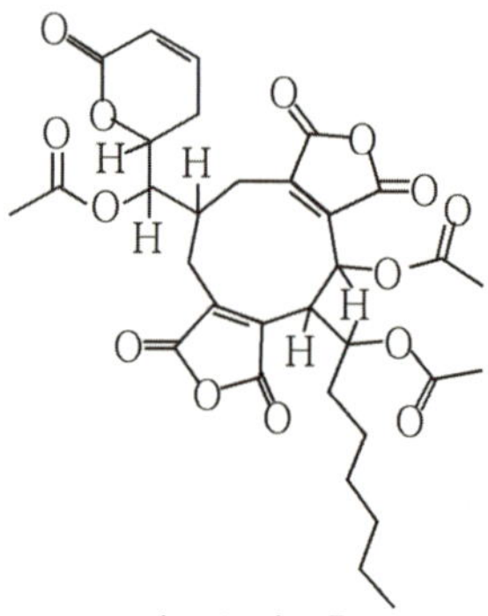

rubratoxin B

9. 스테리그마토시스틴(Sterigmatocystin)

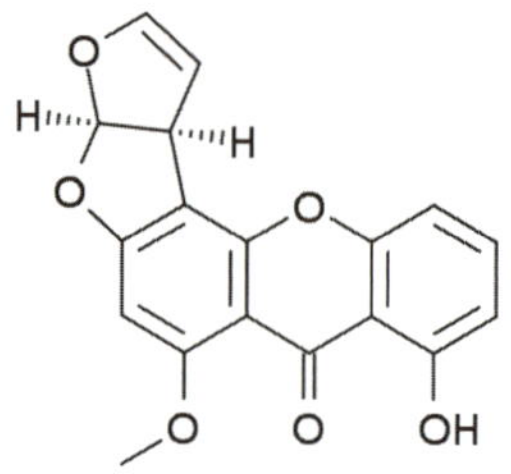

sterigmatocystin

Aspergillus versicolor, *A. sydowi*, *A. nidulans* 등의 곰팡이가 생산하는 유독 대사산물로 화학구조는 aflatoxin과 유사하다. Sterigmatocystin($C_{18}H_{12}O_6$)은 22종의 *Aspergillus*가 생산하는 것으로 밝혀졌고 1953년 일본에서 *A. versicolor*가 생산한 것에서 처음 분리되었고 1962년 Bulock에 의하여 화학구조가 밝혀졌다.

생산균주는 자연계에 널리 분포하여 비교적 건조한 곡류와 사료에 오염되어 aflatoxin 생합성 전 단계에서 합성되고 aflatoxin B_1에 비해 용해성이 낮아 급성독성은 약하나 만성일 경우 간암을 일으킨다. 독성은 간장과 신장의 변성을 초래하고 발암성은 aflatoxin의 1/250 정도이다. 마우스에 대한 LD_{50}은 경구투여 시 166mg/kg이며 곰팡이가 있는 치즈 표면에서도 발생할 가능성이 있다.

10. 파툴린(Patulin)

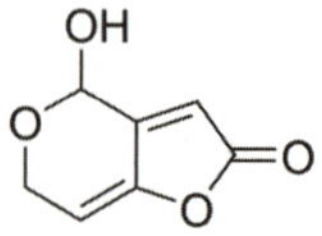

patulin

*Penicillium patulum*이 생산하는 유독 대사산물로 1952년 일본에서

젖소가 맥아사료에 의하여 집단중독된 사건의 원인물질이다. *P. patulum* 이외에 *P. urticae*, *P. expansum*, *P. melinii*, *P. leucopus* 등과 *Aspergillus*속 및 *Byssochlamys*속 등도 생산한다.

곰팡이에 의하여 갈색으로 썩은 사과에서 발견되며 복숭아, 배, 포도 같은 식물 등에서도 발견되었다는 보고가 있다. 독성은 강하지 않으나 사람에게는 발암성 물질이고, 소에게는 장관 출혈성 증상을 보인다. 체내에서 DNA를 파괴하고 aminoacyl-tRNA synthetase를 저해한다. WHO에서 사과주스에 50 ㎍/L 이하로 규정하고 있으며 마우스에 LD_{50}은 경구투여 시 35mg/kg이다.

[그림 5-4] patulin 독소 가능성 있는 부패사과

11. 광과민성 피부염물질(Photodynamic derma toxic metabolite)

곰팡이의 대사산물을 섭취하고 햇볕을 쪼이면 피부염 등을 일으키는 물질을 광과민성 물질(Photosensitizing agents)이라고 한다. *Sclerotinia sclerotiorum*이 생산한 독소를 섭취 후 햇볕을 쪼이면 피부염을 일으키는 4, 5', 8-trimethylpsoralen과 8-methylpsoralen의 psoralen계 화합물과, 건초에 *Sporidesmium bakeri*가 증식하여 생산한 sporidesmin류가 있다. Sporidesmin은 A, B, C의 3종류가 밝혀졌고 반추동물에 간장장해를 일으키며 체중감소, 광과민증, 안면습진 등의 증상을 나타낸다.

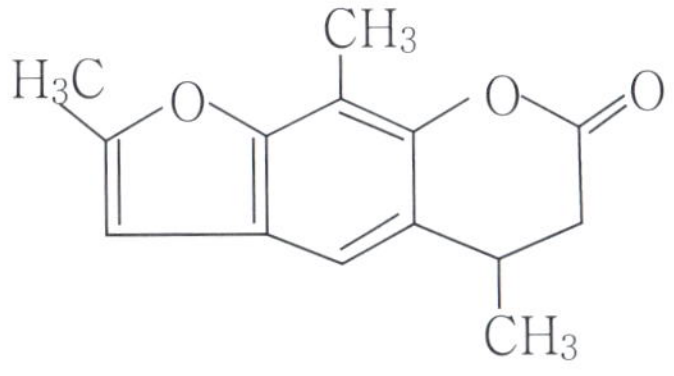

4, 5', 8-trimethylpsoralen

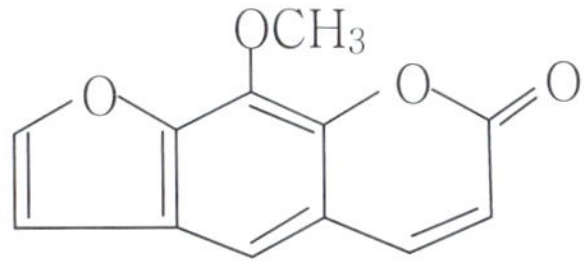

8-methylpsoralen

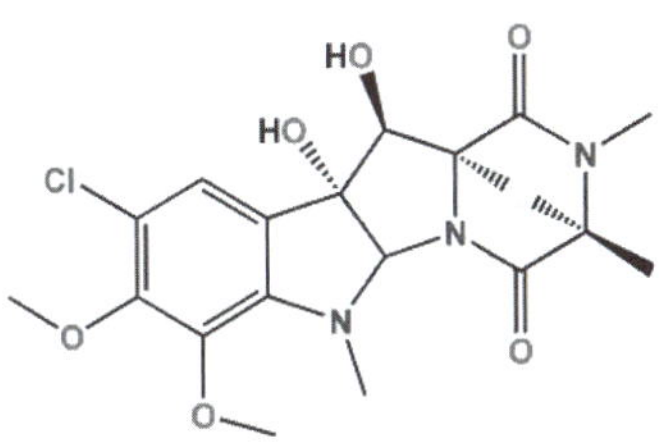

sporidesmin A

12. 스타치보트리 중독증(Stachybotryotoxicosis)

1930년 러시아 농부와 말에서 처음으로 보고된 곰팡이 중독증으로 *Stachybotrys chartarum*(*S. area*, *S. alternans*)가 생산한 독소로 trichothecene계 물질인 satratoxin G, H가 분리되었다. 주로 말이나 소에서 증상이 나타나며 사람은 흡입이나 피부로 감염되어 피부발진, 인두염, 가벼운 백혈구 감소증 등의 증상이 나타난다. 상대습도 30%인 건조한 상태에서 증식하며 증식온도는 2~40℃로 넓고 검은 집락을 형성한다. 다량 섭취한 가축은 쇼크상태에 빠져 과도한 신경장애를 일으키거나 우울증을 보이고 발증 후 72시간 이내에 폐사하는 경우가 많다. MZ(massovie zabolivanie)병이라고도 하며 사람에 피부염, 통증, 입과 목의 점막에 염증, 눈 및 구강점막의 출혈, 결막염, 기침, 비염, 발열, 두통, 피로, 조혈기능장애로 백혈구수 감소, 체온상승, 탈수 등이 나타나며 심하면 사망한다.

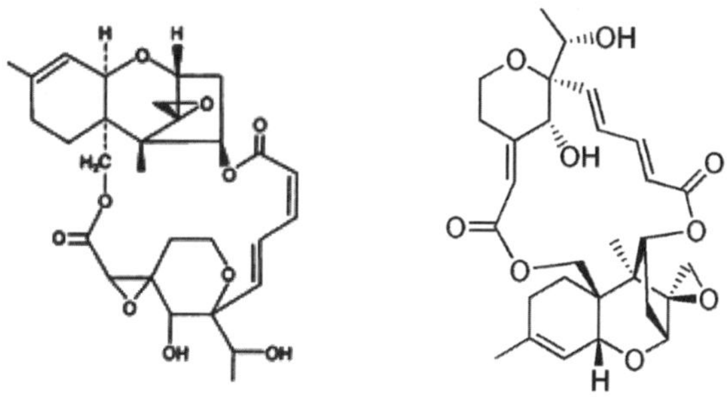

satratoxin G　　satratoxin H

13. Maltoryzine

1954년 일본에서 젖소가 맥아사료를 섭취하여 중독된 사건의 원인물질로 사료 중에서 *Aspergillus oryzae*가 생성한 maltoryzine 독소를 분리하였다. 이 독소의 LD_{50}은 쥐에 복강투여 시 3mg/kg으로 경련, 근육마비, 식욕상실 등의 증상을 유발하는 물질이다. 만성독성은 쥐와 소에 간장장해를 일으키고 부신피질을 파괴한다.

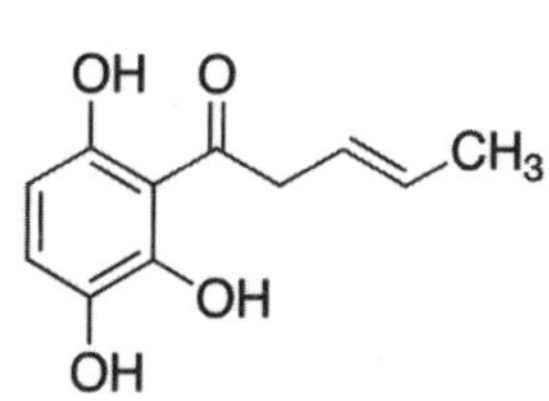

maltoryzine

5.3 곰팡이독 식중독 예방

곰팡이독에 의한 식중독을 예방하기 위하여 사람, 가축, 가금류, 각종 식물의 재배, 성장, 수확, 가공, 저장, 운송 및 소비에 이르는 모든 단계에 걸쳐 곰팡이 오염 방지대책을 강구하여야 한다. 일단 곰팡이가 오염된 식품과 사료의 안전한 해결방법은 불가능하며 곰팡이독은 열에 안정한 것이 많아 식품가공의 열처리로 파괴하기 어렵다. 따라서 곰팡이가 오염되지 않도록 예방하는 것이 최선의 방법이다.

- 농작물의 재배나 수확기에 곰팡이가 증식하지 않도록 적극적인 대책을 강구한다.
- 곡류는 수분함량 13% 이하로 건조하여 저온보관으로 곰팡이 증식을 억제한다.
- 곰팡이에 오염되지 않은 신선한 재료를 선별하여 식품으로 가공하며 곰팡이가 오염되지 않도록 안전한 장소에 보관한다.
- 가정에서도 생활환경을 청결히 유지하여 곰팡이가 증식하지 못하도록 한다.
- 곰팡이독 위험성이 높은 식품은 주기적으로 모니터링하여 오염이 파급되지 않도록 한다.
- 곰팡이독 취급자는 반드시 고무장갑을 착용하고 환기시설을 갖춘 곳에서 작업한다.

FOOD HYGIENE

6 동 · 식물에 의한 식중독

6.1 개 요

인간의 식량이 되거나 가축의 사료로 이용되는 동 · 식물 중에는 그 종류와 부위에 따라 유해 · 유독한 독성을 가진 것들이 있다. 이들 유독성분 중에는 생약이나 농약으로 유용하게 이용하는 것들이 있으나, 발암, 돌연변이, 기형유발, 알레르기, 영양장애, 급 · 만성 중독을 일으키는 것들도 많이 있다. 인간이 살아가는데, 이러한 것들을 선별하여 식량으로 이용하려고 노력하여 제거, 세척, 가열 등과 같은 방법으로 무독화시키고 있다. 그러나 어떤 것은 식용과 비슷하거나 특정지역이나 계절에 유독화되기 때문에 유독 · 유해성분을 함유하고 있는 동 · 식물을 구별하지 못하고 섭취하여 치명적인 위해가 발생하는 경우가 적지 않다.

자연독 식중독은 동 · 식물의 성장과정 중 자연발생적으로 생성되거나 축적된 유독 · 유해 물질을 사람이 섭취함으로써 발생하는 급성중독으로 유독 · 유해 물질의 생성이나 함유량은 계절 및 환경에 따라 많은 영향을 받는다. 자연독 식중독은 동물성 자연독 식중독과 식물성 자연독 식중독으로 분류한다. 동 · 식물에 있는 유독 · 유해성분은 아민류, 배당체, 염기, 사포닌, 알칼로이드 등 매우 다양하다. 자연독 식중독은 집단보다는 개인적으로 채취하여 섭취하는 경우가 많고, 우리 주변에서 꾸준히 식중독사건이 발생하므로 지속적인 관심을 가져야 한다. 다음과 같은 경우에 동・식물의 독성으로 자연독 식중독이 발생한다.

- 동・식물의 특정부위에 함유되어 있는 독성물질을 제거하지 않고 먹는 경우에 식중독이 발생한다.
- 특수한 조건에서 독화된 식용의 동・식물을 모르고 먹는 경우에 식중독이 발생한다.
- 독이 있는 동・식물을 식용으로 잘못 알고 먹는 경우에 식중독이 발생한다.

6.2 동물성 식중독

동물 중에는 자연적으로 자체에 유독성분을 함유하고 있거나 특정한 부위나 시기에 유독성분을 함유하게 되는데 이를 모르고 오인하여 식용하거나 식용동물과 구분이 어려워 혼입된 것을 섭취하여 발생하는 것을 동물성 식중독이라 한다. 동물의 유독성분은 자신이 만드는 경우와 먹이연쇄로 축적되는 두 가지 경우가 있다. 동물성 식중독 중 복어중독이 가장 빈번히 발생하고 치명적이나 패류 등에 의해서도 발생하는 빈도가 적지 않다. 패류에 의한 중독은 공장폐수나 생활하수에 오염된 갯벌이나 계절적 혹은 지역적으로 독화된 것을 채취하여 섭취할 때 발생하므로 오염원으로부터 서식환경을 잘 보존하여야 한다. 식품의약품안전처에서 2008년 8월 1일에 발표한 국가별 패류독 및 복어독 기준은 <표 6-1>과 같다.

표 6-1 국가별 패류독 및 복어독 기준

국가	오염물질	식품	기준	비고
한국	마비성패독(PSP)	패류 및 그 가공품	80μg/100g	Saxitoxin로서
	복어독	수산물(육질, 껍질)	10MU/g	잠정기준
Codex	마비성패독(PSP)	이매패류(가식부)	0.8mg/kg	Step 8
	설사성패독(DSP)	이매패류(가식부)	0.16mg/kg (Okadaic acid)	Step 8
	기억상실성패독(ASP)	이매패류(가식부)	20mg/kg (Domoic acid)	Step 8
	Brevetoxin(BTX)	이매패류(가식부)	200MU/kg	Step 8
	Azaspiracid(AZP)	이매패류(가식부)	0.16mg/kg	Step 8
미국	마비성패독(PSP)	조개(clam), 홍합(mussel), 굴(oyster); fresh, frozen, canned	80μg/100g	Action level
	기억상실성패독(ASP)	식용게의 내장	30ppm	Compliance Program
		그 외 수산물	20ppm	
	신경성패독(NSP)	굴, 홍합, 대합, 조개 (신선, 냉동, 통조림)	< 20MU/100g	NSSP MO
일본	마비성패독(PSP)	모든 패류(가식부)	4MU/g	-
	설사성패독(DSP)	모든 패류(가식부)	0.05MU/g	
호주·뉴질랜드	마비성패독(PSP)	이매패류(가식부)	0.8mg/kg	-
	기억상실성패독(ASP)	이매패류(가식부)	20mg/kg	Domoic acid로서
	설사성패독(DSP)	이매패류(가식부)	0.2mg/kg	Okadaic acid로서
	신경성패독(NSP)	이매패류(가식부)	200MU/kg	-
캐나다	마비성패독(PSP)	조개류	80μg/100g	-
	기억상실성패독(ASP)	조개류	20μg/g	Domoic acid로서
	설사성패독(DSP)	조개류	1μg/g(ppm) (내장조직=중장선)	Okadaic acid 또는 DTX-1로서
		조개류	20g/100g(가식부)	

※ 일본

- 마비성패독; 1MU는 20g의 mouse를 15분 만에 사망시키는 독력으로 규정
- 설사성패독; 1MU는 20g의 mouse를 24시간 내에 사망시키는 독력으로 규정

1. 복어(Puffer fish, swell fish, globe-fish)

복어목 복과 어류의 총칭으로 일반적으로 복어라고 한다. 몸은 긴 달걀 모양을 하고 있으며 표면은 매끄러운 것과 가시 모양 비늘의 것이 있다. 육식성으로 위협을 느끼면 물을 들이마셔 몸을 부풀린다. 일반적으로 열대의 해양에 서식하는 어종이나 세계 각지에 널리 분포하고 있으며 100여 종이 알려져 있다. 우리나라에는 40여 종이 서식하고 그중 졸복, 까치복, 황복, 참복, 은복, 검복 등을 식용으로 하고 있다. 식용 가능한 복어류는 <표 6-2>와 같다.

[그림 6-1] 식용 가능한 복어류(식약처 제공)

표 6-2 식용 가능한 복어류(식약처 제공)

번호	종 류	학 명
1	복섬	*Fugu niphobLes, Takifugu niphobLes*
2	흰점복	*Fugu poeciLonotus, Takifugu poeciLonotus*
3	졸복	*Fugu pardaLis, Takifugu pardaLis*
4	매리복	*Fugu vermicuLaris vermicuLaris, Takifugu vermicuLaris snyderi*
5	검복	*Fugu vermicuLaris porphyreus, Takifugu porphyreus*
6	황복	*Fugu obscurus, Takifugu obscurus*
7	눈불개복	*Fugu chrysops, Takifugu chrysops*
8	자주복	*Fugu rubripes rubripes, Takifugu rubripes*

번호	종 류	학 명
9	검자주복	*Fugu rubripes chinensis, Takifugu rubripes chinensis*
10	까치복	*Fugu xanthopterus, Takifugu xanthopterus*
11	금밀복	*LagocephaLus inermis*
12	흰밀복	*LagocephaLus wheeLeri*
13	검은밀복	*LagocephaLus gLoveri*
14	불룩복	*Sphoeroides pachygaster, Liosaccus pachygaster*
15	삼채복	*Fugu fLavidus, Takifugu fLavidus*
16	강담복	*ChiLomycterus affinis*
17	가시복	*Diodon hoLocanthus*
18	브리커가시복	*Diodon Liturosus*
19	쥐복	*Diodon hystrix*
20	거북복	*Ostracion cubicus*
21	까칠복	*Fugu stictonotus, Takifugu stictonotus*

1) 복어 독

복어의 독성은 복어의 종류, 부위, 계절, 개체, 지역 등에 따라 차이가 난다. 우리나라의 경우 독력이 강한 것은 복섬, 매리복, 검복 등이며 밀복 등은 거의 무독하다. 일반적으로 봄에 독력이 강해지기 시작하여 산란기 직전인 4~6월에 최고조에 이르며, 육질부는 다소 독이 있는 종도 있으나 정상적으로 섭취하면 중독되는 일은 거의 없고 정소와 혈액도 무독한 것이 많다. 대부분의 복어는 난소와 간장이 맹독 또는 강독으로 섭취 시 중독의 주원인이 되며 다음은 장의 독력이 강하다. 다갈색이나 암록색 피부의 복어는 독력이 강하나 흑색인 것은 무독하다. 장기의 독은 계절, 지역, 개체 차, 어획장소 등에 따라 달라진다. 복어의 종류와 독력은 <표 6-3>과 같다.

▌표 6-3▌ 복어의 종류와 독력

종류		유독부위					
한국명	학 명	난소	고환	간	피부	장	근육
복 섬	*Sphoeroides niphobles*	+++	+	+++	++	+++	+
흰점복	*Sphoeroides alboplumbes*	+++	++	+++	++	++	+
매리복	*Sphoeroides vermicularis*	+++	–	+++	++	++	+
졸 복	*Sphoeroides pardalir*	+++	+	+++	++	++	–
검 복	*Sphoeroides porphyreus*	+++	–	+++	++	++	–
황 복	*Sphoeroides ocellatus*	+++	–	++	++	–	–
눈물개복	*Sphoeroides chrysop*	++	–	++	++	+	–
자지복	*Sphoeroides rubrips*	++	–	++	–	+	–
까칠복	*Sphoeroides stictonotus*	++	–	++	+	–	–
까치복	*Sphoeroides xanthopterus*	++	–	++	–	+	–
밀 복	*Sphoeroides spadiceus*	–	–	–	–	–	–
거북복	*Ostracion imuaculatum*	–	–	–	–	–	–
뿔 복	*Loctoria cornuta*	–	–	–	–	–	–
육각복	*Acana aculeatus*	–	–	–	–	–	–
보리복	*Sphoeroides borealis*	–	–	–	–	–	–
바실복	*Sphoeroides bacilewskianus*	–	–	–	–	–	–
꺼끌복	*Tetraodon aerostaticus*	–	–	–	–	–	–
별 복	*Tetraodon aerostaticus*	–	–	–	–	–	–
청 복	*Canthigaster rivalutus*	–	–	–	–	–	–
가시복	*Diodon halcanthus*	–	–	–	–	–	–

+++(맹독) : 10g 이하로 치사적인 것
++(강독) : 10g 이하로 치사적이지 않은 것
+(약독) : 100g 이하로 치사적이지 않은 것
–(무독) : 1,000g 이하로 치사적이지 않은 것을 각각 나타내며 계절에 따라 변한다.
출처 : 최신식품위생학(정희곤)

복어는 옛날부터 강력한 독을 가진 것으로 밝혀져 왔다. 복어독은 복어류에 있는 모든 독을 말하며, 이것을 정제하여 결정화한 것을 테트로도톡신(tetrodotoxin)이라 한다. 1909년 다하라(田原)는 복어의 난소에서 독을 분리하여 복어의 과명(Tetraodontidae)을 따라 테트로도톡신이라 명명하였고 1945년에 결정성 물질을 얻었다. 1950년 요코미(横尾)는 테트로도톡신을 결정화시켰으며 1964년 쓰다(津田) 등은 X선회절법으로 화학구조식을 밝혀 hemiacetal 환을 가진 화합물이라 하였고, 1972년 키시(岸) 등은 최초로 생합성하는 데 성공하였다.

테트로도톡신의 분자식은 $C_{11}H_{17}N_3O_8$이고 분자량은 319.3이다. 무색 침상의 결정으로 약염기성 물질이며 희석한 초산이나 황산에 녹고, 알코올이나 에테르에는 약간 녹으나 다른 유기용매나 물에는 녹지 않는다. 조직 중의 복어독은 수용성으로 물로 쉽게 추출된다. 알칼리에 불안정하여 4% NaOH 용액에서 4분이면 독성을 잃는다. 알칼리에 분해되어 2-amino-6-hydroxymethyl-8-hydroxyquinozoline이 생성된다. 산에 강하여 유기산으로는 파괴되지 않고 진한 무기산에 의해서 파괴된다. 열에 대한 저항성도 강하여 끓는 물에서 4시간 이상 가열에 변화가 없고 6시간 이상 가열하여야 파괴된다.

복어장기의 tetrodotoxin량은 마우스 단위(mouse unit)로 표시하여 체중 20g의 쥐를 30분에 죽게 하는 독량을 1MU라 한다. 마우스에 대한 LD_{50}은 경구투여 시 180μg/kg이며, 정맥주사로는 8μg/kg이고, 사람에 대한 치사량은 0.5~2mg이다. 복어의 난소 한 개에서 10~12g의 결정을 얻을 수 있고 독력은 KCN의 약 1,000배나 된다. 동물에 대한 결정 테트로도톡신의 독성은 <표 6-4>와 같다.

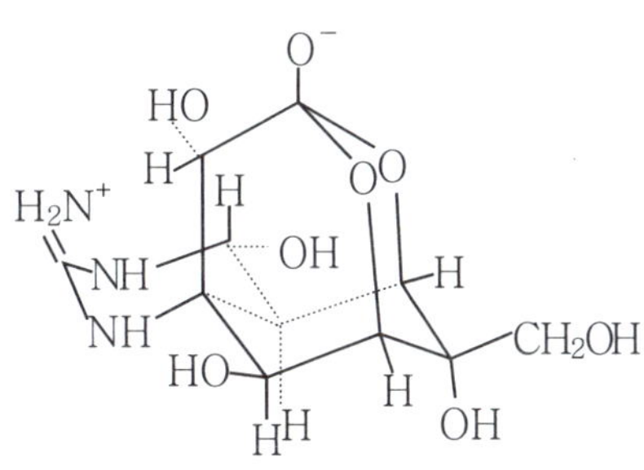

tetrodotoxin

▌표 6-4▐ 결정 tetrodotoxin의 독성

<table>
<tr><th>시험동물</th><th>투여방법</th><th colspan="2">LD50(μg/g)</th></tr>
<tr><td rowspan="8">마우스</td><td>피 하</td><td colspan="2">15</td></tr>
<tr><td>피 하</td><td colspan="2">14</td></tr>
<tr><td>피 하</td><td colspan="2">13</td></tr>
<tr><td>복 강</td><td colspan="2">11</td></tr>
<tr><td>정맥주사</td><td colspan="2">10</td></tr>
<tr><td>정맥주사</td><td colspan="2">8</td></tr>
<tr><td>경 구</td><td colspan="2">180</td></tr>
<tr><td>뇌 실 내</td><td colspan="2">0.3</td></tr>
<tr><td rowspan="4">흰쥐</td><td>피 하</td><td colspan="2">14</td></tr>
<tr><td>복 강</td><td colspan="2">12</td></tr>
<tr><td>정맥주사</td><td colspan="2">10</td></tr>
<tr><td>경 구</td><td colspan="2">147</td></tr>
<tr><td rowspan="3">토끼</td><td>피 하</td><td colspan="2">10</td></tr>
<tr><td>정맥주사</td><td colspan="2">2</td></tr>
<tr><td>경 구</td><td colspan="2">200</td></tr>
<tr><td>고양이</td><td>정맥주사</td><td colspan="2">200</td></tr>
<tr><td rowspan="4">개</td><td>피 하</td><td colspan="2">15</td></tr>
<tr><td>피 하</td><td>0.7</td><td rowspan="3">최소 구토량</td></tr>
<tr><td>정맥주사</td><td>0.3</td></tr>
<tr><td>경 구</td><td>70</td></tr>
</table>

2) 중독증상

테트로도톡신은 신경을 마비시키는 신경독으로 신경의 흥분에 작용하는 나트륨이온의 세포 내 유입을 방해하여 중독증상을 나타낸다. 체내에서 흡수와 배설이 빨라 섭취 후 30분 이내나 늦어도 2~4시간이면 증상이 나타난다. 1~8시간에 사망하나 4~6시간인 경우가 대부분이다. 치사율이 높아 사망률은 40~80% 정도이고, 중독된 후 8시간 이내에 사망하지 않으면 대부분 회복되나 근육마비와 같은 후유증은 며칠간 지속

된다. 일단 회복되면 경과는 빠르다.

중독증상을 4단계로 분류하며 다음과 같다.

- 제1도 초기증상 : 섭취 후 2~3시간 내에 입술주위, 혀끝, 손끝 등이 마비되고 구토, 복통, 두통이 수반되며 무게에 대한 감각이 없어지고 잘 걷지 못한다.
- 제2도 불완전 운동마비 : 운동불능, 지각마비, 미각둔화, 손발의 운동장애, 언어장애, 호흡곤란, 혈압강하 등의 증상이 나타난다. 조건반사는 그대로 있고 의식은 명료하다.
- 제3도 완전 운동마비 : 근육의 완전마비로 운동불능, 발성 및 연하곤란, 혈압강하, 호흡곤란이나 심장장애로 인한 청색증(cyanosis) 등이 나타나고 의식이 점차 흐려지며 모든 반사기능이 없어진다.
- 제4도 의식소실 : 의식을 잃고 호흡과 심장박동이 정지되어 사망한다.

복어중독의 주증상은 지각이상, 운동장애, 호흡장애, 위장장애, 뇌증 등으로 요약할 수 있다.

3) 예방과 치료

복어요리 자격증이 있는 전문가가 요리하여야 하며 알, 난소, 간장, 껍질 등에 독성이 많으므로 이런 부위를 식용으로 하지 않도록 절대 명심해야 한다. 폐기한 유독부분은 다른 사람이나 짐승이 먹고 중독사고를 일으키지 않도록 안전하게 처리한다. 테트로도톡신은 해독제나 특별한 치료방법이 없어 중독초기에 위세척, 구토, 설사 등을 하게 하여 위장 내의 독소를 제거하거나 안정을 취하도록 하는 대증요법에 의한다.

2. 독꼬치

[그림 6-2] 독꼬치

독꼬치(*Sphyraena picuda*)는 태평양의 열대지역, 인도양, 미대륙의 대서양 쪽 열대 또는 아열대 연안에 분포하고 있는 독어(毒魚)이나 다른 어류와 섞여 어획된 것을 식용꼬치로 잘못 알고 먹어 중독을 일으킨다. 독꼬치는 식용꼬치와 같은 꼬치과(*Sphyraenidae*)에 속하는 물고기로 몸길이는 1m 이상이고 측선에 있는 비늘이 80개 정도로 몸길이 35cm, 측선 비늘수 90~95개의 식용꼬치와 달라 쉽게 구별된다.

유독성분은 지용성의 마비를 일으키는 신경독으로 일종의 염기성 물질로 추정하고 있다. 독력은 복어독보다 약하지만 개체차에 따라 다르고 일반적인 가열조리로 파괴되지 않는다. 잠복기는 30분~수시간으로 입술주위의 가벼운 마비로 시작하여 얼굴과 사지로 확산되어 가벼운 전신마비로 언어장애, 운동장애, 탈력감, 명정감 등의 증상이 나타난다. 2~3일에 회복되며 사망에 이르지는 않는다.

3. 돗 돔

돗돔(*Stereolepis ischinagi*)은 길이 2m에 몸은 타원형으로 납작하며 심해성 물고기로 수심 400~500m에 서식한다. 원인은 명확히 밝혀지지 않았으나 돗돔의 간장은 과량의 비타민 A를 함유하여 이를 섭취 시 비타민 A 급성과잉증과 비슷하게 두통, 피부박리 등의 증상으로 간장의 비타민 A가 관여하여 식중독이 발생하는 것으로 추측하고 있다. 돗돔 간장의 비타민 A 함량은 10~20만 I.U/g으로 최고 150만 I.U에 이르는 것으로 알려져 5~10g의 간장을 섭취하면 발병한다. 잠복기는 5~7시간으로 두통, 발열, 구토 등의 증상과 얼굴에 부종이 생기기도 하고 피부에 붉은 반점이 돋거나 벗겨지는 박리현상도 나타나 증상은 약 20일까지 계속된다. 유사한 중독이 돗돔 외에 다랑어, 상어, 참치, 고래, 바다표범, 곰 등의 간장에 의해서도 일어날 수 있다.

[그림 6-3] 돗돔

4. Ciguatera

Ciguatera는 카리브해에 서식하는 참소라(turban shell)의 일종인 Turbo pica의 스페인어인 'cigua'에서 유래하였다. 열대나 아열대지방에서 초식성 물고기는 산호초 주변에서 와편모충이 만드는 유독성분을 먹고 초식성 물고기를 육식성 물고기가 먹는 먹이연쇄로 축적된다. Ciguatera 중독을 일으키는 어류는 약 400여 종에 이르나 식품위생상 문제가 되는 어류는 약 10~30종이다.

Ciguatera는 분자량이 1,500 정도인 지용성의 함질소화합물로 추정되고 보통의 가열조리로 파괴되지 않는 내열성 독성은 복어독과 비슷하다. 중독과 관계되는 독으로서 ciguatoxin, maitotoxin, scaritotoxin, palytoxin 등이 있다. 이 중에서 어떤 독은 Na^{+}의 세포 내 유입을 현저히 증가시킴으로써 복어독과 길항작용이 있으며, 또 어떤 독은 혈관, 소화관 등 평활근에 있어서는 용량 의존적인 수축을 일으키고, Ca^{2+}의 투과성을 증가시켜 특히 평활근 세포내의 Ca^{2+} 농도를 증가시키는 작용이 있는 것으로 추정되고 있다.

유독성분에 감염된 어류는 외형, 맛, 냄새로 구분이 안 된다. 잠복기는 짧아 1~8시간 정도이나 때로는 2일 이상일 경우도 있다. 경증일 때는 2~3일에 완전히 회복되나 중증일 때는 1개월 이상 지속되는 경우도 있다. 주요증상은 구토, 설사, 복통 등 위장증상과 일부 환자는 입술, 혀, 사지, 전신마비, 현기증, 호흡곤란, 저혈압, 경련 등의 신경증상이 나타나며 의식불명이 된다. 통상 'dry ice sensation'이라고 하는 온도감각 이상이 수반된다. 치사율은 1% 전후로 낮으나 완전회복에는 수개월이 걸린다.

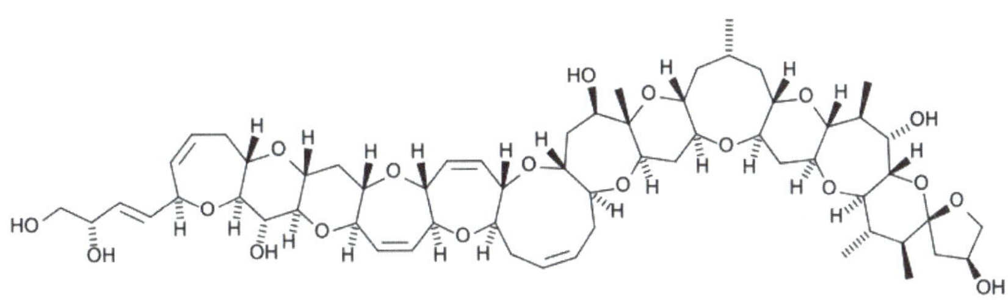

ciguatoxin

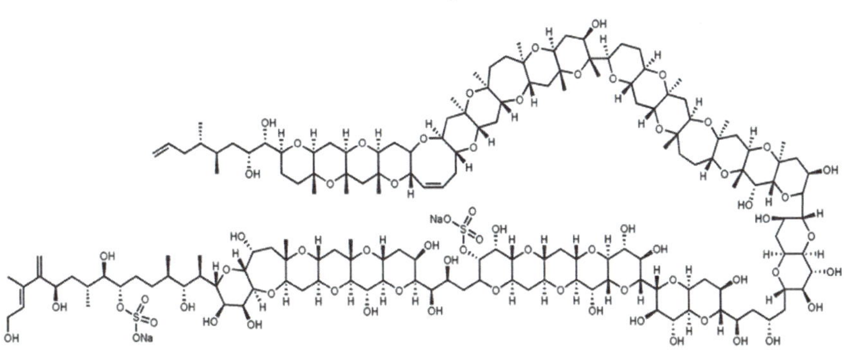

maitotoxin

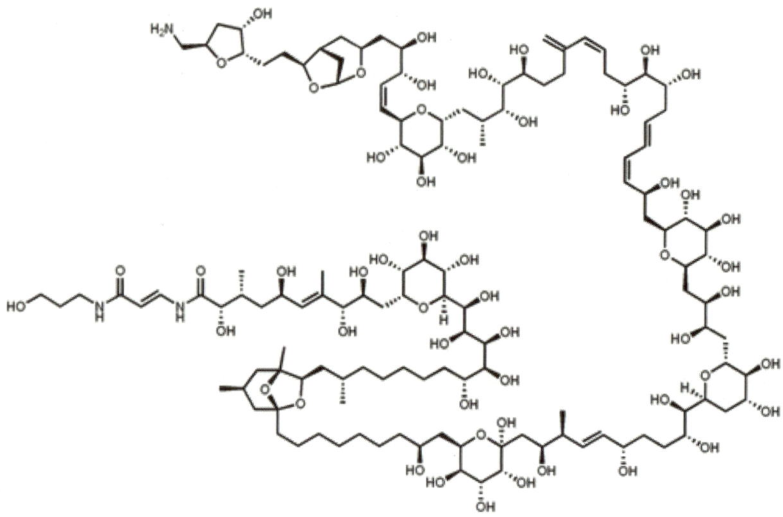

palytoxin

[그림 6-4] ciguatera 독

5. 패 류

패류의 유독물질은 자신들이 생산하기보다는 유독 플랑크톤이 생성한 독소를 패류가 섭취하여 축적된 것으로 알려졌다. 중독은 이매패에 의한 것이 대부분이나 권패에 의한 중독도 발생하고 있다. 패류독은 계절적으로 독성이 증가하고 일부 지역에 한정되어 발생하므로 특별한 시기나 지역의 것은 섭취하지 말아야 한다.

우리나라에서 발생할 수 있는 패류 식중독 중 진주담치(홍합)에 의한 것이 가장 중요하다. 유독성분인 saxitoxin은 진주담체 등이 과편모조류의 일종인 유독 플랑크톤을 섭취하여 체내에 축적한 것으로 이들 유독성분이 함유된 진주담체를 섭취하였을 경우 식중독이 발생한다. 유독 플랑크톤은 늦은 봄부터 초여름까지 남해안 지역에서 자주 발생하곤 한다. 해수 중의 유독 플랑크톤수가 1mL당 200개 이상일 경우에는 매우 위험한 수준으로 해양수산부는 패독(貝毒)의 발생우려가 있을 경우 광범위한 실태조사와 함께 채취시기의 지도 및 조기수확 등 적절한 사전관리를 해야 하며, 식품의약품안전처은 기준치 이상(80μg/g 이하)의 유독성분이 검출될 경우 채취를 금하도록 조치를 취하고 있다.

1) Venerupin 중독

모시조개(*Cyclina sinesis*), 바지락(*Tapes philippinarum*), 굴(*Crassostrea gigias*) 등의 이매패를 섭취하여 발생하는 식중독으로 바지락의 학명인 *Venerupis semidecussata*에 따라 venerupin이라고 명명하였다.

베네루핀(Venerupin)은 처음 모시조개에서 분리되었고 중독 발생 시기는 3~4월이며 6~11월에는 독이 검출되지 않는다. 베네루핀은 열에 안정하여 100℃에서 1시간 가열하여도 파괴되지 않으나 pH 9 이상에서 오래 끓이면 파괴된다. 물이나 메탄올에는 잘 녹으나 에틸, 에틸알코올 등에는 불용성이다. 패류가 독화되는 원인은 명확하지 않으나 서식환경이나 유독 플랑크톤의 섭취와 관련이 있는 것으로 추정하고 있다.

잠복기는 12시간~7일이나 보통 1~2일 정도에서 증상이 나타나고 초기증상은 간기능 손상, 백혈구 증가, 불쾌감, 식욕부진, 복통, 메스꺼움, 변비, 구토, 두통, 권태감, 황달 등이고 피하출혈반점이 반드시 나타난다. 중증일 경우에 토혈, 혈변, 뇌증상이 나타나고 의식불명으로 7일 이내에 사망한다. 경증이라도 회복기간이 길며, 치사율은 45·50% 정도로 높은 편이다.

2) Tetramine 중독

Tetramine은 4개의 아민을 가지고 있는 아민류의 일종으로 triethylene tetramine, hexamethylene tetramine, tetramethylene disulfotetramine 등이 있다. 무향, 무미로 쥐약으로 사용하며 독성은 청산가리보다 100배 강하다.

[그림 6-5] 매물고둥

깊은 바다에서 서식하는 육식성 권패 소라고둥(*Neptunea arthritica*)이나 조각 매물고둥(*Neptunea intersculpta*)의 타액에 있는 tetramine을 섭취하여 발생한다. 잠복기는 30분 정도로 후두부의 두통, 현기증, 배멀미, 다리의 후들거림, 눈의 깜박거림, 메스꺼움 등의 증상이 나타나고 가끔 두드러기가 나타나기도 한다. 대개 2~3시간에 회복되고 사망하는 예는 없다.

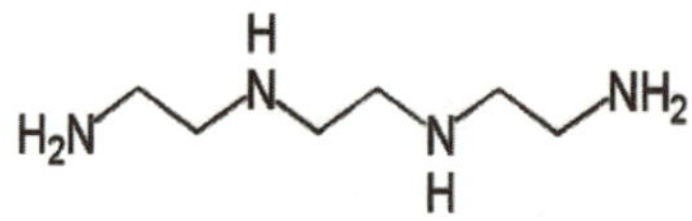

triethylene tetramine

hexamethylene tetramine

tetramethylene disulfotetramine

3) 마비성 패독(paralytic shellfish poisoning; PSP)

마비성 패독은 와편모조류, 구조류, cyanobacteria 등이 만드는 유독물질이 홍합, 섭조개, 대합조개, 진주담치, 모시조개 등에 축적된 것을 섭취하여 식중독이 발생한다. 적조현상과 관계가 있고 패류의 독화는 수온이 10~20℃ 정도 되는 3~4월에 가장 심하다가 5월 중순 이후부터 서서히 없어진다. 우리나라는 섭조개나 홍합을 섭취하여 빈번히 식중독이 발생한다.

복어독과 비슷한 독력의 신경독으로 유독성분은 saxitoxin(STX), gonyautoxin(GTX), protogonyautoxin(PX) 등이다. 잠복기는 30분~3시간으로 입술, 혀, 잇몸, 목 등의 마비를 시작으로 사지가 마비되어 보행이 어려워진다. 두통, 메스꺼움, 언어장애, 유연, 구갈 등도 나타나고 심하면 호흡마비로 12~24시간에 사망하며 치명률은 10% 정도이다. 증세가 약한 경우는 1~2일 이내에 회복된다. 특별한 치료약은 없고 인공호흡, 위세척 등 대증요법에 의한다.

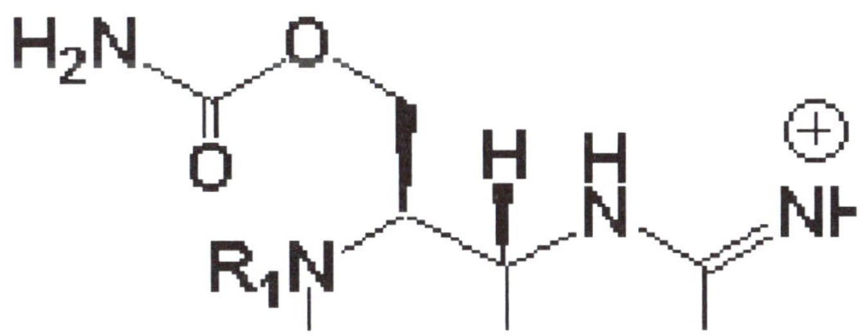

saxitoxin

표 6-5 패류의 부위별 독성 함량

패류의 종류	독성(mg/100g)				
	전체육	중장선	아가미	패주	수관부
모시조개	540	3450	1680	–	<32
대합	–	4700	9450	74	<32
진주담치	1250	1740	–	–	<44
홍합	<44	90	–	–	44
가리비	1220	6400	450	<32	–
소라고둥	512	1195	–	–	–

내열성 독소로 보통의 조리법으로는 파괴되지 않으며, 특히 이 독소는 수용성으로 가열조리하는 과정에서 다른 음식물이나 식품에 이행될 수 있어 주의해야 한다. 식품위생법에는 80μg/100g으로 규정하고 있다.

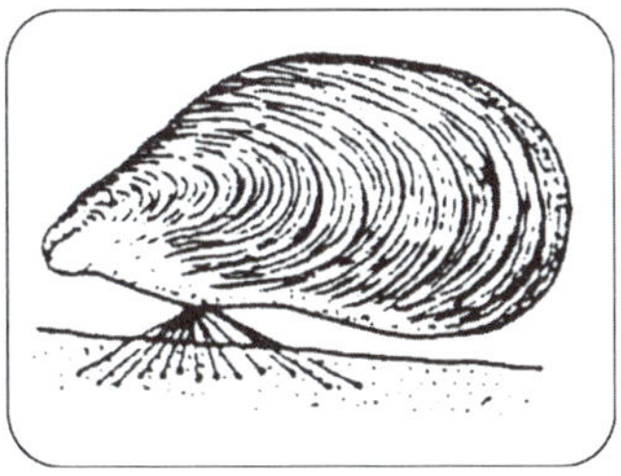

[그림 6-6] 섭조개

[그림 6-7] 홍합

4) 설사성 조개독(diarrheic shellfish poisoning; DSP)

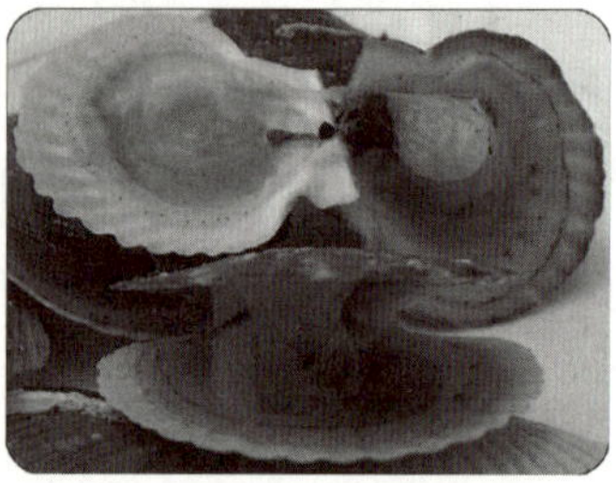

[그림 6-8] 가리비

1976년 일본에서 진주담치 섭취에 의하여 최초로 집단 식중독이 발생하였고 1981년 스페인에서 5,000명, 프랑스에서 2,000명 이상에 식중독이 발생하였다. 설사성 조개독은 유독 플랑크톤인 와편모조류로 *Dinophysis fortii*, *D. acuminata*, *D. acuta* 등이 만드는 유독물질을 섭조개, 가리비, 민들조개, 백합조개 등이 섭취하여 발생한다. 유독성분은 okadaic acid, dinophysistoxin, pectenotoxin, yessotoxin 등으로 주로 중장선에 함유되어 있는데 물에는 녹지 않으나 내열성으로 보통 가열조리로 파괴되지 않는다. 독이 검출되는 시기는 5~8월경이나 초여름에 독화가 가장 심하고 지역에 따라 차이가 있다. 주요증상은 설사, 메스꺼움, 구토, 복통 등이나 발열은 거의 발생하지 않는다. 환자의 70% 정도는 식후 4시간 이내에 발증하지만 그리 심하지 않아 장염비브리오보다 가볍고 3일 정도면 거의 회복된다. 우리나라에서는 진해만 등 남해 동부수역에서 출현한다.

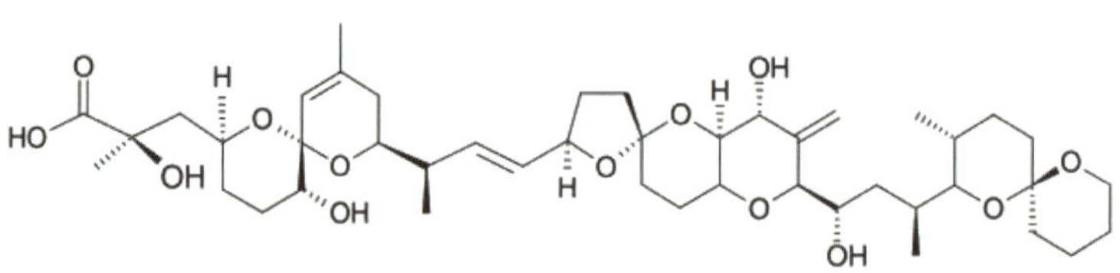

okadaic acid

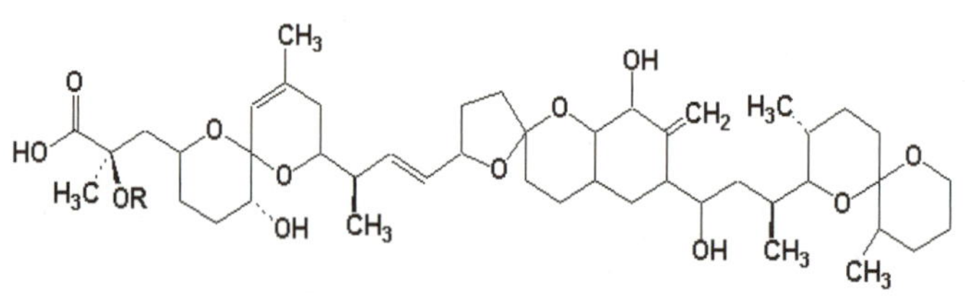

DTX	R
DTX1	H
DTX3	Ac

dinophysistoxin

5) 수랑중독

육식성 소형 권패인 수랑(말고동, *Babylonia japonica*)을 섭취하여 발생하는 식중독이다. 수랑은 한국 · 일본 · 중국 등지에 분포하며, 크기는 껍데기 높이 약 70mm, 지름 약 40mm, 신복족목 물레고둥과의 연체동물로 육식성이다. 1965~1967년 일본에서 처음으로 발생하였고, 1971년에 다시 발생하였다. 수랑의 독화는 지역과 개체에 따라 차이가 크고 독력은 7~10월에 가장 강하다. 원인독소인 surugatoxin, neosurugatoxin, prosurugatoxin 등은 수랑의 중장선에 존재하고 아드로핀 10배의 자율신경 차단작용이 있으며 물, 알코올, 아세톤 등에는 녹으나 에테르, 클로로포름 등에는 녹지 않는다. 섭취 후 3~18시간에 동공확대, 시력감퇴, 입마름, 복부팽만, 변비, 혈압강하, 언어장해 등의 증상이 나타나고 사망하는 일은 거의 없으며 약 1주일 후에는 회복된다. 독은 내열성으로 조리에 의해서 완전히 파괴되지 않는다.

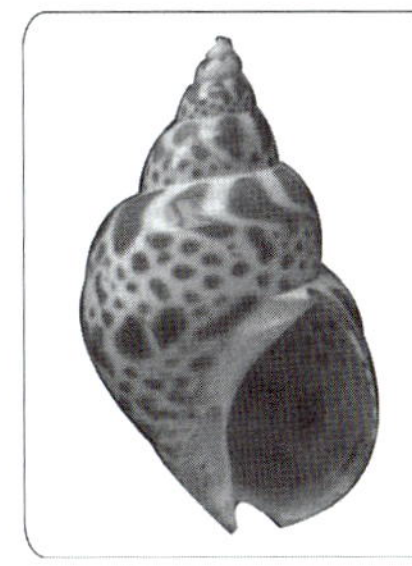

[그림 6-9] 수랑

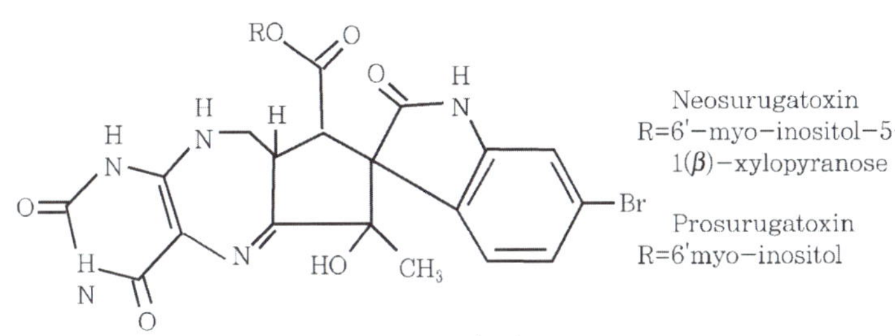

surugatoxin

6. 신경성 패독(Neurotoxic shellfish poisoning; NSP)

유독플랑크톤인 *Ptychondiscus brevis*(*Gymnodinium breve*) 등을 진주담치, 굴, 대합 등의 패류가 섭취하여 발생하는 식중독이다. 유독성분은 brevetoxin(BTX)으로 분류되는 polyethers계 물질로 마비성 패독과 비슷한 증세로 소화기계와 신경계에 장애를 일으킨다. 섭취 후 몇 분에서 수시간 내에 발증하나 수시간이나 며칠이 지나면 회복되고 사망하는 경우는 없다.

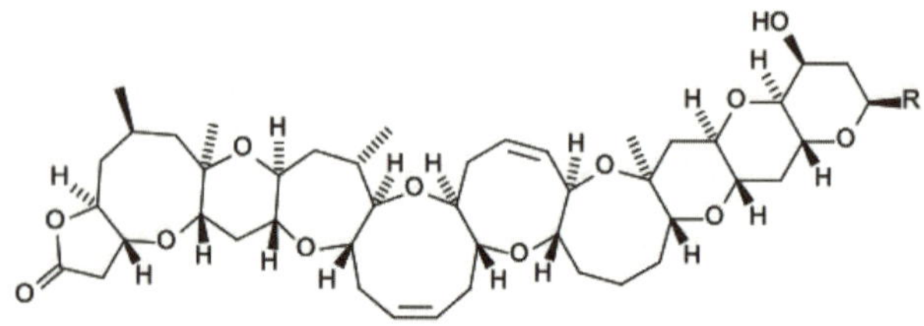

Brevetoxin A
Brevetoxin-1 (PbTx-1) R = $-CH_2C(=CH_2)CHO$
Brevetoxin-7 (PbTx-7) R = $-CH_2C(=CH_2)CH_2OH$
Brevetoxin-10 (PbTx-10) R = $-CH_2CH(-CH_3)CH_2OH$

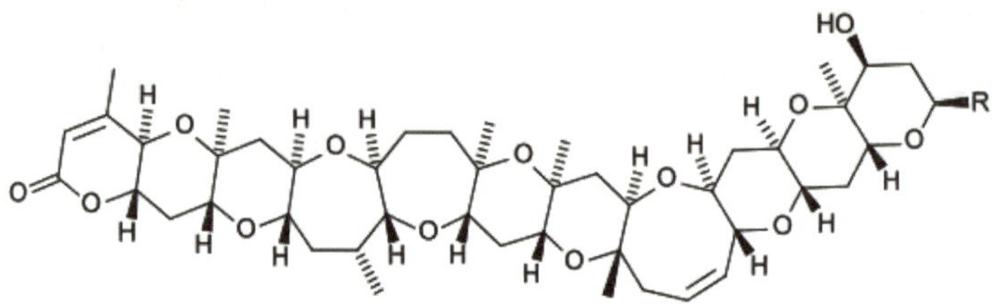

Brevetoxin B
Brevetoxin-2 (PbTx-2) R = $-CH_2C(=CH_2)CHO$
Brevetoxin-3 (PbTx-3) R = $-CH_2C(=CH_2)CH_2OH$
Brevetoxin-8 (PbTx-8) R = $-CH_2COCH_2Cl$
Brevetoxin-9 (PbTx-9) R = $-CH_2CH(CH_3)CH_2OH$

6.3 식물성 식중독

자연적으로 식물에 존재하는 유독성분을 섭취하여 발생하는 식중독을 식물성 식중독이라 한다. 식물의 유독성분은 식물에 항상 존재하거나 혹은 특정부위나 특정시기에 유독성분을 함유하게 되는데 이를 식용으로 잘못 알고 섭취하거나 부주의로 식용식물에 혼입된 것을 섭취하여 식중독이 발생한다. 식물성 식중독 중 버섯에 의한 것이 대부분이다.

6-3-1. 독버섯류(Poisonous mushrooms)

버섯의 종류는 5,000~6,000종에 달하는데 식용에는 송이버섯, 표고버섯, 느타리버섯, 싸리버섯 등이 있으며, 독버섯은 약 50여 종이나 맹독성으로 섭취하면 생명의 위험을 받게 되는 것이 20여 종, 섭취하면 반드시 죽는다는 맹독성 버섯이 10여 종으로 알려져 있다.

독버섯류는 광대버섯(*Amanita miscaria*), 알광대버섯(*Amanita phalloides*), 흰알광대버섯(*Amanita verna*), 독우산광대버섯(*Amanita virosa*), 화경버섯(*Lampteromyces japonicus*), 외대버섯(*Rhodophyllus sinuatus*), 삿갓외대버섯(*Rhodophyllus rhodopolius*), 미치광이버섯(*Gymnopilus spectabilis*), 깔때기버섯(*Clitocybe infundibuliformis*), 배불뚝이 깔때기버섯(*Clitocybe clavipes*), 노랑다발버섯(*Hypholoma fasciculre*), 무당버섯(*Russula emetica*), 굴털이버섯(*Lactarius piperatus*), 큰붉은젖버섯(*Lactarius toruminosus*), 땀버섯(*Inocybe rimosa*), 독청버섯(*Stropharia aeruginosa*), 두엄먹물버섯(*Coprinus atramentarius*), 독송이버섯(*Tricholoma muscarium*), 붉은싸리버섯(*Ramaria formosa*), 노랑싸리버섯(*Ramaria flava*), 어리알버섯(*Scleroderma verrucossum*), 갈항색 담갈색송이버섯(*Tricholoma ustule*) 등 20여 종이다.

독버섯의 유독성분은 버섯 종류에 따라 다르며 여러 가지 유독성 알칼로이드 물질로 이루어져 있다.

1. 독버섯의 종류 및 특징

1) 알광대버섯(*Amanita phalloides*)

주름버섯목 광대버섯과 광대버섯속으로 분류된다. Death cap이라고 하는 맹독성으로 한국, 일본, 아시아, 유럽, 미국, 아프리카 등 세계적으로 분포한다. 갓의 크기는 지름이 6~10cm, 자루는 6~18×0.8~1.2cm로 처음에는 난형이나 나중에는 편평해지며 표면은 황록갈색이고 중앙부가 더 진하며 약간의 점성이 있다. 주름은 흰색으로 폭이 넓으며 빽빽하고 위쪽으로 자루테가 있고 밑동은 둥근 모양이며 큰 흰색 주머니로 싸여 있다. 줄기는 위쪽이 약간 가늘고 막질의 턱받이

[그림 6-9] 알광대버섯

가 있다. 여름과 가을에 침엽수림의 땅 위에 서식한다. 유독성분은 환상 펩타이드로 *phallotoxin*군에 *phalloin*, *phalloidin*, *phallisin* 등과 *amanitatoxin*군에 α-, β-, γ-amanitin, ε-amanitin 등이 있다. 특히 α-, β-amanitin은 독성이 강하여 LD_{50}은 0.1mg/kg이다. 맹독성으로 섭취 후 6~24시간에 격렬한 콜레라와 유사한 증상인 설사, 복통, 구토 등에 이어 신장, 간장, 조직의 괴사가 진행되고 혼수상태로 사망한다.

2) 화경버섯(*Lampteromyces japonicus*)

[그림 6-11] 화경버섯

주름버섯목 송이과 화경버섯속으로 분류된다. 크기로 갓은 반원형~신장형이며 지름이 15~20cm이고, 버섯대 굵기는 1.5~3cm, 길이는 1.5~2.5cm이다. 표면은 어릴 때 담황갈색을 띠다가 후에 암갈색으로 된다. 밤에는 주름 부분이 발광하여 희미한 빛을 발산하기 때문에 '달버섯'이라고도 한다. 주름살은 희고 두꺼우며 자루의 살은 암색~흑갈색이다. 주름은 줄기에서 방사선으로 뻗고 폭이 넓으며 흰색이다.

한국, 일본, 중국 등 동남아 지역에 분포하고 여름과 가을에 걸쳐 밤나무나 참나무와 같은 활엽수의 죽은 나무와 썩은 가지에서 무더기로 발생한다. 외관상 느타리버섯과 비슷하여 잘못 먹고 중독되는 경우가 가끔 있다. 독성분은 illudin S로 섭취 후 구토, 복통, 설사 등 심한 위장장애를 일으키며 구토와 설사가 오래 지속된다. 근래에는 illudin S가 암세포 억제효과가 있는 것으로 밝혀져 활발히 연구되고 있다.

3) 외대버섯(*Rhodophyllus sinuatus*)

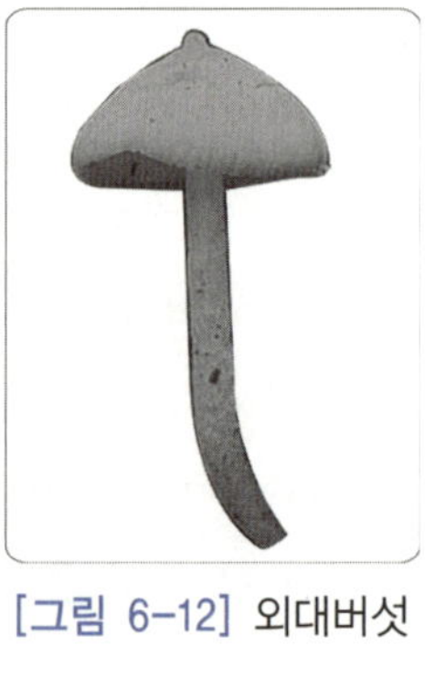
[그림 6-12] 외대버섯

주름버섯목 외대버섯과 외대버섯속(*Rhodophyllus*)으로 분류된다. 크기는 버섯갓 지름이 8~15cm이고 버섯대는 7~14×1~2cm이다. 버섯갓은 원형이며 편평하고 가운데가 조금 튀어나왔다. 주름살은 올린주름살이며 처음에는 흰색이다가 나중에 연주황색으로 변한다. 버섯대는 아래위의 굵기가 비슷하고 섬유처럼 보이며 세로로 잘 쪼개진다. 가을철에 활엽수림 내의 지상에 나타나며 독버섯으로 중독되면 구토, 복통, 설사 등의 증상을 나타낸다. 한국, 일본, 유럽, 미국 등지에 분포한다.

4) 깔때기버섯(*Clitocybe infundibuliformis*)

주름버섯목 송이과 깔때기버섯속으로 분류된다. 크기는 갓 지름이 2.5~6cm, 버섯대는 2.5~5cm×5~13mm이다. 갓은 처음에 반구형이나 중앙이 파인 빵 모양을 이루다가 나중에 오목한 깔때기 모양이 되고 둘레는 밑으로 처진다. 표면은 엷은 붉은빛의 등적색이나 황적갈색이며 매끄러우나 끈기는 없다. 주름살은 빽빽하고 좁은 흰색이며 줄기는 약간 짧고 밑이 굵어진다. 여름에서 가을에 대나무 숲속의 낙엽이 많은 땅 위에서 무리를 지어 자란다.

[그림 6-13] 깔때기버섯

중독증상은 손발의 끝이 붉어지고 불에 덴 것 같은 통증을 느끼며 1~2개월 지속되는 경우도 있으나 치명적이지는 않다. 한국, 일본, 중국, 시베리아, 터키, 유럽, 북아메리카 등 세계적으로 분포하고 있다. 우리나라에서는 독깔때기버섯이라고 한다.

5) 미치광이버섯(*Gymnopilus spectabilis*)

끈적버섯과 미치광이버섯속으로 분류된다. 크기는 갓 지름이 5~15cm, 버섯대가 6~20×1~3cm이다. 갓은 처음에 둥글지만 나중에 차차 펴져서 반구형이 되고 표면은 아름다운 등황색에서 황갈색으로 되며 가는 솜털로 덮이고 쓴맛이 있다. 주름살은 치밀한 황색~황갈색인데 상처를 내면 적색으로 변한다. 버섯대는 갓보다 엷은 황색이며 윗부분에 황색 자루테가 있고 밑동은 여러 개의 버섯대가 붙어 있어 매우 굵다. 여름과 가을에 활엽수 고목에 다발로 군생하며 때로는 큰 포기를 이룬다. 독버섯으로 섭취하면 신경계통 자극으로 흥분하여 웃고 노래하며 춤추는 환각현상을 나타내기도 한다. 자연적으로 치료가 되기 때문에 많은 양을 섭취하지 않으면 큰 부작용은 없다.

[그림 6-14] 미치광이버섯

세계적으로 분포한다.

6) 광대버섯(*Amanita muscaria*)

버섯대 10~20cm, 갓의 지름이 10~15cm인 큰 버섯이다. 갓은 처음에 공같이 둥그나 나중에 편평해지며 빨간 갓의 표면에 흰 좁쌀 같은 것이 많이 있다. 줄기는 백색이고 아래에 항아리 모양의 받침, 위쪽에는 아래로 늘어지는 턱이 있다. 주름은 밀생하고 백색이며, 포자는 구형으로 평활하며 백색이다. 늦여름부터 가을의 소나무숲이나 깊은 산에 많이 자라며 전 세계에 분포한다. 독성이 매우 강하고 독소는 amanitatoxin계이며 중독되면 수시간 후에 콜레라와 같은 증상에 이어 구토, 신경착란, 환각, 근육경련・간장・신장 침해, 혼수상태 등을 나타낸다.

[그림 6-15] 광대버섯

7) 독우산광대버섯(*Amanita virosa*)

주름버섯목 광대버섯과 광대버섯속으로 분류된다. 크기는 갓의 지름이 6~15cm, 버섯대는 14~24cm이다. 갓은 백색으로 처음에는 원추형~반구형의 달걀형이나 나중에 볼록편평형이 된다. 버섯대는 흰색이며 위쪽에는 아래로 늘어진 백색턱받이가 있다. 3% 수산화칼륨 용액에서 갓이 황색으로 변하는 것이 이 독버섯의 특징이다. 독성분은 phallotoxin, amatoxin 등으로 amatoxin은 청산가리의 약 40% 이상 독성이 강하다. 버섯 중 가장 강한 맹독성으로 섭취하고 10~20시간에 심한 설사, 복통, 구토 등의 콜레라와 같은 증상과 함께 간장, 심장, 신장 장애를 일으킨다. 치명률은 50% 이상이다.

[그림 6-16] 독우산광대버섯

8) 망태버섯(*Dictyophora indusiata*(Pers.) Fischer)

말뚝버섯과 망태버섯으로 분류한다. 크기는 버섯대가 10~20×2~3cm이다. 버섯줄기 속은 비어 있고 수많은 작은 공간으로 되어 있다. 버섯갓은 주름 잡힌 망사형으로 강한 냄새가 나는 어두운 갈색의 점액질 홀씨로 뒤덮여 있다. 버섯의 특징은 버섯대 위쪽에서 망사 모양의 망태가 펴져 내려와 아름다운 레이스를 두른 것 같은 모양을 하고 있다. 한국, 일본, 중국, 유럽, 북아메리카 등 세계적으로 분포한다.

[그림 6-17] 망태버섯

9) 땀버섯(*Inocybe rimosa*)

주름버섯목 끈적버섯과로 분류하며 '땀독버섯'이라고도 한다. 크기는 버섯갓 지름이 2~4cm, 버섯대가 7~10cm×4~6mm이다. 버섯갓은 가운데가 올라온 종 모양이고 갓 표면에는 균사가 방사상으로 늘어져 있으며 비단 같은 광택으로 처음에는 황갈색이나 나중에는 진해진다. 갓 가장자리는 찢어져 있는 경우가 많고 주름살은 회갈색으로 촘촘하다. 버섯줄기는 세로로 잘 쪼개지고 표면은 흰색 또는 연한 홍색이다. 여름부터 가을까지 활엽수림 숲의 땅에 서식한다. 독성분은 muscarine으로 자율신경계에 작용한다. 섭취 후 30분부터 땀이 많이 나고 설사, 구토, 혈압강하, 동공축소, 호흡곤란, 심장마비를 일으켜 사망한다. 북한, 일본, 중국, 유럽, 북아메리카 등지에 분포한다.

[그림 6-18] 땀버섯

10) 마귀곰보버섯(*Gyromitra esculenta*)

주발버섯목 안장버섯과로 분류된다. 크기로 자실체는 지름 5~20cm, 높이 5~12cm, 버섯대 약 10cm이다. 머리 부분은 갈색 또는 흑갈색으로 얕게 파인 주름이 있고 버섯줄기는 흰색으로 속이 비어 있다. 여름에서 가을까지 침엽수림의 그루터기나 톱밥더미 위에서 서식한다. 독성분은 gyromitrin으로 섭취 시 체내에서 가수분해되어 보다 독성이 강한 monomethylhydrazine이 되어 중독의 원인이 되나 가열하거나 건조시키면 독성분이 없어진다. 중독증상은 섭취 후 수시간 내에 설사, 구토, 두통, 적혈구 파괴, 허탈에 빠져 사망한다. 한국, 일본, 유럽, 북아메리카 등지에 분포한다.

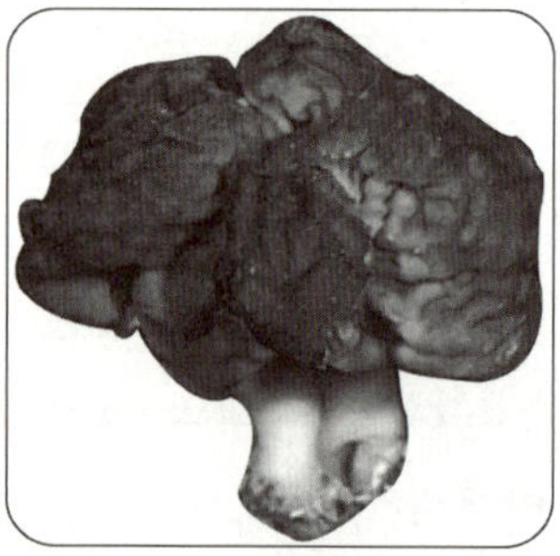

[그림 6-19] 마귀곰보버섯

11) 이외 독버섯

• 두엄먹물버섯(*Coprinus atramentarius*)

주름버섯목 먹물버섯과로 분류된다. 크기는 버섯갓 지름이 5~8cm, 버섯대가 약 15cm이다. 버섯갓은 종 모양으로 갓 표면은 흰색에서 회색이나 갈색으로 변하며 가장자리에는 홈을 이룬 줄과 주름이 있다. 주름은 처음에는 흰색이나 점점 회색에서 검은색으로 변하고 마침내 액화현상으로 버섯줄기만 남는다. 봄부터 가을까지 유기물이 풍부한 정원이나 풀밭에서 무리를 지어 서식한다. 독성분은 coprine으로 술과 함께 버섯을 먹으면 중독되어 구토, 구역질, 안면홍조, 심장박동 증가, 혈압저하 등의 증상이 나타난다. 한국의 가야산, 지리산, 한라산 등과 전 세계에 널리 분포하고 있다.

[그림 6-20] 두엄먹물버섯

• 목장말똥버섯(*Panaeolus papilionaceus*)

주름살버섯목 먹물버섯과로 분류한다. 크기는 버섯대 4~7cm×2~5mm이다. 버섯갓은 초기에 원추형 모양이나 자라면서 편평해진다. 주름살은 회색에서 차차 검은색으로 변하며 가장자리는 흰색이다. 버섯대는 위아래 굵기가 같고 표면에 밀가루 같은 물질이 있다. 웃음버섯이라고도 하며 여름과 가을에 목장의 두엄, 풀밭 등에 한 개 혹은 무리로 서식한다. 독성분은 신경계의 psilocybin과 psilocin으로 환각, 정신착란 등을 일으킨다. 동아시아, 유럽, 북미, 오스트레일리

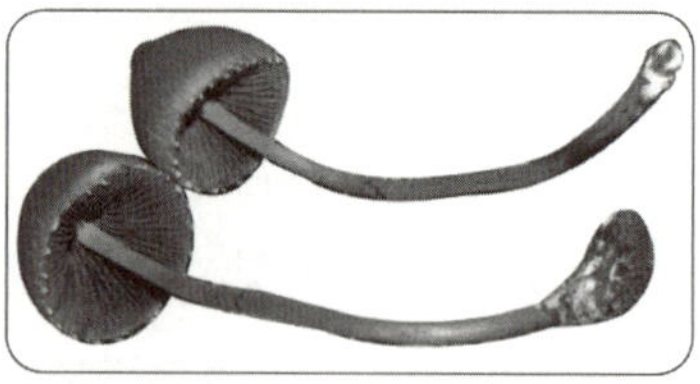

[그림 6-21] 목장말똥버섯

아 등지에 분포한다.

- 붉은싸리버섯(*Ramaria formosa*)

민주름목 싸리버섯과로 분류된다. 크기는 자실체 높이가 5~20cm, 너비가 10~20cm이다. 자실체는 산호형이고 여러 개의 가지로 되어 있으며 갈라진 가지의 모양은 포크형이다. 갈라진 가지의 끝은 노란색을 띠고, 성숙하면 약간 갈색으로 변한다. 9~10월에 활엽수림의 땅에 서식하는 대형버섯으로 섭취하면 구토, 설사, 복통을 일으킨다. 한국, 일본 등의 북반구와 오스트레일리아에 분포한다.

[그림 6-22] 붉은싸리버섯

- 무변색무당버섯(*Russula subnigricans*)

주름버섯목 무당버섯과로 분류된다. 크기는 버섯갓 지름이 5~11.5cm이고 버섯대가 3~6cm이다. 버섯갓은 깔때기 모양이고 갓 표면은 건조하며 검은 갈색으로 가장자리의 색이 약간 연하다. 살은 흰색으로 두껍고 단단하지만 공기에 노출되면 붉은색으로 변한다. 버섯줄기는 아랫부분이 가늘고 갓보다 색이 약간 연하며 세로로 난 주름이 있다. 여름과 가을에 상록 활엽수림에 서식한다. 중독증상은 설사, 구토 등이며 때때로 심장쇠약으로 사망한다. 한국의 가야산과 속리산, 일본 등지에 분포한다.

[그림 6-23] 무변색무당버섯

- 노랑다발버섯(*Naematoloma fasciculare*)

봄부터 가을까지 활엽수, 침엽수, 대나무 등 그루터기에 서식하며 버섯갓은 처음에 황색이나 갈색으로 변한다. 우리나라에서도 버섯중독의 원인이 되는 버섯으로 중독증상은 설사, 구토, 마비, 경련 등이며 심하면 의식불명으로 사망한다.

[그림 6-24] 노랑다발버섯

- 큰붉은젖버섯(*Lactarius toruminosus*)

  주름버섯목 무당버섯과로 분류된다. 크기는 버섯갓 지름이 4~12cm, 버섯대가 2~6×0.8~2.2cm이다. 버섯갓은 처음에 산 모양이나 차차 깔때기 모양으로 변한다. 갓 표면은 붉은 갈색이나 황갈색이며 진한 색의 원무늬가 있다. 버섯줄기는 속이 비어 있고 표면은 버섯갓의 색보다 연하다. 가을철 활엽수림의 땅 위에 서식하며 유독성분은 pilzhyorin으로 위장형이다. 한국, 일본, 중국 등 북반구와 온대 이북에 분포한다.

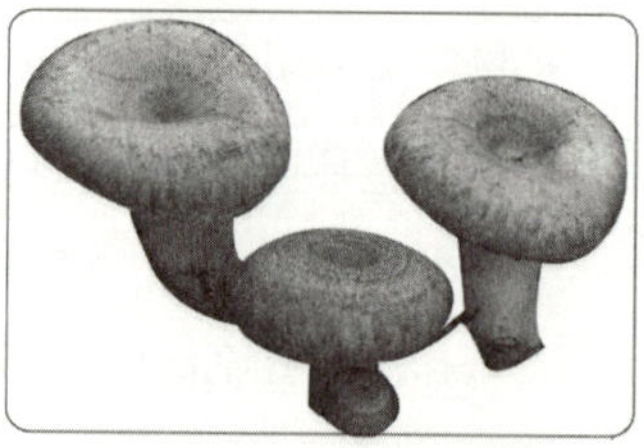

[그림 6-25] 큰붉은젖버섯

- 독청버섯(*Stropharia aeruginosa*)

  주름버섯목 독청버섯과로 분류된다. 크기는 버섯갓 지름이 3~7cm, 버섯대가 4~10×0.4~1.2cm이다. 버섯갓은 처음에는 만두 모양이나 차차 편평해진다. 갓 표면은 녹색 또는 푸른빛의 녹색으로 가운데가 진하고 가장자리는 엷다. 버섯줄기 위쪽은 흰색, 아래쪽은 녹색이다. 여름부터 초겨울까지 습한 숲속이나 풀밭에서 자라며 한국과 북반구 일대에 분포하고 있다.

[그림 6-26] 독청버섯

2. 독버섯의 유독성분

- muscarine : 땀버섯, 광대버섯, 마귀버섯, 미치광이버섯에 함유되어 있는 alkaloid 일종의 맹독성으로 무색의 결정이며 융점은 180~181℃이고 흡습성이 아주 강하다. 부교감신경을 흥분시켜 섭취 1.5~2시간 후에 땀이 나고 맥박이 느려지며 체액의 분비항진, 안구경련, 호흡곤란, 쇼크, 혼수 등을 일으킨다.

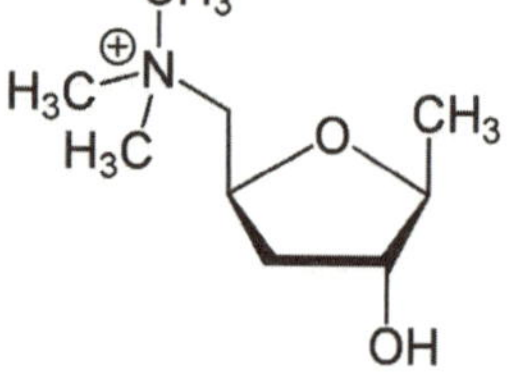

muscarine

- muscaridine : 광대버섯에 많이 있고 atropin과 비슷한 뇌증상, 동공확대, 산동(散瞳), 일과성소광상, 광란, 근육경직 등을 일으킨다.

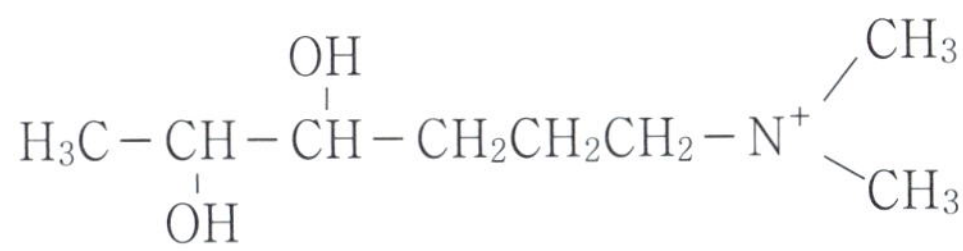

muscaridine

- amanitatoxin : 알광대버섯, 독우산광대버섯 등에 함유된 버섯독 중 가장 맹독성이고 내열성이다. Amatoxin군과 phallotoxin군으로 구분하며 amatoxin군은 10종이 밝혀졌으나 δ-amanitin는 아직 구조가 결정되지 않았고, phallotoxin군은 7종이 밝혀졌다. 모두 환상 peptide구조로 설사, 구토, 복통, 강직, 오한 등이 나타나며 2~4일 내에 사망한다.

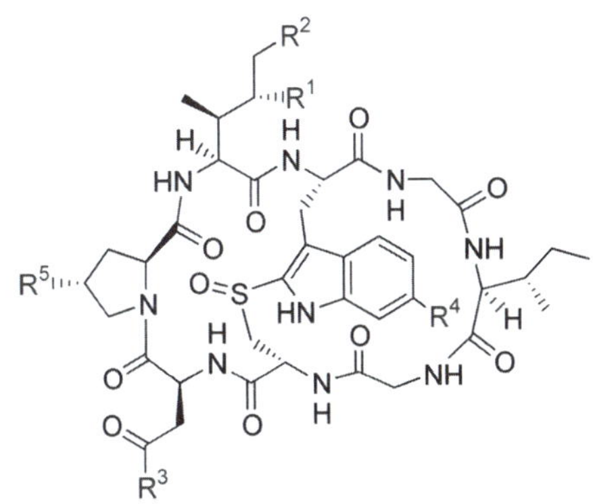

amatoxin군

	R^1	R^2	R^3	R^4	R^5
α-amanitin	OH	OH	NH_2	OH	OH
β-amanitin	OH	OH	OH	OH	OH
γ-amanitin	H	OH	NH_2	OH	OH
ε-amanitin	H	OH	OH	OH	OH
amanullin	H	H	NH_2	OH	OH
amanullinic acid	H	H	OH	OH	OH
amaninamide	OH	OH	NH_2	H	OH
amanin	OH	OH	OH	H	OH
proamanullin	H	H	NH_2	OH	H

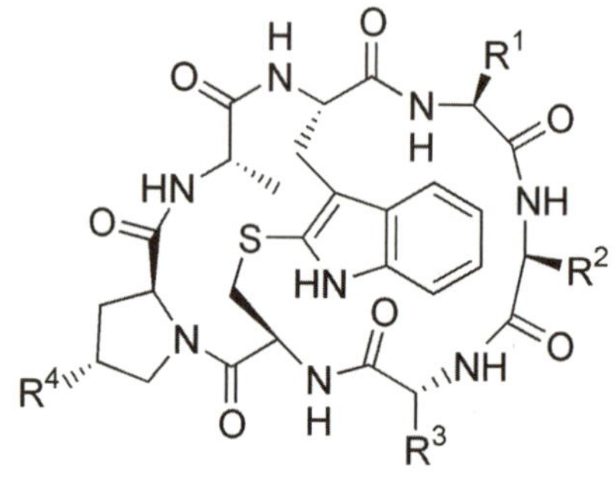

phallotoxin군

Phallotoxin	R^1	R^2	R^3	R^4
Phallacidin	$CH_2C(OH)(CH_3)CH_2OH$	$CH(CH_3)_2$	$CH(OH)CO_2H$	OH
Phallacin	$CH_2CH(OH)(CH_3)_2$	$CH(CH_3)_2$	$CH(OH)CO_2H$	OH
Phallisacin	$CH_2C(OH)(CH_2OH)_2$	$CH(CH_3)_2$	$CH(OH)CO_2H$	OH
Phallisin	$CH_2C(OH)(CH_2OH)_2$	CH_3	$CH(OH)CH_3$	OH
Phalloidin	$CH_2C(OH)(CH_3)CH_2OH$	CH_3	$CH(OH)CH_3$	OH
Phalloin	$CH_2CH(OH)(CH_3)_2$	CH_3	$CH(OH)CH_3$	OH
Prophalloin	$CH_2CH(OH)(CH_3)_2$	CH_3	$CH(OH)CH_3$	H

- neurine : 달걀노른자, 뇌, 담즙 등에서 발견되는 alkaloid로 부패세균이 choline을 분해하면 생성된다. 생선냄새가 나는 독성물질로 중독증상은 호흡곤란, 부정맥, 설사, 경련, 사지마비, 침흘림 등이다.

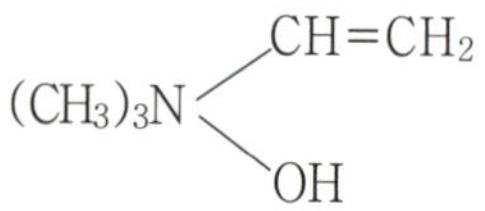

neurine

- phaline : 알광대버섯, 독우산버섯의 독성성분인 배당체로 맹독성의 강한 용혈작용이 있다. 콜레라와 같이 구토나 설사를 일으키나 가열하면 독성분은 파괴된다.
- agaricic acid : 수용성 결정체로 말굽잔나비버섯에 함유되어 있으며 위장장애, 설사, 구토, 두통 등을 일으킨다.

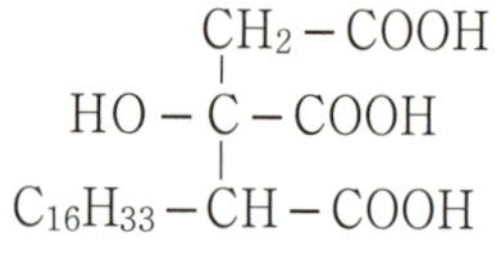

agaricic acid

- choline : 콜린은 체내에서 아세틸콜린(acetylcholine)으로 전환되어 혈압강하, 심장박동저하, 동공수축, 혈류증가, 소화기관의 운동촉진 등의 증상을 나타낸다. 삿갓외대버섯(*Rhodophyllus rhodopolius*), 붉은싸리버섯(*Pamaria flava*), 어리알버섯(*Scleroderma verrucossum*) 등에 함유되어 있다.

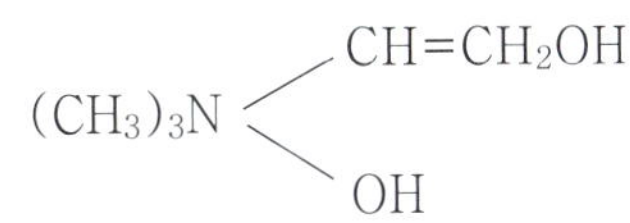

choline

- pilztoxin : 광대버섯, 마귀버섯 등에 들어 있으며 반사항진, 평형장애, 강직성 경련 등을 일으킨다. 열이나 건조에 약하다.

3. 독버섯의 중독증상

독버섯 중독은 나타나는 증상에 따라 4가지로 분류한다.

- 위장형 중독 : 구토, 복통, 설사, 허탈 등이 주요증상으로 화경버섯, 굽은 외대버섯, 무당버섯 등이 있다
- 콜레라성 중독 : 심한 위장카타르와 심신쇠약, 경련, 혼수상태, 허탈, 헛소리 등과 때때로 용혈현상을 보인다. 독우산광대버섯 등이 있다.
- 뇌증형 중독 : muscarine은 유연, 발한, 지맥, 축동 등의 신경증상, amanitatoxin은 산동, 소광상태, 근육경직 등의 증상을 나타내고 미치광이버섯, 굽은외대버섯 등이 있다.
- 혈액중독형 : 황달, 빈혈, 혈뇨 등의 증상으로 마귀곰보버섯 등이 있다.

4. 독버섯 구별법

경험적으로 독버섯과 식용버섯을 구별하는 방법은 다음과 같다.

- 버섯의 줄기가 세로로 갈라지는 것은 무독하여 식용 가능하다.
- 잘 부서지는 것은 유독하다.
- 색이 아름답고 선명한 것은 유독하다.
- 쓴맛이나 신맛이 나는 것은 유독하다.
- 이취, 쓴맛, 자극성, 악취 등이 나는 것은 유독하다.

- 유즙이나 점액이 나오는 것 또는 공기 중에서 변색하는 것은 유독하다.
- 버섯을 끓인 증기에 은수저를 대었을 때 검게 변하면 유독하다.
- 곤충이나 동물이 먹은 흔적이 없는 것은 유독하다.
- 음지에서 서식하는 버섯은 유독하다.

6-3-2. 유독성분을 가진 식용식물류

1. 감자(*Solanum tuberosum*)

감자에 있는 유독성분인 solanine($C_{45}H_{73}NO_{15}$)은 알칼로이드 배당체로 1820년 Desfosses가 까마중(*Solanum nigrum*)에서 처음 분리하여 그 이름을 따라 명명하였다. 감자 이외에 나뭇잎, 과일, 괴경 등에 함유되어 있다. 감자의 solanine 함량은 2~13mg/100g이나 싹 난 부위나 일광에 노출되어 녹색으로 변한 부분에는 80~100mg/100g까지 증가하여 섭취 시 식중독을 일으킨다. 물에는 녹지 않으나 뜨거운 알코올에 녹고 열에 매우 안정하여 285℃에서 분해된다.

Solanine은 사람에게 혈액독과 신경독 증상을 일으킨다. 사람은 2~5mg/kg을 섭취하면 중독되고 섭취 후 8~12시간에 메스꺼움, 복통, 설사, 두통, 구토, 발열, 목이 타는 느낌, 감각이상, 마비, 의식불명, 언어장애, 현기증, 축동, 졸음 등의 증상이 나타난다. 예방법은 감자를 햇볕이 들지 않는 서늘한 곳에 보관하고, solanine은 일반조리법으로 파괴되지 않으므로 싹이 난 부분과 녹색부위를 제거하고 섭취한다.

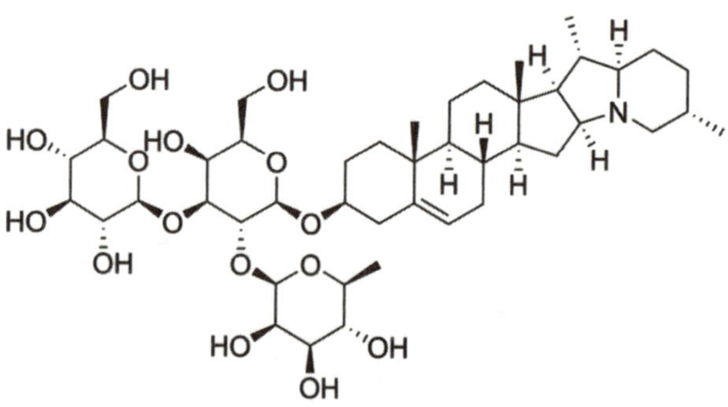

solanine

2. 목화(*Gossypium indicum*)

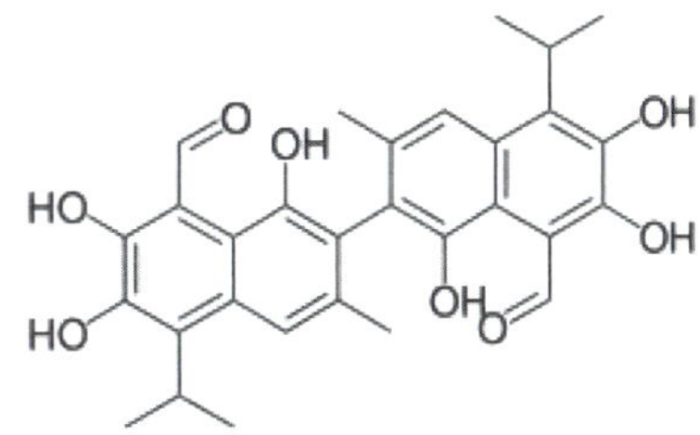

gossypol

목화의 씨, 뿌리, 줄기에는 유독성분으로 polyphenol 화합물인 gossypol ($C_{30}H_{30}O_8$)이 들어 있다. Gossypol은 노란 색소로 면실유 가공 시 정제과정에서 대부분 제거되므로 문제가 되지는 않으나 박에는 0.7~1.5%가 함유되어 있어 이를 섭취하면 식중독이 발생한다. Gossypol은 제1철이온이나 칼슘에 의해 불용성인 복합체를 형성하는 성질이 있으므로 이를 이용하여 제거하는 연구가 시도되고 있다. 중독증상으로는 피로, 위장장애, 식욕감퇴, 현기증, 구내건조 등이며 졸음, 정력감퇴, K 결핍 등도 수반된다.

3. Cyan 배당체 함유식물

자연계의 식물 중에는 각종 시안배당체들이 널리 분포되어 있으며, 시안배당체가 산이나 효소에 의해 가수분해되면 청산(HCN)을 형성하여 독성작용을 나타낸다. 독성은 매우 강하여 성인에 대한 치사량은 200mg 정도로 추정하고 있으며 생체 내 호흡효소 cytochrome oxidase에 대해 강한 억제작용을 한다. 시안배당체를 많이 먹으면 두통, 구토, 설사, 복통 등 소화기계 증상을 시작으로 호흡곤란, 전신의 강직성 경련이 일어나고 심하면 호흡중추 마비로 사망한다. 물에 오래 끓여 청산을 휘발시키거나 물로 깨끗이 씻어 제거하면 중독을 예방할 수 있다.

- Amygdalin [$C_6H_5CHCN \cdot O \cdot C_{12}H_{21}O_{10}$] : 1803년 Pierre-Jean Robiquet와 A. F. Boutron-Charlard가 아몬드(*Prunus dulcis*)에서 처음 분리하였다.

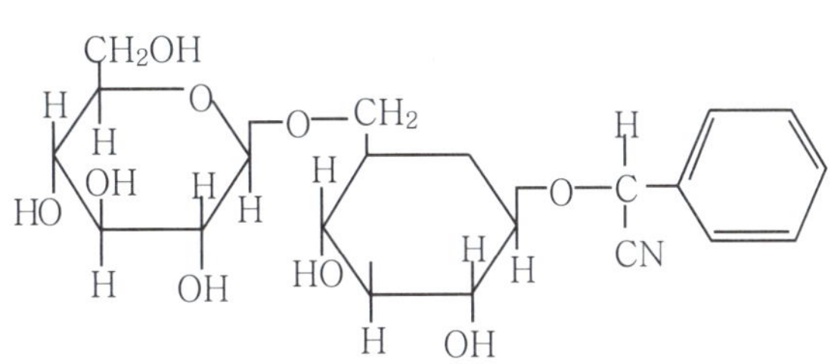

amygdalin

미숙한 매실, 살구씨, 복숭아씨 등에 있는 시안배당체로 섭취하면 소장에 있는 β-glucosidase에 의해 가수분해되어 청산(HCN), 포도당, benzaldehyde 등으로 되어 독성을 나타낸다. 섭취 후 30~60분경에 증상이 나타나고 사람의 치사량은 약 1g이며 치명률이 높다.

- Phaseolunatine [$(CH_3)_2 \cdot C(CN) \cdot O \cdot C_6H_{11}O_5$] : 콩과식물인 버마콩, 병아리콩, 초본살갈퀴(common vetch) 등에 시안배당체인 phaseolunatine이 들어 있다. 특히 버마콩에는 시안배당체가 0.05~0.26% 함유되어 있으며 자기소화에 의해 포도당, 아세톤, 청산 등으로 분해되어 독성을 나타낸다.

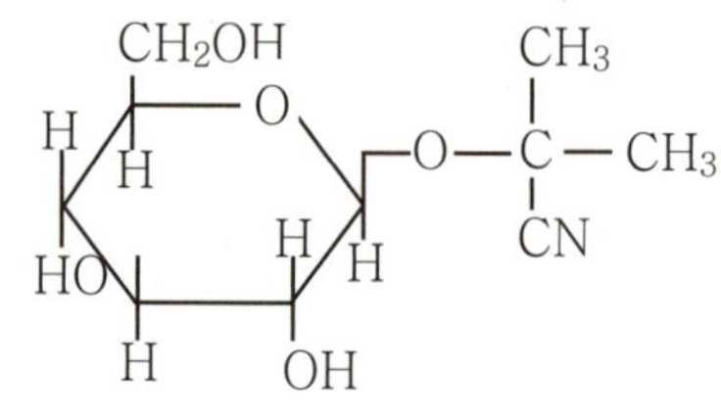

phaseolunatine

- Dhurrin [$C_{14}H_{17}NO_7$] : 곡류 중의 수수나 수단그라스에는 dhurrin이라는 시안배당체가 함유되어 있다. 가축의 타액과 함께 소의 위로 들어가면 효소나 산에 가수분해되어 청산이 만들어져 독성을 나타낸다.

[그림 6-27] 수수

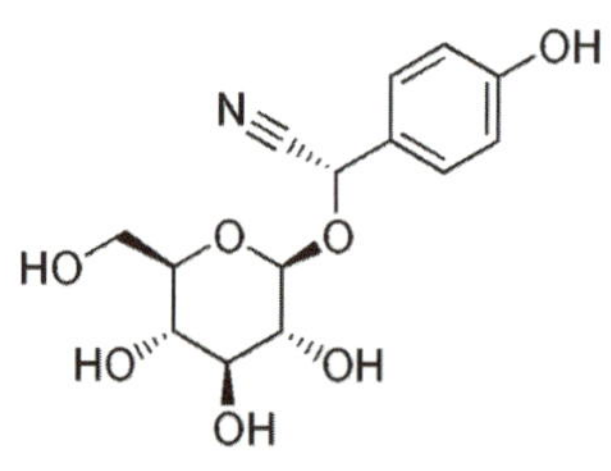

dhurrin

- Linamarin [$C_{10}H_{17}NO_6$] : 카사바(casava), 버마콩, 아마 등의 뿌리와 잎에 있는 시안배당체이다. 섭취하면 장내의 효소나 세균에 의해 가수분해되어 청산이 만들어져 독성을 나타낸다.

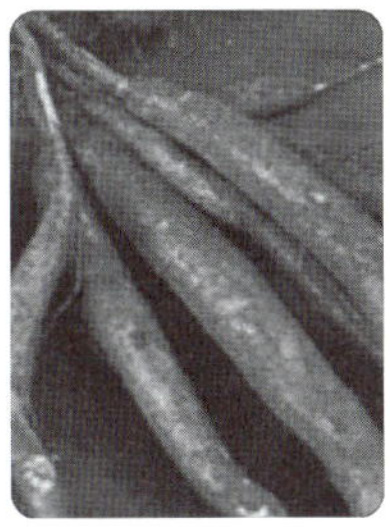

[그림 6-28] 카사바

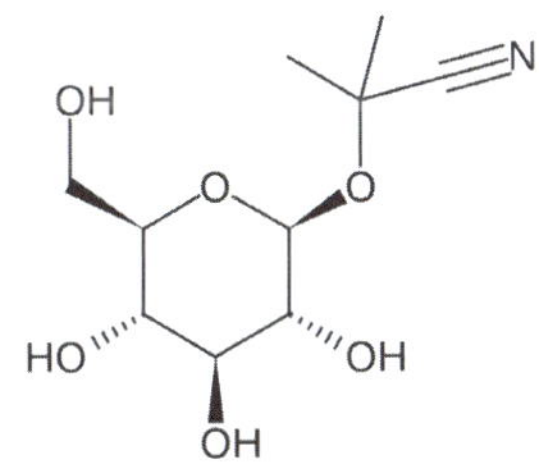

linamarin

- 미숙한 은행의 종자에는 청산물질이 함유되어 있어 섭취하면 위장장애를 일으킨다.

4. 피마자(*Ricinus communis*, 아주까리)

피마자의 종자에는 ricin이라는 독성 단백질이, 종자와 잎에는 ricinine이라는 alkaloid가 함유되어 있다. Ricin은 섭취량에 따라 알레르기나 독성을 나타낸다. 체내의 세포에 존재하는 탄수화물과 결합하여 단백질 합성을 저해하는 작용을 한다. 섭취하면 메스꺼움, 구토, 설사, 복통 등의 증상이 나타나고 심하면 소화기 출혈, 간, 비장, 신상의 괴사로 사망하게 된다. 사람에게 주사 시 치사량은 500μg이고, 20g의 마우스를 24시간 내에 죽일 수 있는 최소단백질 질소량은 0.25μgN이다. 가열, 0.5% 포르말린, 단백질분해효소 등으로 처리하면 독성을 잃는다. Ricin은 피마자 이외에 식물의 잎, 뿌리, 구근 등과 특히 콩과식물의 종자에도 들어 있다.

Ricinine은 ricin보다 독성이 약한 alkaloid이나 섭취하면 구토, 용혈성 위장염, 간이나 신장장애, 혼수, 혈압 및 호흡 저하 등의 증상이 나타난다.

[그림 6-29] 피마자

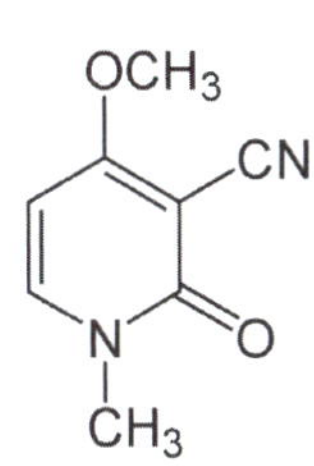

ricinine

5. 콩 류

대두, 완두, 강낭콩, 땅콩 등에는 saponin과 sapogenin이 들어 있다. Saponin은 배당체에서 당이 아닌 부분이 여러 고리 화합물로 이루어진 것이고 sapogenin은 사포닌의 아글리콘으로 식물계에 분포하는 화합물의 총칭이다. Saponin과 sapogenin은 적혈구에 대하여 강한 용혈작용이 있으나 가열처리하면 활성을 잃는다.

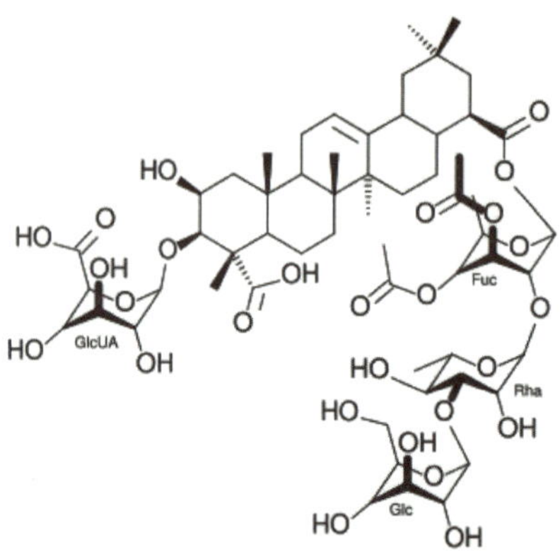

saponin

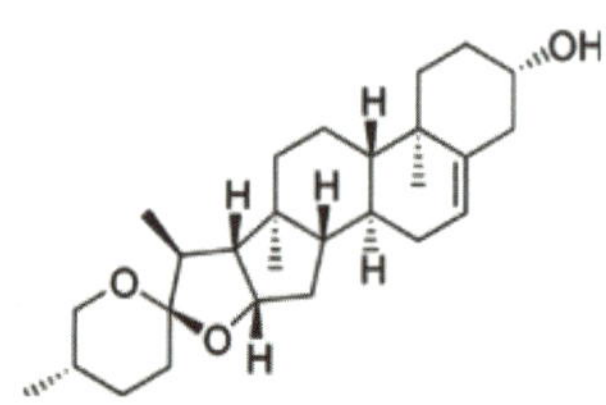

sapogenin

6-3-3. 오용 가능한 유독식물

1. 독미나리(*Cicuta virosa Linne*)

독근, 독물통소대, 독근채화라 불리기도 하는 미나리과의 다년생초본으로 유독성 식물이다. 우리나라 중부지방, 북부지방의 산야지 주택지변의 습지에 자생한다. 미나리와 비슷하지만 키가 약간 커 구별된다. 유독성분은 지방족 불포화알코올인 cicutoxin($C_{17}H_{22}O_2$)으로 지하경에 많이 함유되어 있다. 섭취 후 수분~1시간 이내에 발병하며 경증일 경우는 메스꺼움, 구토, 복통 등의 증상이 나타나고 중증

[그림 6-30] 독미나리

인 경우는 진전, 발작, 중추신경마비, 심장박동 증가, 호흡곤란 등으로 사망한다.

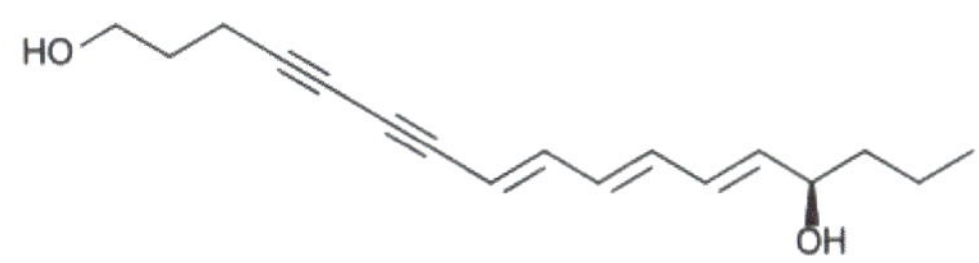

cicutoxin

2. 흰독말풀(*Datura metel*)

열대 아시아가 원산지인 한해살이풀로 높이 1m 정도 자라고 가지가 갈라진다. 꽃은 8~9월에 피고 흰색이며 나팔꽃과 유사하다. 종자가 참깨와 비슷하여 잘못 사용하여 중독된다. 유독성분으로 hyoscyamine($C_{17}H_{23}NO_3$), scopolamine($C_{17}H_{33}NO_3$), atropine($C_{17}H_{23}NO_3$) 등이 종자, 잎, 근경 등에 들어 있다. 중독증상은 미치광이풀과 유사하다.

[그림 6-31] 흰독말풀

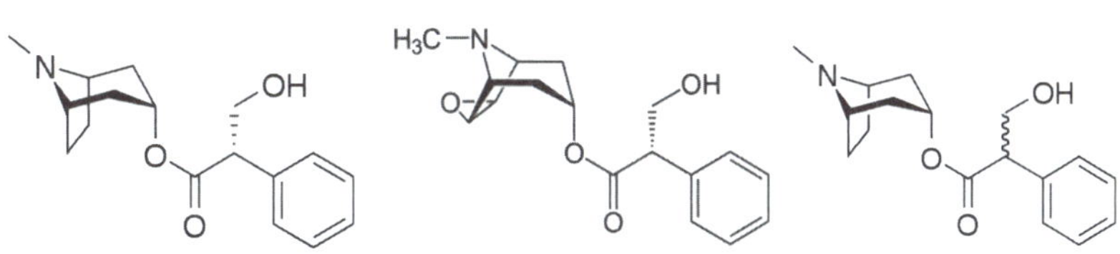

hyoscyamine scopolamine atropine

3. 미치광이풀(*Scopolia japonica*)

개별꽃이라고도 하는데 깊은 산골짜기의 그늘에서 자라는 다년생풀로 우리나라 특산종이다. 지하경을 마로 오인하거나 어린 싹을 산나물로 잘못 식용하면 중독된다. 유독성분은 hyoscyamine($C_{17}H_{23}NO_3$)과 atropine인데 강력한 알칼로이드로 잎, 지하경,

[그림 6-32] 미치광이풀

뿌리 등에 함유되어 있다. 주요증상은 미친 증상과 흥분, 심계항진, 동공확대, 호흡곤란 등이며 호흡정지로 사망한다.

4. 독공목(*Coriaria virosa*)

산과 들에 자생하는 높이 1.5m 정도의 낙엽관목으로 열매와 잎에 유독성분으로 coriamyrtin($C_{15}H_{18}O_5$)과 tutin($C_{15}H_{18}O_6$)이 함유되어 있다. 열매가 뽕나무의 오디와 비슷하여 잘못 알고 먹어 중독된다. 중독증상은 구토, 경련, 동공축소, 전신경직 등이며 심하면 호흡곤란으로 사망하는 경우도 있다. 토끼는 coriamyrtin을 0.08g 경구투여하면 죽는다.

[그림 6-33] 독공목

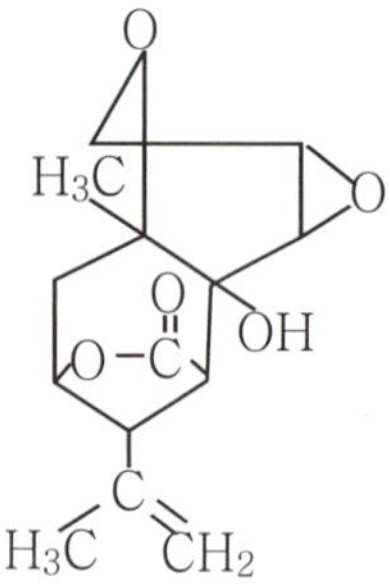

coriamyrtin

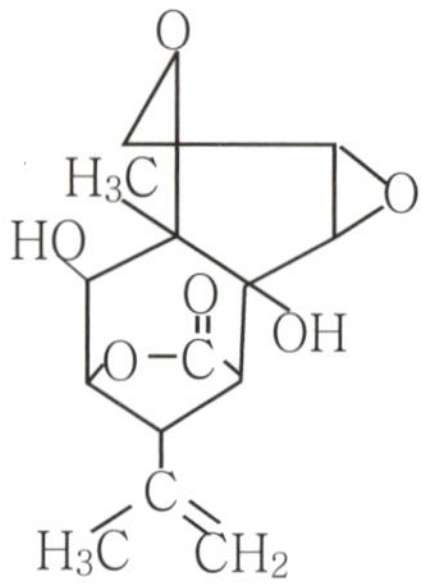

tutin

5. 붓순나무(*Illicium anisatum*)

목련과에 속하는 높이 4~5m의 상록관목으로 우리나라 제주도, 진도, 완도 등지에서 자생하며 추위에 약하고 그늘지고 습기 있는 곳에서 잘 자란다. 열매가 향신료로 사용하는 대회향과 비슷하여 잘못 알고 섭취하여 중독되는 경우가 있다. 유독성분은 shikimic acid($C_7H_{10}O_5$), shikimitoxin, hananomin 등으로 구토, 경련, 현기증 등의 증상이 나타난다.

[그림 6-34] 붓순나무

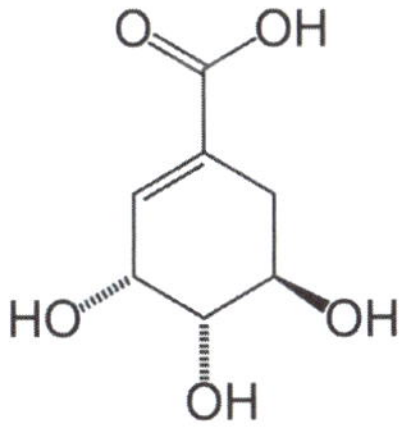

shikimic acid

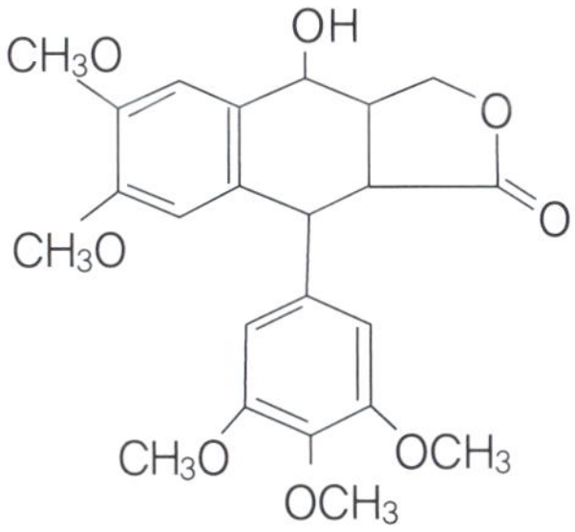

shikimitoxin

6. 꽃무릇(*Lycoris radiata*)

석산이라고 하며 백합목 수선화과의 여러해살이풀로 꽃은 빨갛고 구근에 전분이 8% 정도 들어 있어 전분원료로 이용한다. Lycorine($C_{16}H_{17}NO_4$)이라는 유독성분이 구근에 있어 전분 정제 중 제거하지 않으면 중독을 일으킨다. 섭취 시 세포 내의 단백질 합성을 방해하고 중독증상은 복통, 구토, 과도한 침흘림, 메스꺼움, 경련, 오한 등이고 심하면 호흡마비로 사망하기도 한다.

[그림 6-35] 꽃무릇

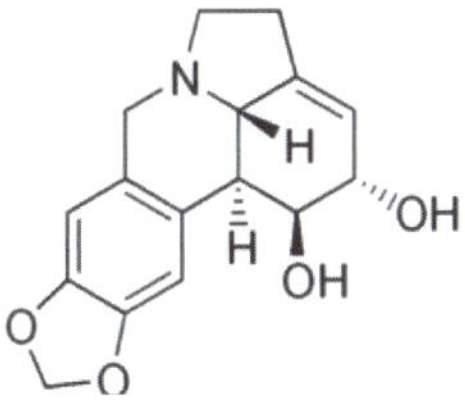

lycorine

7. 바곳(*Aconitum japonicum*)

바꽃, 쌍란국이라 하며 다년생 숙근초본으로 높이가 0.5~1m이고 산과 들에 자생한다. 식물의 뿌리에 aconitine($C_{34}H_{47}NO_{11}$)이라는 맹독성의 alkaloid를 함유하고 있어 섭취 시 혈액독과 신경독을 일으킨다. 중독증상은 급격히 일어나며 입술마비, 두통, 혈압강하, 복통, 경련, 구토 등이고 중증일 경우 3~4시간에 신경마비, 의식상실, 호흡곤란 등으로 사망한다.

[그림 6-36] 바곳

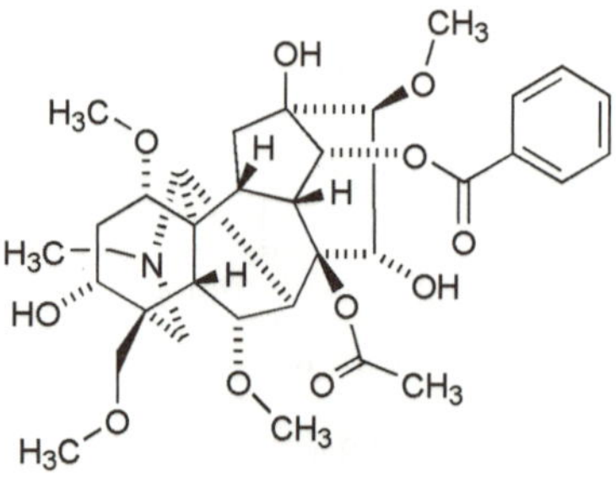

aconitine

8. 독보리(독맥, 지내보리, *Lolium temulentum*)

유럽이 원산지로 화본과에 속하는 한해살이풀로 높이 80cm 정도의 보리와 비슷한 잡초인데 종자는 보리보다 작다. 종자에 temuline($C_7H_{12}N_2O$)이라는 유독한 alkaloid가 함유되어 있어 밀가루 중에 혼입되어 중독을 일으킨다. 중독증상은 두통, 현기증, 구역질, 무기력, 메스꺼움, 위통, 변비, 설사 등 위장 증상이 나타나고 중증일 경우에는 배뇨곤란, 냉한, 부정맥, 사지경련, 혼수 등으로 사망한다.

[그림 6-37] 독보리

9. 디기달리스(*Digitalis purpurea*)

유럽이 원산지로 다년초이며 약용이나 관상용으로 재배한다. 잎에 digitoxin ($C_{41}H_{64}O_{13}$)이라는 유독성분을 함유하고 있어 과량섭취하면 중독된다. 잎을 말려 강심제, 이뇨제로 사용하는데 불쾌한 맛이 나며 아주 쓰다. 흰색결정으로 물에는 녹지 않으나 클로로포름에는 약간 녹고 에탄올에는 잘 녹는다. 용혈작용이 있으며 증상은 오심, 구토, 맥박난조 등이고 중증일 경우 심장정지로 사망한다.

[그림 6-38] 디기탈리스

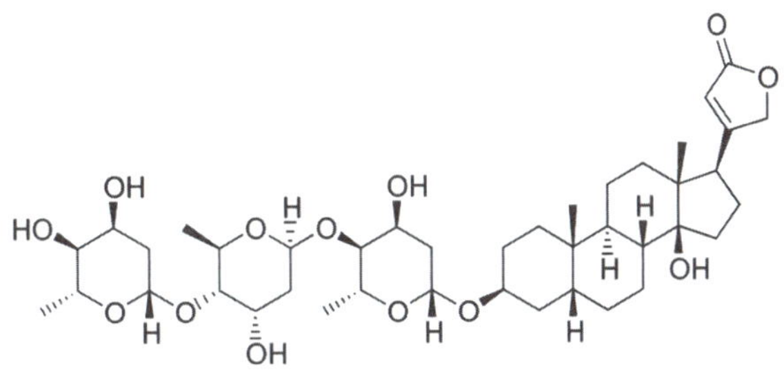

digitoxin

6-3-4. 발암성 물질이 있는 식용식물

1. 고사리(*Pteridium aquilinum*)

양치류(fern)에 속하는 다년생 식물로서 전 세계에 분포하고 있으며 우리나라에서 즐겨먹는 식물이다. 고사리 새순을 가축이 섭취하면 급성중독으로 비뇨기나 장관에 출혈을 일으켜 죽는다는 어떤 물질의 존재를 영국에서 처음으로 확인하였다. 고사리의 발암원인물질은 그 정체가 밝혀지지 않아 고사리 양치식물독(bracken fern toxin)이라고 불려왔으나, 도쿄대학 의학연구소의 히로노이와모는 norsesquiterpenoid 배당체를 분리하여 프타키로사이드(ptaquiloside; PT)라고 하였다. 프타키로사이드는 불안정하여 고사리의 떫고 쓴맛을 우려냄으로써 쉽게 분해시켜 제거할 수 있다.

[그림 6-39] 고사리

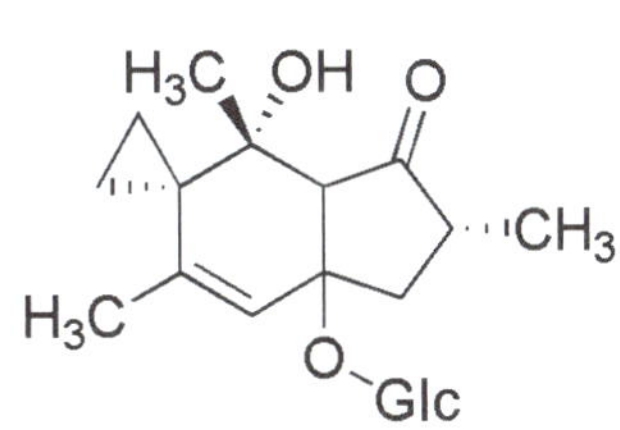

ptaquiloside

2. 소철(*Cycas revoluta*)

관상용인 소철의 줄기와 종자의 전분에 cycasin($C_8H_{16}N_2O_7$)이라는 유독성분이 함유되어 있어 정제가 불충분한 전분을 섭취하면 중독을 일으킨다. 장내세균에 의해 가수분해되어 간, 신장, 장관, 폐 등에 종양을 일으킨다. 증상은 근위축성측색경화증(筋委縮性側索硬化症)이나 운동실조를 일으키는 신경독이며 발암성이 있다.

[그림 6-40] 소철

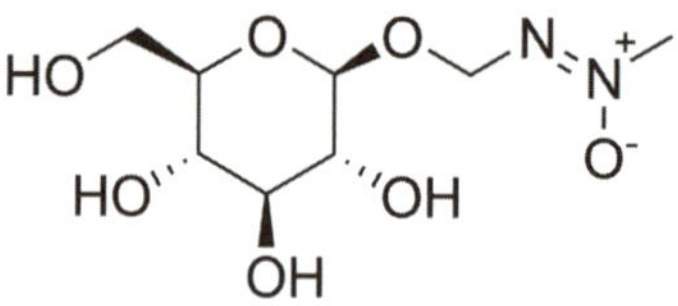

cycasin

FOOD HYGIENE

7 화학물질에 의한 식중독

인구의 증가 및 경제성장과 함께 식품공업의 발달은 다양한 식품생산을 가능하게 하고 영양이나 품질을 개선시키고 저장기간을 연장하여 보존성을 향상시키게 되었다. 양적으로나 질적인 면에서 식품의 만족도를 높이기 위하여 천연물 혹은 화학적 합성품의 식품첨가물을 사용하고 있다. 화학적 합성품의 기능은 다양하여 식품의 요구를 만족시킬 수 있는 장점이 있으나 잘못 사용하거나 과다하게 사용하면 인체에 중독을 일으킬 수 있다.

유독한 화학물질로 오염된 식품을 섭취하여 중독증상을 일으키는 것을 화학성 식중독(chemical food poisoning)이라 한다. 화학물질에 의한 식중독은 미생물에 의한 식중독보다 발생건수가 적고 계절적 영향을 받지 않으나 일단 발병하면 규모가 크고 환자에 후유증을 남기는 경우가 많다. 화학물질은 체내 흡수가 빨라 중독을 일으킬 만큼 섭취하면 증상이 급격히 나타나며 치사량을 초과하면 사망한다. 그러나 섭취한 원인물질의 양이 적거나 장기간 섭취로 체내에 축적되면 만성중독을 일으키게 된다.

화학물질에 의해 식중독이 발생하는 경우는 다음과 같이 분류할 수 있다.

- 고의 또는 오용에 의해 식품에 첨가되는 유해물질로 유해성 감미료, 인공착색료, 보존료, 표백료, 증량제 등이 있다.
- 재배, 생산, 제조, 가공, 저장 중 식품에 혼입되는 유해물질로 농약 등이 있다.

- 색이나 맛이 식품과 유사하여 식품으로 오인되는 유해물질로 4에틸납, 바륨, 메틸 알코올 등이 있다.
- 기구, 용기 및 포장재 등에서 식품으로 용출·이행되는 유해물질로 납, 카드뮴, 비소, 아연 등이 있다.
- 제조, 가공 저장 중 생성되는 유해물질로 탄화물질, 자유지방산, nitrosamine 등이 있다.
- 환경오염에 의한 유해물질로 수은, 카드뮴, PCB 등이 있다.
- 기타에 의한 유해물질로 방사능 오염 등이 있다.

7.1 유해 식품첨가물에 의한 식중독

식품의 제조나 가공 시 품질을 향상시키고 영양을 개선하며 보존기간을 연장하기 위한 목적으로 식품첨가물을 사용하는데 이들은 화학적 합성품으로 어떤 것은 인체에 위해를 주기 때문에 반드시 규정된 범위에서 적합하고 순도에 맞는 것을 사용하여야 한다. 식품첨가물을 과다하게 사용하거나 허가되지 않은 것 혹은 불량첨가물을 사용하면 화학성 식중독을 일으킬 수 있다. 식품첨가물 중 과거에 허용되었다가 유해성이 밝혀져 취소된 것이나 식품첨가물로 사용될 가능성이 있는 유해 첨가물에는 다음과 같은 것들이 있다.

7-1-1. 유해 감미료

설탕을 대신할 목적으로 개발한 인공감미료는 감미가 강하고 칼로리를 내지 않아 여러 식품에 사용하였으나 이들에 의한 중독사고가 발생하여 안전성이 제기됨에 따라 사용이 금지된 것들이 있다. 인공감미료는 가격이 저렴하고, 감미가 강하고, 미생물에 의하여 발효가 안되고, 칼로리원이 되지 않는 등의 특징이 있다.

1. 파라니트로 오르톨루이딘(*p*-nitro-*o*-toluidine)

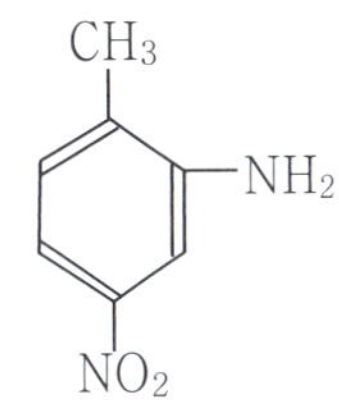

p-nitro-*o*-toluidine

융점이 105℃인 황색 결정으로 본래 황색색소의 원료로 사용하였으나 맛이 상쾌하고 설탕보다 200배 강한 단맛 때문에 감미제로 불법 사용하였다. 독성이 강해 많은 중독사고가 발생하여 살인당(殺人糖) 또는 원폭당(原爆糖)이라는 별명이 붙었다. 감미를 느낄 정도로 물에 타서 먹은 2일 후에 위통이 오고 4일 후에 사망한 예가 있다. 중독증은 분자 내의 nitro기와 amino기에 의해 혈액독과 신경독을 유발하여 섭취 후 2~3일에 위통, 식욕부진, 구역질, 권태, 메스꺼움, 미열, 피부 및 점막의 황달이 나타나고 심하면 혼수상태에 빠져 사망한다.

2. 페릴라르틴(Peryllartine)

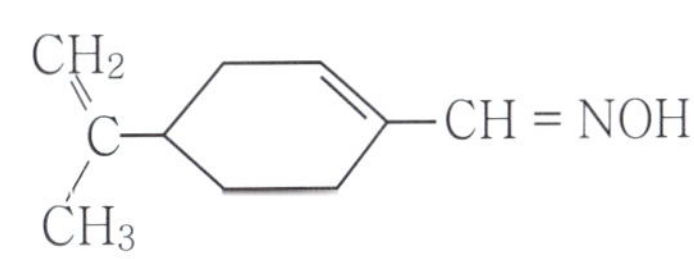

peryllartine

자소유(紫蘇油)의 성분인 perillaldehyde로 제조하며 자소당(perilla sugar)이라고도 한다. 특이한 자극성의 냄새가 있는 융점이 103℃의 백색결정으로 설탕의 2,000배 단맛이 난다. 구조적으로 옥심(oxime)기를 가지고 있어 불안정하여 쉽게 알데히드(aldehyde)로 분해되며 입 속에서 타액에 의해서도 잘 분해된다. 동물실험에서 신장자극으로 염증을 일으키는 것이 밝혀져 사용이 금지되었다. 주로 일본에서 감미제로 사용하였다.

3. 둘신(Dulcin, *p*-ethoxyphenylurea)

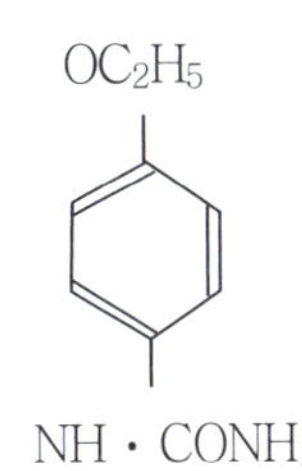

dulcin

1884년 Joseph Berlinerbau이 만든 인공감미료로 설탕보다 250배 감미가 강하고 융점이 175℃인 백색 결정으로 냉수에는 잘 녹지 않으나 뜨거운 물에는 잘 녹는다. 1951년 FDA에서 동물실험결과 발암성이 의심되어 사용이 중지되었다. 우리나라에서는 1966년 11월 이후 사용이 금지되었다. 섭취하면 위액에 의해 페나세틴(phenacetin)과 *p*-aminophenol로 분해되어 인체 소화효소를 불활성화시켜 소화기능을 감퇴시키고, 특히 *p*-aminophenol은 혈액독으로 중추신경계에 자극을 주는 것으로 알려졌다. 동물실험 결과 간에 종양을 일으키거나 적혈구 생산을 억제하는 것으로 밝혀졌다.

4. 사이클라메이트(Cyclamate)

1937년 Illinois대학의 Michael Sveda에 의하여 발견되었다. Sodium cyclamate와 calcium cyclamate가 있으며 무색 혹은 흰색의 결정성 분말로 물에 잘 녹고 유기용매인 알코올, 에테르, 클로로포름, 벤젠 등에는 거의 녹지 않는다. 1958년에 GRAS로 받아들여져 삭카린과 혼합하여 사용하였다. 설탕보다 약 30~50배 감미가 강하고 열에 안정하며 설탕과 유사한 청량감이 있는 감미가 난다. 인공감미료 중 최근까지 가장 많이 사용하였으나 1969년 쥐에 대한 독성시험에서 방광암을 일으키는 것으로 밝혀져 1970년 미국에서 식품에 사용이 금지되어 우리나라에서도 허가가 취소되어 사용이 금지되었다.

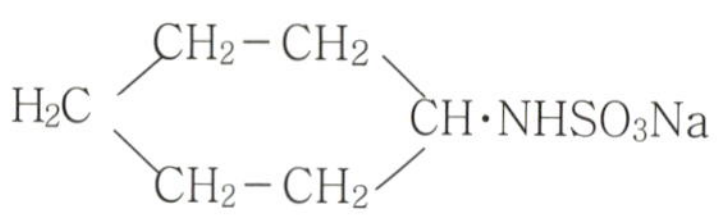

sodium cyclamate

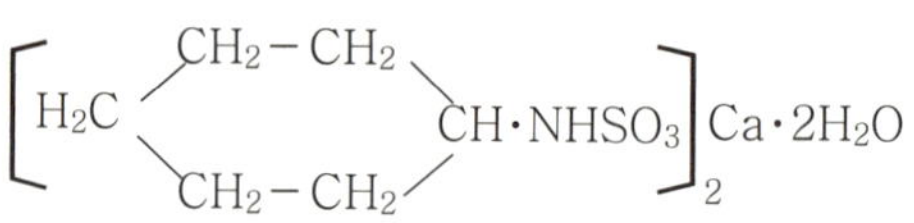

calcium cyclamate

5. 에틸렌글리콜(Ethylene glycol)

흡습성과 점조성의 단맛이 있는 무색의 액체로 본래 엔진의 부동액으로 사용하나 감미가 있어 감미료로 사용하기도 하였다. 체내에서 산화되어 옥살산(oxalic acid)이 되는데 이것이 뇌와 신장에 중독증상을 일으킨다. 사람의 LD_{50}은 1.4mL/kg이다.

$$\begin{array}{l} CH_2OH \\ | \\ CH_2OH \end{array}$$

ethylene glycol

7-1-2. 유해 보존료

식품첨가물로 허용된 보존료는 비교적 독성이 낮지만 인체에 전혀 해가 없는 것은 아니기 때문에 대상식품이나 사용량에 대한 허용기준을 준수하여야 한다. 허가되지 않은 보존료는 독성이 강하여 미생물에 대한 살균력은 좋으나 인체에 유해하기 때문에 사용을 금지하고 있다.

1. 붕산(H_3BO_3) 및 붕사($Na_2B_4O_7 \cdot 10H_2O$)

붕산은 무색, 무취의 투명한 비늘모양의 결정체로 수용액을 만져보면 약간의 기름기가 느껴진다. 더운물에 잘 녹으며 알코올이나 글리세롤에도 잘 녹는다. 붕산은 유리, 도자기의 유약 등의 원료이나 영국에서 육류와 가공품, 어육연제품, 우유와 유제품, 마가린 등의 식품에 사용한 적이 있으나 독성 때문에 금지되었다. 붕사는 과자류 제품에 사용하였으나 역시 금지되었다. 붕산은 호흡기와 피부에 자극을 주고 신장을 손상하며 중추신경계에 영향을 준다. 사람은 1~3g을 섭취하면 중독을 일으키고 8~17g이면 사망한다.

2. 승홍($HgCl_2$)

흰색의 결정체로 강력한 살균력이 있어 소독제나 방부제로 사용하여 주류 등에 부정으로 사용했던 적이 있다. 단백질의 -SH기와 결합하여 세포의 대사기능을 억제하며 사구체와 세뇨관에 변성을 일으킨다. 급성중독으로는 구토, 복통, 요독증 등이 일어나며 만성중독으로는 신장장애, 구내염 등이 나타난다. 소독제나 방부제로는 보통 1,000~50,000배 희석한 수용액이 사용된다. 독성이 강하며 사람에 대한 경구치사량은 0.2~0.4g이다.

3. 포름알데히드(Formaldehyde)

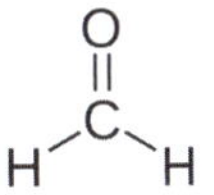
formaldehyde

1859년 러시아의 화학자 알렉산드르 부틀레로프(Alexandr Mikhailovich Butlerov)에 의해서 처음 발견되었다. 무색기체로 물에 잘 녹고 공기 중에 쉽게 방산되며 가연성 기체로 폭발 위험이 있다. 0.1% 용액은 아포균에 유효하고 0.002% 용액은 세균발육을 완전히 억제한다. 수용액을 만든 포르말린을 주류, 육류, 육류가공품, 우유, 유제품 등에 사용한 적이 있으며 단백질을 변성하여 방부력을 나타낸다. 단독으로 사용하기보다는 알코올을 10~15% 첨가하면 살균력이 상승한다. 중독증상은 두통, 복통, 구토, 현기증, 호흡곤란, 소화효소 작용저해 등이며 신장장애를 가져와 염증을 일으킨다. 식품이나 플라스틱용기에서 검출되면 안된다.

4. 베타 나프톨(β-naphtol)

백색결정으로 찬물에 녹지 않으나 열탕에 약간 녹고 유기용매인 알코올과 에테르에 잘 녹으며 융점은 123℃이다. 0.005%로 곰팡이 제어에 효과가 있어 간장에 사용된 적이 있으나 독성이 강하여 금지되었다. 급성중독으로 구토, 복통, 경련, 현기증 등의 증상이 나타난다.

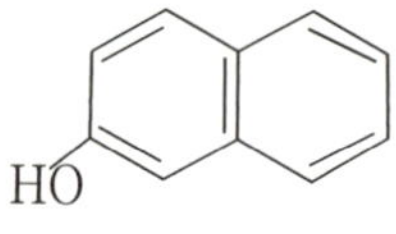

β-naphtol

5. 유로트로핀(Urotropine, hexamethyl tetramine)

Formaldehyde와 ammonia가 결합하여 만들어진 백색의 인편상 결정으로 물이나 극성용매에 잘 녹고 280℃의 진공상태에서 승화한다. 플라스틱, 제약, 고무첨가제 등에 이용한다. 물에 녹으면 포름알데히드가 유리되어 방부효과를 내며 음료수에 사용하는 경우가 있다. 주요증상은 피부의 발진, 신장이나 방광의 자극, 혈뇨, 구토 등을 일으킨다.

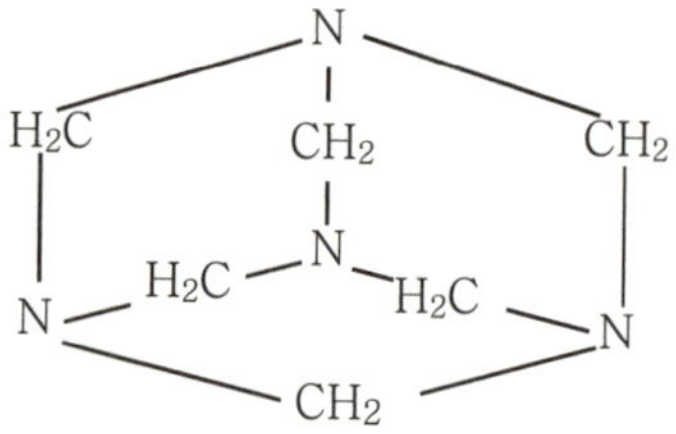

urotropine

6. 살리실릭 산(Salicylic acid)

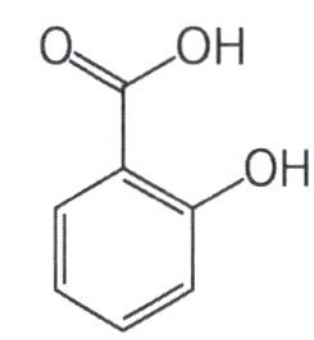

salicylic acid

백색의 침상결정 분말로 약간의 감미가 있고 산성을 띠는 물질이다. 물에는 녹지 않으나 알코올이나 에테르에는 잘 녹는다. 식물 호르몬으로 식물에서 자연적으로 생성된다. 식품 방부제로 곰팡이, 효모, 세균류에 발육저지작용이 있고 유산균이나 초산균에 강한 항균작용이 있으나 독성 문제가 제기되어 1973년 1월부터 사용이 금지되었다. 많은 양을 섭취하면 위점막의 자극으로 격렬한 두통과 오심, 구토를 일으킨다.

7. 불소화합물

불화수소(HF)는 자극적인 냄새가 있는 맹독성 기체로 사람이나 동물뿐 아니라 식물에도 매우 해로운 물질이다. 불화수소와 불화나트륨(NaF)은 강력한 방부력이 있어 육류, 우유, 알코올음료 등에 방부제로 사용하였으나 독성이 강하여 금지되었다. 급성중독의 경우 구토, 복통, 경련, 호흡장애 등을 일으키고 장과 방광의 점막이 손상되며, 만성중독의 경우는 반상치(斑狀齒)와 불소증을 일으킨다.

7-1-3. 유해 착색료

착색료는 식품의 기호성 증가 및 시각적 효과로 상품성을 증가시키기 위하여 사용한다. 과거에는 천연 식물성 착색료를 사용하였으나 최근에는 tar 색소를 많이 사용하고 있다. 원래 합성 tar 색소는 직물의 염류로 사용하나 이 중에는 값이 저렴하고 착색이 잘되어 불법으로 식품에 사용하는 경우가 있다. Tar 색소 중에는 인체에 유해한 것이 많아 간과 신장에 장애를 일으키고 혈액과 신경계에도 유해한 영향을 미친다. Tar 색소에는 산성과 염기성, 수용성과 지용성이 있어 산성과 수용성은 독성이 약하고 염기성과 지용성은 독성이 강하여 인체에 매우 유해하다.

1. 아우라민(Auramine)

아우라민($C_{17}H_{22}ClN_3$)은 염기성의 황색 타르색소로 융점은 267℃이고 물이나 에탄올에 녹으며 자외선을 조사하면 황색의 형광을 낸다. 착색력이 강하고 값이 저렴하며 무명, 양모, 나일론, 가죽, 목재 등의 염색제인데 과자, 단무지, 팥 앙금, 카레분 등의 식품에 사용하였으나 금지되었다. 다량을 경구섭취하면 피부에 흑자색의 반점, 두통, 심기항진, 맥박감소, 의식불명, 간장에 발암성 등의 증상이 나타난다.

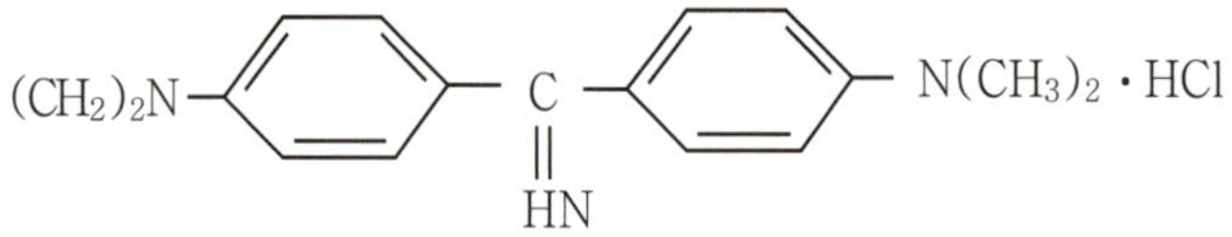

auramine

2. 실크 스칼렛(Silk scarlet)

등적색의 수용성 타르색소로 착색이 잘되고 안정하여 견사나 모사의 염색에 사용하나 식품에 사용하는 예가 있다. 중독 시 구토, 설사, 복통, 마비 등의 증상이 나타난다.

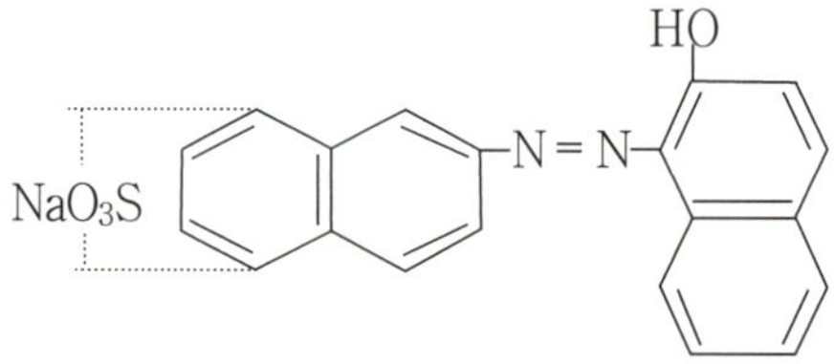

silk scarlet

3. 로다민 비(Rhodamine B)

적색의 염기성 타르색소로 자외선을 조사하면 등적색의 형광을 낸다. 과자류, 알사탕, 빙과류, 생선묵 등에 사용한 적이 있으나 발암성이 확인되어 사용이 금지되었다. 다량 섭취 시 구역질, 구토, 설사, 복통을 일으키고 전신이 착색되거나 소변으로 색소를 배설하며 발암성이 있다. 마우스의 LD_{50}은 경구투여 시 0.1~0.2mg/g이며 사람에는 0.1g/kg에서 색소뇨를 배설한다.

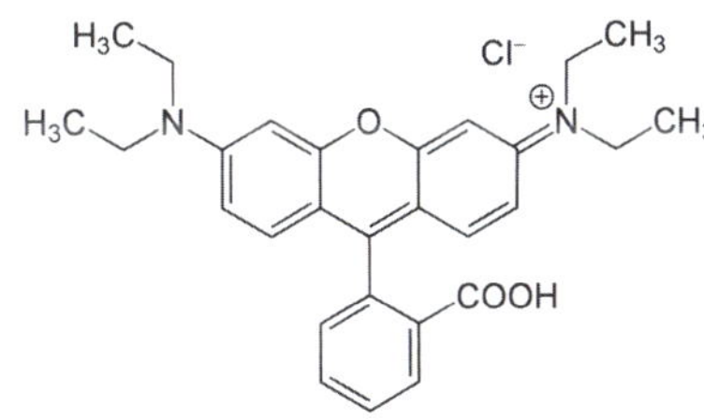

rhodamine B

4. 파라니트로아닐린(*p*-nitroaniline)

황갈색의 결정으로 물에 잘 녹지 않으며 융점은 147℃이고 니트로기를 갖는 방향족 화합물로 농약이나 염료로 사용한다. 과자류의 착색제로 사용하였으나 섭취 후 10~30분에 두통, 청색증(cyanosis), 심기항진, 맥박감소, 혼수, 동공산대 등의 증상이 나타난다. 경구투여 시 쥐에 대한 LD_{50}은 750mg/kg이다.

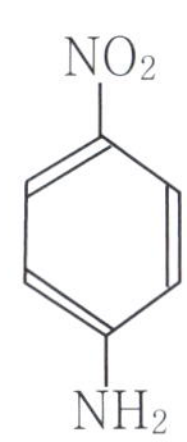

p-nitroaniline

5. 기타 유해 착색료

위의 착색료 이외에 적색계로 sudan Ⅲ, fuchsin 등, 황색계로 butter yellow O, orange Ⅱ, spirit yellow, chrysodine 등, 녹색계로 malachite green, 청색계로 methylene blue, 자색계로 methyl violet, crystal violet, gentian violet 등이 있다.

7-1-4. 표백제

식품 중 일반색소나 발색성 물질을 탈색시켜 무색의 화합물로 변화시키고 식품의 보존 중 갈변, 착색 등의 변화를 억제하기 위하여 사용하는 것으로 과산화수소와 아황산 계통의 표백제가 허용되어 있으나 유해 화학약품이 표백제로 사용되는 경우가 있다.

1. 삼염화질소(NCl_3)

황색의 자극성 있는 기름 같은 휘발성 액체로 미국에서 밀가루의 숙성과 표백제로 사용하였으나 독성이 강하여 사용이 금지되었다.

2. 롱가릿(Rongalite)

포르말린에 산성아황산나트륨($NaHSO_4$)을 축합시킨 후 환원하여 만든 것으로 sodium formaldehyde bisulfide와 sodium formaldehyde sulfoxylate의 혼합물이다. 원래 염색공장에서 발염제로 사용하나 수용액상에서 아황산의 환원작용으로 표백력을 나타내는데, 이때 많은 포름알데히드가 유리되어 잔류하게 된다. 포름알데히드는 피부나 눈에 접촉되면 염증이 생길 수 있고 섭취 시 신장을 자극하는 등의 독성을 나타낸다. 물엿과 연근의 표백제로 사용하였으나 유해물질로 사용이 금지되었다.

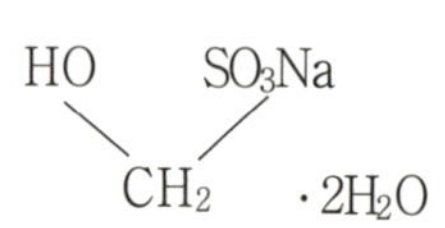

sodium formaldehyde bisulfide

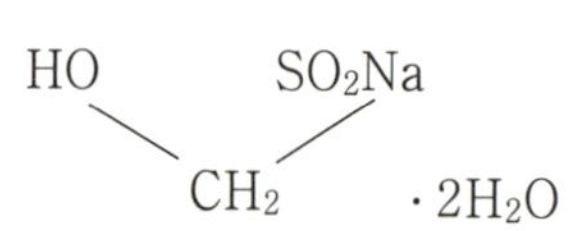

sodium formaldehyde sulfoxylate

3. 형광표백제

형광증백제라고도 하며 디아미노스틸벤계, 티마졸계, 벤지딘계 등이 가공식품 중 국수, 어육연제품, 압맥 등에 색을 희게 할 목적으로 사용하였으나 독성이 강하여 사용이 금지되었다.

4. 부형제

영양가치가 없는 광물성 물질을 식품의 부피를 증가시킬 목적으로 사용하는 경우가 있다. 곡물, 어분, 설탕, 향신료 등에 산성백토, 벤토나이트, 카올린, 탄산칼슘, 탄산마그네슘, 알루미늄실리게이트 및 규조토 등이 사용된다. 이러한 것을 과량 섭취하면 구토, 설사, 소화불량, 복통 등의 위장염 증상이 나타나 식품위생법에서 규제하고 있다.

7-1-5. 기타 유독물질

1. 메틸알코올(Methyl alcohol)

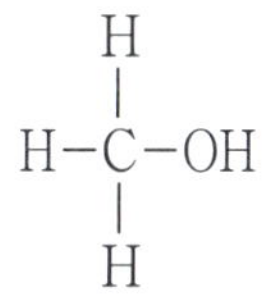

methyl alcohol

공업용제로 널리 사용되는 유기용매로 알코올 발효 시 pectin으로부터 생성되며 과일주나 정제가 불충분한 에탄올이나 증류주에 미량 함유되어 있다. 식품위생법에 주류 중 메탄올 함량은 0.5mg/mL (과실주는 1.0mg/mL) 이하로 규제하고 있다. 에틸알코올과 같은 냄새와 맛을 가진 액체로 인체에 흡수 시 간에서 포름알데히드로 변환되어 치명적 영향을 미친다. 중독량은 개인에 따라 차이가 있으나 10~15mL를 섭취하면 급성중독으로 두통, 현기증, 구토, 복통, 설사 등을 일으키고 시신경에 염증이 생겨 실명하게 된다. 30~100mL를 섭취한 중증인 경우는 마비와 호흡곤란으로 사망하게 된다.

2. 시안화합물

청산칼륨(KCN)이나 청산나트륨(NaCN) 같은 시안화합물은 도금공업, 사진제판, 제약원료 등으로 사용하나 독성이 매우 강한 물질이다. 시안이온은 체내에서 시토크롬 산화효소(cytochrome oxidase)의 철 이온과 결합하여 에너지 생산을 방해하기 때문에 사망하게 된다. KCN의 치사량은 0.2~0.3g이다.

3. 4에틸납[$(C_2H_5)_4Pb$]

유상의 액체로 식용 알코올로 오인하여 섭취하는 경우가 있다. 독성이 강하여 신경 및 소화기계 장애를 일으킨다.

7.2 식품제조공정 중에 유해물질의 혼입

식품공업의 발달로 자동화 기계에 의한 대량생산이 가능하게 되었으나 기계의 결함이나 부주의로 인한 유독·유해물질이 식품에 혼입되어 한 번에 많은 사람이 중독된 사건이었다.

1. PCB 미강유 중독사건

1968년 10월 일본 기타큐슈시에 위치한 가네미 회사의 미강유(rice bran oil)를 먹고 많은 사람이 PCB(polychlorinated biphenyl) 중독증상을 일으켜 '가네미유병환자'라 불렀던 중독사건이다. 미강유의 탈취공정에서 가열용 열매체로 PCB를 사용하였는데 가열용 파이프에서 누설되어 미강유에 혼입된 것이 원인이었다.

생체에 혼입되면 지방조직에 축적되어 배설이 안되기 때문에 중독증상이 나타난다. 이 사건으로 인한 피해 환자는 14,300여 명이었고 주요증상은 PCB가 체내 지방에 축적되어 안질발생, 손과 발톱의 변색, 피부착색, 여드름과 같은 피부발진, 식욕부진, 구토, 사지무력감, 마비증상, 관절통, 체중감소, 월경이상, 빈혈 등의 부작용이었다. PCB는 폴리염화비페닐로 독성이 강하고 분해가 느려 생태계에 잔류성 유기오염물질로 물에 녹지 않으나 유기용매에 녹는다. 전기절연성이 좋아 변압기, 축전기의 절연유나 제지, 가소제 도료 등에 사용하였으나 1970년 제조 및 사용이 금지되었다. 식품에서 PCB의 규제수준은 <표 7-1>과 같다.

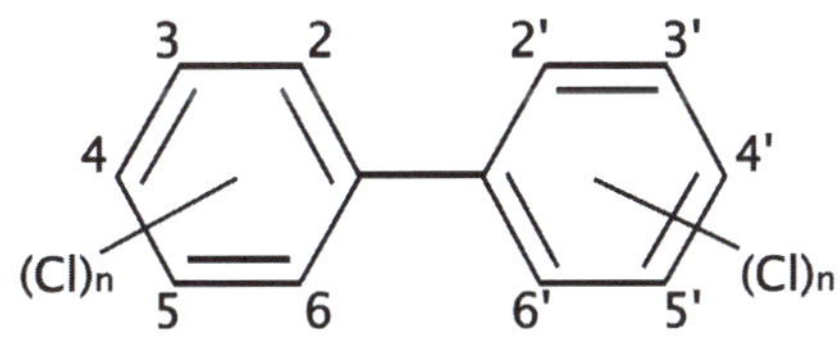

PCB(polychlorinated biphenyl)

▌표 7-1▐ 식품의 PCB 규제수준

일본	규제(ppm)	미국	규제(ppm)
육아용 조제분유	0.2	유유아식품	0.1
우유(전유)	0.1	우유지방 중	2.5
유제품(전유)	1	유제품지방 중	2.5
육류	0.3	가금류지방	5.0
난류	0.2	알	0.5
원양, 외해어패류(가식부)	0.5	어패류	5.0
내해, 내만어패류(가식부)	3	가축사료원료(어분 포함)	5.0
어분, 기타 동물사료	5.0	가축사료	0.5
배합사료	0.5	식품용 용기포장	5.0

2. 비소분유 중독사건

1955년에 일본 서부 일원에서 발생한 모리나가유업 조제분유 중독사건으로 도쿠시마 공장에서 생산된 조제분유 중에 비소가 혼입되어 이를 먹은 어린아이들이 집단적으로 비소에 중독된 사건이었다. 분유 제조 시 단백질 안정제로 사용하는 제이인산나트륨에 불순물로 비소가 함유된 것이 원인으로 1956년 6월 일본 후생성 조사에 의하면 중독환자수가 12,131명이었고 사망자가 130명이었다. 분유를 먹은 유아들이 식욕감퇴, 구토, 전신발열, 빈혈, 복부팽만, 설사, 난청, 학업성적 불량, 뇌파이상 등과 함께 종기가 나고 피부색이 검게 변하는 증상을 나타냈다.

비소 화합물은 피부, 소화기, 호흡기를 통하여 흡수되며 뼈나 내장에 침적한다. 급성중독은 비소 10~180mg을 섭취하면 중추신경계가 마비되어 혼수상태가 된다. 중독증상은 구토, 설사, 복통, 두통 등이며 심한 경우 심장쇠약, 전신경련 등으로 사망한다. 만성중독은 비소 3~6mg을 장기간에 걸쳐서 섭취하여 발생한다. 그 예로 비소가 0.6mg/L 함유된 음용수를 어린이가 먹고 사망하였다는 보고가 있고, 0.2mg/L 함유된 경우에도 피부암 발생률이 5%라는 보고가 있다.

7.3 기구 · 용기 · 포장재에서 용출되는 유해물질

식품에 접촉하는 포장은 청결해야 하며 식품에 영향을 주어서는 안된다. 그러나 포장재료에 함유된 유해한 성분이 식품으로 이행되어 문제가 되는 일이 있어 포장재료의 안전성을 위하여 식품위생법으로 이를 규정하고 있다. 식품위생법 제8조에는 '유독 · 유해물질이 들어 있거나 묻어 있어 인체의 건강을 해할 우려가 있는 기구 및 용기 · 포장과 식품 또는 식품첨가물에 접촉되어 이에 유해한 영향을 줌으로써 인체의 건강을 해할 우려가 있는 기구 및 용기 · 포장을 판매하거나 판매의 목적으로 제조 · 수입 · 저장 · 운반 또는 진열하거나 영업상 사용하지 못한다.'고 규정하고 있다. 또한 제9조에는 기준과 규격을 정하여 고시함으로써 위생상 위해를 방지하도록 하고 있다. 현재 사용되고 있는 포장재료에서 식품으로 이행될 우려가 있는 물질은 <표 7-2>와 같다.

표 7-2 포장재료와 이행물질

포장재료	이행물질
종이류	표백제, 사이징제, 충진제, 착색제, 펄프용 방부제
금속제품	납(땜납), 도료성분(monomer, 첨가제), 주석(도금)
도자기, 법랑기구, 유리제품	납(유약, crystal glass 등), 이외 유약, 안료 등
합성수지	잔류 monomer(vinyl chloride, styrene, acrylonitrile 등), 첨가제(안정제, 가소제, 산화방지제 등), 잔류촉매(금속, 과산화물 등)

1. 종이류

종이는 식품포장재로 가장 광범위하게 사용하는 재료이다. 종이는 펄프를 주원료로 하여 사이징(sizing)제, 전료(塡料), 점성물질 조절제(slimicides), 착색제, 표백제 등을 첨가하여 만든다. 가공지는 종이제를 주원료로 하여 화학합성수지(멜라민수지, 요소수지)를 혼합하거나 제조 후 방습·방수의 목적으로 왁스(파라핀왁스, 마이크로 크리스탈린왁스) 또는 합성수지(polyethylene, polyvinyl chloride, polyvinyl acetate)를 입혀 가공하거나 알루미늄과 폴리에틸렌을 라미네이션하거나 복합필름으로 폴리에스테르, 폴리아미드 등을 적층한 다층의 포장용 가공지 등이다.

식품 포장용기로 사용하는 종이는 비위생적인 폐지를 사용하여서는 안된다. 종이 제조과정 중 공업용수와 점성물질 조절제 사용 시 중금속, 비소 등과 독성물질에 주의해야 한다. 형광증백제로 디아미노스틸벤, 디설폰산유도체를 사용하는데 폐암을 일으킨다는 논란이 있어 식품포장지, 냅킨 등에는 사용을 금지하고 있다. 다만, 식품과 접촉하는 면을 합성수지로 코팅하여 용출되지 않으면 규제를 받지 않는다. 또한 식품 포장에 파라핀을 도포한 가공지가 사용되는데, 독일에서는 파라핀 중 인체 내 발암성이 있는 벤조피렌(3,4-benzopyrene) 등의 검출로 문제가 되어 잘 정제된 파라핀을 사용하여야 한다. 종이류는 비소, 중금속, 증발잔류물, 포름알데히드, 형광증백제 등을 규제하고 있다.

2. 셀로판(Cellophane)

셀로판은 재생섬유의 일종으로 비스코스를 필름 모양으로 응고시켜 정제 건조하여 만든다. 1908년 스위스에서 공업화에 성공하였고 1929년 미국에서 방습셀로판을 제조하고부터 수요가 급격히 증가하였다. 투명하고 아름다운 광택, 우수한 작업성, 광선의 높은 투과율, 적은 인화성, 높은 절연성 등의 장점이 있고 특히 인체에 무해하여 식품의 고급 포장제로 널리 사용하고 있다. 그러나 방습성, 내산성, 내알칼리성, 열접착성, 인열강도 등이 약하여 찢어지기 쉬운 단점이 있다. 셀로판에 파라핀을 도포한 제품이 식품의 포장에 사용되고 있는데, 돼지고기를 파라핀지로 포장하여 6~27시간 보관한 결과 파라핀이 50~80ppm 이행되었다는 보고가 있어 위생상 문제가 되고 있다.

3. 금속제 용기

철, 알루미늄, 구리, 은, 주석, 아연, 납, 안티몬 및 카드뮴 등을 단독 혹은 합금으로 만든 금속제를 조리용기구, 식기류, 식품가공용 기계류 등을 제조하는 데 사용한다. 금속제 용기의 위생상 문제로는 금속성분 자체의 용출과 부적절한 처리로 금속에 함유된 불순물의 용출이다. 따라서 식품공전에 용기에 대하여 다음과 같이 규격을 정하고 있다.

- 기구 및 용기·포장의 식품과 접촉하는 부분에 사용하는 도금용 주석은 납을 0.1% 이상 함유하여서는 아니된다.
- 납을 0.1% 이상 또는 안티몬을 5% 이상 함유한 금속으로 기구 및 용기·포장의 식품과 접촉하는 부분을 제조 또는 수리하여서는 아니된다.
- 식품과 접촉하는 기구 및 용기·포장의 제조 또는 수리에 납을 0.1% 이상 함유하는 땜납을 사용하여서는 아니된다.
- 전류를 직접 식품에 통하게 하는 장치를 가진 기구의 전극은 철, 알루미늄, 백금, 티타늄 및 스테인리스 이외의 금속을 사용하여서는 아니된다.
- 동제 또는 동합금제의 기구 및 용기·포장은 그 식품에 접촉하는 부분을 전면 주석도금 또는 광택처리를 하여 위생상 위해가 없도록 적절하게 처리하여야 한다. 다만, 고유의 광택을 가지고 녹이 슬지 아니하는 것은 제외한다.
- 기구 및 용기·포장의 제조에 있어 화학적 합성품인 착색료를 사용하는 경우에는 식품위생법상 허용된 착색료 이외의 착색료를 사용하여서는 아니된다. 다만 유약, 유리 또는 법랑에 녹이는 방법, 기타 식품에 혼화할 우려가 없는 방법에 의한 경우는 제외한다.
- 기구 및 용기·포장의 제조 시 디에틸헥실프탈레이트[di-(2-ethylhexyl)-phthalate, DEHP; DOP]를 사용하여서는 아니된다. 다만, 디에틸헥실프탈레이트가 용출되어 식품에 혼입될 우려가 없는 경우는 제외한다.

표 7-3 금속의 용도와 용출원인

금 속 명	용 도	유해물질 용출원인
Cu	놋쇠, 청동, 양은	산성식품
Pb	옹기의 유약	산성식품
Sn	통조림	질산, 아질산이온, 산성식품
Zn	물통, 용기	산성식품
Sb	법랑제 식기, 도자기의 착색료	산성식품
Cd	식품용 기계, 용기, 식기도금	산성식품
Al	식기, 용기	염장식품

1) 납(Pb)

납은 부드럽고 가공이 쉬우며 색깔 조성이 잘되어 페인트 안료, 도자기 유약, 농약, 납땜, 포장지 등 산업 전반에 걸쳐 폭 넓게 이용하고 있어 식품에 오염가능성이 높으며, 특히 산성식품과 오랫동안 접촉하면 침식되어 용출된다. 연독(鉛毒)이라고도 하며 체내에 축적되어 오랜 시간이 지난 후 독성이 나타나는 만성중독이 문제이다. 체내에 들어오면 분변이나 오줌을 통하여 대부분이 배설되나 일부분이 뼈와 치아에 축적된다. 초기증상은 식욕부진, 변비, 복부팽만감, 권태감, 불면증, 두통 등과 얼굴빛이 창백해지고 잇몸에 납빛 색의 줄이 생긴다. 중증일 경우는 중추신경계의 장애로 두뇌조직에 침입하면 뇌세포 간에 장애를 초래하며 심한 뇌 중독증상으로 정신이상, 신체마비, 빈혈, 구토 등의 증상을 보이는데 마비는 대개 손, 손가락, 손목부터 시작된다. 급성중독일 경우 1~2일 내에 사망한다. 어린이의 경우에는 비록 소량일지라도 지능지수 및 주의력 저하, 학습장애, 청각장애, 비정상적인 과민증, 성장 지연, 성격포악 등을 유발할 수 있어 치명적이다.

FDA는 과즙, 넥타류 등 과일 음료 중의 납 함유량을 0.08ppm으로 제한하고, 기타 모든 식품에 대하여는 0.25ppm 이하로 규제하기로 1993년 4월 1일부로 공표하였다. 최근에 중국의 감숙성 후이현 룽난시 신사촌의 휘현유색 금속제련 유한공사의 납 제련공장에서 배출한 납 오염물질에 주민 1,800명이 중독되어 어린이 250명 전원이 혈액 기준치인 100㎍/L 이상의 납에 중독되었고, 100여 명은 기준치의 3~8배가 검출되어 공장폐쇄 조치를 하였다.

2) 구리(Cu)

구리는 부식성이 없고 열 전도성이 좋아 각종 기구나 음식물 용기로 많이 이용한다. 구리를 공기 속에 방치하면 습기나 이산화탄소와 반응하여 녹청(綠靑)인 염기성 탄산구리[$Cu(OH)_2 \cdot CuCO_3$]가 되는데, 산과 암모니아에 녹고 200℃에서 분해된다. 구리에 아세트산의 증기를 작용시키면 염기성 아세트산구리[$Cu(C_2H_3O_2)_2 \cdot 2Cu(OH)_2$]가 되는데, 이것도 녹청이라 하며 인체에 매우 위험하다. 구리 이외에 구리합금인 놋쇠, 청동, 양은 등도 주의가 필요하다. 구리는 중성이나 알칼리성에서는 안정하나 산성용액에서는 용출되기 쉽다.

인체에 오염경로는 음식물용 기구나 놋그릇에 생성된 녹청에 의한 식중독이 제일 많고 채소의 착색제로 사용하는 황산구리, 동 chlorophyllin염 등에서도 기인된다. 구리를 다량 섭취하면 체내의 thiol 화합물과 결합하여 효소의 작용을 저해하며 간세포의 괴사 및 색소침착을 일으킨다. 1회 500mg 정도를 섭취하면 중독되고, 치사량은 황산동이 10~20g, 녹청이 10g이다.

3) 카드뮴(Cd)

카드뮴은 독성이 강한 중금속이나 내식성이 있어 전기도금, 합성수지 안정제, 물감, 축전지 극판, 저융점 경합금, 축수합금 등에 쓰인다. 또한 안료, 염화비닐 안정제, 도금에 전체의 70%를 사용하기 때문에 회수 불가능하여 환경오염의 원인이 된다. 일본에서 카드뮴에 의한 골연화증 사고로 '이타이이타이'병 사례는 유명하다.

카드뮴은 제련공정에서 부산물로 얻어지는데 '이타이이타이'병은 1962년 일본 도야마현(富山縣)의 진쓰강(神通川) 유역에 거주하는 주민들에게 발생되었다. 원인은 미쓰이 금속광업이 아연의 제련과정에서 배출한 폐광석에 들어있던 카드뮴이 진쓰강을 오염시키고, 오염된 강물을 식수와 유역 논과 밭의 농업용수로 사용하여 농토에 카드뮴 축적으로 쌀에 흡수되어 발생하였다. 이 증상이 발생한 지역의 벼에서 카드뮴 1,250ppm과 아연 2,600ppm이 검출되었고 조개류에는 100~1,000μg/kg이 검출되었다. 258명이 중독되어 128명이 사망하였다. 중년의 다산 경험이 있는 여성에게서 많이 나타났고 처음에는 요통, 등의 통증, 사지 근육통, 관절통 등으로 시작하여 통증이 점점

심해져 뼈에 금이 가기 시작하여 전신의 뼈가 부러지는 골절현상이 나타났다. 피부는 특유의 검은빛을 보였다.

카드늄으로 도금한 용기에 중성 또는 알칼리성식품은 사용할 수 있으나 산성식품은 카드늄을 용출시킨다. 카드늄 30~40mg을 경구섭취하면 위액에 녹아 위장점막을 강하게 자극하여 구토, 복통, 설사, 불쾌감, 오심 등을 일으킨다. WHO는 1일 허용 경구섭취량을 80㎍ 이하로 규정하고 있고 미국 등의 나라에서는 하루 섭취량을 10~40㎍으로 보고 있다.

4. 도자기류 및 유리

도자기는 일반적으로 도기나 자기라고 하며 점토, 장석, 규석, 도석 등을 원료로 하여 성형한 다음 1,300~1,500℃에서 구워 만든 제품의 총칭이다. 1,000℃ 이상의 온도에서 구운 도자기는 독성이 별로 문제되지 않으나, 표면에 그림이나 무늬 등을 입힐 때 사용하는 전사지는 연단(Pb_3O_4)이 50% 이상, 붕산(H_3BO_3) 또는 붕사($Na_2B_4O_7 \cdot 10H_2O$)를 10~20% 함유하고 있어 600~700℃의 낮은 온도에서 구우면 산성물질과 접촉 시 유해금속이 용출되는 경우가 있다.

법랑은 철판상에 유리화될 수 있는 성분을 바르고 800℃로 가열하여 용착 시킨 것으로 법랑면을 보기 좋고 매끄럽게 하기 위하여 붕사, 산화납, 산화아연, 산화비소 등 유해한 금속화합물을 사용하기 때문에 이들이 가열 중에 용출되는 경우가 있다. 특히 산성에서 미세한 구멍에 의해 용출될 우려가 있다. 법랑제품으로는 조리기구, 식기류 등이 있다.

옹기는 김치나 장을 담는 용기로 제조과정에서 납이 다량 함유되어 있는 광명단(연단, Pb_3O_4)을 사용하고 연료비 절감을 위하여 저온에서 구우면 사용 중에 납이 용출될 수 있다. 따라서 옹기제조에 사용하는 유약은 납이 함유된 것을 사용하지 못하게 하고 최종 제품의 옹기에서 납이 0.1ppm 이상 용출되지 않도록 규제하고 있다.

유리는 규산에 탄산나트륨, 탄산칼슘 등의 염기성분과 산화납, 산화아연을 혼합하여 1,200~1,500℃의 고온에서 녹여 만든다. 유리는 술, 간장 등의 액체식품 용기나 컵, 접시, 술잔 등의 제품으로 많이 사용한다. 다른 용기에 비하여 독성이 적지만 비소, 납 등의 중금속이 간혹 문제가 된다.

5. 합성수지

합성수지는 가소성(可塑性, plasticity) 물질 혹은 플라스틱이라고 한다. 천연수지도 있으나 보통 플라스틱을 합성수지라 일컫는다. 1868년 미국 하이엇이 발명한 셀룰로이드가 세계 최초의 플라스틱이고, 1909년 베이클랜드가 발명한 페놀포르말린 수지(베이클라이트)를 합성수지라 한다.

합성수지는 유기고분자 화합물을 주성분으로 하는 합성물질로 열경화성수지와 열가소성수지가 있다. 열경화성수지(thermosetting resin)는 저분자로 열을 가하면 유동성이 있고 화학반응을 일으켜 고분자화되어 가열하여도 유동성을 가지지 않는 합성수지이다. 축중합형(縮重合形)과 첨가중합형이 있어 축중합형에는 페놀수지, 요소수지, 멜라민수지 등이 있고, 첨가중합형에는 에폭시수지, 폴리에스터수지 등이 있다. 열가소성수지(thermoplastic resin)는 고분자로 열을 가하면 유동성을 가지고 냉각하면 경화하는 합성수지이다. 결정성 열가소성수지와 비결정성 열가소성수지가 있어, 결정성 열가소성수지에는 폴리에틸렌, 나일론, 폴리아세탈수지 등이 있고 비결정성 열가소성수지에는 염화비닐수지, 폴리스타이렌, 아크릴수지 등이 있다.

합성수지로 포장지 제조 시 강도, 방습성, 내가스성, 내수성, 내유성, 내열성, 내한성 등의 조건을 충족시키기 위하여 여러 종류의 합성수지를 혼합하여 용도에 맞도록 가공하여 식품포장에 이용하고 있다. 열경화성수지는 제조 시 가열이나 가압조건이 맞지 않으면 페놀이나 포름알데히드가 유리되어 용출되는 경우가 있다. 열가소성수지는 가소제, 안정제, 착색제 등의 첨가제가 식품에 이행되어 식품위생상 문제가 되는 경우가 있다. 예를 들어 염화비닐수지는 원재료인 염화비닐 단량체(vinyl chloride monomer)가 중합과정에서 미중합상태로 잔존하여 식품 등으로 이행되는 경우가 있어 미국, 일본 등 여러 나라에서 1ppm 이하로 규제하고 있다.

합성수지 가공 시 가소제로 프탈산에스테르를 첨가하는데 수지와 강하게 결합하지 못하면 포장지에서 검출되어 환경호르몬으로 문제가 되고 있다. 이의 대체로 현재는 아디프산에스테르와 세바트산에스테르 등을 사용하고 있다. 안정제로는 지방산염과 유기주석화합물이 첨가되고 있으나, 최근에는 칼슘 및 아연의 지방산염, 유기주석화합물을 사용하고 있다. 우리나라는 납과 카드뮴이 각각 100ppm 이하, 유기주석화합물은 디부틸주석화합물만을 50ppm 이하로 규제하고 있다.

프라이팬 등의 코팅에 사용하는 teflon과 같은 불소수지는 불소와 탄소의 강력한 결합으로 매우 안정한 화합물을 형성하여 내열성, 비점착성, 절연안정성, 낮은 마찰계수 등의 우수한 특성과 수지 자체에 독성은 없으나 300℃ 이상으로 가열하면 분해되어 맹독성의 hexafluoroethane, octafluoro isobutylene 등과 같은 가스가 발생하므로 주의하여야 한다.

열경화성수지에는 페놀, 포름알데히드, 중금속, 색소, 증발잔유물, $KMnO_4$ 소비량 등을 규제하고 있고, 염화비닐수지는 재질시험에서 납, 카드뮴, 디부틸주석화합물, 크레졸인산에스테르 등을 용출시험에서 중금속, $KMnO_4$ 소비량, 증발잔유물 등을 규제하고 있다.

6. 고무제

고무는 상온에서 고무상(狀) 탄성을 나타내는 고분자물질이나 그 원료가 되는 고분자물질로 천연고무와 합성고무가 있다. 과거에는 천연고무를 주로 사용하였으나 현재는 합성고무를 많이 사용하고 있다. 고무제라 함은 천연고무나 합성고무 성분이 50% 이상인 것을 말한다.

합성고무는 탄성, 내한성(耐寒性), 내노화성(耐老化性), 내열성, 내산화성, 내오존성, 내유성(耐油性), 내약품성 등이 요구되어 가교제, 가황제, 가황촉진제, 노화방지제, 보강제, 충진제 등 많은 첨가제를 사용하기 때문에 첨가물 자체의 독성, 첨가물 중의 불순물, 분해생성물 등에 의하여 많은 위생상의 문제가 되고 있다. 용출시험에서 페놀, 포름알데히드, 아연, 중금속 및 증발잔유물 등을 규제하고 있다.

7.4 화학성 식중독의 예방대책

화학성 식중독의 예방대책을 요약하면 다음과 같다.

- 식품 원료, 기구, 용기, 포장 등은 항상 청결하고 위생적으로 관리한다.
- 부정·불량식품을 제조하거나 판매하지 않는다.
- 식품첨가물을 사용하지 않거나 화학적 합성품의 식품첨가물 사용을 자제한다.
- 독성이 낮고 잔류성이 적은 농약을 사용한다.
- 공업약품이나 농약 등은 식품, 식품첨가물, 기구, 용기, 포장 등과 별도의 장소에 보관하여 교차오염되지 않도록 한다.
- 식품, 식품첨가물, 기구, 용기, 포장지 등이 위해물질에 오염되지 않도록 한다.
- 색깔이 아름다운 식기나 완구 등의 사용을 피한다.
- 식품위생법을 준수한다.

FOOD HYGIENE

8 식품과 전염병 (Food and Infectious Disease)

8.1 개 요

8-1-1. 경구전염병

음식물에 의해서 매개되는 전염병을 경구전염병 또는 소화기계 전염병이라고 한다. 경구전염병은 전염병 환자나 보균자로부터 배출된 병원미생물에 오염된 음식물을 섭취함으로써 발생하는 이질, 장티푸스, 파라티푸스, 콜레라 등으로 모두 제1종 법정전염병에 속한다. 이 밖에도 디프테리아, 성홍열, 급성회백수염, 전염성 설사증, 유행성 간염 등이 있다.

경구전염병의 병원균은 사람을 숙주로 하는 기생체로 사람에 대해 강한 병원성이 있어 미량의 균이라도 입을 통하여 침입하면 발생하게 된다. 경구전염병의 감염경로는 환자나 보균자의 손, 배설물, 침구, 식품, 옷 등이 병원균에 오염되어 가족이나 간호인한테 이행되는 직접감염과, 환자나 보균자의 배설물이나 그것을 씻은 물의 처리가 철저하지 못할 때 병원균이 하천이나 우물물에 침입하여 그 물을 먹었을 때 일어나는 수인성 전염병과 같은 간접감염이 있다. 또 환자나 보균자에 의해서 오염된 병원균을 파리, 바퀴, 쥐 등이 접촉하여 음식물이나 조리기구, 식기 등에 운반하여 오염시킨 것을 섭취했을 때 일어난다. 이런 경우 한 번에 많은 수가 감염되는 집단이질 등을 볼 수 있다.

8-1-2. 경구전염병의 발생요인

전염병이 발생하기 위해서는 감염원, 감염경로, 숙주의 감수성 등의 3요소가 있어야 한다. 감염원에는 병원체와 병원소(환자)가 있고, 감염경로는 병원소로부터 병원체가 탈출하여 전파경로를 따라 새로운 숙주로 침입하는 과정이며, 그 숙주가 병원체를 받아들이는 감수성에 따라 전염병이 발생한다. 이들은 서로가 맞물려 연쇄적으로 작용할 때 전염병이 발생하나 어느 하나라도 결여되면 전염병은 발생되지 않는다.

8-1-3. 법정전염병

법정전염병은 제1군전염병, 제2군전염병, 제3군전염병, 제4군전염병으로 분류하며 다음과 같다.

- 제1군전염병(6종)

  전염속도가 빠르고 국민건강에 미치는 위해 정도가 너무 커서 발생 또는 유행 즉시 방역대책을 수립하여야 하는 전염병으로 발생즉시 환자는 격리한다. 콜레라, 페스트, 장티푸스, 파라티푸스, 세균성이질, 장출혈성 대장균 감염증 등이다.

- 제2군전염병(10종)

  예방접종으로 예방 또는 관리가 가능하여 국가예방접종 사업의 대상이 되는 전염병이다. 디프테리아, 백일해, 파상풍, 홍역, 유행성이하선염, 풍진, 폴리오, B형간염(표), 일본뇌염, 수두 등이 있다.

- 제3군전염병(18종)

  간헐적으로 유행할 가능성이 있어 지속적으로 그 발생을 감시하고 방역대책의 수립이 필요한 전염병으로 말라리아, 결핵, 한센병, 성병(표), 성홍열, 수막구균성수막염, 레지오넬라증, 비브리오패혈증, 발진티푸스, 발진열, 쯔쯔가무시증, 렙토스피라증, 브루셀라증, 탄저, 공수병, 신증후군출혈열, 인플루엔(표), 후천성면역결핍증(AIDS) 등이다.

- 제4군전염병
  국내에서 새로 발생한 신종전염병증후군이나 재출현전염병 또는 국내유입이 우려되는 해외 유행전염병으로부터 방역대책의 긴급 수립이 필요하다고 인정되어 보건복지부령이 정하는 전염병이다. 황열, 뎅기열, 마버그열, 에볼라열, 라싸열, 리슈마니아증, 바베시아증, 아프리카수면병, 크립토스포리디움증, 주혈흡충증, 요우스, 핀타, 두창, 보툴리눔독소증, 중증급성호흡기증후군(SARS), 조류인플루엔자 인체감염증, 야토병, 큐열, 신종전염병증후군 등이다.

제1군 내지 제4군 전염병 이외에 유행여부의 조사 및 감시활동이 필요하다고 보건복지부에서 인정하는 전염병을 지정전염병이라 한다.

8-1-4. 면역의 종류

면역(immunity)이란 외부로부터 침입하는 미생물이나 동종이 조직이나 체내에 생긴 불필요한 산물들과 특이하게 반응하여 항체를 만들며, 이것을 제거하여 그 개체의 항상성을 유지하는 현상이다. 외부인자인 항원을 인식하여 특이하게 항체를 형성하고 이에 대처하여 처리하는 연쇄적인 반응이라 할 수 있다. 인체는 세균, 곰팡이, 바이러스 같은 미생물의 공격을 받으면서 살아가는데, 이러한 이물질의 침입과 싸워 승리하지 못하면 살아갈 수 없게 된다. 이러한 싸움을 담당하는 것이 면역계로 인체의 방어기능을 담당한다. 면역은 크게 선천성면역과 후천성면역으로 분류하며 선천성면역에는 개체면역, 종 특이성면역, 씨족면역 등이 있다. 후천성면역은 능동면역과 수동면역으로 분류하는데, 능동면역에는 자연능동면역과 인공능동면역이 있고, 수동면역에는 자연수동면역과 인공능동면역이 있다.

8-1-5. 경구전염병의 예방대책

경구전염병을 예방하기 위해서는 전염병 발생 3요소인 감염원, 감염경로, 숙주 등에 대하여 적절한 대책을 세워야 한다.

- 경증환자와 보균자, 환자 등을 조기에 발견하여 식품제조업에 종사하지 못하도록 한다.
- 식품재료는 신선하고 위생적으로 처리한 식품재료를 사용한다.
- 식품은 냉장이나 냉동보관하고 생식을 하지 않는다.
- 전염병균이 음용수에 오염되지 않도록 하고 오염되면 사용하지 않는다.
- 식품 취급자는 개인위생을 준수하며 정기적으로 건강검진을 받는다.
- 식품과 접촉하는 기구나 용기는 소독하고 청결을 유지한다.
- 식품에 쥐, 파리, 바퀴 등의 침입을 방지하고 이들을 구제한다.
- 작업장은 정기적으로 소독하여 병원균의 감염을 예방한다.
- 분변오염지표균을 검사하여 분변오염이 안되도록 관리한다.
- 예방접종을 실시한다.

8.2 주요 경구전염병

8-2-1. 장티푸스(Typhoid fever)

Typhoid라는 용어는 1829년 Louis에 의하여 명명되었다. 1880년 Eberth가 장티푸스균을 처음 발견하였고, 1884년 August Gaffky가 병원균을 확인하였다. *Salmonella typhi*에 의하여 발병하며 동물에는 감염되지 않고 사람에게만 발병하는 급성 전신성 전염병으로 열병이라 한다. 선진국보다는 후진국이나 개발도상국에서 주로 발생하고 있다. 우리나라는 제1군전염병 중에서 가장 높은 발병률을 나타내고 있으며 수인성 전염병이다.

1. 원인균

*Salmonella typhi*로 Gram 음성의 간균, 협막이나 아포가 없고 편모가 있어 운동을 하는 통성혐기성이다. 유당을 발효하지 못하며 증식최적온도는 35~37°C로 체온과 유사하다. 저항력이 비교적 강하여 일광이 없고 습한 환경에서 장시간 생존이 가능하고 분변 속에서도 수주 이상 생존할 수 있으나 0.1% 승홍수, 5% 석탄산에서 30분이면 사멸한다.

2. 감염경로

동물에는 감염되지 않으나 사람과 사람 간에 전염되고 사계절을 통해 발생하나 8~9월에 가장 많다. 환자나 보균자의 분변으로 오염된 식품이나 음용수에 의하여 전파된다. 건강보균자가 감염환자보다 감염원으로 더욱 위험하고 균수가 10^6~10^9마리 정도 되어야 감염을 일으킨다. 쥐나 곤충을 통해 간접 오염된 식품매개로도 감염된다. 원인식품은 얼음, 어패류, 두부 등이고 외국에서는 우유에서 많이 발생한다.

3. 임상증상

잠복기는 3~28일(보통 7~14일)로 전형적인 균혈증의 임상증상을 보이며, 주요증상은 발열로 단계적으로 상승하여 1주일 후에 39~40℃에 이르러 2주정도 계속되다 점차 감소한다. 발열과 함께 발한, 복통, 오한, 식욕감퇴, 권태감, 설사 등의 증상이 나타난다. 발병 7~10일에 상복부 및 하흉부에 무리지어 나타나는 붉은 발진(장미진, rose spot)을 관찰할 수 있다. 발병 첫 주에는 발열로 체온이 서서히 상승하는 증상이 특징이고 둘째 주에는 복통과 피부 발진이 나타난다. 치유된 후에는 영구면역이 된다.

4. 예 방

개인 위생수준 향상, 정수시설의 관리, 효과적인 폐기물 처리 등 위생관리를 철저히 한다. 유행지역에서는 물을 반드시 끓여 먹고 음식물에 분변이 오염되지 않도록 하여야 한다. 감염자와 보균자는 완전한 치료 후 식품을 다루도록 한다. 치료는 항생제를 투여하고 전해질이 있는 수분을 공급한다. 발병 초기에 치료하면 사망률은 1% 이하이나 치료하지 않으면 10~20%에 이른다.

8-2-2. 파라티푸스(Paratyphoid fever)

파라티푸스균(*Salmonella paratyphi*)에 의하여 발병하며 위장염의 형태나 전신의 감염증으로 나타나는 감염성 질환이다. 증상은 장티푸스와 유사하나 질병의 강도나 경과가 가볍고 사망률도 훨씬 낮다.

1. 원인균

*Salmonella paratyphi*로 A, B, C 등의 3가지 형이 있다. 길이가 2~3μm인 Gram 음성의 간균으로 포자를 형성하고 협막, 아포는 없으며 주모성 편모가 있어 운동성이 있다. 대변에서 60시간 정도, 물에서 5~15일, 고여 있는 물에서 6개월 이상 생존가능하고 저온에도 강한 편이다.

2. 감염경로

사람이 주 병원소이나 때로는 동물에 의해서도 감염된다. 환자나 보균자의 소변이나 분변으로 오염된 식품이나 음용수를 섭취하여 감염되고 환자나 보균자의 손에 의해 오염된 조개류, 우유 및 유제품 등에 의해서도 감염된다. 이 균은 주로 사람의 몸 속에서 증식하며 살기 때문에 거의 사람에 의해서 감염된다.

3. 임상증상

잠복기는 1~3주이고 증상은 고열, 두통, 발진, 설사, 비장증대 등으로 장티푸스와 유사하나 증상이 가볍다.

4. 예 방

환자는 격리하여 치료 및 관리하고 환자와 접촉하면 손을 깨끗이 씻는다. 공중위생 및 개인위생 관리를 철저히 하고 유행지역에서는 물을 반드시 끓여 마신다.

8-2-3. 이질(Dysentery)

이질에는 세균성이질과 아메바성이질이 있으나 일반적으로 이질이라 하면 세균성 이질을 뜻한다.

1. 원인균

이질균은 1897년 Kiyoshi Shiga가 처음 발견하여 그의 이름을 따라 *Shigella*라 하였다. *Shigella*속은 혈청형에 따라 A군(*S. dysenteriae*), B군(*S. flexneri*), C군(*S. boydii*), D군(*S. sonnei*) 등 4군으로 분류한다. A~C군은 생리학적으로 유사하나 D군은 유당을 분해하는 능력이 있어 차이가 있고 주로 A~C군이 이질의 주 병원균이다. Gram 음성의 간균으로 편모가 없고 운동성도 없으며 통성혐기성으로 *Escherichia coli*, *Salmonella* 등과 매우 밀접하다. *Shigella*는 신경독소(neurotoxin), 장독소(enterotoxin), 세포독소(cytotoxin) 등의 체외 독소를 만든다. 저항력이 약하여 일광이나 60℃에서 10분 가열로 쉽게 사멸되고 대변 내에서도 2~3일이면 죽는다.

2. 감염경로

환자 또는 보균자가 배출한 대변을 통해 구강으로 감염되는 급성대장염이다. 10~100마리의 매우 적은 세균 양으로 증상이 나타나고, 물, 우유, 식품 등에 의해서 경구적으로 감염되고 환자나 보균자와의 직접접촉에 의하여 감염되는 경우도 많다. 온대와 열대지방의 위생상태가 좋지 않은 지역에서 발병률이 높으며 기후와 밀접한 관계가 있어서 우리나라는 6~9월에 최고의 감염률을 기록한다. 파리가 중요한 매개체 역할을 한다.

3. 임상증상

대장과 소장을 침범하는 급성 감염성 질환으로 잠복기는 2~7일(보통 2~3일)이고 발열, 복통, 구토, 후증, 혈액성 및 점액성 설사 등의 증상이 나타난다. 열은 38~40℃이며 뇌신경증상, 순환기증상 등이 나타나는 경우도 있다. 설사는 빈번하나 2~3회 정도로 가벼운 경우도 있다. 어린이에게는 전신증상이 강하게 나타나며 뇌신경증상도 있어 '역리'라고도 한다.

4. 예 방

손의 위생이 중요하여 손을 깨끗이 씻는 것이 가장 효과적이다. 다른 경구전염병과 같이 분변이 음료수나 식품에 오염되지 않도록 하여야 한다. 경증환자나 보균자는 중증환자보다 감염원으로 큰 역할을 하므로 치료를 하는 것이 예방에 도움이 된다.

이질균은 열에 약하므로 물은 반드시 끓여 먹고 식품은 충분히 가열 섭취한다. 10세 이하의 어린이 특히 4세 이하의 유아에게 많이 발병한다.

8-2-4. 아메바성이질(Amoebic dysentery)

아메바성이질은 아메바증(amebiasis)이라 하며 열대와 아열대지방에서 발병률이 높다. *Entamoeba histolytica*에 의해 발생하며 전 세계적으로 5억 명 정도가 감염된 열대지방의 후진국에서 주로 발생한다.

1. 원인균

인체에 기생하는 여러 종류의 아메바 중 *Entamoeba histolytica*에 의한 대장감염증이다. 성숙한 포낭(mature cyst)이 입으로 섭취되면 소장에서 탈낭(excystation)하여 영양형(trophozoites)이 되고 영양형은 분열 증식하여 포낭(cysts)을 만들어 분변으로 배출된다. 포낭은 외부에서 여러 주 동안 생존이 가능하여 감염원의 원인이 된다. 영양형은 설사분변과 함께 외부로 배출되면 단시간에 사멸된다.

2. 감염경로

감염원은 환자나 무증상 보균자로 포낭을 배출하는 사람들이다. 감염된 사람의 분변이 식품이나 음용수에 오염되어 포낭이 입으로 섭취되어 감염된다. 아메바성이질 감염경로는 [그림 8-1]과 같다.

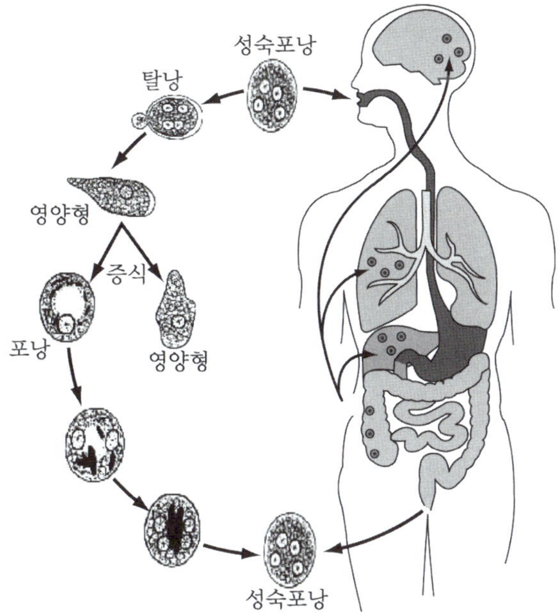

[그림 8-1] 아메바성이질 감염경로

3. 임상증상

잠복기는 보통 2~4주 이내이지만 증상이 나타나는 기간은 수일에서 수개월까지 지속된다. *E. histolytica*에 감염되면 복통, 후증, 혈액성 혹은 점액성 설사, 오한, 메스꺼움, 체중감소, 발열 등의 증상이 나타난다. 영양형이 장에서 증식할 때는 자각증상을 느끼지 못하나 장점막을 뚫고 혈액을 통하여 간, 뇌, 폐 등으로 이동하여 복막염이나 간종양 등의 증상을 나타내고 간이나 다른 기관에서 포낭을 형성하는 경우도 있다.

4. 예 방

다른 경구전염병과 마찬가지로 음료수, 식품, 식품취급자의 손, 곤충, 쥐, 특히 비료로 쓰이는 분변 중의 포낭이 오염된 채소 등에 주의한다.

8-2-5. 콜레라(Cholera)

1854년 이탈리아 해부학자 Filippo Pacini가 콜레라균을 처음 분리하였고 1883년 Robert Koch가 확인하였으며 *Vibrio cholerae*, *Vibrio comma*, *Kommabacillus* 등으로 부른다. 콜레라는 본래 인도 갠지스강 삼각주 유역의 풍토병으로 외래전염병이다.

1. 원인균

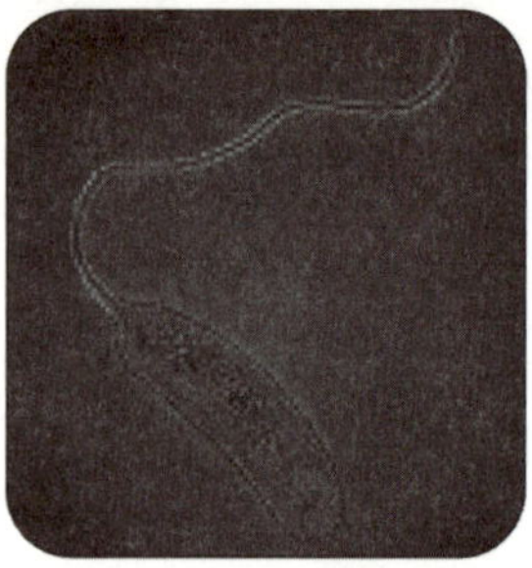

[그림 8-2] *V. cholerae*

Gram 음성의 콤마형 간균으로 협막 및 아포는 없고 극성 편모를 가지고 있어 활발한 운동을 하며 통성혐기성이나 호기적 조건에서는 더 잘 자란다. *V. cholerae*, El Tor형 및 여러 혈청형으로 분류하며 포도당을 발효하여 에너지를 얻는다. 증식 온도범위는 10~43℃, 최적온도는 37℃이고 pH 범위는 5.0~9.6, 최적 pH는 7.6이며 *Aw* 범위는 0.940~0.988(NaCl 0.1~4.0%), 최적 *Aw*는 0.984(NaCl 0.5%)이다. 최적염분농도는 2~3%이다. 균의 사멸온도는 60℃에서 2.7분, 71℃에서 0.30분이고 pH 4.5 이하에서는 자라지 못한다. 최적방사선 양은 0.5 kGy이다. 저온에 비교적 저항력이 강하여 물속에서 수일간 얼음에서 3~4일간 생존할 수 있다. 분변에서는 1~2일에 죽고 건조한 상태에서는 햇빛에 1시간 정도면 사멸한다.

2. 감염경로

환자의 분변이나 구토물, 보균자의 분변으로 오염된 음식물이나 음용수를 섭취할 때, 오염된 손으로 음식을 조리하거나 식사할 때, 오염된 어패류에 의해서 감염된다. 보통 초여름에 시작하여 주로 7~9월에 걸쳐 발생하며 때로는 10~12월까지 계속되기도 한다. 날것이나 덜 익힌 해산물로도 감염되며 감염수는 1~100억 마리 정도이다.

3. 임상증상

잠복기는 수시간~5일이나 보통 2~3일이다. 음식물과 함께 섭취된 *V. cholerae*는 소장에서 조직침입성이 아니고 분비된 장독소(enterotoxin)가 점막상피세포에 작용하여 물의 수송을 방해하기 때문에 수양성 하리를 하고 저혈압, 구토, 메스꺼움, 심한 복통, 드물게 발열 등의 증상이 나타나며 중증일 경우 4~12시간 만에 쇼크에 빠지고 18시간~수일 내에 사망할 수도 있다. 횟수가 증가함에 따라 쌀뜨물과 같은 설사로 심한 경우 하루 20~30회를 보인다. 수분과 전해질 손실로 심한 탈수증상이 나타나 치료하지 않으면 사망률은 50%에 이르나 적절한 치료를 하면 사망률은 1% 정도이다.

4. 예 방

수인성 전염병으로 물은 반드시 끓이거나 염소처리하여 먹고 공중위생을 청결히 유지한다. 어패류를 비롯한 식품은 완전히 익혀 먹고 과일은 껍질을 벗겨 섭취한다. 외래전염병이므로 공항이나 항만에서 검역을 철저히 하여 환자나 보균자를 분리해 낸다. 환자에게는 안정과 함께 적절한 농도의 전해질을 함유하는 수액을 공급해야 한다.

8-2-6. 디프테리아(Diphtheria)

디프테리아균의 감염으로 발생하는 전염병으로 인후, 코 등의 상피조직에 침입하여 염증을 일으킨다. 어린이들이 잘 걸리며 겨울철에 유행하나 최근에는 비교적 보기 드문 질병이다.

1. 원인균

*Corynebacterium diphtheriae*로 1884년 독일의 Edwin Klebs와 Friedrich Löffler에 의하여 밝혀졌고, 크기는 길이 1~8 μm, 너비 0.3~0.8 μm인 Gram 양성의 간균으로 아포와 협막이 없고 운동성도 없는 호기성이다. 일광, 열, 화학약품 등에 저항력은 비교적 약하다.

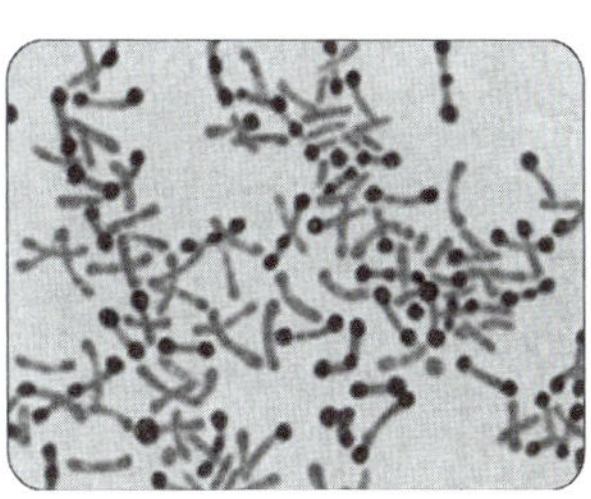

[그림 8-3] *Corynebacterium diphtheriae*

2. 감염경로

신체접촉이나 호흡기를 통해 환자나 보균자의 코나 목 분비물이 사람에서 사람으로 비말감염되며, 이 분비물이 식품에 오염되어 감염되는 경우도 있다. 그러나 요즈음은 예방접종으로 비교적 보기 어려운 질병이다.

3. 임상증상

잠복기는 2~7일로 급격한 발열과 편도선이 부어 매우 아프고 인후두에 흰 막이 생겨 기도 폐쇄로 호흡이 곤란해진다. 목에 증식한 균은 강한 체외독소(exotoxin)를 생산하여 이 체외독소가 혈액으로 전신에 운반되어 심근염, 다발성신경염 등을 유발한다. 5세 이하의 어린이 발생률이 60% 정도이며 늦은 가을이나 이른 봄에 많이 발생한다. 체외독소는 단일 peptide이고 사람에 대한 LD_{50}은 0.1 μg/kg이다. 병원균이 피부에 침범하면 피부가 손상되어 심한 궤양이 나타나고 치료하지 않으면 세균의 독소가 혈액으로 전신에 퍼져 급성 심부전이나 마비 같은 합병증이 생긴다.

4. 예 방

디프테리아 환자는 격리치료하며 환자가 사용한 물건은 모두 소독한다. 예방접종을 4~5년마다 실시하고 교사나 특히 환자와 접촉하는 의사, 간호사 등은 감염 위험성이 높으므로 더욱 주의한다.

8-2-7. 성홍열(Scarlet fever)

용혈성 연쇄상구균이 편도선에 감염되어 체외독소(exotoxin) 생산으로 목의 통증과 함께 고열이 나고 전신에 빨간 발진(發疹)이 생기는 어린이 전염병이다. 피부에 붉은 발진이 만들어져 성홍열이라 하였다.

1. 원인균

연쇄상구균 중 A군 β-용혈성 연쇄상구균(*Streptococcus pyogenes*)에 의하여 발생한다. Gram 양성으로 포자를 형성하지 않고 적혈구를 완전히 용해하며 병원성이 강하다.

2. 감염경로

환자나 보균자의 기침이나 재채기로 인한 비말 혹은 접촉에 의한 직접감염, 손이나 물건을 통한 간접접촉에 의해서도 감염된다. 오염된 우유, 아이스크림이나 기타 음식물을 통해서도 전파될 수 있으나 물에 의해서는 전파되지 않는다.

3. 임상증상

잠복기는 2~5일이며 급성질환으로 39℃ 전후의 발열이 있고 구토, 인두통, 두통, 복통, 오한 등의 증상이 나타난다. 균의 독소에 의하여 발병 후 1~2일 이 지나면 붉은 작은 발진이 몸 전체에 골고루 생기고 몹시 가려운 경우도 있으며 발병 후 2~3일 지나면 오돌도돌한 새빨간 딸기모양의 혀가 된다. 발진이 없어지면 피부는 벗겨지나 흉터는 남지 않는다. 6~12세 어린이들에게 많이 발병한다.

4. 예 방

환자는 격리하여 치료하고 환자가 사용했던 방, 의복, 물건 등은 소독한다. 우유나 식품이 매개체가 될 수 있으므로 환자의 식품취급을 금지한다. 치료 24~48시간에 증상이 호전되고 대부분 1주일 안에 회복된다.

8-2-8. 급성회백수염(Poliomyelitis)

척수전각염(脊髓前角炎) 혹은 폴리오(polio)라 하며 바이러스에 의한 급성 열성전염병이다. 1840년 Jakob Heine가 처음 기재하였고, 1890년 Oskar Medin이 역학적(疫學的) 연구를 추가한 데서 Heine-Medin병이라고도 한다. 1908년 Karl Landsteiner가 병원균을 확인하였다. 1~5세의 어린이에 이환율이 높고 유행시기는 대체로 6~9월이며 주 증상이 마비로 척수성 소아마비라고도 한다.

1. 원인균

원인균은 RNA 바이러스인 신경친화성의 Poliomyelitis virus이며 사람에게만 감염된다. 크기는 27~30nm이고 여름에 감염률이 높으나 열대지방은 계절에 관계가 없다. 열, 염소, 자외선 등에 저항력이 매우 약하다.

2. 감염경로

감염된 분변에 접촉하거나 분변에 오염된 식품이나 음용수로 감염된다. 환자의 인후분비액을 통한 비말감염으로 사람과 사람 간에 전파된다. 바이러스가 입을 통하여 침입하면 목과 장관에서 증식하고 혈액과 림프관을 거쳐 전신에 확산된다. 면역성 전염병으로 한 번 걸리면 영구면역이 생긴다.

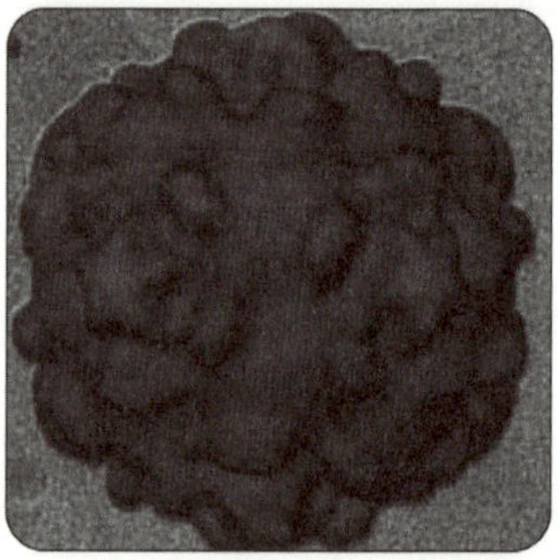

[그림 8-4] Poliomyelitis virus

3. 임상증상

잠복기는 7~14일(평균 10일)이며 소장에서 증식하여 신경으로 침입한다. 감염된 많은 사람들이 증상을 감지하지 못하고 분변으로 균을 배출하여 감염의 원인이 된다. 초기증상은 감기와 같이 시작하여 발열, 피로, 두통, 구토, 목의 뻣뻣함, 수족의 통증 등의 증상이 나타난다. 발열은 39℃ 내외로 2~3일간 지속되고 드물게 주로 족근군(足筋群)에 영구마비를 가져온다.

4. 예 방

소아마비는 특별한 치료법이 없어 대증요법에 의하며 해열제나 진정제를 투여한다. 예방접종(Sabin vaccine)도 매우 유효하다.

8-2-9. 유행성간염(Epidemic hepatitis)

바이러스에 의한 질병으로 여름철에 많이 발생한다. 간에 염증성(炎症性) 질환을 일으켜 간장염(肝臟炎)이라고도 한다. 간염 바이러스는 30여 종이 넘어 이 중 인체에 큰 영향을 미치는 바이러스는 현재까지 A, B, C, D, E, G 등 6종이 있다.

1. A형 간염

A형 간염 바이러스(hepatitis A virus; HAV)에 의하여 급성간염이 발생한다. 잠복기는 2~6주이나 보통 28일이다. 증상은 발열, 오한, 메스꺼움, 식욕부진, 복부 상부 통증, 체중감소, 황갈색뇨 등이며 감염량은 정확하지 않으나 10~100균수로 추정하고 있다. 최근에 20~30대에서 발병률이 급증하는 양상을 보인다. 감염자의 분변에 오염된 물이나 음식 등을 섭취하여 경구감염되며, 집단으로는 물로 전파된다. 원인식품은 샌드위치, 과일, 과일 주스, 우유, 유제품, 샐러드, 조개 등이다. A형 간염 바이러스를 치료하는 특별한 약은 없고 대증요법에 의한다. 고단백 식이요법과 안정이 도움이 된다. 바이러스는 85℃에서 1분 만에 사멸된다.

2. B형 간염

B형 간염 바이러스(hepatitis B virus; HBV)에 의하여 간에 염증이 생기는 질병이다. 잠복기는 6주~6개월로 간에 급성 염증, 구토, 피로, 식욕부진, 메스꺼움, 황달 등이 나타나고 간경변이나 간암의 원인이 되기도 한다. 음식물, 환자의 혈액, 체액, 모체로부터 수직감염, 성적인 접촉, 오염된 주사기의 재사용 등에 의해서도 감염될 수 있다. 특별한 치료 없이 회복되나 충분한 휴식을 취하고 고단백 음식을 섭취하면 회복이 빨라진다. 예방백신도 좋은 방법이다.

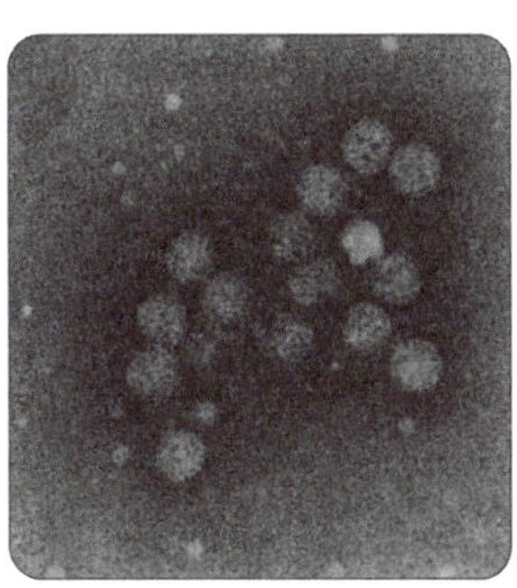
[그림 8-5] Hepatitis C virus

3. C형 간염

C형 간염 바이러스(hepatitis C virus; HCV)에 의하여 간

에 염증이 생기는 질환으로 크기는 50nm이다. 증상은 피로, 미열, 관절통, 복통, 설사 등으로 감기증상과 유사하다. 혈액으로 감염되거나 피어싱, 문신 등으로도 감염된다. 안정과 휴식을 취하고 고단백식품과 수분을 섭취한다.

4. D형 간염

선진국에서는 발병률이 낮고 우리나라에서는 극히 드물다. 사하라지역, 중동, 아프리카, 지중해지역 등에서 많이 발병한다.

5. E형 간염

오염된 물이나 음식으로 전파되는 수인성 질환으로 개발도상국, 아프리카, 인도, 중앙아메리카 등에서 발병률이 높다. 환자의 분변에 오염된 물로 감염되나 사람과 사람 간의 감염은 거의 없다.

6. G형 간염

여섯 번째로 보고된 간염바이러스로 간에 염증을 일으킨다. 아직까지 치료법이 없다.

8-2-10. 전염성 설사증

1947년 일본에서 발생한 바이러스로 인한 설사병으로 전염성 설사병이라 한다. 미국에서 전염성 위장염(epidemic gastroenteritis) 또는 무열성 비세균성 위장염(acute afebrile infectious non-bacterial gastroenteritis)이라 불렀다. 원인균은 바이러스로 잠복기는 2~8일이며 하복부 통증, 구토, 구역질, 식욕부진, 하루에 수십 회 설사 등의 증상이 나타난다. 수분이 있는 황갈색이나 수양변 설사로 심한 탈수증상과 변에서 악취가 나나 점액이나 혈변은 없다. 주로 성인에게 많이 감염되며 겨울에서 여름에 발생하나 3~4월에 가장 많이 발병한다. 환자의 분변이나 구토물로 오염된 음식물 섭취로 경구감염된다.

8-2-11. 천열(Izumi fever)

1927년 천열이 처음 보고하였고 성홍열과 유사하여 '이성 성홍열'이라는 급성발진성 질환이다. 병원체는 바이러스로 알려졌으나 확실치 않다. 잠복기는 7~9일로 39~40℃의 열이 오르내리고 발진이 전신 또는 국소에 생기나 2~3일 후면 없어진다. 5월을 중심으로 봄철에 많이 발생하고 2~10세의 연령층에서 주로 발생한다. 환자나 보균자의 분변에 오염된 음식물에 의하여 경구감염된다. 예방은 일반적인 경구전염병에 준한다.

8.3 인수공통전염병(Zoonoses)

8-3-1. 개 요

인수(人獸)공통전염병(zoonoses)이란 척추동물(가축이나 야생동물)로부터 사람에 전파되거나 사람으로부터 동물에 전파되는 전염병을 말한다. 사람이 동물에 노출되어 직간접적으로 감염되거나 혹은 식육이나 우유 등을 섭취하여 감염된다. 또는 배설물이나 오염물에 접촉한 파리, 바퀴, 쥐 등에 의해 음식물에 감염된 것을 섭취함으로써 발생하는 경우도 있다. 인수공통전염병을 이환시키는 것들로는 소, 개, 돼지, 말, 양, 토끼, 원숭이, 흡혈기생충, 박쥐, 들쥐, 새, 고양이, 침팬지, 물고기, 벼룩, 거위, 염소, 햄스터, 이, 쥐, 모기, 너구리, 설치류, 여우 등으로 다양하다. WHO에서는 'Zoonotic diseases are a group of infectious diseases that are naturally transmitted between vertebrate animals and humans.'로 '인수공통전염병이란 인간과 척추동물 사이에 자연적으로 전파되는 전염병군이다.'라고 정의하였다. 사람에게 영향을 미치는 새로운 전염병 중 60% 이상은 동물이나 동물제품에서 유래하고 인수공통전염병의 70% 이상은 야생동물에 의하여 발생한다.

세균에 의한 인수공통전염병은 결핵, 탄저, 비저, 브루셀라증, 야토병, 렙토스피라

병, 리스테리아병 등이고 리케치아(richettsiae)에 의한 것은 발진열, Q열, 쯔쯔가무시병 등이며 바이러스에 의한 것은 유행성출혈열, 일본뇌염, influenza, 뉴캐슬병, 앵무병, 광견병, 천연두 등이 있다. 우리나라에서 문제가 되는 것은 탄저, 브루셀라증, 살모넬라증, 야토병, 결핵, 돈단독, 렙토스피라 등이다. 주요한 인수공통전염병은 <표 8-1>과 같다.

표 8-1 주요한 인수공통전염병과 병원체

인수공통전염병	이환가축	병원체
탄저(Anthrax)	소, 말, 양, 염소, 낙타 등 포유동물	*Bacillus anthracis*
결핵(Tuberculosis)	소, 산양	*Mycobacterium tuberculosis*
야토병(Tularemia)	산토끼, 양	*Francisella tularensis*
브루셀라증(Brucellosis)	소, 돼지, 산양, 말, 산토끼 개, 닭	*Brucella abortus*, *B. suis*, *B. melitensis*
돈단독(Swine erysipeloid)	돼지	*Erysipelothrix rhusiopathiae*
렙토스피라(Leptospirosis)	쥐	*Leptospira interrogans*, *Leptospira biflexa*
Q열(Q-fever)	쥐, 소, 양	*Coxiella burnetii* *Richettsia burnetii*

8-3-2. 인수공통전염병의 종류

1. 결핵(Tuberculosis)

사람이나 소의 폐에 발생하는 만성전염병으로 우형 결핵은 소의 유즙이나 유제품을 통하여 사람에게 경구적으로 감염된다.

1) 원인균

인형(human type) 결핵균은 *Mycobacterium tuberculosis*로 1882년 Robert Koch가 발견하였다. 호기성의 가늘고 긴 간균으로 아포나 편모가 없고 건조나 기타 환경에 대한 내성이 크다. 우형(bovine type) 결핵균은 *Mycobacterium bovin*으로 호기성이며 세대시간이 16~20시간으로 매우 길다. 이외에 조형(avine type)과 사람과는 무관한 파충형(reptilian type) 등이 있다.

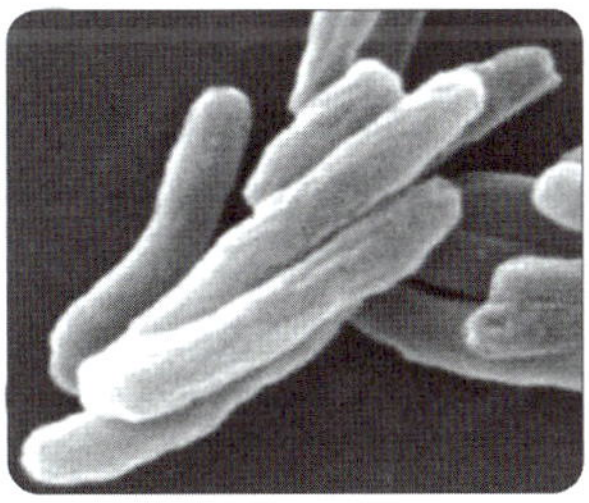

[그림 8-6] *Mycobacterium tuberculosis*

2) 감염경로

우형 결핵은 젖소에서 흔히 발생하며 오염된 사료, 물, 젖 등에 의해 경구적으로 전염되고, 비말감염(飛沫感染), 공기전염, 자궁 내 감염도 가능하다. 결핵균이 들어 있는 살균이 덜 된 우유를 마시면 우형 결핵에 감염되며 특히 어른보다는 저항력이 약한 어린이에게 잘 걸린다.

3) 임상증상

병변이 상당히 진행될 때까지 뚜렷한 증상이 없으나 증상이 나타나면 기침, 호흡곤란, 식욕감퇴, 가래, 흉통 등의 증상이 나타난다. 때로는 뼈나 관절에 침입하여 관절염, 뇌막염 등을 일으킨다.

4) 예 방

결핵균은 열에 저항력이 약하므로 식육이나 우유는 가열섭취하고 젖소에 대하여 정기적인 tuberculin 반응검사 실시로 감염된 소를 조기에 발견하는 것이 중요하다.

2. 탄저(Anthrax)

1877년 Robert Koch가 처음으로 탄저균을 발견하였다. 초식동물로 소, 말, 양 등에 발생하는 급성전염병으로 사람에게도 전염되며 세계적으로 널리 분포되어 있다. 노출된 부위에 따라 증상이 다르다.

1) 원인균

*Bacillus anthracis*는 Gram 양성의 간균으로 내열성 포자를 형성하는 1~9×0.8~1 μm 크기의 호기성균이다. 포자는 100℃의 습열에서 2~5분, 150℃의 건열에서 30~60분, 10% formalin으로 15분 처리하면 사멸한다. 토양 속에서 포자를 형성하여 수십 년 동안 생존이 가능하다.

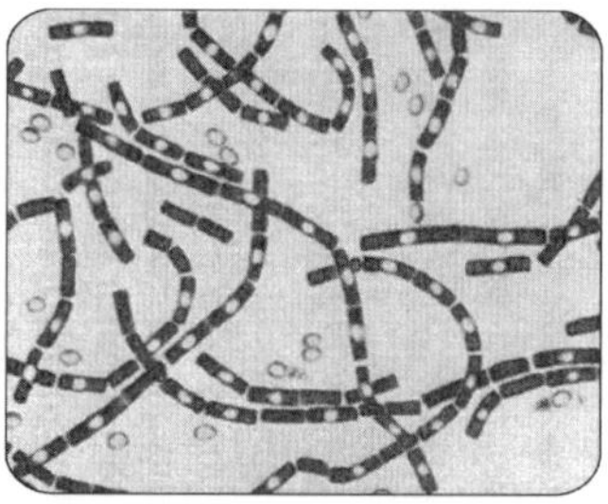

[그림 8-7] *Bacillus anthracis*

2) 감염경로

일반적으로 토양 속에 있는 탄저균에 노출되어 감염된다. 초식동물은 오염된 목초나 사료에 의해서, 사람은 감염된 동물의 가죽, 모피, 양털, 토양 등으로부터 감염된다. 사람은 주로 피부를 통하여 감염되나 감염된 식육을 경구적으로 섭취하거나 혹은 흡입으로도 감염된다. 가축을 기르는 농부, 목축업자, 피혁업자, 양모취급업자, 수의사가 감염되는 일종의 직업병이다.

3) 임상증상

잠복기는 7일 이내이나 60일까지 계속되는 경우도 있다. 감염경로에 따라 피부로 감염의 피부탄저는 감염 부위의 가려움, 부스럼, 수포화를 거쳐 2~6일 후에는 악성 농포가 형성된다. 치료하지 않으면 패혈증과 뇌수막염으로 진행할 가능성이 있고 사망률은 5~20%이다. 드물게 호흡기로 감염되는 폐탄저는 감기나 폐렴 같은 호흡기 질환의 증상이 나타나고, 소화기로 감염의 장탄저는 매우 드무나 발열, 복통, 복수, 설사 등의 증상이 나타난다.

4) 예 방

예방은 이환동물을 조기에 발견하여 격리 및 치료로 사람에 감염되지 않도록 한다. 양모, 모피, 뼈, 동물제품 등은 처리하기 전에 철저히 소독하고 탄저균에 감염된 동물 사체는 소각 처리한다.

3. 브루셀라증(Brucellosis)

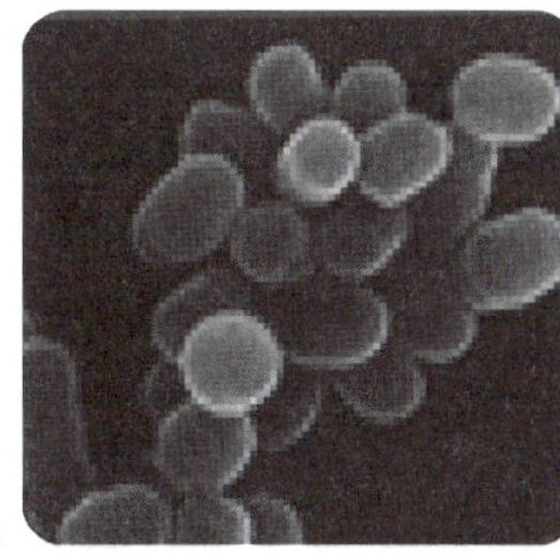
[그림 8-8] *Brucella abortus*

몰타열(Malta fever), 지중해열, 파상열(波狀熱)이라고도 하며 1887년 David Bruce에 의하여 미생물과 질병과의 관계가 처음 밝혀졌고, 1897년 덴마크 수의학자 Bernhard Bang이 *Brucella abortus*를 원인균으로 처음 분리하였다. 세계적으로 분포하고 있는 인수공통전염병으로 지중해 연안, 북동 아프리카, 중동, 인도, 중앙아시아, 멕시코, 중남미에서 많이 발생한다. 양, 산양, 돼지, 소, 낙타 등에 유산을 일으키는 브루셀라균이 사람에게 감염되어 파상열을 일으킨다. 직업병이라 하며 우리나라에서는 3군전염병으로 분류하고 있다.

1) 원인균

Gram 음성의 작은 간균으로 운동성이 없고 아포를 형성하지 않으나 내성이 강하고 체외에서도 상당기간 생존할 수 있다. 중요한 3가지 종으로 *Brucella abortus*는 소, *B. suis*는 돼지, *B. melitensis*는 염소와 양에 감염을 일으킨다. 증식최적온도는 37℃이고 최적 pH는 6.6~6.8이다.

2) 감염경로

감염된 동물들과 직·간접 접촉으로 동물의 혈액, 대소변, 태반 등에 직접접촉하거나 가열하지 않은 육류나 우유 등을 섭취하였을 때 혹은 공기로도 감염된다.

- *Brucella abortus*는 주로 소의 감염원으로 임신한 소의 태반이나 자궁에 감염하여 유산의 원인이 된다. 사람에게 감염되면 발열이 있으나 유산을 일으키지는 않는다. 균은 유즙, 분비물, 분뇨를 통해 배출되며 이들에 오염된 사료에 의해서나 경구적으로 감염된다.
- *B. suis*는 주로 돼지의 감염균으로 유산이나 성기능 감퇴를 일으킨다. 사람에 대한 병원성이 크고 동물 사이의 감염은 생식기를 통해 감염되며 경구감염도 있다.
- *B. melitensis*는 주로 염소나 양의 감염균으로 고환염, 부고환염, 유선염, 유산 등을 일으킨다. 동물의 젖이나 오줌을 통하여 균이 배출되어 이를 매개로 동물 사

이에서 감염되고 오염된 염소유로 만든 치즈로도 감염되며 실험실 근무자, 수의사, 도축업자 등에 잘 감염된다.

3) 임상증상

잠복기는 6주까지(보통 5~21일)로 성인에게 주로 발생하나 소아에게는 이환율이 낮다. 급성 혹은 서서히 발병하며 열이 단계적으로 올라가 오후에는 38~40℃의 고열이 되었다가 오전에는 평상시와 같은 열로 내려가, 발열이 불규칙하여 파상열이라 한다. 증상으로 발열, 발한, 무력감, 오한, 통증, 몸살, 간·비장의 비대, 백혈구수 감소, 변비, 패혈증 등을 유발한다.

4) 예 방

예방으로 가축의 예방접종, 이환동물을 조기 발견하여 격리나 살처분, 소독, 살균 등을 실시한다. 감염동물과 접촉하지 않도록 하고 식육, 우유나 유제품은 가열하여 섭취한다. 우리나라에서는 발병률이 매우 낮다.

4. 렙토스피라증(Leptospirosis, Weil's disease, Weil's syndrome)

1886년 Adolf Weil이 처음으로 언급하였고, 1907년 사체의 신장조직에서 처음 관찰하였으며, 1908년 Inada와 Ito가 원인균으로 확인하였다. 포유동물, 조류, 양서류, 파충류 등에 나타나는 급성발열성 질환으로 동남아시아와 극동지역에서 발생률이 높고 우리나라는 전국에서 산발적으로 발생한다. 9~10월에 추수기의 농부들이 주로 감염된다. 일반적으로 홍수 발생 뒤에 발생률이 높아지는 경향이 있어, 비가 많이 내린 해에는 주의해야 한다.

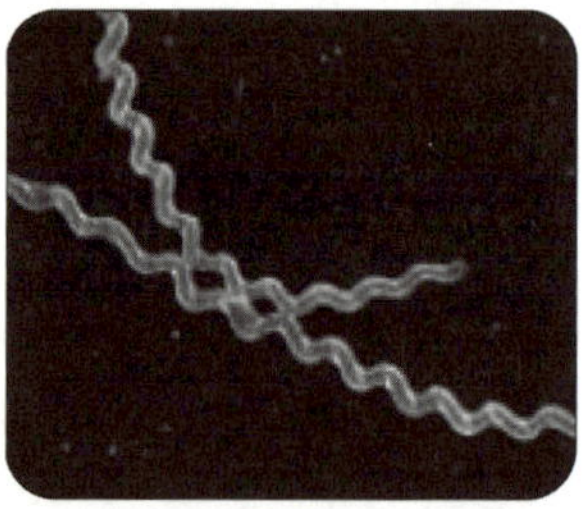

[그림 8-9] Leptospira

농림업, 어업, 축산업, 광업 종사자 및 수의사 등 관련 업종 종사자의 직업병이며, 업무상 밖에서 활동하는 사람들에게서 흔히 발생한다. 가축이나 야생 동물의 소변으로 전파되며, 감염된 동물(주로 쥐)의 소변이나 조직으로 오염된 하천이나 호수를 여러 명이 함께 이용할 때 집단 발생할 수 있다. 7~11월에 발생하나 특히 9~10월에 발생률이 높다.

1) 원인균

*Leptospira interrogans*와 *Leptospira biflexa* 두 종으로 크기가 0.1×6~20 μm 정도인 아주 가늘고 촘촘히 꼬인 나선형 모양이며 활발히 움직인다. 위액, 담즙, 젖 등에서 쉽게 사멸되고 열에 약하여 45℃ 증류수에서 20~30분, 50℃에서 10분, 60℃에서 10초, 70℃에서는 10초 이내에 사멸한다.

2) 감염경로

감염된 동물의 소변이 오염된 물, 토양, 식물 등에 상처가 접촉되어 감염되거나 감염동물과 직접접촉으로도 감염된다. 동물 중에서 쥐가 가장 중요한 병원소로 가을철에 농부들이 쥐의 오줌으로 오염된 농작물과의 접촉으로 감염된다. 농림업, 하수청소부, 어업, 축산업, 광업종사자, 수의사, 군인 등은 고위험군에 속한다.

3) 임상증상

잠복기로 동물은 2~20일 정도이나 사람은 7~12일 정도로 감기와 같은 증상으로 발열, 두통, 오한, 근육통, 충혈 등 다양한 증상이 나타난다. 증상은 수일에서 3주 정도 지속되며 경과는 혈증기(발열기)와 회복기(면역기)로 나눈다. 중증일 경우 간부전, 신부전증, 전신의 출혈 징후, 범발성 응고부전증, 심장염, 기침, 각혈, 폐출혈증 등도 나타난다.

4) 예 방

환자는 특별히 격리할 필요가 없으며 환자와 접촉한 사람도 특별한 관리가 필요 없다. 예방에는 쥐의 구제 및 가축에 예방백신을 접종한다. 야외에서 작업할 때는 고무장갑이나 장화를 착용하여 흙이나 물과 직접적인 접촉을 피한다. 가축과의 접촉도 피하고 오염된 물에서 수영을 하지 않는다.

5. 리스테리아증(Listeriosis)

*Listeria monocytogenes*는 1926년에 최초로 Murray 등이 언급하여 *Bacterium monocytogenes*라 하였으나 1940년에 Harvey Pirie가 *Listeria*로 이름을 변경하였다. 1923년 미국에서 처음 보고되었으나 1981년에 비로소 식중독균으로 확인되었다. 소, 산양, 말, 돼지, 닭, 오리 등에 많이 감염되나 사람에 감염은 아주 드물다. 임산부, 신생아, 어린이, 면역력

이 약한 성인 등에 잘 감염된다.

1) 원인균

*L. monocytogenes*로 Gram 양성의 포자를 형성하지 않는 간균이며 편모가 있고 운동성이 있는 통성혐기성이다. 0.4~50℃에서 증식할 수 있는 미생물로 자연계에 널리 분포하고 있다. 육류에서 검출빈도가 대단히 높다.

2) 감염경로

사람은 감염동물과 직접접촉하여 감염되거나 토양, 오염된 식육 및 식육가공품, 채소, 유가공품 등의 섭취에 의하여 경구감염된다.

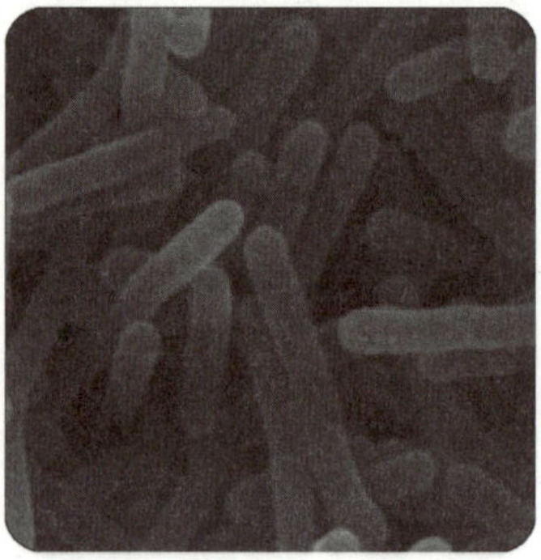

[그림 8-10] *L. monocytogenes*

3) 임상증상

증상은 7~10일간 지속되며 초기에는 감기증상과 비슷하여 발열, 근육통, 구토 등의 증상이 나타나나 메스꺼움이나 설사는 매우 드물다. 임산부에게 조산, 유산을 유발할 수 있고 신경계에 침투하면 수막염을 일으켜 지각장애, 보행이상 등의 신경증상을 일으킨다.

4) 예 방

전 세계적으로 분포하고 냉장온도에서도 증식이 가능하기 때문에 예방하기가 매우 어렵다. 식품을 안전하게 다루고 가열섭취하며 남은 음식은 먹기 전에 재가열한다.

6. 야토병(Tularemia, rabbit fever)

*Francisella tularensis*에 의한 인수공통전염병으로 미국 캘리포니아 주 Tulare 호수의 토끼에서 처음 발견되었고 1912년 GW McCoy가 병원균을 분리하였다. 산토끼를 비롯한 설치류와 가축 사이에 자연 감염되는 일종의 유행병이다.

1) 원인균

Gram 음성의 작은 구균이나 간균으로 운동성이 없는

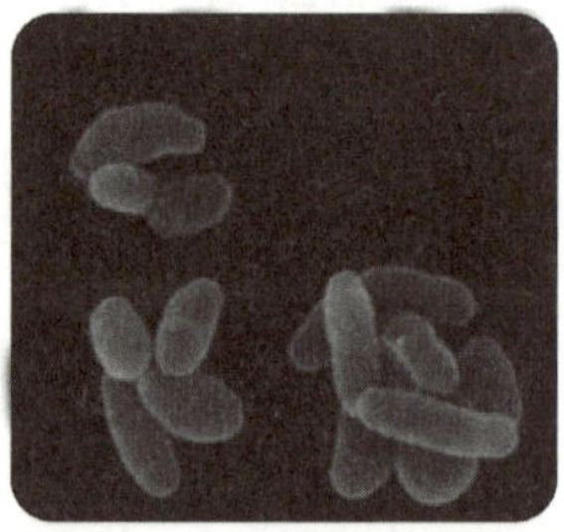

[그림 8-11] *Francisella tularensis*

호기성이다. 두 가지 형으로 A형인 *F. tularensis tularensis*는 북미 토끼류에서 발견되고, 사람이나 집토끼에 강한 병원균이며, B형인 *F. tularensis palaearctica*는 주로 수중 설치류인 비버나 사향쥐 등에서 발견된다. 저항력이 강하여 상온에서 상당기간 생존하나 56~58℃의 열에는 10분에 사멸하고 0.1% formalin으로 24시간 처리로 파괴되며 cresol도 효과적인 소독제이다.

2) 감염경로

산토끼들 간의 전파는 벼룩이나 진드기 같은 흡혈곤충에 의하며 동물 간에도 직접 접촉으로 감염된다. 사람은 동물의 오줌, 혈액, 침 등에 의하여 상처로 감염되며, 박피 또는 조리할 때 경피감염된다. 덜 익은 산토끼 고기를 섭취하거나 오염된 손으로 눈을 만지면 안구에도 감염된다.

3) 임상증상

잠복기는 1~14일(보통 3~5일)이며 오한과 발열이 주증상이고 침입부위의 피부에 궤양이 생기고 국소의 림프선이 붓는다. 흡입하면 결핵과 같은 증상이 나타나고 소화기관으로 감염 시 목아픔, 복통, 설사, 구토 등의 증상이 나타난다.

4) 예 방

동물들 간의 유행지역에서는 음용, 수영, 작업 등을 삼가고 산토끼 취급 시 장갑을 착용하여 상처를 통한 감염을 예방하고 고기는 충분히 가열조리 후 섭취한다.

7. 돈단독(Swine erysipelas)

돈단독은 *Erysipelothrix rhusiopathiae*가 원인균으로 1878년 Robert Koch가 처음으로 확인하였고, 1885년 Loeffler가 발견하였다. 돼지와 칠면조가 주로 감염되고 조류, 양, 어류, 파충류 등도 감염된다. 단독양 피부염과 패혈증을 일으키는 질병으로 세계 각처에서 볼 수 있으며 우리나라 돼지에도 많이 유행하고 있다.

1) 원인균

*Erysipelothrix rhusiopathiae*은 Gram 양성의 간균으로 아포와 협막이 없고 운동성도 없으며 통성혐기성이다. 열에 대한 저항력이 약하여 55℃에서 15분이면 사멸하나 석

탄산에는 저항력이 강하다. 냉동·냉장육, 염장·훈연햄, 혈액 등의 조직에서 몇 달간 생존이 가능하고, 12℃의 돼지 분변에서 6개월간 생존한다.

2) 감염경로

돼지는 소화기에 의한 감염이 주된 경로이고 피부의 상처부위나 점막으로 침입하는 경우도 있다. 사람에 감염은 병에 걸린 동물, 어류, 체표점액 등으로부터 창상감염이 주된 경로이며 경구감염되는 경우도 있다.

3) 임상증상

잠복기는 10~20일로 경피감염일 때는 국소경변으로 발적, 종창, 작열감을 시작으로 자홍색의 유단독 반점을 볼 수 있다. 대개 1~2주 정도면 회복되지만 중증인 경우는 패혈증을 일으켜 사망하는 경우도 있다. 단독균 감염 시 피부병변, 관절염, 심내막염, 유산 등을 일으킨다.

4) 예 방

이환동물의 조기발견, 격리, 치료, 소독 등을 철저히 하고 돼지는 약독 생균백신 또는 사균백신으로 예방접종을 한다.

8-3-3. 인수공통전염병의 예방

인수공통전염병의 예방을 위하여 특히 다음과 같은 사항에 주의한다.

- 가축의 건강관리와 예방접종을 철저히 하고 동물 사이의 유행을 방지한다. 병에 걸린 동물을 조기에 발견하여 조치한다.
- 병에 걸린 동물을 판매하거나 취급하지 않는다.
- 외국에서 수입되는 가축, 육류, 유제품 등의 철저한 검역으로 병원균의 유입을 차단한다.
- 식품의 생산·저장·유통 시 냉동·냉장상태를 유지한다.

FOOD HYGIENE

9 식품과 기생충 질환 (Food and Parasitic Disease)

9.1 개 요

9-1-1. 기생충학

기생충학(parasitology)은 기생충(parasite)과 숙주(host)와의 생활관계를 연구하는 자연과학으로 기생충은 독립적으로 생명을 유지할 수 없어 반드시 다른 종류의 생물체(숙주)에 의존한다. Parasite라는 용어는 그리스어로 para(beside, 곁)와 sitos(to eat, 먹는 것)에서 유래하였다. 인체 기생충학(medical parasitology)은 인체와 관계되는 기생충을 연구하는 학문으로 원충류(protozoa), 선충류(nematoda), 흡충류(trematoda), 조충류(cestoda) 등을 대상으로 한다.

9-1-2. 기생충의 생활방식과 분류

서로 종이 다른 두 생물체에서 한 생물체가 다른 생물체의 내부나 외부에 살면서 다른 생물체의 영양분을 얻어먹으며 살아가는 생활방식을 기생생활(parasitism)이라 하며, 전자를 기생충, 후자를 숙주라고 한다. 병원성이거나 비병원성인 기생 생물체가 다른 생물체의 체내 또는 체외에 침입하여 정착하는 것을 감염(infection)이라 한다.

기생충의 생활사에서 일시적으로 유충기나 무성생식시기에 정착하는 숙주를 중간숙주(intermediate host)라 하고, 두 생물체를 중간숙주로 하는 기생충도 있어 첫 번째 생물체를 제1중간숙주(1st intermediate host), 두 번째 생물체를 제2중간숙주(2nd intermediate host)라 하며, 성충기나 유성생식기에 정착하는 생물체를 종숙주(final host, definitive host)라고 한다. 중간숙주는 연체동물, 곤충, 갑각류, 어류, 파충류, 조류, 포유동물 등으로 다양하고, 말라리아처럼 사람이 중간숙주의 역할을 하는 경우도 있다. 사람이 보유하고 있는 기생충과 같은 종의 기생충을 보유하고 있는 동물을 보유숙주(reservoir host)라 하고, 곤충이 중간숙주 또는 종숙주의 역할을 하면서 한 숙주에서 다른 숙주로 기생충을 전파하는 것을 매개체(vector)라고 한다.

기생충은 숙주의 기생부위에 따라 외부 기생충(ectoparasites)과 내부 기생충(endoparasites)으로 구분하고, 숙주에서의 기생기간에 따라서 일시적 기생충(temporary parasites)과 정류성 기생충(stationary parasites)으로 구분하며, 숙주의 병원성 유무에 따라 병원성 기생충(pathogenic parasites)과 비병원성 기생충(non-pathogenic parasites)으로 구분한다.

9-1-3. 기생충과 숙주

기생충은 종류에 따라서 숙주가 다르고 특이한 상호관계를 가지는데 정해진 종류의 숙주에서만 기생하는 것을 숙주특이성(host-specificity)이라 하며, 숙주는 기생충 때문에 병원성(pathogenicity)을 가진다. 숙주특이성은 절대적인 것이 아니며 숙주의 감수성, 숙주의 환경, 기생충의 생활조건, 면역학적인 인자, 진화 등의 요인들에 의하여 결정된다.

숙주의 체내에서 기생생활을 하는 기생충은 직·간접적으로 숙주에게 영향을 주어 숙주는 기생충 질환을 얻게 된다. 이러한 질환의 정도는 기생충의 종류, 독성, 숙주의 저항성, 기생충의 수, 기생충의 침입부위, 기생부위, 숙주 내에서의 발육속도, 기생충 감염 횟수 등에 따라서 달라진다. 숙주는 기생충으로 인하여 영양물질의 손실, 압박·

폐쇄 · 전색 · 교상 · 미입과 같은 기계적 장애, 조직의 손상 및 파괴, 자극이나 염증, 미생물 침입의 기회, 숙주의 allergy성 반응 등과 같은 좋지 않은 영향을 받는다.

9-1-4. 기생충 감염경로

숙주에 기생충이 감염되는 경로는 직접감염과 간접감염이 있다. 직접감염은 매개체를 통하지 않고 한 숙주에서 다른 숙주로 전파하는 방법이고, 간접감염은 흙, 물, 과채류, 동물 등을 매개체로 하여 침입하는 간접전파 방법이다. 인체에 기생하는 기생충의 대부분은 입을 통하여 경구감염되는데 이들 중 회충, 요충, 편충 등은 충란이 인체의 입을 통하여 감염되고, 십이지장충 유충이나 주혈흡충의 유미유충(cercaria)은 경피적으로 인체에 감염되며, 말라리아, 사상충, 트리파노조마 등은 모기나 흡혈성 파리 등의 매개곤충에 의하여 인체에 감염되어 성충으로 자란다.

말라리아와 같은 기생충은 수혈을 통하여 감염되기도 하고, 말라리아나 톡소포자충 같은 기생충이 임신한 보제에 감염될 경우 태아에 이행하여 태아 감염이 되기도 한다.

이외에 호흡기, 비뇨생식기, 결막 등으로 감염되는 경우도 있다.

9-1-5. 기생충 검사

기생충은 생물학적으로 형태, 생활사, 숙주 체내의 감염부위 등이 각각 다르기 때문에 검사방법은 각 기생충과 그 감염특징에 따라 달라진다. 기생충은 다른 질병검사처럼 간접적으로나 자동적으로 쉽게 할 수 있는 것은 아니어서, 기생충의 성충, 유충, 충란, 포낭형, 영양형 등을 현미경이나 육안으로 직접 확인 검사한다. 따라서 조충, 대변, 객담, 혈액, 소변, 근육, 피하조직, 장기조직, 체액, 혈청 등의 검사로 판별이 가능하다.

9-1-6. 기생충의 예방

기생충 감염을 예방하기 위해서는 각 기생충의 생리적 특성이나 생활사를 잘 파악하여 기생충이 숙주에 감염되는 경로를 차단하는 것이 중요하고, 기생충 질환의 퇴치를 위해서는 감염지역의 역학조사와 그 결과에 따라 적극적인 대처가 이루어져야 한다.

기생충의 인체감염은 자연환경, 개인위생, 사회·경제적 여건, 감염 기생충의 분포, 감염원, 감염경로 등 여러 가지 요인이 복합적으로 관여하기 때문에 개인을 대상으로 기생충 감염 예방을 실시하는 것은 효과를 거둘 수 없어 일정한 지역이나 집단에 대한 기생충 예방의 구체적 대책을 수립하여 실천하여야 한다.

기생충 질환을 예방하기 위해서는 다음과 같은 사항들을 준수한다.

- 기생충의 감염기회를 차단하고 환자나 보충자를 치료한다.
- 중간숙주나 매개체를 박멸하고 분뇨의 완전처리로 감염관계를 차단한다.
- 식육은 완전히 익히거나 끓여서 먹는다.
- 배변으로 장을 깨끗이 해준다.
- 화학적 예방을 실시한다.
- 기생충에 대한 교육과 계몽을 실시한다.

9.2 채소류로 감염되는 기생충

9-2-1. 회충(蛔蟲, *Ascaris lumbricoides*, Large roundworm)

1. 개 요

B.C. 3700년 중국의 황제시대와 B.C. 460년 Hippocrates시대부터 본 충에 대한 기록이 있다. 세계적으로 널리 분포하며 주로 온난 다습한 지방에서 감염률이 높다. 한국의 농촌지역에서는 과거에 채소류에 인분을 비료로 사용하여 감염률이 높았다.

[그림 9-1] 회 충

2. 생활사 및 감염경로

회충(蛔蟲)은 회충목의 회충과에 속하는 선형동물로 수컷은 길이 15~30cm, 너비 3~4mm, 암컷은 길이 20~35cm, 너비 4~6mm의 대형으로 장관 내에 기생하는 선충류 중에서 제일 크다. 담홍색 또는 회백색의 원주상 형태를 이루고 앞뒤 끝쪽은 가늘다. 충란의 크기는 50~75×35~50μm로 신선한 변 내에서는 담즙색소에 착색되어 황갈색을 띤다.

회충의 교미는 숙주 내에서 행해지며 수정은 수란관 안에서 이루어진다. 분변으로 배출된 회충의 수정란은 외계의 흙 속에서 온도나 습도 등의 조건이 알맞으면 18일~몇 주에 자충포장란으로 발육한다. 이들이 인체에 섭취되면 소장에서 유충(幼蟲)이 부화하여 소장 점막으로 들어가 문맥을 거쳐 폐로 이동한다. 폐에서 10~14일 동안 성숙하고 폐포로 침투하여 기관지와 인두(咽頭)를 거쳐서 소장에 이르러 정착한다. 감염 후 성충이 되어 알을 낳기까지 2~3개월 소요되고 수명은 1~2년 정도이다. 암놈 1마리는 1일에 20만 개 정도를 산란한다. 회충의 감염경로는 [그림 9-2]와 같다.

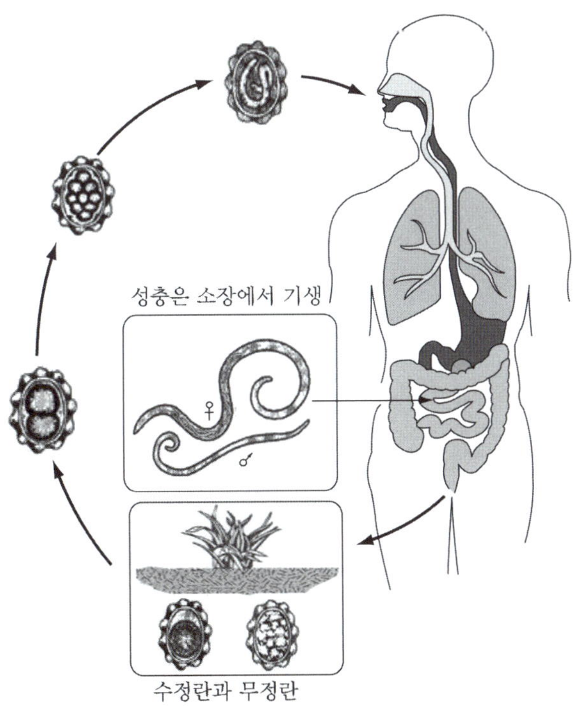

[그림 9-2] 회충의 감염경로

3. 증상 및 예방

유충이 폐로 침입하여 회충성 폐렴(ascaris pneumonitis)을 일으킬 수 있고 모세혈관을 파괴하여 출혈을 일으키기도 하며 유충이 뇌, 척수, 신장 등으로 이행하기도 한다. 한 번에 충란을 많이 섭취하면 감염 3일 후부터 열이 나기 시작하여 고열이 되면서 두통, 기침, 가래, 호흡곤란 등의 증상이 나타난다.

성충은 소장에서 소화물질을 갈취하기 때문에 소화불량, 식욕부진, 설사, 복통, 두통, 메스꺼움, 구토, 두드러기, 기침, 천식발작, 빈뇨 등이 나타나고 특히 소아에게는 토식증(geophagia)이 나타난다. 때로 목구멍이나 항문으로 나오기도 하고 콧속이나 귓속 등에 침입하는 경우도 있으며 감염수가 많으면 창자가 막히고, 드물게 창자에 구멍을 내기도 한다.

예방으로는

- 지역 전체를 대상으로 정기적·반복적으로 집단구충제를 복용한다.
- 채소류는 흐르는 물에 여러 번 씻은 후 섭취한다.
- 외출 후에는 손을 깨끗이 씻는다.
- 분변의 완전처리로 회충란을 사멸하고 비료로 사용하지 않는다.
- 회충란은 60℃에서 수초에 사멸하므로 가열 섭취한다.
- 화학약품 처리로 분변 속의 충란을 사멸한다.

9-2-2. 십이지장충(구충·鉤蟲, Hookworm)

1. 개 요

1838년에 이탈리아 내과의사 Angelo Dubini가 여자농부를 검시 중 십이지장(duodenum)에서 본 충을 발견하였고 1843년 이것을 *Anchylostoma duodenale*로 명명하였다. 1896년에 Arthur Looss는 본 충이 피부로 감염되는 것을 증명하였다. 우리나라는 *A. duodenale*의 유행만이 밝혀져 십이지장충이

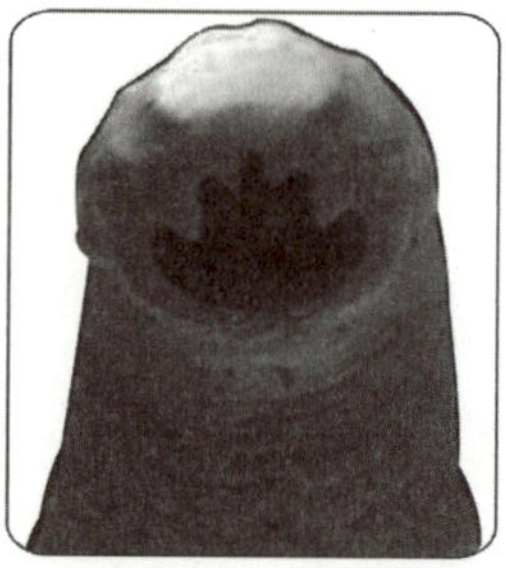

[그림 9-3] 십이지장충

라고 불렀는데 이후 아메리카 십이지장충인 *Necator americanus*의 감염과 유행도 알려졌다. *A. duodenale*을 두비니 구충이라 하며 병원성이 더 강하다. 세계적으로 분포하며 주로 열대와 아열대 지방에서 감염률이 높고 온대지방에도 분포한다.

2. 생활사 및 감염경로

십이지장충은 원충목 구충과에 속하며 크기는 암컷 11~14mm, 수컷 10~13mm로 암컷이 더 크며 너비는 모두 0.5mm 정도이다. 입은 주머니 모양이며 속에 2쌍의 날카로운 이빨이 있고 꼬리 끝에 교접낭(copulatory bursa)이 있다. 충란은 달걀 모양의 원형이며 무색투명하고 안쪽에 난황막이 있다. 성숙기간은 5주 정도로 하루에 1마리가 10,000~20,000개의 알을 낳는데 크기는 0.6mm이다. 숙주 내에서 수명은 5년 정도이다.

분변으로 배출된 충란은 온도, 습도, 그늘 등의 조건이 알맞으면 1~2일에 부화하여 라브디티형 유충(rhabditiform larva)으로 되어 분변이나 토양에서 세균이나 유기질을 섭취하며 성장한다. 탈피를 거듭하여 5~10일 후에 감염형인 사상유충(filariform larva)이 된다.

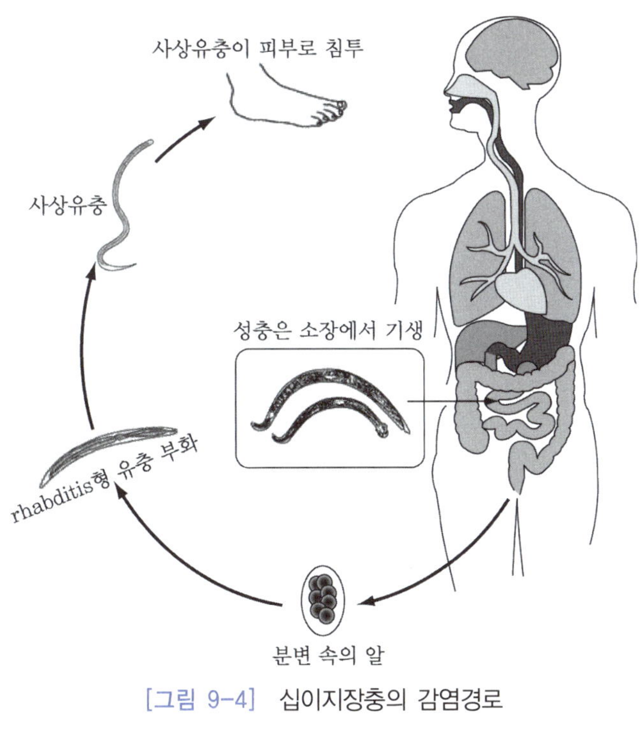

[그림 9-4] 십이지장충의 감염경로

인체에는 경구·경피감염된다. 토양 속의 사상유충은 피부를 뚫고 인체에 들어와 정맥을 통하여 심장과 폐로 간다. 폐포로 침입하여 기관지와 인두를 거쳐 소장으로 가 성충이 된다. 소장의 상부 공장에서 점막에 구강낭을 부착시키고 한 마리가 하루에 0.1~0.8cc(평균 0.2cc) 정도 흡혈하면서 살아간다. 십이지장충의 감염경로는 [그림 9-4]와 같다.

3. 증상 및 예방

증상은 유충이 피부로 침입할 때 피부염, 소양증 등을 일으키고 흡혈로 인한 혈액의 손실 및 철 결핍성 빈혈, 인체 조혈(造血)기능 저하, 복통, 설사, 궤양, 심한 부종, 심장의 비대, 저혈압, 토식증, 이상감각 등이다. 경구적으로 감염될 때에는 채독증(菜毒症)이 발생한다.

아메리카 십이지장충(*Necator americanus*)은 두비니 구충보다 작고 주로 피부를 통해 사람에게 감염되며, 흡혈량은 1마리가 하루에 약 0.03cc 정도이다.

예방으로는

- 개인위생을 깨끗이 유지하여 유충의 경구·경피감염을 방지한다.
- 채소는 깨끗이 씻어 섭취하고 김치는 담근 뒤 바로 먹지 말고 익혀 먹는다.
- 분뇨는 완전처리하고 비료로 사용하지 않는다.
- 정기적 검사를 하고 구충제를 복용한다.

9-2-3. 요충(蟯蟲, *Enterbius vermicularis*)

1. 개 요

Hippocrates시대부터 알려졌으며, 1853년 Leach가 *Enterbius*속을 명명하였다. Pinworm, threadworm, seatworm이라고 하는 요충은 전 세계적으로 분포하면서 몸은 명주실처럼 가늘고 희다. 주로 어린이들에게 많이 감염된다.

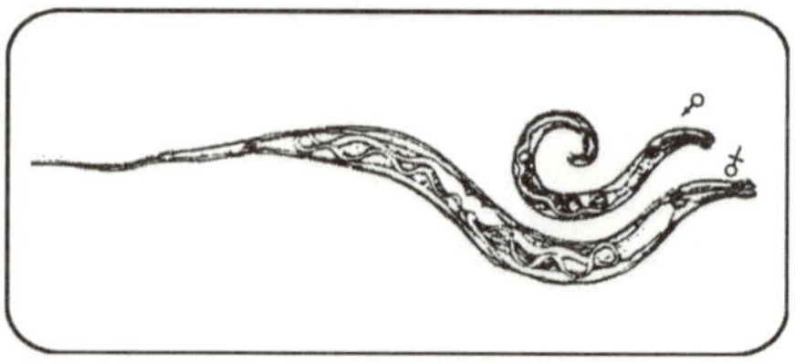

[그림 9-5] 요충의 성충

2. 생활사 및 감염경로

회충목 요충과에 속하는 기생충으로 크기는 암컷 10~13×0.3~0.5mm, 수컷 3~5×0.1~0.2mm로 희고 가는 충체이다. 암컷은 꼬리가 뾰족하고, 수컷은 말려 있다. 두부에는 특이한 두익(cephalic alae)이 있고, 식도는 간상형으로 체장(體長)의 1/5~1/4을 차지하며, 후식도구(postesophageal bulb)가 발달되어 있다. 충란의 크기는 길이 0.058mm, 너비 0.028mm로 감씨 모양이며 한쪽이 덜 구부러져 있는 좌우비대칭형이다.

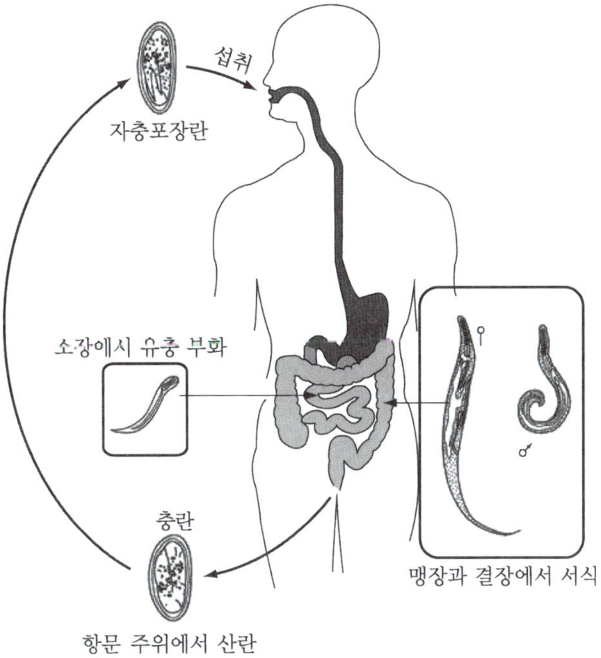

[그림 9-6] 요충의 감염경로

분변으로 배출된 충란을 경구적으로 섭취하면 소장에서 부화하고 맹장과 결장에 이르러 성충으로 성장한다. 성숙된 암컷은 약 11,000개의 충란을 가지고 있으며, 암컷은 산란기가 되면 대장보다는 항문 주위의 피부나 점막에서 산란한다. 감염 후 30일 정도면 성충으로 성숙하며 수명은 약 2개월 정도이다. 성충은 보통 1시간 동안에 6,000~10,000개의 알을 낳는다. 요충의 감염경로는 [그림 9-6]과 같다.

3. 증상 및 예방

밤에 잠자는 동안에 산란하는 경우가 많고 산란 후 암컷은 죽는다. 충란은 몇 시간 후 감염이 가능한 유충으로 변한다. 산란 시 심한 소양감을 갖게 하며 항문 주위를 긁어 종창이 생기고 충란이 손가락에 묻어 입으로 들어가 자가감염을 일으키거나 침구에 오염되어 가족에게 감염을 일으킨다.

어린이에게는 수면장애, 식욕감소, 불쾌감, 신경과민 등을 초래한다. 위장장애로는 복통, 구역, 구토, 설사 등과 직장부에 괴양이나 만성 충수돌기염을 일으킨다.

학동의 경우에는 학력의 저하와 성격이상(性格異常)의 원인이 된다. 전파력이 강하고 재감염이 잘될 뿐만 아니라 장내의 어린 요충은 구충제로 제거가 어려워 예방 및 치료에 주의해야 한다.

예방으로 가장 중요한 것은 손을 깨끗하게 씻는 것으로, 특히 음식물을 먹기 전에 꼭 손을 씻도록 하며 손가락을 빨지 않도록 주의시킨다. 전 가족 또는 구성원 전원의 구충을 동시에 실시하고, 20일 간격으로 3회 이상 반복 치료한다. 충란이 내의나 침구에 묻어 전파되므로 이들을 세탁하여 청결하게 유지하고, 좌변기는 비눗물로 매일 닦는다.

9-2-4. 편충(鞭蟲, *Trichuris trichiura*, Whipworm)

1. 개 요

1761년에 Roederer가 *Trichuris*라 명명하였고, 1771년에 Linnaeus가 처음으로 인체기생충으로 기재하였다. 세계 각지에 분포하며 회충과 같이 감염되고 검출되는 경우가 많다.

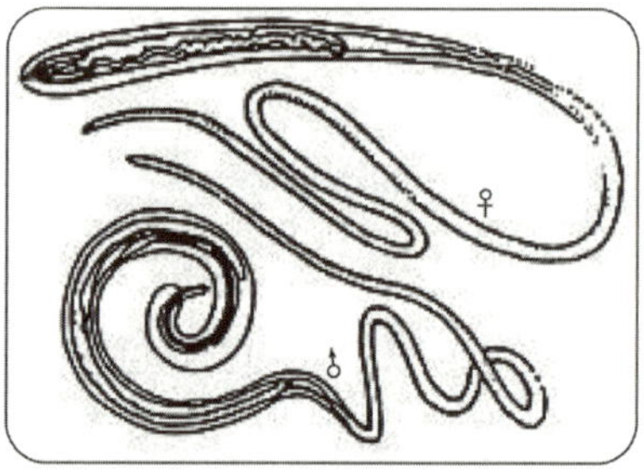

[그림 9-7] 편충

2. 생활사 및 감염경로

유침목 편충과에 속하는 쌍기충류로 크기는 길이가 암컷이 35~50mm, 수컷이 30~45mm 정도이다. 몸 앞부분의 5분의 3은 가늘고 긴 채찍 모양이며, 뒷부분은 육질로서 굵고 그 안에 생식기와 장관이 들어 있어 말채모양이다. 수컷은 뒤끝이 구부러져 있는 것이 특징이다. 몸의 앞부분을 숙주의 장관 점막에 깊이 묻고 흡혈한다. 충란의 크기는 50~54×22~23 μm로 갈색이며 앞뒤에 뚜껑이 있다.

분변으로 배출된 충란은 흙 속에서 2~3주에 감염형인 자충포장란이 되어 인체에 섭취되면 소장에서 부화하고 대장의 맹장, 충수돌기, 결장 등으로 내려와 성숙 후 정착한다. 인체에 감염되어 60~70일 정도 성숙한 후에는 알을 낳기 시작한다. 성숙한 암놈은 하루에 2,000~10,000개의 충란을 산란하고 수명은 5년 정도이다. 개에 기생하는 개편충(*T. vulpis*), 반추동물에 기생하는 양편충(*T. ovis*) 등도 있다. 편충의 감염경로는 [그림 9-8]과 같다.

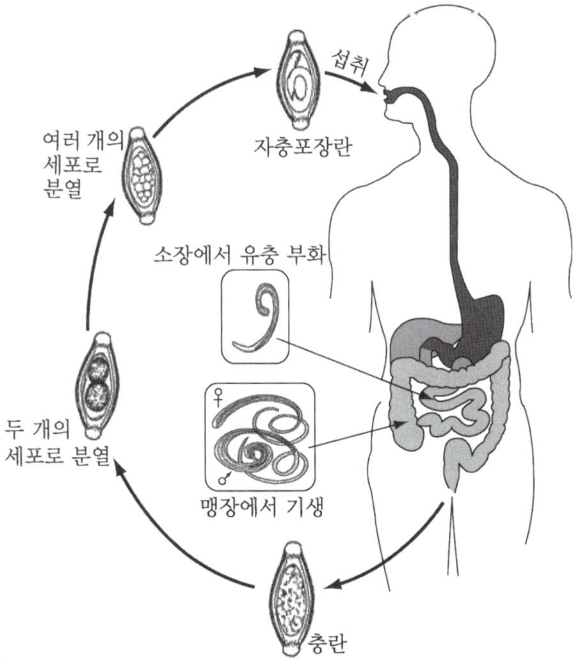

[그림 9-8] 편충의 감염경로

3. 증상 및 예방

회충이나 구충과 함께 토양을 매개로 하여 감염되는 기생충으로 보통 10마리 이하가 감염되면 증상을 느낄 수 없으나 200마리 이상이면 충혈, 염증, 혈변, 설사, 소화불량, 복통, 충수염, 식욕감퇴, 체중감소, 빈혈 등이 나타나고 심하면 탈항도 생긴다.

예방은 일반적으로 회충의 예방법에 준하며 분변을 위생적으로 처리하여 충란을 제거한다. 손은 청결하게 유지하고 채소는 깨끗이 씻어 먹으며 보건교육을 실시하고 구충제를 정기적으로 복용한다.

9-2-5. 동양모양선충(東洋毛樣線蟲, *Trichostrongylus orientalis*)

1. 개 요

1889년 Ogata가 처음 발견하였고 1913년 Jimbo가 *Trichostrongylus orientalis*로 명명하였다. 한국, 일본, 대만, 중국, 말레이시아 등 아시아지역에 분포하고 중남미에서도 보고되었다.

2. 생활사 및 감염경로

원충목 모양선충과로 쌍선충류에 속하며 크기는 암컷의 길이 4.9～6.7mm, 너비 0.075~0.087mm, 수컷의 길이 3.8～4.8mm, 너비 0.07~0.08mm로 반투명한 엷은 회백색으로 가늘고 긴 털모양이다. 머리 부분에 구강낭은 없고 3개의 유두가 있다. 충란의 크기는 75～91×47 μm의 장타원형(長惰圓形)으로 한쪽 끝이 뾰족하고 비대칭을 이루고 있다. 충란 내에는 많은 난세포가 포도알처럼 존재하는데 상실분열기(morula stage) 상태로 변과 함께 배출된다.

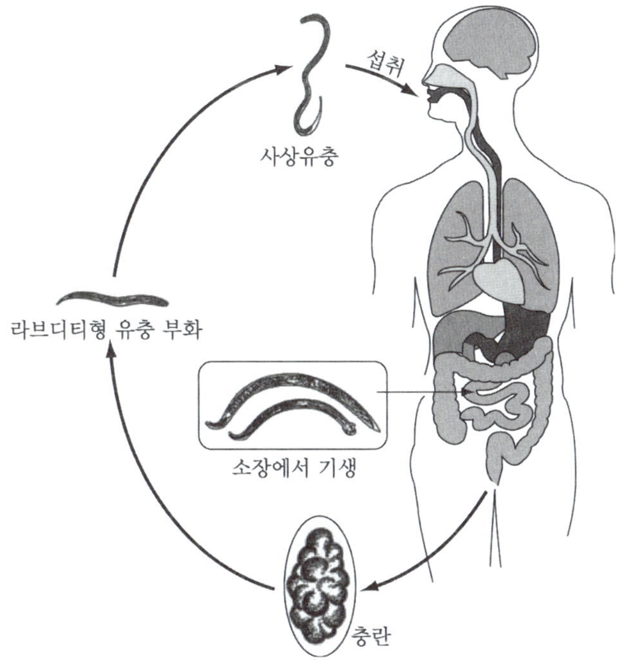

[그림 9-9] 동양모양선충의 감염경로

분변으로 배출된 충란은 온도와 습도가 알맞으면 며칠 내에 부화한다. 라브디티형 유충(rhabditiform larva)은 토양이나 채소류에서 5~10일간 성장 후 탈피하여 감염형인 사상유충(filariform larva)으로 된다. 경구적으로 감염된 유충은 위장을 지나 소장점막에 머리를 묻고 기생한다. 감염 후 25일 정도면 성충으로 성숙하며 폐로 이행되는 경우는 없다. 동양모양선충의 감염경로는 [그림 9-9]와 같다.

3. 증상 및 예방

소장점막에 머리를 묻고 기생 시 독소를 분비하고 흡혈한다. 소수의 감염으로는 특별한 증세를 느끼지 못하지만 다수가 감염되면 소장점막에 염증이 생기고 소화장애, 복통, 설사, 피로감, 빈혈 등 구충증과 비슷한 증상이 나타난다. 구충 예방법에 준하며 인분은 위생적으로 처리하고, 채소는 흐르는 물에 깨끗이 씻어 먹는다.

9.3 어류 및 패류로 감염되는 기생충

9-3-1. 폐흡충(肺吸蟲, *Paragonimus westermani*, Lung fluke)

1. 개 요

1877년 Westerman이 유럽의 동물원에서 죽은 호랑이 폐에서 처음 발견하였고, 1879년 Ringer가 사람의 폐에서 발견하였으며, 1899년 Braun이 *Paragonimus westermani*라고 명명하였다. 1880년에 Manson과 Erwin von Baelz는 객담에서 충란을 확인하였고 Manson은 중간숙주로 달팽이를 지목하였으며 일본 학자들은 1916~1922년에 달팽이에서의 생활사를 밝혀냈다.

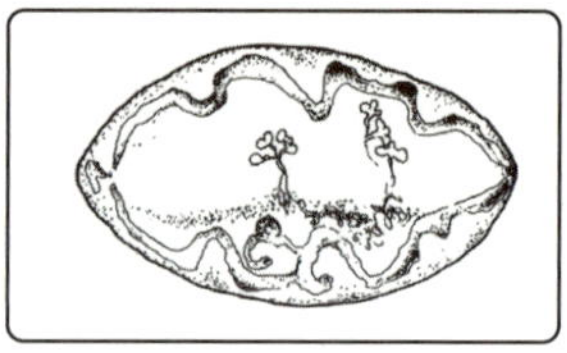

[그림 9-10] 폐디스토마

사람을 비롯한 포유동물의 폐에 기생하기 때문에 폐디스토마라고도 한다. *Paragonimus westermani*, *P. ohirai*, *P. iloktsuenensis*, *P. kellicotti* 등 4종이 알려졌으나 인체에 가장 중요한 것은 *Paragonimus westermani*로 보통 폐흡충이라 한다. 일본, 중국, 대만, 태국, 인도, 월남, 말레이시아, 뉴기니아, 한국 등 극동지역과 아프리카, 에콰도르 등에도 분포하고 있다. 우리나라는 허준(1610년)의 동의보감에 폐충이라 기재하였으며, 폐토질, 토혈증으로 불려왔다.

2. 생활사 및 감염경로

이생목(二生目) 폐흡충과에 속하는 편형동물이다. 성충은 자웅동체로 크기는 길이 7~16mm, 너비 4~8mm, 두께 3~6mm이며 난원형으로 황갈색이다. 충란의 크기는 68~118×48~60 μm로 난원형의 황갈색이다. 난각은 비교적 두껍고 난개가 있으며 충란 내에는 1개의 난세포와 다수의 난황세포가 있다.

객담이나 대변으로 외계에 배출된 충란은 수중에서 자충포장란으로 되어 유모유충(miracidia)으로 발육되고 제1중간숙주인 다슬기(*Semisulcospira libertina*)에 침입하여 포자낭유충(sporocyst) → 레디유충(redia) → 유미유충(cercaria)을 거쳐 탈출한다. 탈출한 유미유충은 제2중간숙주인 가재나 게의 아가미, 내장, 근육 등에 침입하여 피낭유충(metacercaria)이 된다. 게 한 마리에서 최고 1,160개의 피낭유충이 발견된다. 사람이 섭취하면 십이지장에서 탈낭하고 어린 충체는 장벽을 통과하여 복강, 횡격막을 관통하여 흉강막을 지나서 폐에 침입하여 성충으로 발육한다. 감염 후 산란하기까지는 65~90일 정도 걸리고 수명은 5~6년이다. 종숙주는 사람 이외에 돼지, 개, 여러 고양잇과 동물 등이다. 폐흡충의 감염경로는 [그림 9-11]과 같다.

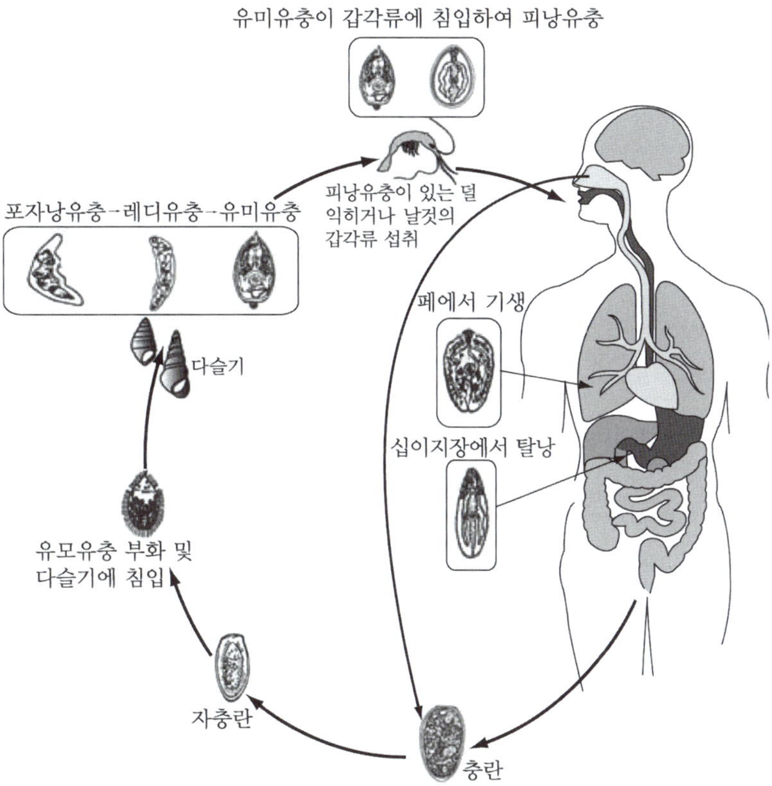

[그림 9-11] 폐흡충의 감염경로

3. 증상 및 예방

증상은 기침, 객혈, 객담, 흉통, 두통, 위장증상, 쇠녹물 색 가래, 전신쇠약, 식은 땀 등이며 합병증으로 기관지 확장, 가성폐렴(pseudopneumonia), 유결핵성 농양(tuberculoid abscess) 등이 있다. 다수의 감염으로 폐 이외에 흉곽, 배, 뇌나 척수, 생식기 등에 침범하면 이소적 기생(ectopic infection)을 유발한다. 예방을 위해서는 덜 익힌 민물 게나 가재의 섭취를 금하고 구충제를 집단복용한다.

9-3-2. 간흡충(肝吸蟲, *Clonorchis sinensis*, Chinese liver fluke)

1. 개 요

1875년 Cobbold가 중국인 목공에게서 최초로 발견하여 *Distoma sinensis*라 명명하였으나, 1907년 Looss가 *Clonorchis sinensis*로 개명하였다. 1911년 Kobayashi는 한국에서 제2중간숙주를 발견하였고 1917년 Muto는 제1중간숙주를 증명하였다. 중국, 대만, 월남, 한국 등 극동지역에 분포하며 감염률이 높다. 한국에서는 낙동강, 영산강, 섬진강 유역에 사는 사람들에게 감염률이 높다. 간토질 또는 간흡충이라고도 한다.

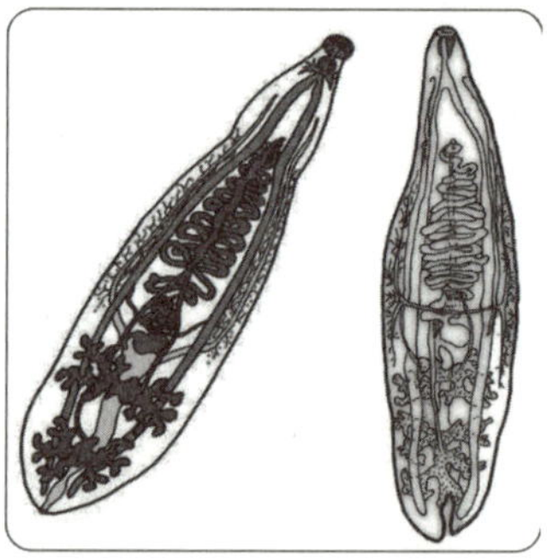

[그림 9-12] 간디스토마

2. 생활사 및 감염경로

이생목(二生目) 흡충과의 편형동물로 성충은 자웅동체이며 길이 10~25mm, 너비 3~4mm다. 버드나무잎과 같이 길고 납작한 황갈색 또는 담홍색이다. 충란은 달걀 모양으로 크기는 27.3~35×12~20 μm이며 황갈색이다.

분변으로 배출된 충란은 담수에서 제1중간숙주인 왜우렁(Bulimus)에게 섭취되어 유모유충(miracidium) → 포자낭유충(sporocyst) → 레디유충(redia) → 유미유충(cercaria)으로 되어 왜우렁이에서 탈출한다. 제2중간숙주인 참붕어, 피레미, 모래무치, 잉어, 은어 등과 같은 담수어에 침입하여 피부나 근육 내에서 피낭유충(metacercaria)으로 된다. 피낭유충에 감염된 담수어를 생식하면 십이지장에서 trypsin 등의 소화액 작용으로 탈낭하여 인체의 총담관을 거쳐서 담도의 말단부로 이행하여 기생한다. 충란에서 성충이 되기까지는 약 3개월 걸리며 수명은 15~20년 정도다. 종숙주는 사람을 비롯한 고양이, 개 등이고 쓸개나 담관에 기생한다. 3번째로 감염률이 높은 기생충이고 간디스토마의 감염경로는 [그림 9-13]과 같다.

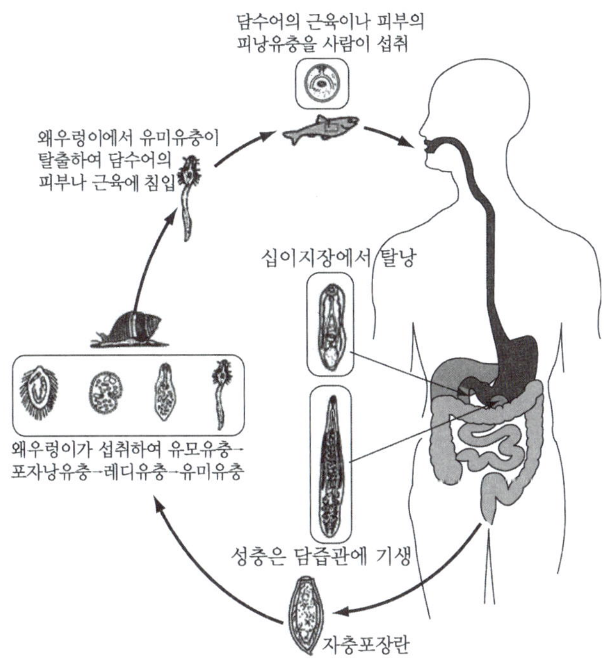

[그림 9-13] 간디스토마의 감염경로

3. 증상 및 예방

사람은 날것이나 덜 익힌 민물고기를 섭취하여 감염된다. 100마리 이하의 감염에서는 증상이 거의 없으나 많은 수에 감염되면 간비대, 소화불량, 복부팽만, 비장종대, 황달, 야맹증 등이 나타나고 중증일 때는 합병증으로 담관염, 담석, 간경변, 담관암 등이 나타날 수 있다.

예방으로는 날것이나 덜 익힌 담수어의 생식을 피하고 보건교육을 실시한다. 환자에 대한 집단투약, 분변에 의한 강물오염을 방지한다.

9-3-3. 광절열두조충(*Diphyllobothrium latum*, Broad fish tapeworm)

1. 개 요

1592년 Dunus가 해산어류에서 충체를 발견하였고, 1858년 Cobbold가 *Diphyllobothrium latum*라 명명하였다. 핀란드, 스웨덴, 이탈리아, 독일, 발틱 연안, 북미 등의 북반구에 많이 분포하고 있으며 한국, 일본, 루마니아, 우간다에서도 보고되고 있다.

[그림 9-14] 광절열두조충

2. 생활사 및 감염경로

열두조충과의 기생충으로 성충의 크기는 3~10m로 3,000~4,000개의 편절이 있으며 폭이 넓고 길이가 짧아 광절(廣節)이라 한다. 성충은 두절, 목, 몸체 등으로 구분하며 두절은 곤봉모양의 1~2mm 크기로 2개의 갈라진 흡구가 있고 각각의 편절에는 50,000개의 알이 있다. 충란의 크기는 58~76×40~51 μm로 담황색의 난원형이며 후미에는 돌출된 작은 돌기가 있다.

분변으로 배출된 충란은 수중에서 자충포장란으로 되고 부화하여 구구충(coracidia)이 된다. 제1중간숙주인 물벼룩이 구구충을 섭취하여 전의미충(procercoid)으로 되고, 제2중간숙주인 연어, 송어, 농어, 숭어 등이 물벼룩을 섭취한다. 이들의 근육이나 간에서 의미충(plerocercoid)으로 되고 이것에 감염된 날것이나 덜 익힌 생선을 섭취하면 소장에서 성숙하여 성충이 된다. 성숙기간은 5~6주이고 6~14년간 생존 가능하다. 사람, 개, 고양이 등에 기생한다. 광절열두조충의 감염경로는 [그림 9-15]와 같다.

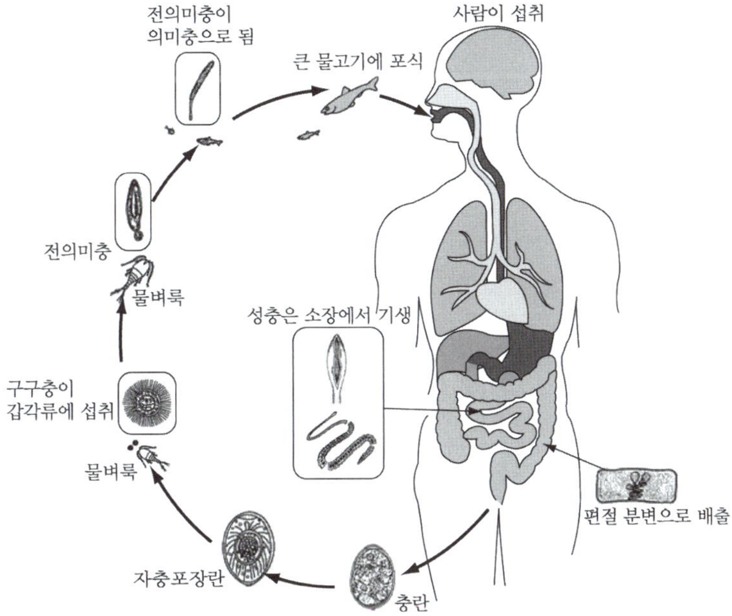

[그림 9-15] 광절열두조충의 감염경로

3. 증상 및 예방

증상은 소화기 장해, 복통, 선통, 설사 등이고 비타민 B_{12}가 부족해져 악성빈혈과 같은 증상이 나타난다. 예방은 날것이나 덜 익힌 연어, 송어, 농어, 숭어 등과 같은 중간숙주 섭취를 금한다.

9-3-4. 유극악구충(*Gnathostoma spinigerum*)

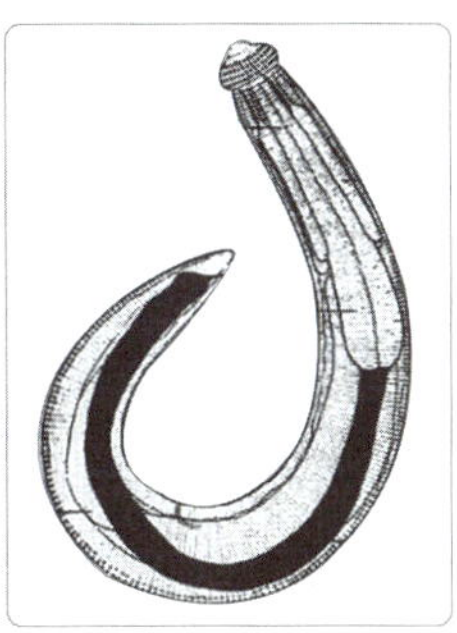

[그림 9-16] 유극악구충

1. 개 요

1836년 Owen이 런던동물원에서 폐사한 어린 호랑이의 위벽에서 최초로 발견하였다. 육식동물의 위에 기생하는 기생충으로 인수에 공통 감염된다. 태국, 인도, 말레이시아, 중국, 일본, 오스트레일리아, 미국, 멕시코 등에서 발견된다.

2. 생활사 및 감염경로

성충의 크기는 암컷 25~55×2mm, 수컷 11~25×1mm로 두부에 소침상(小針狀)의 가시가 있다. 분변으로 배출된 충란은 수중에서 자충포장란으로 되고 부화하여 유충이 된다. 제1중간숙주인 물벼룩이 유충을 섭취하고 물벼룩을 제2중간숙주인 가물치, 메기, 뱀장어, 양서류, 파충류, 조류, 갑각류, 포유동물 등이 섭취하면 유충은 근육으로 이동한다. 유충에 감염된 제2중간숙주를 종숙주가 섭취하면 위벽에서 성충으로 성장한다. 사람은 유충이 있는 날것이나 덜 익힌 담수어, 가금류 혹은 물벼룩에 있는 유충을 섭취하면 감염된다. 종말숙주는 돼지, 고양이, 개, 야생동물 등이다. 유극악구충의 감염경로는 [그림 9-17]과 같다.

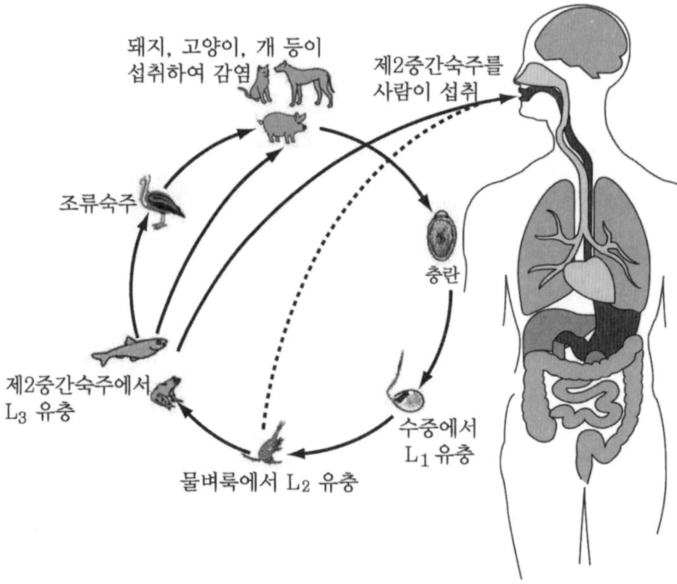

[그림 9-17] 유극악구충의 감염경로

3. 증상 및 예방

감염되면 빠른 속도로 피하조직으로 이동하여 피부종양을 일으키고, 장관에 침입하면 출혈이나 종괴를 형성하기도 한다. 예방은 담수어인 가물치, 메기, 뱀장어 등의 생식을 피한다.

9-3-5. 요코가와흡충(*Metagonimus yokogawai*, Intestinal fluke)

1. 개 요

1911년 Yokogawai가 은어에서 피낭유충(metacercaria)을 발견하였고, 1911~1913년 Katsurasa가 충체를 처음 발견하였다. 중국, 일본, 대만, 시베리아, 인도네시아, 스페인, 한국 등 극동지방에 주로 분포한다. 우리나라에는 70년대에 알려졌고 80년대 이후에 13종의 장흡충이 추가로 확인돼 우리나라에 분포하는 장흡충의 종류는 14종이다. 하동, 제주도, 밀양, 대구, 강원도 등지에서 감염률이 높다.

[그림 9-18] 요코가와흡충

2. 생활사 및 감염경로

장흡충류로 인체에 기생하는 흡충류 중 가장 작다. 성충은 자웅동체로 크기가 1.0~2.0×0.4~0.75mm(평균 1.2mm)의 작은 난원형이다. 충란은 간흡충의 형태와 비슷하여 크기가 28~30×16~17 μm이다.

분변으로 배출된 충란은 수중에서 부화하여 유모유충(miracidium)으로 되고 제1중간숙주인 다슬기(*Semisulcospira* sp.)가 충란을 섭취하면 근육 속에서 유모유충이 탈낭하여 포자낭유충(sporocyst) → 레디유충(redia) → 유미유충(cercaria)으로 되어 다슬기로부터 탈출한다. 유미유충이 제2중간숙주인 담수어로 잉어나 은어에 침입하여 근육 등에서 피낭유충(metacercariae)이 된다. 종숙주에 섭취된 후 소장에서 탈낭하고 점막 내에서 7~10일간 성숙하여 기생한다. 종숙주는 사람 외에 개, 고양이, 돼지, 쥐, 조류 등이며 소장에 기생한다. 요코가와흡충의 감염경로는 [그림 9-19]와 같다.

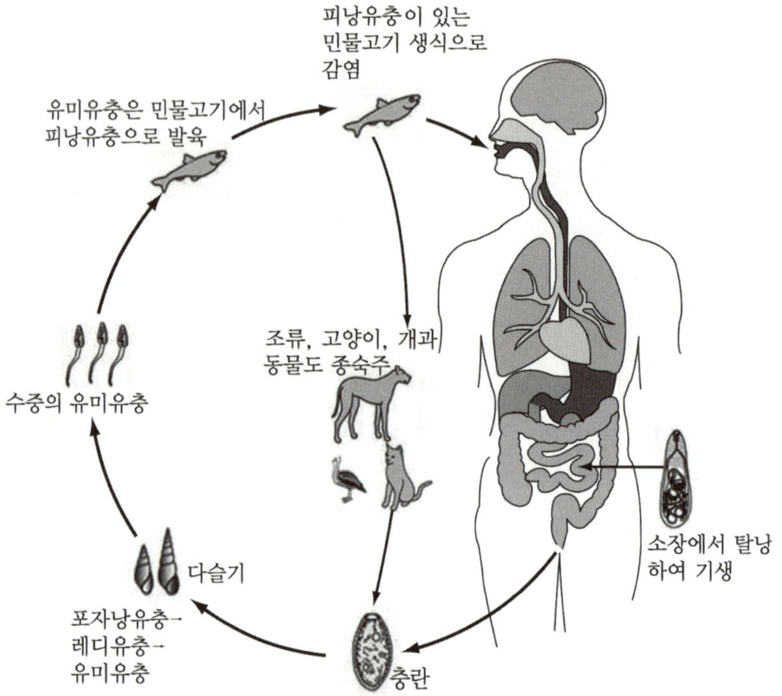

[그림 9-19] 요코가와흡충의 감염경로

3. 증상 및 예방

증상은 소장의 점막에 침입하기 때문에 장염, 식욕감퇴, 소화불량, 설사, 복통, 혈변, 탈력감 등으로 이질 증상과 혼동하기 쉽다. 예방은 날것이나 덜 익힌 잉어나 은어의 섭취를 금하고 보건교육을 실시한다. 환자에게 집단으로 구충약을 복용시키고 분변이 강물에 오염되지 않도록 관리한다.

9-3-6. 아니사키스(고래회충, *Anisakis* sp.)

1. 개 요

해산 포유동물로 고래, 물개, 바다표범 등에 감염하는 회충의 일종으로 현재까지 10여 종이 밝혀졌다. 감염증을 anisakiasis라고 하며 스칸디나비아, 일본, 네덜란드, 남아

메라카의 태평양 연안 등에서 발생한다.

2. 생활사 및 감염경로

[그림 9-20] 아니사키스

성충의 크기는 암컷이 12cm, 수컷이 8cm로 암컷이 더 크다. 해산 포유동물로 고래, 돌고래, 물개 등에서 외계로 배출된 충란은 수중에서 자충포장란으로 되고 부화하여 유충이 수중으로 나와 자유 유영한다. 유충은 제1중간숙주로 갑각류인 새우에 섭취되고 이를 제2중간숙주인 고등어, 갈치, 도미, 대구, 오징어, 청어, 바다장어 등에 섭취되어 내장, 장관, 근육조직 등에서 Anisakis 유충이 기생한다. 이들이 종숙주인 해산포유류에 섭취되어 장내에서 성숙한다. 인체에는 날것이나 덜 익힌 제2중간숙주인 어류를 섭취하면 감염된다. 아니사키스의 감염경로는 [그림 9-21]과 같다.

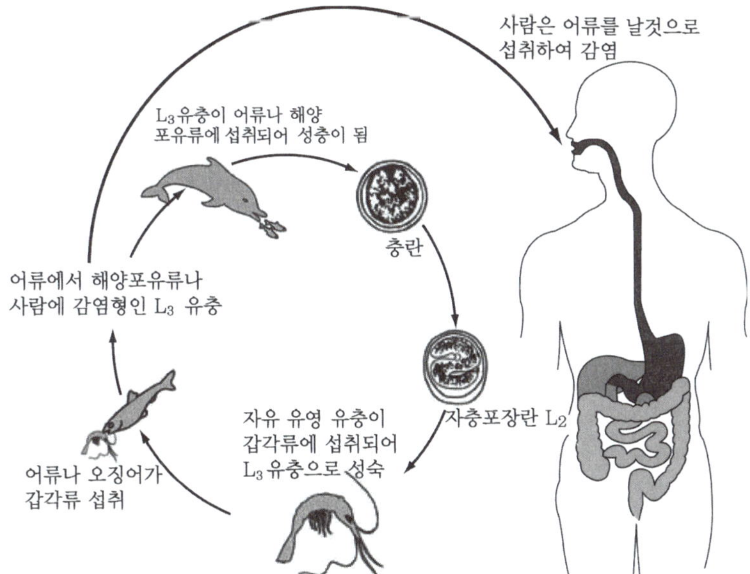

[그림 9-21] 아니사키스의 감염경로

3. 증상 및 예방

인체에 침입한 유충은 수시간 후 상복부의 경련성 동통, 구토, 오심 등 식중독과 비슷한 증상을 보인다. 급성충수염, 장폐색증, 위궤양 등과 혼동하기 쉽다. 예방은 해산어류나 두족류를 날로 먹지 않고 특히 이들의 내장을 날로 먹는 일은 삼가야 한다. 어류를 냉동 처리하는 것도 감염예방에 좋은 방법이다.

9.4 육류로 감염되는 기생충

9-4-1. 유구조충(*Taenia solium*, Pork tapeworm)

1. 개 요

1856년 Leuckart가 본 충을 돼지고기에서 발견하였고 생활사를 밝혔다. 돼지와 사람에 감염되고 아시아, 아프리카, 남아메리카, 북아메리카, 남유럽 등 세계적으로 분포하고 있으며 특히 돼지고기를 많이 먹는 슬라브족에 감염률이 높다. 우리나라는 낭미충증(cysticercosis)이 성충 감염률보다 높다.

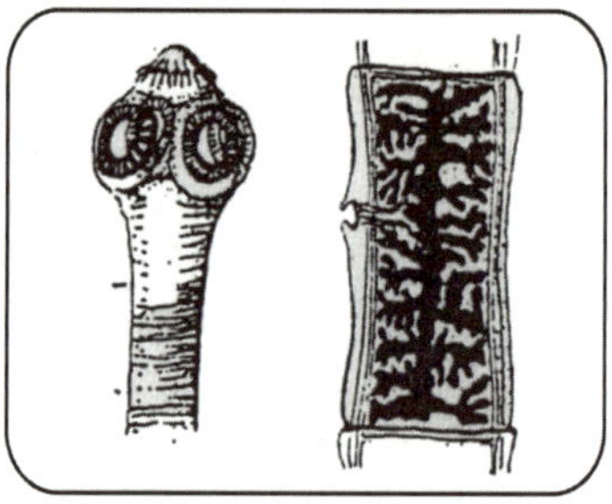

[그림 9-22] 유구조충

2. 생활사 및 감염경로

조충과의 기생충으로 성충은 길이 2~8m, 너비 7~8mm이며 몸체는 약 1,000개의 편절로 이루어져 있고 각 편절마다 30,000~50,000개의 충란이 있다. 두절은 1~2mm로 약간 구형이며 4개의 흡반과 26개 정도의 갈고리가 있어 갈고리촌충이라고도 한다.

분변으로 배출된 자충포장란이나 편절을 돼지가 섭취하면 소장에서 육구유충(oncosphere)으로 부화하고 근육조직에서 8~10주 후 유구낭미충(cysticerci)으로 성장한다. 유구낭미충이 있는 근육을 섭취하면 소장에서 8~10주 후 성충이 되고, 약 20년간 생존이 가능하다. 인체에는 날것이나 덜 익힌 돼지고기를 섭취하였을 때 감염되고 낭미충은 피하, 뇌, 눈 등에서도 증식이 가능하다. 유구조충의 감염경로는 [그림 9-23]과 같다.

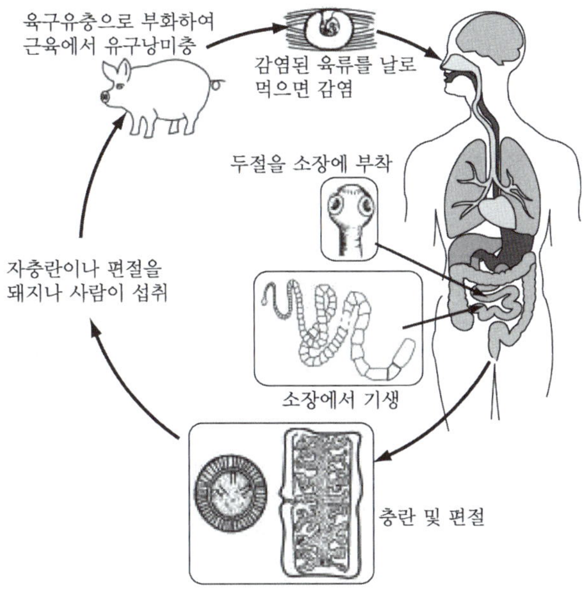

[그림 9-23] 유구조충의 감염경로

3. 증상 및 예방

낭충이 사람의 장기나 조직 즉 뇌, 안구, 근육, 심장, 피하조직, 간, 신장, 뼈, 대혈관, 혀 등에 기생하는데 이를 낭미충증(cysticercosis)이라고 한다. 사람의 소장에 성충이 기생하면 복부 불쾌감, 설사, 구역, 구토, 식욕항진, 장관을 폐쇄시키기 때문에 소화장애를 일으킨다. 낭충의 기생에 의한 장애가 성충에 의한 것보다 심하다. 낭충은 저항력이 상당히 강하여 상온에서 42일간 생존가능하고 냉장에도 저항력이 강하며 일시적인 염지로도 사멸되지 않는다. 성충이 있는 돼지고기 근육을 날로 섭취하면 감염되므로 돼지고기의 생식을 금하는 것이 예방법이다.

9-4-2. 무구조충(*Taenia saginata*, Beef tapeworm)

1. 개 요

1675년 Wepfer가 소의 근육에서 무구낭충을 관찰하였고, 1862년 Leukart는 소가 중간숙주임을 규명하였으며, 1869년 Oliver가 소에서 얻은 낭충을 인체에 투여하여 성충을 획득하였다. 세계적으로 분포하며 쇠고기 생식지역에 감염률이 높다. 종래에는 유구조충보다 감염률이 높았는데 최근에는 그렇지 않다.

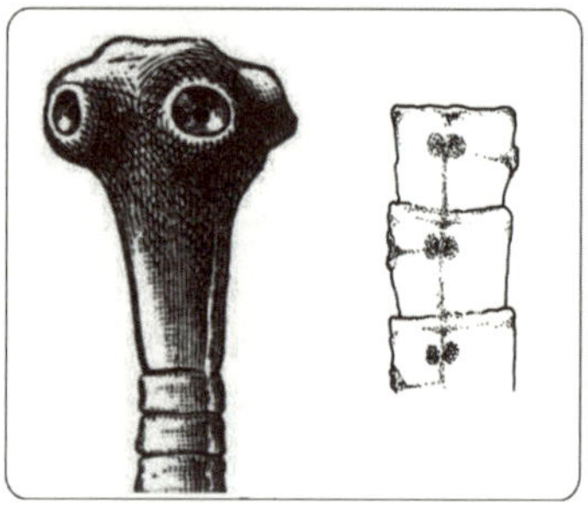

[그림 9-24] 무구조충

2. 생활사 및 감염경로

성충은 길이 3~5m이나 20m인 경우도 있으며 몸체는 1,000~2,000개의 편절로 되어 있고 유구조충보다 크다. 눈으로 보아서는 유구조충과 식별이 매우 어렵고 자웅동체로 소장에 기생한다. 충란의 크기는 31~43μm로 구형이며 황갈색의 방사선상 줄무늬 및 녹색의 띠가 보인다. 두절은 1~2mm의 사각형 모양이며 4개의 흡반이 있으나 갈고리가 없어 무구조충이라 한다.

분변으로 배출된 충란이나 편절이 사료나 초목에 오염되고 이것을 중간숙주인 소가 섭취하면 소장에서 육구유충(oncosphere)으로 부화한다. 육구유충은 근육으로 이행하여 약 2개월 후 무구낭미충(cysticerci)으로 된다. 인체에는 무구낭미충이 있는 날것이나 덜 익힌 쇠고기를 섭취하면 감염되며 소장에서 5~12주 후 성충이 되고 소장벽에 두절을 묻고 기생하며 수명은 10~20년이다. 무구조충의 감염경로는 [그림 9-25]와 같다.

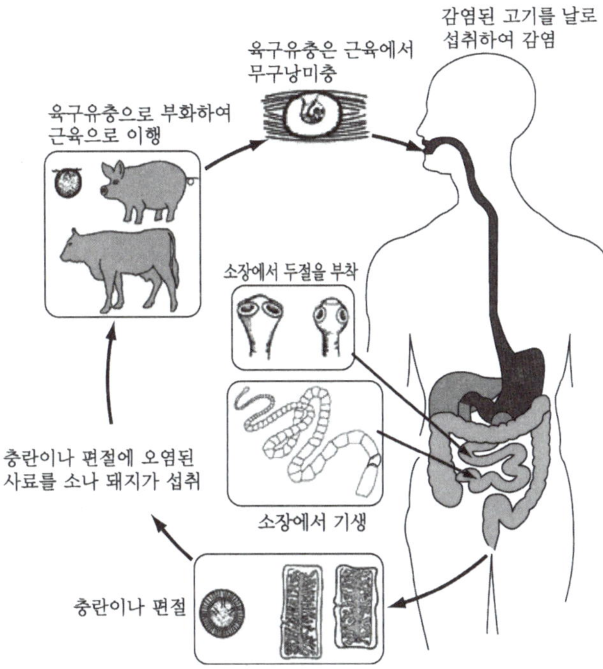

[그림 9-25] 부구조충의 감염경로

3. 증상 및 예방

증상은 소화장애, 복통, 설사, 구토, 식욕증진, 불안, 급성 장폐쇄증, 체중감소 등이며 예방으로는 날것이나 덜 익힌 쇠고기를 섭취하지 않는 것이다.

9-4-3. 선모충(旋毛蟲, *Trichinella spiralis*)

1. 개 요

1822년 Tiedemann 등이 유충을 발견하였고 1835년 Owen이 *Trichinella spiralis*로 명명하였다. 세계 각지에서 발견되며 중국이나 일본에서 인체감염 보고가 있으나 우리나라는 아직 없다.

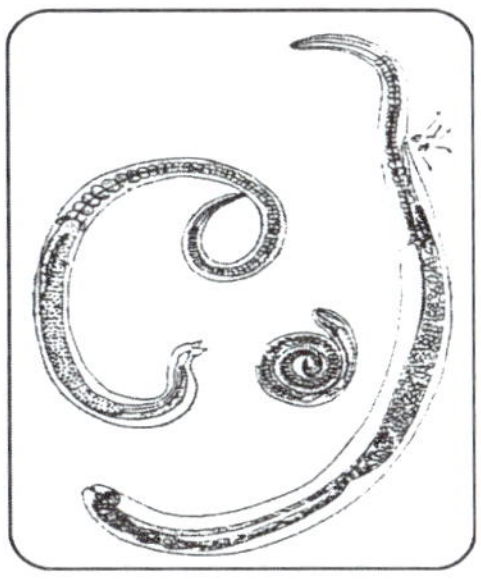

[그림 9-26] 선모충

2. 생활사 및 감염경로

성충은 상당히 작아 쉽게 발견되지 않으나 회백색으로 암컷은 3.5×0.06mm, 수컷은 1.5×0.04mm이다. 암컷과 수컷이 서로 교접하면 수놈은 바로 죽고 암놈은 1,300~1,500개의 유충을 낳으며 암컷의 수명은 약 6주 정도이다. 유충의 크기는 100×6 μm로 근육조직 내에 침입하여 0.8mm 정도까지 자란 후 코일 모양이 된다.

인체에는 피포유충(encysted larvae)이 감염된 날것이나 덜 익힌 돼지고기를 섭취하면 감염되고 소장에서 탈피한 후 장점막에 들어가 성숙한다. 돼지, 쥐, 고양이, 여우 등도 종숙주이다. 선모충의 감염경로는 [그림 9-27]과 같다.

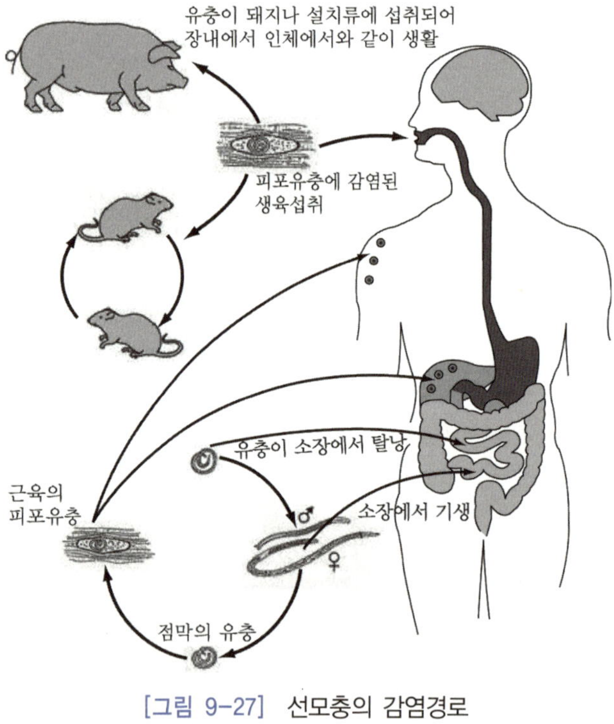

[그림 9-27] 선모충의 감염경로

3. 증상 및 예방

감염초기 증상은 유충이 장점막에 침입하여 유발되는 복통, 설사, 발열, 위장장애 등이며 유충의 수가 많으면 염증, 출혈, 괴사, 부종, 안염, 심근염, 폐렴 등이 나타난다. 예방은 식육검사를 철저히 하고 육류를 가열 조리하여 섭취한다. 육류를 -37℃ 이하로 냉동하면 유충이 단시간 내에 사멸하므로 좋은 예방법이다.

9-4-4. 스파르가눔증(Sparganosis)

1. 개 요

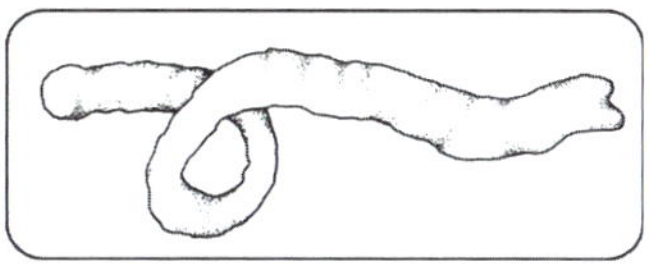
[그림 9-28] 스파르가눔

1882년 Patrick Manson은 중국 Amoy에서 부검 시 신장에서 리본형의 충체를 발견하였고 Cobbold는 이것을 *Ligula mansoni*라고 명명하였다. 열두조충과에 속하는 조충의 유충기를 sparganum이라 하고 사람의 장관 내에서 성충으로 발육 못하고 장벽을 뚫고 조직에 이행하여 유충인 sparganum 그대로 기생하는 것을 스파르가눔증(sparganosis)이라 한다. 주로 뱀이나 개구리의 근육이나 껍질 속에 기생한다. 일본, 인도네시아 등의 아시아지역과 아프리카, 유럽, 호주, 북미 및 남미에서도 드물게 발견된다.

2. 생활사 및 감염경로

성충은 광절열두조충과 비슷하나 크기가 아주 작다. Sparganum은 백색으로 수cm 길이에 2~3mm 폭의 충체로 활발한 운동성이 있다. 분변으로 배출된 충란은 수중에서 자충포장란이 되고 부화하여 제1중간숙주인 물벼룩이 이를 섭취하고 제2중간숙주인 어류, 파충류, 양서류 등이 제1중간숙주를 섭취한다. 종말숙주는 개, 고양이, 돼지, 너구리 등과 같은 포유동물이다. 성충은 종말숙주의 소장에서 9년까지 기생하면서 많은 알을 낳는다.

사람은 감염된 물벼룩이 있는 물을 마시거나 제2중간숙주 뱀, 개구리 등이나 종말숙주를 날것으로 섭취하여 의미충(plerocercoid)에 감염된다. 스파르가눔의 감염경로는 [그림 9-29]와 같다.

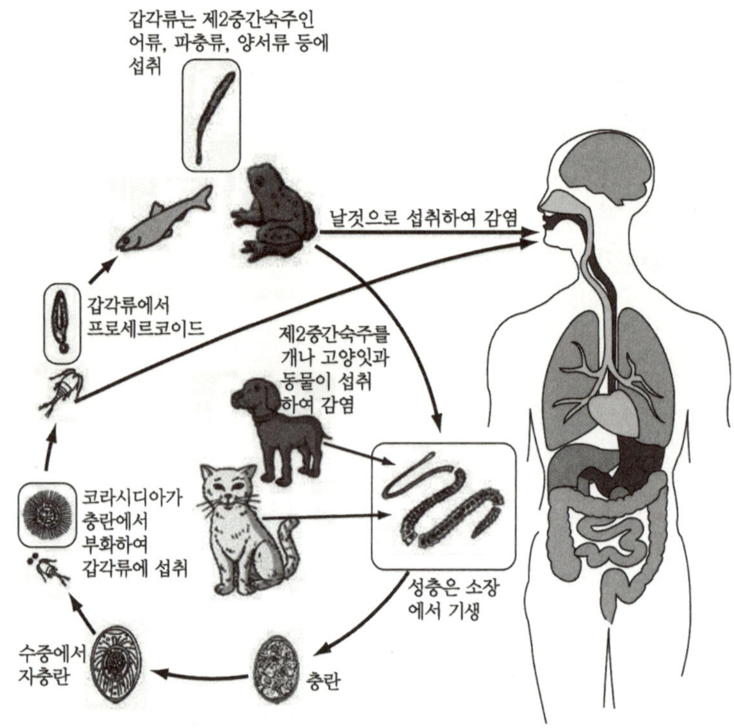

[그림 9-29] 스파르가눔의 감염경로

3. 증상 및 예방

초기에는 자각증상이 없으나 충체가 이동할 때 가려움증이나 동통을 수반한다. 유충은 안구 주위, 가슴·배의 피하조직, 팔·다리 근육, 음낭, 흉곽 내 장기에서도 발견된다. 예방은 물을 끓여 마시고 중간숙주의 생식을 금한다. 수술로 제거할 수 있으나 재발률이 높다.

FOOD HYGIENE

10 우유 및 식육위생

10.1 개 요

우유, 육류, 알류 등은 우리의 식생활에서 매우 중요한 식품으로 위생적으로 다루어야 한다. 국민소득의 증가와 더불어 우유와 육류의 소비가 날로 증가하고 있어 생산・수입・처리・제조・가공・유통 및 소비과정에서 안전성을 확보하지 않으면 안된다. 우유에는 각종 영양소가 골고루 함유되어 있어 영양학적으로는 완전한 식품이며 단일식품으로 가장 우수하지만 미생물에 의한 변질이 쉽고 여러 가지 질병의 매개구실을 한다. 따라서 위생상의 문제점에 관심을 기울여 식중독이나 전염병이 발생하지 않도록 적절한 위생대책을 강구하여야 한다.

10.2 우유위생

10-2-1. 우유의 조성

우유는 수분 약 88%와 고형분으로 지방, 단백질, 유당, 포도당, 각종 무기질, 비타민, 색소, 효소 등이 12%인 유백색의 액체다. 여러 가지 아미노산과 탄수화물로 유당이 있으며 무기질 중에는 칼슘함량이 높아 칼슘의 좋은 공급원이다. 대표적인 색소로는 carotene와 각종 비타민, 효소 등이 함유되어 있다.

10-2-2. 우유 중의 미생물

미생물이 증식하기에 알맞은 조건을 갖추고 있는 우유는 착유 시 여러 종의 미생물에 의하여 쉽게 오염될 수 있다. 착유기, 기구류, 우유통 및 착유 후 우유의 취급과정에서 오염될 수 있으며 보존이나 취급온도가 높으면 세균이 급속히 증가하여 변패가 일어날 수 있다. 이 중 Mycobacteriaceae에 속하는 결핵균인 *Mycobacterium tuberculosis*이 가장 문제가 되며 우유를 녹색으로 변화시키는 *Pseudomonas fluorescens*, 황색으로 변화시키는 *P. synantha*, 청색으로 변화시키는 *P. syncyanca*, 적색으로 변화시키는 *Bacterium lactis erythrogenes* 등도 문제가 된다.

1. 우유 중의 병원성 미생물

질병을 가지고 있는 젖소의 전염병이나 유방염 등의 원인균이 우유에 혼입되는 1차오염과 병원균이 젖소 본래에는 없으나 사람이나 주위환경으로부터 우유에 오염되는 2차오염이 있다. 1차오염균으로는 인형이나 우형 결핵균, 브루셀라균, 탄저균, 살모넬라균, 연쇄상구균, 포도상구균 등이 있으며 2차오염균으로는 캠필로박터, 장티푸스균, 파라티푸스균, 세균성이질, 디프테리아균, 유행성간염 등으로 다양하다. 이들 세균의 대부분은 열에 저항성이 약하여 가열하면 제거되기 때문에 살균처리하면 안전하다.

2. 우유 중의 비병원성 미생물

우유는 착유시점부터 미생물에 오염되어 고유의 미생물총(microflora)을 형성하며 살균, 가열, 보존조건 등에 따라 달라진다. 신선한 우유의 미생물총을 형성하는 미생물은 아래와 같으며 대부분 잡균이다.

1) 산 생성균(Acid forming bacteria)

유당을 분해하여 젖산을 생성하는 젖산균이 주종으로 *Streptococcus*, *Lactobacillus*, *Leuconostoc* 등이 있으며, 이외에 탄수화물을 분해하여 프로피온산 및 초산을 생성하는 *Propionibacterium*이 있다.

2) 가스 생성균(Gas forming bacteria)

유당을 분해하여 산, 이산화탄소, 수소가스 등을 생산하고 단백질을 분해하여 이산화탄소와 암모니아를 생산하는 균으로 *Escherichia*와 *Aerobacter*, 혐기성균으로 *Clostridium*이 있다.

3) 단백 분해균(Proteolytic bacteria)

우유 중의 세균효소가 카세인이나 단백질을 분해하여 peptides 등을 생성하여 쓴맛이 나게 하며 *Bacillus*, *Pseudomonas*, *Micrococcus* 등이 있다.

4) 지방 분해균(Lipolytic bacteria)

세균이 생산하는 지방분해효소가 유크림이나 버터의 지방을 분해하여 낙산, 카프로인산 등을 생성하여 산패취의 원인이 된다. 이러한 미생물에는 *Pseudomonas*, *Proteus*, *Achromobacter*, *Bacillus* 등이 있다.

5) 알칼리 생성균(Alkali forming bacteria)

우유 단백질을 분해하여 알칼리를 생산하는 세균으로 *Pseudomonas*, *Alkaligenes* 등이 있다.

6) 저온세균(Psychrotrophic bacteria)

우유를 저온에 보관하면 저온세균이 증식하여 품질 저하의 원인이 되는데, 저온세균에는 *Pseudomonas*, *Flavobacterium*, *Proteus*, *Achromobacter* 등이 있다.

7) 곰팡이(Fungi)

곰팡이가 버터나 치즈에 증식하여 반점을 만들고 단백질과 지방분해로 악취를 나게 하는 균으로 *Penicillium*, *Aspergillus*, *Mucor*, *Cladosporium* 등이 있다.

10-2-3. 우유 살균법

우유는 미생물의 오염기회가 많고 증식하기에 알맞은 배지로 우유를 매개로 하여 전염병이나 식중독 발생 위험성이 높기 때문에 미생물과 효소를 파괴하여 위생적으로 안전하고 저장성이 좋은 우유를 생산하기 위하여 살균 처리한다. 우유의 살균방법은 Louis Pasteur가 처음 고안하였으며 오늘날에는 여러 가지 방법이 고안되어 적용되고 있다. 그러나 고안된 방법 중에서 가열살균방법이 널리 이용되고 있으며 여기에는 세 가지 방법이 있다.

- 저온살균법(LTLT : low temperature long time)
  60~65℃에서 30분간 가열살균하는 방법으로 살균시간이 긴 것이 단점이나 열에 약한 영양소 파괴는 적다. 결핵균의 사멸조건(61.℃에서 30분)을 대상으로 하며 내열성균이나 포자형성균은 사멸되지 않는다.
- 고온단시간살균법(HTST : high temperature short time)
  72~75℃에서 15~17초간 살균하는 방법으로 자동화된 대용량의 연속적 살균이 가능하고 세균오염의 기회가 적어 위생적이며 비타민 손실 등 품질의 변화가 적다.
- 초고온살균법(UHT : ultra high temperature)
  일반적으로 130~150℃(평균 140℃) 범위에서 1~3초간(원칙적으로 0.75초) 가열살균하는 방법으로 우유의 이화학적 성질의 변화를 최소한으로 줄이면서 대용량을 연속적으로 처리하고 미생물은 거의 살균시킬 수 있는 방법이다.

세 가지 살균방법의 어느 것이나 우유 자체에는 최소한의 영향을 주고 우유 중에 혼입될 수 있는 모든 병원미생물은 사멸되도록 설계되어야 한다.

10-2-4. 우유의 냉각

착유 후 우유는 적어도 2시간 이내에 5℃ 이하로 냉각시켜 저장, 수송, 가공 전까지 이 온도를 계속 유지하여야 한다. 냉장우유에서 생육할 수 있는 미생물로는 *Pseudomonas*, *Achromobacter*, *Flavobacterium*, *Alcaligenes*, *Bacillus* 등이 있어 저온을 유지하더라도 미생물의 성장속도는 지연되지만 정지되지는 않는다. 냉장상태의 우유도 4~5일은 넘기지 말아야 한다. 또한 우유를 살균하더라도 내열성균이나 포자형성균은 사멸되지 않고 생존하여 적당한 온도가 주어지면 미생물수가 급격히 증가한다. 우유가 미생물에 의하여 부패되는 것을 방지하기 위하여 방부제 사용은 허용되어 있지 않다.

10-2-5. 미생물오염 방지법

우유의 1차오염은 젖소가 병원미생물에 감염되었을 때 우유와 함께 병원균이 배출되어 발생하는데 보통 유방 내에서 발생한다. 2차오염은 우유가 젖소에서 배출될 때 주위환경의 각종 오염원으로부터 일어난다. 착유자나 우유취급자가 병원미생물에 감염되었거나 보균하고 있을 때 감염될 수 있으며 우유의 처리, 가공 및 이후에도 오염될 수 있다. 비병원성 미생물에 의해서도 감염되는데, 착유 시 유관을 통하여 외부로부터 들어가기 때문에 처음 두세 번 짜내는 우유는 폐기하는 것이 좋다. 착유 중에도 용기, 사료, 분변, 축사의 공기, 곤충 등에 의해서도 감염되기 때문에 위생적으로 관리하여야 한다.

미생물 오염방지를 위하여

- 젖소의 건강관리를 철저히 하고 특히 유방을 청결히 유지한다.
- 우사와 착유장소를 청결하게 유지한다.
- 우유 처리장 및 유제품 공장의 구조와 설비를 위생적으로 한다.
- 낙농업자나 우유취급자의 건강관리, 쥐나 곤충의 구제, 사용수의 오염방지 등을 철저히 한다.

10.3 식육위생

10-3-1. 식육위생의 개념

인간이 식용(食用)으로 이용할 수 있는 동물의 고기를 식육이라 하며 소, 돼지, 양, 닭, 칠면조 또는 그 밖의 각종 동물의 고기를 통틀어 말한다. 식육에는 단백질을 비롯한 영양성분이 골고루 다량 함유되어 있고 소화가 잘되어 소비가 점점 증가하고 있으나 식육으로 인한 위해발생 가능성이 높기 때문에 이를 예방하는 것은 식품위생상 매우 중요하다. 위해요소로부터 안전하고 품질이 잘 유지되는 식육을 생산하여 소비자에게 공급하는 것이 식육위생의 목적이다. 식육은 무균상태에서 시작하나 가축의 도살 및 취급과정에서 오염되기 때문에 이 과정을 청결하게 유지하여 저장성 연장 및 식중독이나 병원성 미생물로부터 소비자의 건강을 보호할 수 있다. 식육위생상 주의해야 할 사항은 소화기계 전염병균, 인수공통전염병, 기생충, 식중독균, 식육의 변질 등을 방지하는 것이다.

10-3-2. 식육매개 질병

식육 기인성 식중독은 살모넬라, 세레우스, 퍼프린젠스, 황색포도상구균, 보툴리누스, 병원성대장균, 캠필로박터, 리스테리아 등이 대표적이고 이들 중 살모넬라에 의한 식육오염이 가장 빈번히 발생하고 있다. 인수공통전염병은 결핵, 탄저, 렙토스피라, 돈단독, 브루셀라, 야토병, Q열 등이 있고 기생충증으로는 무구조충, 유구조충, 선모충 등이 있다. 이들은 질병은 앓고 있는 동물과 접촉하거나 감염된 식육을 날것이나 덜 익혀 섭취함으로써 발생하기 때문에 식육 및 식육제품에 대한 위생관리를 철저히 하지 않으면 안된다. 육류제품을 많이 소비하는 선진국에서는 식육과 그 제품에 의한 식중독이 제일 많이 발생하고 있다.

10-3-3. 식육의 부패

부패란 유기물질이 미생물의 작용에 의하여 여러 가지 유해한 물질로 분해되는 것을 말한다. 육은 도살 후 사후 변화 동안 자기소화나 숙성으로 육속의 단백질이 분해되어 펩타이드와 아미노산으로 되고 pH는 중성부근으로 되며 적당한 온도가 되면 미생물이 증식하게 된다. 증식한 미생물에 의하여 식육이 부패되어 악취가 나고 pH가 알칼리로 변하며 휘발성 염기태 질소, amine태 질소, 세균수 등이 증가하게 된다.

모든 미생물이 단백질을 분해하여 아미노산을 생성하는 것은 아니지만 분해된 아미노산을 영양원으로 이용하는 능력은 거의 모든 세균이 가지고 있다. 아미노산을 직접 균체 구성성분으로 이용하기도 하지만 대개의 경우는 이것을 다시 분해하여 이용한다. 공기나 토양에 존재하는 많은 종류의 세균 중에서 부패에 관여하는 세균도 다양하여 부패초기에 관여하는 세균들로는 *Bacillus subtilis*, *B. mesentericus*, *B. vulgatus*, *Escherichia coli*, *Aerobacter cloacae*, *A. aerogenes*, *Pseudomonas fluorescens*, *Proteus nulgaris*, *Seratia marcescens* 등이 있다. 처음에는 호기성균이 육의 표면에 증식하여 미생물총을 형성하고 단백질을 분해하여 알칼리 생성으로 육의 색이 변하고 부패취를 발생시킨다.

식육에 있는 지방은 공기 중의 산소, 광선, 효소 등의 작용에 의해서 풍미의 변화, 변색, 산패, 점질화 등의 복잡한 변화가 일어나는데 특히 지방의 자동산화(autooxidation)에 의해서 생성된 과산화물(peroxide)이 저급지방산이나 aldehyde로 분해되어 불쾌한 자극취를 내는 것을 산패(rancidity)라 한다. 산패가 발생하면 이취의 흡수, 지방의 풍미변화, 산화과정에 의한 황색현상 등이 나타난다.

10-3-4. 식육의 위생대책

식육으로 인한 질병을 예방하고 위생적으로 안전하고 품질 좋은 식육을 소비자에게 공급하기 위하여 다음과 같은 대책을 수립한다.

1. 생축의 대책

가축이나 가금 사육 시 질병에 감염되지 않도록 사전 예방대책을 수립하여 철저한 위생관리로 인수공통전염병의 매개체 역할을 하지 못하도록 생산된 식육의 안전성을 확보한다.

2. 식육생산과정의 대책

식용을 목적으로 하는 가축의 도살과 해체는 축산물위생관리법의 규정에 따라 시설을 갖춘 도축장이나 식육처리장에서 실시하고 도축검사에서 합격한 것만을 식용으로 한다. 도축검사는 육안검사인 생체검사와 도축 후에 이루어지는 해체검사, 지육검사, 실험실 검사 등이 있다. 해체검사는 주로 폐, 간, 위장, 비장, 곱창 등 내장위주로 이루어진다. 지육검사에서는 식육에 항생물질, 합성항균제, 농약, 호르몬 등을 검사하고, 실험실 검사에서는 광우병, 브루셀라, 우형결핵 등 인수공통전염병에 대한 검사를 실시한다. 이외에도 일반세균, 대장균, 병원성대장균, 살모넬라 등의 유해 미생물도 검사한다.

3. 유통과정의 대책

도축검사 후 식용으로 제공되는 식육은 식육판매점이나 가공공장까지 수송되는 유통단계를 거친다. 식육 수송 중 세균의 오염이나 기타 이물질에 의하여 오염될 수 있으므로 수송차량은 특수한 시설을 갖추어 식육에 미생물 오염이 최소화되도록 하여야 한다.

식육판매점은 지육과 내장을 취급하는 장소로 시설적인 면과 취급방법적인 면에서 위생관리가 이루어져야 한다. 냉장·냉동고 내부를 청결히 유지하여 저장 중 발생하는 미생물 오염을 최소화하고, 식육을 저장할 때는 고기표면을 깨끗이 유지하여 표면 미생물 오염균수를 감소시킨다. 작업기구나 용기 특히 절단기, 마쇄기 등의 고기 찌꺼기를 제거하고 세척을 충분히 하여 미생물이 증식할 수 있는 기회를 최소화하며, 차아염소산나트륨용액이나 70% 알코올을 이용하여 소독하는 것이 좋다. 식육을 처리하는 작업대나 작업도구는 세척 후 자외선으로 조사하여 미생물수를 감소시킨다. 개인위생의 부주의로 인한 2차오염을 방지하는 데도 세심한 주의를 기울이지 않으면 안된다. 미생물 증식에서 가장 중요한 것은 온도와 습도인데 저장온도를 2~3℃로 조절하여 병원균이나 부패균의 증식을 억제한다.

4. 가공과정의 대책

가공과정에서는 주위환경이나 식품을 취급하는 사람으로부터 2차오염을 방지하여야 한다. 특히 2차오염된 식육으로 가공한 소시지나 햄 등에서 보틀리누스 식중독균이 생존하여 식중독이 발생할 우려가 있으므로 주의해야 한다. 식육제품으로 인한 위해발생을 방지하기 위하여 제품의 제조기준을 준수하고 HACCP 등을 실시한다. 이외에도 시설, 기계, 기구, 도구로부터의 오염이나 부주의로 인한 유해물질의 혼입을 방지해야 한다.

5. 소비자측면의 대책

소비자는 식육을 섭취할 때 식중독균이나 병원성균 등의 오염으로 인한 식중독이 발생할 수 있다. 덜 익히거나 날것으로 섭취하는 육회 등은 식중독을 일으키거나 식육 기인성 기생충 감염의 원인이 될 수 있다. 가열처리 후에도 바로 섭취하지 않고 보관하는 경우에는 내열성 포자를 형성하는 퍼프린젠스균에 의하여 식중독이 발생할 수 있다.

11 식품과 위생동물

11.1 파리(Fly)

11-1-1. 파리의 종류와 생태

분류학적으로 '파리목 중에서 환봉아목(環縫亞目, *Cyclorrhapha*)에 속하는 곤충을 총칭하여 파리'라고 한다. 환봉아목에는 총 33과가 있으나 우리나라에는 15과가 기록되어 있다. 위생학적으로 문제가 되고 있는 과는 집파리과(*Muscidae*), 검정파리과(*Calliphoridae*), 쉬파리과(*Sarcophagidae*), 체체파리과(*Glossinidae*), 양파리과(*Oesteridae*) 등이며 체체파리는 수면병 매개체이고, 양파리과의 유충은 양과 같은 가축의 내부에 기생한다.

파리의 유충은 음식 찌꺼기, 쓰레기통, 음식 저장통, 동물의 사체 등에서 발생하며, 발생정도는 기온의 영향을 가장 많이 받는다. 유충의 발육속도는 유충시기의 온도에 좌우되며, 파리의 발육은 알 → 유충 → 번데기 → 성충의 단계를 거친다. 성충은 동물의 사체 등에 한번에 50~150개의 알을 낳고, 알은 부화하여 유충이 되고 2번 탈피(번데기)하여 성충이 된다. 번식에 적정한 온도는 25℃이고 알에서 성충까지 약 20~60일 걸리나 환경조건에 따라 다르다.

11-1-2. 파리의 습성

파리는 잡식성이며 소화작용이 빨라 거의 5분 간격으로 분변을 배출한다. 입은 액체를 흡수하기에 알맞으며 고체식품은 자신의 타액을 뱉어 다시 흡수하는 형태로 섭취한다. 주로 오전 10시부터 2시 사이에 활동이 활발하고 비행거리는 약 1.5km이다. 집파리는 낮에는 집안의 일정한 높이에서 제자리 날기를 하다가 밤에는 천장에 거꾸로 붙어 앉아 쉰다.

11-1-3. 파리와 질병

파리는 강력한 전염병 매개체이다. 동물의 분변, 소변, 고름 또는 사람의 신체 중 분비물을 분비하는 눈, 코, 입 등에서 체액을 섭취하고 반고체성 먹이를 먹을 때 소낭의 내용물을 토해내는 습성과 턱·강모·발톱 사이의 욕반에 점착성이 있어서 병원체 운반에 적합한 몸 구조를 가졌기 때문이다.

파리 중 가장 문제가 되는 것은 집파리이다. 매개하는 질병으로 소화기계 전염병은 장티푸스, 파라티푸스, 세균성이질, 콜레라 등이고 호흡기계 전염병은 결핵, 기생충증은 회충, 십이지장충, 편충, 촌충, 간흡충, 폐흡충, 조충 등이고 파리의 성충이 식품에 섞여 소화관에 침입하면 승저충증(蠅蛆蟲症, myiasis)을 일으켜 복통, 구토, 설사, 발열, 혈변 등의 증상이 나타나기도 한다. 질병 이외에 파리는 여기저기 날아다니며 더럽고 비위생적인 것과 접촉하고 각종 음식물이나 식기류 등에 앉아 불쾌감과 불결감을 주며 수면을 방해한다.

11-1-4. 파리의 예방

파리가 매개하는 질병을 예방하기 위해서는 파리를 구제하는 것이 가장 중요하다. 환경위생을 깨끗이 하여 발생원을 제거함으로써 파리의 번식을 방지한다. 파리가 발생하기 쉬운 곳은 화장실, 쓰레기, 축사, 퇴비 등이므로 이들의 위생관리를 철저히 한다. 식사 후에는 깨끗이 세척하여 음식 찌꺼기가 식기에 묻어 있지 않도록 하고 쓰레기통은 파리가 접근하지 못하도록 뚜껑을 닫고 주기적으로 소독한다. 재래식 화장실을 수세식으로 바꾸어 파리의 산란이나 유충 서식을 방지하고 소독제로 자주 소독한다. 가옥의 모든 창문과 현관에는 방충망을 설치하여 파리가 옥내로 들어오지 못하도록 한다.

파리를 구제하는 방법은 화학적 살충제인 diazinon, malathion, nalad, dimethoate 등과 기생벌(parasitic wasp) 종류인 스폴랑기아속(Spolangia)이나 타키나이파구스속(Tachinaephagus) 등의 천적을 이용하는 방법도 있다.

11.2 나방류(Moths)

인시목(鱗翅目, Lepidoptera)은 곤충 중 두 번째로 큰 목으로 나비류와 나방류로 구분한다. 이 중 소형의 나방으로 유충은 식품 중에서 발육하고 성충으로 자란다. 쌀, 보리, 옥수수, 메밀, 밀 등 저장 곡식의 해충인 화랑곡식나방(*Plodia interpunctella*), 곡식점부채명나방(*Aphomia gularis*), 한점쌀명나방(*Corcyra cephalonica*) 등, 곡분이나 과자 등에 쌀겨얼룩명나방(*Ephestia cautella*), 곡류나 곡물가루 등에 밀가루줄명나방(*Pyralis farinalis*), 곡류, 과자, 녹말 등에 검쌀명나방(*Aglossa dimidiata*) 등이 있다.

11.3 진드기(Mite & Tick)

진드기는 거미강 진드기목에 속하는 절지동물(Arthropoda)로 학명은 *Haemaphysalis*이다. 세계적으로 2만여 종 이상이 알려져 있고 식품 중에서 검출되는 것도 100여 종이 된다. 진드기는 지구상에 약 2억 년 전부터 살기 시작하여 그동안 거의 형질이 발전되지 않았기 때문에 흔히들 살아 있는 화석이라고도 부른다. 몸은 머리・가슴・배가 한 몸이고 더듬이 · 겹눈 · 날개 등이 없고 네 쌍의 다리로 걷는다. 몸길이에 따라 3mm 이상의 것을 큰 진드기류(ticks)로 3mm 이하의 것을 작은 진드기류(mites)로 구분한다.

11-3-1. 식품에 발생하는 진드기류

진드기 중 10%는 사람이나 가축에 유해하나 90%는 무해하다. 일생을 기생하여 살아가는 것이 아니고 어느 한 시기만 기생동물로 살아간다. 생활사로 성충은 한 번에 대개 60~100개의 알을 낳아 부화하면 유충이 되고 약충기를 거쳐 성충이 된다. 유충은 다리가 세 쌍이지만 탈피하여 약충이 되면서 네 쌍으로 된다. 알에서 부화하여 성충이 되는데 걸리는 시간은 약 1개월 정도이다. 변온동물로서 성장에 소요되는 일수는 환경조건에 따라 다르다. 일반적으로 크기는 0.5~1mm이나 흡혈 진드기는 약 2mm에 이른다. 진드기가 번식하기에 필요한 3요소로 온도는 20℃ 이상, 상대습도는 75~85%, 먹이의 수분은 15~20%, 영양분으로는 단백질과 탄수화물이 있어야 하며 지방은 있으면 도움이 된다.

1. 가루진드기류

- 긴털가루진드기(*Tyrophagus putrescentiae*) : 크기가 0.3~0.5mm의 달걀 모양인 유백색이나 황백색의 진드기로 곡류, 빵, 과자, 건조과실, 건어물, 치즈 등 저장식품에서 흔히 발견된다.
- 수중다리가루진드기(*Tyrophagus farinae*) : 크기가 0.4~0.6mm인 유백색 진드기로 각종 저장식품, 건조과일, 종자 등에서 발견되고 많은 수가 발생하면 곰팡이 냄새로 식품가치가 저하된다.
- 보릿가루진드기(*Aleuroglyphus ovatus*) : 크기가 0.4~0.6mm인 유백색의 진드기로 곡류나 건어물에서 서식한다.
- 송곳다리고기진드기(*Glycyphagus destructor*) : 가슴부분의 털이 굵고 길어서 뚜렷한 측지(側肢)를 가지며 다리의 말단절에 칼집모양의 털이 덮여 있다.
- 집고기진드기(*Glycyphagus domesticus*) : 크기가 0.5~0.6mm의 타원형으로 송곳다리

고기진드기와 비슷한데 다리에 칼집모양의 털이 없고 몸 앞부분 중앙에 홈이 있는데 그 중앙에 한 쌍의 털이 있다. 설탕과 치즈 등에서 발생하며 미국 등에 분포하고 있다.

- 작은가루진드기(*Suidasia nesbitti*) : 크기가 0.3~0.5mm로 약간 작으며 밀가루, 건조달걀, 흑설탕 등에 서식한다.
- 설탕진드기(*Carpoglyphus lactis*) : 크기가 0.4mm인 유백색의 달걀형 진드기로 설탕이나 된장 표면에 많이 서식한다.

2. 먼지진드기류

크기가 0.1~0.5mm로 육안으로는 식별할 수 없으며 사람이나 동물의 피부에서 발생하는 비듬이나 각질을 먹이로 한다. 성충의 수명은 약 2개월로 알은 7~8일 후에 부화하여 유충이 되고 약충기를 거쳐 성충이 된다. 상대습도가 80% 정도이고 온도가 25℃ 이상인 곳에서 잘 번식하기 때문에 우리나라 실내환경 조건은 번식하기에 가장 알맞아 침구, 베개, 요, 카펫 등 먼지가 붙어 있는 곳은 어디든 서식한다. 진드기의 배설물이나 사체를 흡입하면 비염이나 천식의 원인이 되고 알레르기나 아토피 같은 피부염을 일으킨다. 식품에는 보리먼지진드기(*Tarsonemus floricoris*)가 곡물, 건어물 등에서 발견된다.

11-3-2. 진드기 피해와 방지대책

식품에 진드기가 번식하면 식품의 가치가 저하될 뿐만 아니라 불쾌감을 주고 보관이나 취급이 비위생적임을 의미한다. 진드기가 식품과 함께 인체에 침입하면 기생부위에 따라 나타나는 증상으로 소화기계 진드기증(acariasis), 혈뇨·부종·일과성 발열이 있는 비뇨기계 진드기증, 급성기관지 천식이나 폐렴과 비슷한 증상을 나타내는 호흡기계 진드기증 등이 있다.

진드기가 증식하기 위해서는 온도 20℃ 이상, 습도 75% 이상, 식품수분 13% 이상 등의 환경이 갖추어져야 하므로 곡분, 곡물, 과자류 등의 수분함량은 10% 이하, 저장고의 상대습도는 60% 이하로 조절한다. 진드기는 열에 약하여 50~60℃로 5~7분 가열하면 사멸되기 때문에 가열처리하고, 냉동에는 거의 사멸하나 0℃에서는 증식이 억제되지만 전부 사멸되지 않으므로 주의하여야 한다.

가정에서 진드기 발생을 방지하기 위해서는 환경을 깨끗이 하고 부엌, 찬장, 식품 저장소 등의 통풍을 잘하여 습기가 차는 것을 방지하고 식품은 밀봉 포장하여 보관한다.

11.4 쥐(Rat)

11-4-1. 쥐의 종류와 특징

쥐는 식품과 함께 서식하는 동물 중에서 피해를 가장 많이 주고 있다. 쥐는 설치목 중 쥐아목에 속하는 동물의 총칭으로 우리나라에는 3아과(亞科) 7속(屬)으로 20여 종이 알려져 있다. 쥐류 중에서 식품위생상 문제가 되고 있는 것은 가주성(家住性)쥐로서 곰쥐(지붕쥐, *Rattus rattus rufescens*), 집쥐(시궁쥐, *Rattus norvegicus*), 생쥐(*Mus musculus*) 등의 3종류이다. 가주성쥐 이외에 들쥐로는 우리나라에서 등줄쥐(*Apodemus agrarius coreae*) 1종이 전국에 걸쳐 우점종으로 유행성출혈열의 원인이 되고 있다. 우리나라 가옥에 서식하는 비율은 집쥐가 75%, 곰쥐가 22%, 생쥐가 3%를 차지하고 있다.

집쥐는 가주성쥐 중 가장 커 길이가 20~27cm이고 꼬리는 16~20cm로 몸무게 400~500g이다. 몸길이보다 꼬리가 짧은 게 특징으로 천장, 식량창고, 부엌, 마루 밑, 시궁창, 논, 밭둑 등에서 서식한다. 잡식성으로 곡물, 과실, 채소류, 어패류, 매운 고추 등을 먹는다.

곰쥐는 집쥐보다 몸집이 작아서 길이 15~23cm, 몸무게 200g 정도로 몸은 가늘고 길며 꼬리가 몸길이보다 길다. 우리나라에는 항구도시의 주택가에 주로 서식하고 전세계적으로 분포한다. 집 천장이나 다락 같은 실내에서 주로 활동하며 동작이 매우 민첩하다.

생쥐는 몸집이 아주 작아 마우스라고도 하며 길이 6.5～9.5cm, 꼬리길이 6～10.5cm, 몸무게 12～30g이다. 가옥이나 주변의 논・밭・숲에서 서식하며 아무거나 잘 먹는 잡식성으로 거의 1년 내내 번식한다.

[그림 11-1] 집쥐, 곰쥐, 생쥐

쥐는 주로 야간에 활동하는 야행성이다. 위아래 각 1쌍의 앞니는 끌 모양으로 일생동안 계속 자라고 송곳니는 없다. 생후 2주 후부터 단단한 물건을 갉는 습성은 계속해서 자라는 이를 마멸시키기 위함이고, 앞니와 어금니 사이의 부분이 퇴화하여 잇몸에 빈틈이 있어 앞니로 갉아먹은 먹이 중 섭취할 수 없는 것은 이 틈으로 버린다.

11-4-2. 쥐에 의한 피해

쥐는 곡물, 농작물, 식품 등을 먹거나 갉아 놓아 사람이 섭취하지 못하도록 하여 경제적 피해를 입힌다. 하루에 체중의 약 25% 정도를 먹으며 먹는 양의 10배에 해당하는 먹이를 배설물로 더럽히고 있다. 국제연합식량농업기구에 따르면 아시아에서는 쥐가 곡물생산량의 20% 이상을 먹고, 전 세계적으로는 농산물의 평균 10% 이상을 먹는다고 한다.

쥐가 매개하는 질병으로 잘 알려진 페스트는 쥐에 기생하는 케오피스쥐벼룩에 의해 사람에게 전염된다. 서교증(鼠咬症), 웨일병(렙토스피라증), 쯔쯔가무시병, 발진열, 천열(이즈미) 등과 살모넬라 등의 식중독도 발생한다.

쥐에는 여러 종류의 기생충이 있어 일본주혈흡충류, 선모충, 톡소플라스마 등의 매개체이기도 하다. 특히 유행성출혈열은 들쥐에 기생하는 진드기가 매개하는 것으로 알려져 있다.

11-4-3. 쥐의 구제

쥐의 습성이나 생태를 잘 파악하여 그 서식처나 먹이를 제거하는 환경개선이 중요하다. 쥐가 가옥에 침입하지 못하는 구조를 만들고 음식물은 쥐가 접근하지 못하도록 용기에 넣어 보관하고 쓰레기 등에 접근하지 못하도록 조치하여 쥐의 먹이를 없애야 한다. 쥐의 구제방법으로는 각종 쥐약, 덫, 강력한 점착지(粘着紙) 등을 이용하고 구제는 지역단위로 일제히 실시하여야 효과가 크다. 이외에 고양이, 여우, 족제비, 독수리, 매, 올빼미 등의 천적을 이용하는 것도 좋은 방법이다.

11.5 바퀴(Cockroaches)

11-5-1. 바퀴의 종류

바퀴는 메뚜기목 바퀴과에 속하는 곤충의 총칭으로 3,500여 종 이상이 알려졌으며 그중 가옥에 침입하는 바퀴의 종류는 약 30여 종으로 열대지방에 많으나 우리나라에는 7종이 서식하고 있고 그중 4종이 가옥에 서식하는 것으로 알려져 있다. 원산지는 열대 및 아열대 지방으로 숲속의 낙엽 밑에서 생활하다가 차츰 가옥내부에까지 생활영역을 넓혔다.

- 독일바퀴(*Blatteria germanica Linne*) : 성충은 1~1.5cm로 가주성 바퀴 중에 가장 작다. 집안의 부엌 주변이나 따뜻하고 습기가 많은 곳에서 서식한다. 우리나라에서도 쉽게 발견되며 전 세계에 가장 널리 분포하고 있는 곤충이다. 수컷은 밝은 황갈색이고 암컷은 적갈색이다.
- 이질바퀴(*Periplaneta americana Linne*) : 미국바퀴라고도 하며 성충은 3.0~4.3cm로 가주성 바퀴 중 가장 크다. 색깔은 다갈색이며 광택이 있고 우리나라 남부지방, 일본, 대만, 영국, 미국 등에 분포한다. 음식물을 먹을 때 뱉는 습성으로 식품을 오염시켜 질병을 옮긴다.

- 검정바퀴(*Periplaneta fuliginosa Serville*) : 먹바퀴, 검둥이바퀴라고 하며 성충은 3.0~4.0cm로 흑갈색이며 기름을 바른 것 같은 광택이 난다. 집바퀴보다 조금 더 크고 넓적하며 앞가슴 등판은 매끈하다.
- 일본바퀴(*Periplaneta japonica Karny*) : 성충은 20~25mm 정도로 흑갈색의 광택이 난다. 먹바퀴와 비슷하나 크기가 약간 작다. 주로 가옥 내에서 서식하나 더운 지방에서는 나무껍질 속에서 무리 지어 서식한다.

11-5-2. 바퀴의 습성 및 구제

바퀴는 야행성·잡식성·질주성의 특성을 가지고 있는 곤충으로 알은 자충을 거쳐 성충이 되는데 알주머니는 통통한 지갑모양으로 암컷은 상당기간 동안 이것을 배 끝에 달고 다닌다. 성충에서 분리된 알은 부화하여 약 40마리의 새끼가 나온다. 자충은 탈피하여 성충이 되고 수명은 종류에 따라 다르나 100일~3년이며 한 마리는 일생 동안 240~1,500개의 알을 낳는다. 25~30℃의 고온 다습한 기후조건을 좋아하고 지구상 어느 곳에서나 인간과 가까이 살며 *Staphylococcus*, *Streptococcus*, *Coliform*과 병원성 박테리아의 매개체로 전염병을 전파시키며, 자극성 물질을 분비하여 피부병이나 알레르기를 유발한다.

구제는 바퀴가 들어갈 만한 곳이나 은신처를 만들지 말고, 음식물이나 음식물찌꺼기 등은 반드시 뚜껑을 닫아 바퀴가 접근하지 못하도록 관리를 철저히 한다. 살충제를 사용하는 방법은 독이법(bait poison), 훈증법과 훈연법, 잔류분무법 등이 있다.

FOOD HYGIENE

12 식품업소의 위생시설 및 개인위생

12.1 개 요

식품은 사람이 섭취하기까지 여리 단계를 거치기 때문에 병원균이나 각종 위해요인으로부터 오염을 받을 수 있어 재료의 생산부터 식품의 제조·가공·처리·보존·유통·판매·조리과정에 관여되는 모든 시설이나 설비를 위생적으로 갖추어야 한다. 식품의 생산자나 취급자도 병원균이나 유해물질이 오염되지 않도록 각별한 주의를 하여야 한다. 위생의 대상이 되는 식품시설의 종류에는 식품생산시설 및 집단시설, 식품의 처리·가공 및 저장시설, 식품의 조리·판매 및 급식시설, 기타 시설 등이 있다.

12.2 식품의 생산지역

식품재료를 생산하는 지역에서부터 위생대책이 강구되어 위해요인이 없는 안전성이 확보된 것을 생산하지 않으면 안된다. 채소에는 기생충 감염을 방지하고, 농산물에는 농약이 잔류하지 않도록 하고, 축산물은 인수공통전염병의 예방과 도축 및 착유상태의 위생, 수산물은 독성물질의 유입방지와 어판장의 위생시설 등이 요구된다.

12.3 건물의 구조 및 자재

12-3-1. 위치설정 요건

식품공장의 입지조건으로 고려할 사항들은 첫째, 주위환경의 공기가 맑고 깨끗한 곳이어야 한다. 둘째, 수질이 양호하고 수량이 풍부하여야 한다. 셋째, 오·폐수와 폐기물 처리가 편리하여야 한다. 넷째, 수송 및 교통이 편리하고 전력공급에 차질이 없는 곳이어야 한다. 이상의 조건을 모두 갖춘 장소에 식품공장을 건설하는 것이 바람직하고 특히 양질의 물을 풍부히 얻을 수 있는 곳이 절대로 필요한 요건이며 이 조건이 충족되지 않으면 식품공장시설의 설정을 재고해야 한다.

12-3-2. 건물의 설계 및 구획

1. 건물의 자재

건물의 내구성은 식품과 직접적인 관계는 없으나 식품에 위생상 영향을 미치지 않는 자재를 사용하되 불침투성의 것으로 한다. 목조건물보다는 내구성이 좋은 철근콘크리트로 건축하는 것이 좋다.

2. 건물내부의 구획

건물의 내부는 업종의 사용목적과 작업공정에 맞게 구획하는 것이 필요하다. 내부구조는 사용이 편리하도록 간단한 것이 좋으며 작업능률이 최대가 될 수 있는 동선이어야 한다. 내부는 청결을 유지하여야 할 부분과 불결한 부분을 확실히 구분하여 구획한다. 원료입고부터 제품이 완성될 때까지의 공정이 일정한 방향으로 움직이도록 하고, 청결한 작업과 그렇지 않은 작업이 서로 교차되지 않도록 하여 식품을 제조·가공·조리함에 있어 2차오염이 발생하지 않도록 사전에 방지한다.

3. 작업장 면적

식품을 제조·가공·조리하는 데 있어 상호 혼잡을 일으키지 않을 정도의 작업장 면적이 필요하다. 업종과 작업의 양에 따라 결정하되 공장을 처음 가동하였을 때는 여유가 있어 작업장 면적이 다소 넓다 하더라도 작업량이 증가하여 확장이 필요할 때를 고려하여 여유 면적을 확보하여야 한다. 작업장의 면적이 협소하면 작업이 불편하고 종업원은 피로를 빨리 느껴 생산성이 저하되고 동시에 품질과 위생상의 문제도 발생한다.

4. 내부구조

1) 바닥

바닥은 배수가 잘되고 청소가 용이하도록 평평하게 불침투성 자재인 콘크리트로 구축한다. 업종에 따라 지방질 때문에 바닥이 미끄러울 경우는 미끄럼 방지시설을 하고 하중 부담이 있는 경우는 특별한 자재를 사용하여야 한다.

바닥은 보통 1m에 대하여 1~4cm의 경사를 주어 배수가 원활히 이루어지도록 하고, 배수구는 벽에 15cm 떨어진 곳에 설치하며 단면은 직각을 피하여 오물이 걸리는 것을 방지한다. 실내와 실외의 배수구가 통하는 곳은 방서구조물을 설치한다.

2) 벽

건물 내부의 벽은 불침투성 재료로 처리하고, 밝은 색으로 도색하며, 표면이 매끄러워 청소하기에 편리하도록 한다. 벽면을 콘크리트로 시공할 때는 표면을 매끄럽게 처리하고 곰팡이 발생을 억제한다. 산이나 알칼리에 강하고 균열・퇴색・변색이 되지 않는 방습・방균성 도료로 도색한다. 충분한 창문이나 환기시설을 갖추고 창문에는 쥐나 해충의 침입 방지를 위한 설비를 하여야 한다. 바닥과 벽의 접속부분은 경사를 주어 청소에 편리하도록 하고 벽과 창문의 테두리 접속부분도 경사지게 하여 먼지의 쌓임이나 곤충의 서식이 방지되도록 한다([그림 12-1]).

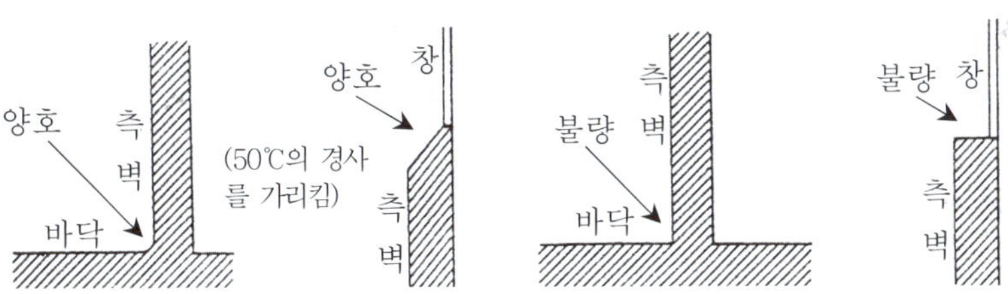

[그림 12-1] 바닥과 벽, 창문과의 접속부

3) 천 장

천장은 매끄러운 자재로 시공하고 밝은 색으로 처리하는 것이 좋으며 청소하기 편리하도록 한다. 수증기가 응축되지 않도록 시설을 갖추고 천장 덮개를 설치하여 노출된 전선 등으로부터의 이물질이 낙하하여 식품이 오염되지 않도록 한다.

4) 출입문

작업장 출입문에는 소독시설을 설치하여 출입할 때 신발 소독을 할 수 있도록 하고, 소독수와 살균수를 비치하여 손을 씻은 후 작업에 종사하도록 한다.

5) 환기 및 통풍

작업 중에 발생하는 먼지나 가스 등을 배출하기 위하여 환기 및 통풍 시설을 갖추어야 한다. 창이나 천장으로 수증기, 연기, 가스 등을 빠르게 배출할 수 있어야 하며 필요하면 배기 팬, 벤틸레이터(ventilator) 등을 설치하여 인공적으로 환기를 한다. 환기용 창은 밀어내는 식보다 좌우로 여닫는 식이 방충에 효과적이며 불을 이용하는 곳의 주위는 방화설비를 하여 화재에 대비한다.

6) 채광 및 조명

작업장의 밝기는 생산 이외에 종업원이 피로를 덜 느끼고 설비 · 기계 · 기구 · 바닥을 세척하거나 살균하는 데 필요하다. 주간에는 창문으로부터 자연광선을 최대한으로 이용하기 위하여 창문의 면적은 벽면적의 70% 정도(바닥면적의 20~30%)가 되도록 한다. 그리고 창의 높이와 인접 건물과의 관계도 고려하여 설치한다. 조도는 100Lux 이상이어야 하지만, 식품영업소에서는 50Lux 이상이면 된다.

7) 방충 및 방서

파리, 바퀴, 쥐 등은 식중독균이나 병원균을 매개하여 인체에 해를 끼치므로 작업장 내로 침입하지 못하게 한다. 작업장의 출입구, 배수구, 화장실 등에는 30mesh 정도의 금속망으로 방충 · 방서설비를 한다. 해충이나 쥐가 침입하지 않도록 음식물은 뚜껑을 덮어 보관하고 바닥의 오염물질이 음식물로 유입되지 않도록 항상 청결을 유지한다.

8) 폐기물 용기

내수성 자재로 만든 뚜껑이 있는 도금한 금속재나 플라스틱제 용기를 사용하며 오물이나 악취 등이 누출되지 않고 청소하기에도 편리하여야 한다.

9) 냉장설비

눈금을 쉽게 볼 수 있는 위치의 높이에 온도계를 부착하여 온도를 측정할 수 있어야 하며 자동기록장치의 온도계를 고정 설치하는 것이 관리에 편리하다. 부패하기 쉬운 재료나 식품은 5℃ 이하에 저장하고, 따뜻하게 보온하기 위한 온장고는 65℃ 이상이어야 한다.

10) 식품저장실

품목별로 구분하여 저장하도록 구획하고 조명시설도 잘 갖추어져야 한다. 식품저장실의 바닥은 콘크리트로 하고 창문에는 방충망을 설치하며 쥐의 침입을 방지하기 위하여 지붕과 벽의 공간을 막아야 한다. 특히 외부와 연결되는 전선이나 물받이 등은 쥐가 건물 내부로 침입하기에 좋은 통로 역할을 하므로 주의하여야 한다. 일반적으로 저장고의 온도는 10~15℃, 상대습도는 70~80%가 표준으로 되어 있으나 식품의 종류에 따라 차이가 있다.

12.4 설비와 관리

12-4-1. 수와 생산능력

식품의 생산부터 판매에 사용되는 기계나 기구의 수와 능력은 생산목표량에 맞추어 설치한다. 시설의 수와 능력이 부족하면 작업공정이 무리하게 이루어져 생산성이 저하되고, 제품의 불량률이 높아지며 위생상 불완전하게 된다. 이러한 문제점이 발생하지 않도록 생산목표량에 상응하는 수의 설비와 능력을 갖추어야 한다.

12-4-2. 기구 등의 구조 및 재질

식품의 종류에 따라 생산시설이 갖추어야 할 설비의 재질 및 구조는 다르나 위생상 다음과 같은 사항을 고려하여야 한다.

- 재질 및 구조 : 식품과 직접 접촉하는 곳은 불침투성의 재료로 설비하여야 하고, 사용한 후에는 부착되어 있는 잔류물을 쉽게 제거할 수 있는 구조여야 한다. 기계나 기구류 같은 설비를 고정적으로 설치하는 경우는 주위와 적당한 간격을 두어 청소, 세척, 살균 등이 편리하도록 한다.
- 식품 제조시설 : 제조시설의 기계, 기구, 용기 등의 표면 재질은 식품과 접촉 시 유독물질이 용출되거나 식품성분과 반응하여 유해한 물질이 생성하지 않아야 한다. 시설의 선택 시 가공의 난이도, 내구성, 경제성, 미적 감각 등의 여러 가지 요소를 고려하여 결정한다.
- 배치 : 작업성, 생산성, 세정, 청소 등을 고려하여 기계나 기구 등은 적당한 간격을 두어 배치한다.

12-4-3. 설비 및 용기의 세정과 살균

식품 생산과 직접 관련이 있는 설비나 용기는 주기적으로 세정·살균하여 미생물이나 이물질로 인한 오염을 방지한다.

1. 세 정

생산되는 식품의 주성분과 설비의 특성에 알맞은 세정방법을 선택한다. 처음에는 충분한 양의 물로 표면에 묻어 있는 물질을 제거하고, 40~50℃의 온수와 솔로 지방질 등을 제거한다. 온수로 수세 후 산성, 알칼리성, 계면활성제 중 알맞은 것을 선택하여 솔로 세정한다. 채소류, 과일류, 식기류 등에는 중성세제를 사용하는 것이 좋다. 마지막으로 온수 및 정수로 잔존하는 세제를 제거한다.

2. 살 균

세정만으로는 부착미생물이 완전히 제거되지 않기 때문에 살균을 한다. 미생물 살균방법으로는 열, 자외선, 화학적 살균제 등에 의한 방법이 있다.

1) 열에 의한 살균

열에 의한 살균방법은 분사증기를 직접 취입하거나 열탕조에서 자비살균한다. 살균에 필요한 온도나 시간은 설비 및 미생물의 종류에 따라 결정한다. 열탕조에서는 75℃에서 15분, 93℃에서 5분 이상 살균하고 분사증기로는 40kg/cm^{2}의 증기압으로 1분 이상 취입한다.

2) 자외선에 의한 살균

태양광선 중 파장 2,500~2,600Å의 자외선으로 살균하는 방법으로 살균효율은 조사량과 조사시간의 곱에 관계한다. 대장균 살균을 1로 하였을 때 세균은 1.5~5배, 효모류는 3~6배, 곰팡이류는 5~50배 정도의 살균시간이 필요하다.

3) 화학약품에 의한 살균

차아염소산나트륨, 표백분 등과 같은 염소제로 살균하며 침지할 경우는 50~100ppm, 분무할 경우는 200ppm 정도를 사용한다. 역성비누(invert soap)는 살균력이 강하고 물에 잘 녹으며 냄새, 자극성, 부식성 등이 없어 손, 용기, 식품공장 등의 살균에 이용한다. 보통비누와 혼용하면 살균력이 저하되고, 결핵균에는 살균력이 떨어지며 유기물이 존재하면 세척 후 사용한다. 산에는 안정하나 강알칼리에는 불안정하다.

이외에 무기성 세제로 수산화나트륨, 탄산수소나트륨, 염산, 황산, 질산 등도 사용한다.

12.5 급수와 오수 · 폐기물 처리

12-5-1. 수자원 및 급수

수자원에는 지표수, 지하수, 복류수, 빗물 등이 있다. 지표수는 비교적 수질이 안정하나 공장폐수, 생활하수, 농약, 방사성 물질 등의 오염에 노출되어 있고, 지하수도 공장폐수나 생활하수의 오염에 주의하고 특히 지층 중의 칼슘이나 이산화탄소가 용해되어 있으므로 이러한 수질은 식품가공에 부적합하다.

식품공장의 급수설비는 매우 중요하여 가동에 필요한 충분한 물을 공급받아야 하고 지하수보다는 상수도가 적합하며 상수도가 부족할 경우에는 우물, 샘물, 하천수 등을 이용할 수 있는데 정기적으로 수질검사를 받아서 적합판정을 받은 것만 사용하여야 한다.

12-5-2. 화장실

화장실은 작업장에 영향을 미치지 않는 위치에 종업원수 등을 고려하여 수세식으로 설치하고 항상 청결을 유지하도록 한다. 조리장이나 우물로부터 15m 이상 떨어져 있어야 하고 수원보다 낮게 위치하도록 하여 급수나 식품시설을 오염시키지 않도록 내구성 재료를 사용하여 건축한다. 화장실 내에는 냉·온수로 손을 세척할 수 있는 시설을 갖추고 비누나 역성비누 등을 항상 비치하여야 한다. 출입구나 창문에는 방충·방서용 망을 설치하여 해충이나 쥐 등의 침입을 막는다.

12-5-3. 폐기물 처리

폐기물 중에서 고체형태로 버려지는 것을 쓰레기라 하고 가연성 물질과 불연성 물질로 나누며 성분에 따라 부엌쓰레기, 잡쓰레기, 재 등으로 분류한다. 폐기물 처리장은 조리장으로부터 최소한 3m 이상의 거리에 불침투성 재료로 만들어야 하고 뚜껑을 설치하여 해충이나 쥐 등의 침입을 막아야 한다. 또한 폐기물의 특성에 따라 분리수거할 수 있도록 하고 항상 청결을 유지하여야 한다. 폐기물을 처리하는 방법으로는 투기, 위생적 매립, 퇴비, 소각, 가축사료, 해중투몰 등이 있으며 각 지역의 특성, 재정능력, 방법의 경제성 등을 검토하여 처리법을 결정한다.

12.6 식품취급자의 위생관리

자연계에는 수많은 미생물종이 존재하는데 그중에는 병원성과 비병원성 미생물이 있다. 병원성 미생물은 사람이나 가축에 감염되어 질병을 일으키거나 건강한 사람의 머리, 피부, 입, 코 등에서 포도상구균이 발견되며, 소화기계통에는 대장균, 살모넬라, *Clostridium*속의 미생물이 공존하여 인간의 손, 호흡기, 소화기계통 등으로 식품을 오염시킬 수 있기 때문에 사람의 건강과 위생상태는 매우 중요하다.

12-6-1. 개인위생

1. 개인위생의 중요성

건강을 위협하는 병원성 미생물이나 유해물질은 사람이 음식물과 접촉함으로써 유입된다. 장내세균 중의 어떤 병원성 미생물은 사람의 접촉이나 분변을 통하여 식품에 오염되는데 예를 들어 포도상구균은 피부, 콧구멍, 화상 등에 항상 증식하고 있어 식품과의 접촉으로 체내에 들어온다. 환자보다는 증세를 느끼지 못하는 건강보균자의 관리는 더욱 어렵다. 많은 나라에서 음식물을 취급하는 식품종사자 들의 위생을 개인위생이라는 용어로 중요하게 다루고 있다.

소비자에게 위생적으로 안전한 식품을 공급하여 식중독이나 질병을 방지하도록 식품취급자의 개인위생관리는 매우 중요하기 때문에 안전하게 식품을 취급하는 요령을 잘 알고 있어야 한다. 위생에 대한 규칙이나 방침은 휴게실, 세면실, 공고란같이 종사원이 쉽게 볼 수 있는 곳에 붙여 놓는다. 개인위생에 대한 바람직한 태도와 더불어 그와 관련된 화장실, 탈의실, 세면시설 등의 시설이 위생적으로 갖추어지면 사람에 의한 식품의 오염과 전파를 최소한으로 줄일 수 있다.

2. 개인위생의 주요내용

- 복장

식품취급자는 청결하고 깔끔한 위생복을 착용하고 반지, 팔지, 귀걸이, 목걸이,

시계 등과 같은 액세서리는 착용하지 않아야 한다. 주머니는 허리 아래쪽에 위치하도록 하고 단추보다는 지퍼가 좋으며 뒷주머니나 옆주머니는 찍찍이(velcro)가 달린 주머니 덮개가 있는 것이 좋다. 머리카락이 유입되는 것을 방지하기 위하여 식품종사자나 방문객들은 공장 출입 시 모자 착용을 의무화하여야 한다.

- 손과 손 씻기

개인위생에서 손을 깨끗이 씻는 것은 무엇보다도 중요하다. 더러운 손은 오염물질이나 세균을 식품에 옮기는 데 결정적인 역할을 하므로 화장실 출입 후, 담배 피운 후, 돈을 만진 후, 더러워진 작업장의 표면과 접촉한 후, 귀·입·코·머리와 같은 신체부위를 만진 후에는 반드시 손을 씻는다.

- 장갑 착용

찢어지거나 새지 않는 멸균한 장갑을 착용하고 식품을 취급하면 피부로부터의 세균오염을 방지할 수 있다. 하지만 장갑도 자주 사용하면 더러워지므로 안심할 수는 없다.

- 화장실

화장실의 청결 정도는 위생수준의 지표가 될 수 있기 때문에 항상 청결한 상태가 유지하도록 설계되어야 한다. 위생자재로 시공하고 화장실 사용자는 반드시 손을 씻고 나가도록 주지시킨다.

- 건강진단

식품위생법에 따라 영업자나 식품취급자는 정기적으로 건강진단을 받아야 할 의무가 있으며, 건강진단 결과 제1군전염병, 피부병, 화농성 질환, 제3군전염병 중 결핵과 같이 타인에게 위해를 끼칠 우려가 있는 질병은 영업에 종사하지 못하도록 하고 있다.

12-6-2. 식품공장의 위생관리

영업자나 식품종사자는 식품재료, 시설, 기구, 건물 등을 위생적으로 관리하여 질병이나 위해요소가 발생하지 않도록 한다.

- 보건소나 병·의원 등에서 건강진단을 받은 후 이상이 없을 때 식품제조업에 종사한다.
- 식중독이나 전염병환자, 건강보균자, 화농성 질환, 피부질환자 등은 식품제조업에 종사시키지 않는다.
- 작업 시 위생복, 위생모, 신발 등을 규정에 맞게 착용한다.
- 손톱을 깎고 장신구를 착용하지 않는다.
- 공장 출입 시, 화장실을 떠나기 전, 더러운 기구 등과 접촉한 경우에는 손을 씻는다.
- 흡연, 껌 씹기, 침 뱉는 행위 등을 하지 않는다.
- 작업장 방문객은 위생복을 착용한다.
- 식품위생관리인은 종업원의 위생사항을 수시로 지도·감독한다.

12.7 HACCP에 의한 식품위생

12-7-1. HACCP의 개요

1. HACCP의 의의

HACCP은 원래 미국에서 처음 시작되어 국제적으로 널리 알려진 식품의 안전관리 시스템으로 1960년대에 미 항공우주국(NASA)의 아폴로 계획에 사용된 우주식의 안전성 확보 차원에서 개발되기 시작한 위생관리기법이다. HACCP이란 'Hazard Analysis Critical Control Point'의 머리글자를 취한 것으로서 우리말로는 '위해요소 중점관리기준'이라는 용어로 쓰인다. 즉 HA(Hazard Analysis : 위해분석)와 CCP(Critical Control Point : 중점관리점)를 합친 말이다. HA란 식품제조의 모든 단계에서 위해의 요인과 원인을 파악하고, 파악된 위해의 중요도 및 위험도를 평가하는 것이다. CCP란 식품의 위해를 방지·제거하거나 안전성을 확보하는 단계를 말한다.

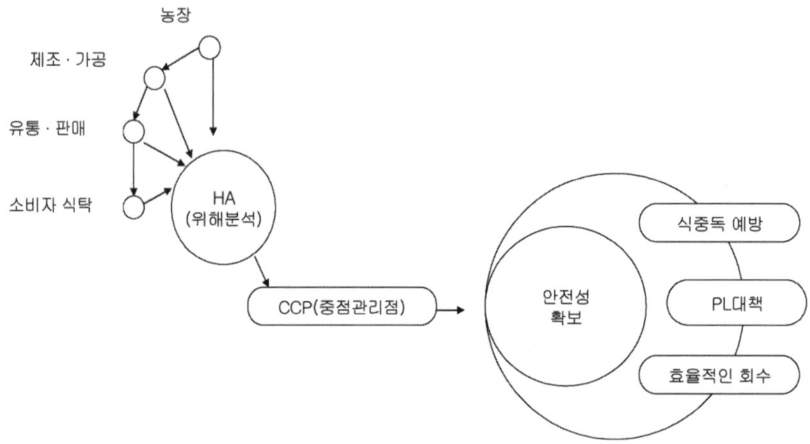

위의 그림과 같이 식품의 안전성을 확보하기 위해서는 식품의 생산에서부터 소비에 이르기까지 모든 단계의 건강을 해치는 위해를 사전에 예측하여 식품에 미치는 위해의 가능성을 특별히 지정해, 과학적인 근거에 따라 예측된 건강위해를 예방하기 위한 관리방법을 미리 결정하고, 그 관리방법의 적절성을 모니터링하여 관리하는 것이다. 또한 적절하게 관리될 수 없거나 예측할 수 있는 위해를 사전에 찾아내어 그에 대응할 수 있는 개선조치를 미리 설정하고, 모니터링 결과나 개선조치의 방법 등을 보관하는 일련의 종합적인 위생관리체계이다.

2. HACCP의 역사적 배경

HACCP 프로그램의 개발은 1959년 미국 우주 계획용의 식품제조에 Pillsbury사가 3원칙의 HACCP 개념을 처음 소개한 이후부터 시작되었으며, 1993년에 FAO/WHO가 HACCP 적용을 위한 지침을 제공하였다. 외국의 HACCP 도입은 호주(1992), 미국(1995년), 캐나다(1995년), EU(1996년), 뉴질랜드(1985년) 등이고 HACCP 프로그램 적용을 의무화하고 있다. 국내에서도 1995년 12월부터 식품의약품안전처, 농림축산식품부, 해양수산부에서 식품위해요소 중점관리기준을 고시하여 지정하고 있다.

HACCP제도의 발전경과는 1960년대 미국 우주 계획용의 식품제조를 위하여 Pillsbury가 구상 · 정리하였고, 1971년에 National Conference of Food Protection에서 최초로 개요를 공표하였으며, 1973년 미국 식품의약품관리청(FDA; Food and Drug

Administration)에 의하여 저산성 통조림의 규제를 도입하였다. 1985년 미국 과학아카데미(NAS; National Academy of Science)의 식품보호위원회가 식품생산자 및 행정당국에 HACCP제도의 도입을 권고하였고, 1988년 국제식품미생물규격위원회(ICMSF; International Commission on Microbiological Specifications for Foods)가 WHO에 대해 국제규격에 의한 HACCP 도입을 권고하였으며, 1989년 미국 식품미생물기준자문위원회(NACMCF; National Advisory Committee on Microbiological Criteria for Food)가 HACCP의 지침을 제출하여 이 중에서 HACCP의 7원칙을 최초로 제시하였다. 1992년 NACMCF가 HACCP 지침 수정판을 제출하였고, 1993년 FAO/WHO의 국제식품안전위원회(Codex)에 의해 HACCP 적용을 위한 가이드라인을 제시하였고, 1996년 미국 농무성(USDA : United States Department of Agriculture)에서 식육과 가금류의 위해요소 예방을 위한 HACCP를 적용하였으며, 2001년 식품전반에 적용(강제적용배제) 및 자율적용을 유도하였다.

12-7-2. HACCP제도의 추진절차

HACCP은 식품의 안전성을 체계적인 시스템으로 확보하고자 하는 데 있으며, 7가지 원칙에 기초하고 12가지의 절차(권고사항)가 있다(그림 12-2). 이는 FDA와 미 농무성에 의해 설립된 NACMCF에 의해 개발되었다.

절차 1(HACCP팀 구성), 절차 2(제품설명서 작성), 절차 3(의도하는 용도 파악), 절차 4(공정흐름도 작성), 절차 5(공정흐름도 현장 확인), 절차 6(위해요소 분석[원칙 1]), 절차 7(중점관리점(CCP) 결정[원칙 2]), 절차 8(CCP에 대한 한계기준(CL) 설정[원칙 3]), 절차 9(CCP에 대한 모니터링 방법 수립[원칙 4]), 절차 10(한계기준 이탈 시 시정조치방법 수립[원칙 5]), 절차11(HACCP시스템의 검증방법 수립[원칙 6]), 절차 12(기록유지 및 문서화 방법 수립[원칙 7]) 중 절차 1에서 5까지는 절차 6(원칙 1)의 위해분석을 위한 사전준비와 정보 수집을 위한 활동으로 준비 5단계라고 한다. 절차 6에서 12까지를 'HACCP 7원칙'이라고 하는데, 원칙 5까지는 HACCP 계획을 개발하기 위해 적용되는 단계이고, 원칙 6과 7은 HACCP 계획수립 후 단계로 구분된다.

HACCP 팀 구성

제품설명서 작성

용도 확인

공정흐름도 작성

공정흐름도 현장 확인

위해요소 분석(원칙 1)

중요관리점(CCP) 결정(원칙 2)

중요관리점(CCP) 한계기준 설정(원칙 3)

중요관리점(CCP) 모니터링 체계 확립(원칙 4)

검증절차 및 방법 수립(원칙 5)

개선조치 방법 수립(원칙 6)

문서화 및 기록 유지(원칙 7)

[그림 12-2] HACCP 관리체계 구축 절차

1. HACCP팀의 구성

HACCP시스템 구축을 위하여 가장 먼저 선행될 일이 HACCP 계획을 개발하고 운영을 주도적으로 담당하기 위한 지식과 전문기술을 가진 HACCP팀을 구성하는 데 있다. HACCP시스템을 확립하는 데 필요한 인적구성은 조직의 규모나 형태 등에 따라 다르기 때문에 특별한 기준은 없으며 경영진의 직접적인 참여를 포함하여 가능한 많은 인원으로 품질관리, 공정관리 등 직접 식품을 취급하고 관리하는 인원 및 지원부서 인원들의 참여가 필요하다. 특히 HACCP 계획을 작성하여야 하기 때문에 자기회사의 제품에 대한 특별한 지식과 전문적인 기술(시설, 장비, 실제 작업환경과 실태, 작업공정에 대한 상세한 지식 등)을 갖고 있는 인원이 포함되어야 하며, 또한 식품위생학, 미생물학, 공학, 영양학 및 HACCP 원칙 등에 대한 지식이 있으면 더욱 좋다. 만일

이에 부응할 만한 자질을 갖춘 전문가가 없을 경우에는 외부 전문가의 자문을 받아 활용하는 것도 한 방법이 된다.

HACCP팀 역할의 예를 들면 HACCP 계획 수립(위해평가, CCP 및 CL의 결정, 검증 및 모니터링 절차 등), 일반 위생관리프로그램의 작성, 위생작업표준의 작성, 선행요건 프로그램(PRPs)의 검토 및 승인, 검증의 실시, 검증결과・원재료・제품・공정 등의 변화에 따른 HACCP 계획의 갱신 등이다. 기타 HACCP팀의 관련사항으로는 팀원 개개인에 대한 책임과 권한, 팀원의 이력, 업무와 관련된 위임사항이나 인수인계사항에 대한 방법론, HACCP 조직도 등을 구체적으로 기술하는 것이 바람직하다.

1) 책임과 권한

- HACCP 팀장 : HACCP 업무 총괄
- 생산부서 : 작업장 및 작업자 위생관리, 공정관리
- 품질부서 : 제품검사, 위생검사, 클레임 관리 등
- 물류부서 : 원료 및 제품의 입고・보관・출하・차량관리
- 공무부서 : 시설・설비 관리, 냉장・냉동설비 관리, 환경관리, 용수・폐수 및 폐기물 관리 등

2) 팀원의 이력관리

- 부서명, 직위, 학력, 전공, 실무경력, 교육이수내용 등

3) 업무인수인계 방법론

- 담당업무, 인계자, 인수자, 인수인계 내용 등

4) HACCP팀 조직도

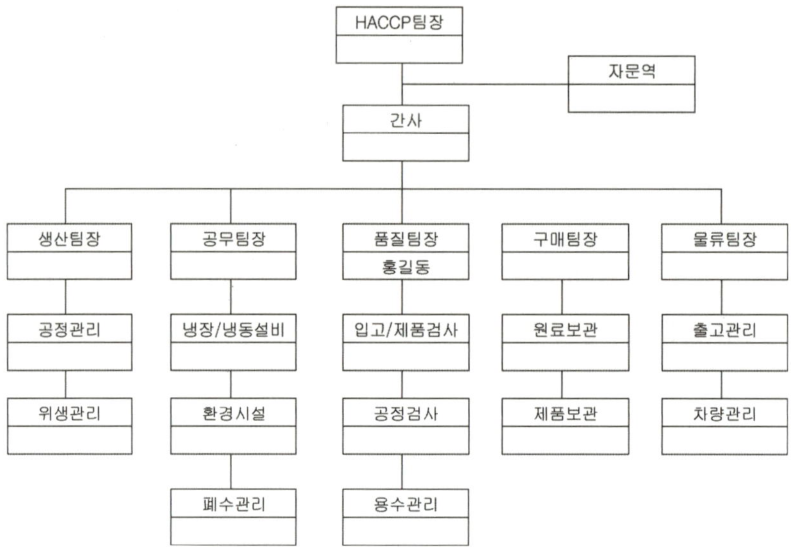

2. 제품설명(기술)서 작성

구성된 HACCP팀은 사업장 및 제품의 종류, 공정흐름단계 및 위해의 종류, 고객 및 법적 요구사항 등 HACCP시스템의 적용범위를 명확히 하는 것이 필요하다. 적용범위가 설정되면 <표 12-1>과 같이 제품설명서를 작성하여야 한다. 제품설명서란 '식품안전성에 관계되는 사항을 기재한 문서'를 일컫는다. 다시 말하면 제품설명서는 제품의 성분에 대한 정보와 유통방법을 포함한 해당 제품의 특성과 용도를 기술한 문서이다. 제품설명서의 용도는 원재료의 가공이나 보관 등에서 발생할 수 있는 명백한 위해에 대한 정보제공, CCP 결정 및 HACCP 계획 수립 시 정확하고 과학적인 기초정보 제공, 위생관리 목표와 향후 방향 설정에 매우 중요한 근거자료 등을 제공한다. 따라서 사전에 제품특성, 용도, 사용법 등에 대한 사전숙지가 필요하다.

▌표 12-1▌ 고춧가루 제품설명서 예

제품명	태양 고춧가루	품목제조 보고일자	2015.8.20		
제조자	(주) 태양식품	작성자	홍길동	작성일자	2015.12.12
제품유형	조미식품 중 고춧가루	성분배합비율	국산 건고추 100%		
제조(포장)단위	250g×60입, 500g×30입, 1kg×15입, 3kg×5입				
완제품규격	1. 성상 : 고유의 색택을 가지고 이미, 이취가 없어야 한다. 2. 이화학적 항목: 1) 수분 : 15% 이하 2) 회분 : 8% 이하 3) 산불용성회분 : 1.5% 이하 4) 타르색소 : 검출되어서는 안된다 3. 생물학적 항목 : 1) 대장균 : 음성 2) 대장균군 : 100/g 이하 3) 일반세균 : 100,000/g 이하 4. 물리적 항목 : 1) 이물질 : 불검출				
세품용도	반찬의 조리용(양념) 및 고추장용 조미식품으로 사용한다.				
유통기한	제조일로부터 12개월				
표시사항	제조품목 신고번호, 제품명, 원산지, 내용량, 주성분, 보관방법, 유통기한, 제조판매원, 공장주소, 포장재질, 포장지 제조허가번호, 소비자 상담실 전화번호, 유통과정에서 변질된 제품은 구입장소에서 즉시 교환해 드립니다 등				
포장 재질	1) 내포장재 : NY + PE 2) 외포장재 : 골판지 상자				
보관 유통상 주의사항	직사광선을 피하며 건냉한 곳에 보관(개봉 후 냉장 보관) 눈이나 피부 등 민감한 곳에 직접 접촉 절대 금지				
기타 필요사항	본 제품은 수분 함량이 15% 이하로 가공되어 음식에 사용 시 1시간 정도 지나야 고유의 빛깔이 나타납니다. 환경처리기준 등				

식품의약품안전처의 제품설명서 요구사항은 제품명, 제품유형 및 성상, 품목제조보고연월일, 성분배합비율, 제조(포장)단위, 완제품규격, 보관・유통상의 주의사항, 제품용도 및 유통기간, 포장방법 및 재질 등이다. 제품설명서의 작성 원칙은 품목별로 작

성하여야 하며, 특성이 같은 경우 식품 유형별 또는 공정 그룹별로 작성할 수 있다. 비슷한 제품끼리 그룹화하여 작성하는 경우는 모든 위해가 검토되었을 경우에만 가능하다. 또한 위해요소관리에 반드시 필요하고 실질적으로 관리하는 항목과 기준·규격 등을 언급하여야 한다.

3. 의도하는 용도 파악

제품의 의도된 용도는 일반적으로 제품설명서에 포함되어 기술한다. 정확한 HACCP 계획을 수립하기 위해서는 출고된 제품이 어떻게, 누구에게 사용되는가를 파악하는 것이 필요하다. 일반적으로 제품의 의도된 용도에는 다음사항 등을 고려하여 파악한다.

첫째, 최종사용자 또는 소비자에 의한 통상적인 용도(제품의 기대되는 사용)
둘째, 특별한 경우 위험이 있을 수 있거나, 상처 입기 쉬운 소비계층을 고려
셋째, 소비계층으로 일반 건강인, 영유아, 어린이, 노약자, 허약자, 환자 등
넷째, 조리 또는 섭취방법으로 그대로 섭취, 섭취 전 가열, 재가공 후 섭취 등
다섯째, 유통기한 및 보존방법
여섯째, 필요 시 표시로 경고 등

4. 공정흐름도 작성

공정흐름도란 '제조공정을 전체적, 개별적으로 파악하기 위한 기초자료가 되는 문서'로서, 공정흐름도는 제품이 어떤 환경하에서 어떤 경로를 통해 만들어지며 위해요소가 어디에서 발생할 수 있는가를 보여주는 문서로 제품설명서와 더불어 위해요소분석 등에 매우 중요한 정보를 제공해 준다<표 12-2>.

표 12-2 도시락의 공정흐름도 예

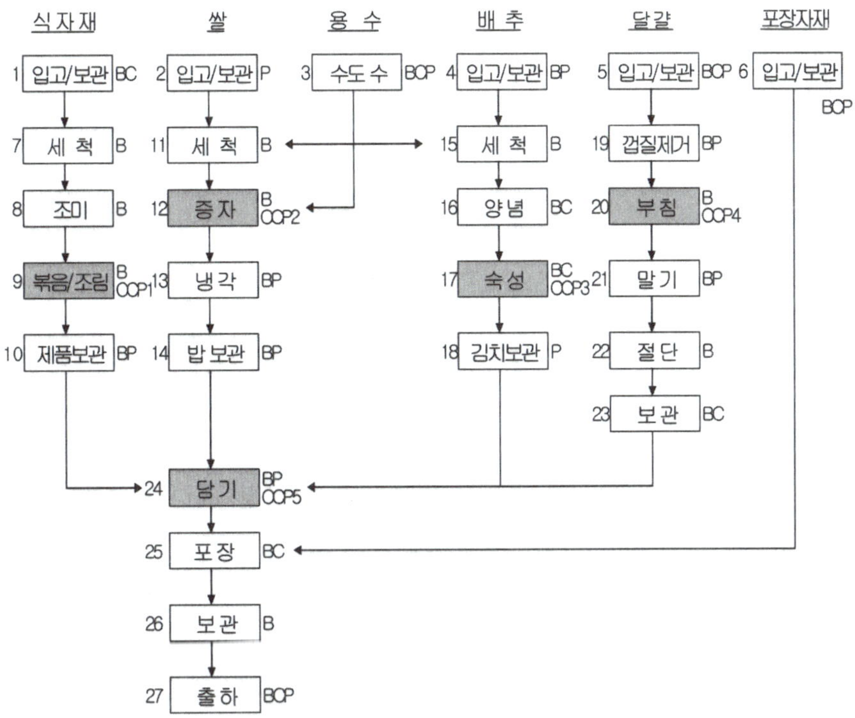

조직이 직접 관리하는 원료의 입고부터 최종제품의 출하까지 모든 단계를 파악하여 공정흐름도를 작성하여야 한다. 공정흐름도의 종류를 살펴보면 식품의약품안전처 및 농림축산식품부에서는 공정도, 작업장 평면도, 공조시설 계통도, 용수 및 배수처리 계통도의 작성을 요구하고 있다. 공정흐름도에 종류별로 포함될 내용은 다음과 같다.

1) **공정도**(Flow diagram) : 일련번호, 공정명, 주요 설비명과 능력, 공정별 작업방법 및 조건위해요소 개략 CCP 등
2) **작업장 평면도**(Layout) : 청정도에 따른 구역으로 오염구역 및 비오염구역(준청결, 청결)
   - 작업실명 또는 공정명, 기계기구 구조와 배치
   - 부대시설 위치 : 탈의실, 휴게실, 사무실, 실험실, 기계실, 폐수・폐기물 처리장 등

- 제품흐름경로 : 원료성 제품, 가공제품
- 작업자 배치 및 이동경로 : 작업자 배치, 원료성 제품과 가공제품 취급자 이동경로
- 위생설비 위치 : 세척, 소독조, 에어 샤워(air shower), 포충, 쥐약 등
- 문, 창문 위치 등

3) **공조시설 계통도** : 사업장 전체 및 작업장의 배관흐름, 흡입구·배출구 위치, 환풍기·선풍기 위치, 공기흐름, 양압 등

4) **용수 및 배수처리 계통도** : 용수 및 배수의 배관흐름, 집수구 위치, 수도꼭지 위치, 배수구 위치, 배수 방향 등

공정흐름도의 작성 목적은 위해요소가 발생할 수 있는 모든 단계 즉 지점을 찾아내기 위한 것이므로 단순하고 이해하기 쉽도록 작성되어야 한다. 각 단계에서는 위해요소를 파악하기에 충분한 설명이 기술되어야 한다.

5. 공정흐름도의 현장 확인

공정흐름도가 작성되면 공정흐름도가 실제 현장과 일치하는지를 현장검증을 통하여 확인하여야 한다. 현장 확인의 목적은 공정흐름도에 식품위생상 중요한 공정작업 등의 누락여부, 중요한 문제점이 위해분석 시에 누락되지 않도록 하기 위함이다. 공정흐름도에 나타나 있는 공정, 공정의 순서, 작업순서의 내용, 사람과 물품의 동선, 기계설비의 배치, 공기의 흐름, 청정구역의 배치 등이 정확한가를 확인하고 필요 시 공정흐름도를 수정한다. 또한 식품위생관련 법령이나 선행요건프로그램(PRPs)을 충족하는가를 검증하여야 한다.

6. 원칙 1 : 위해요소분석(HA)

1) 위해요소

위해요소는 '식품 중에 존재함으로 인하여 건강피해를 일으킬 가능성이 있는 생물학적, 화학적, 물리적 인자'로 정의하고 있으며 Codex에서는 'The potential to harm, can be biological, chemical or physical'로 정의하고 있다. 미국식품자문위원회에서는 위해요소에 대해 '소비자의 건강상 문제를 야기할 가능성이 있는 식품생산 및 가공과정 중에 발생하는 생물학적, 화학적, 물리적 인자'로 정의하고 있다. 생물학적 위해요소로는 생물, 미생물 등으로 사람의 건강에 영향을 미칠 수 있는 것을 말한다. 보통의 세균은 식품에 넓게 분포하고 있으며 대다수는 무해하나 일부 병원성을 가진 종에 있어서는 문제시된다. 예를 들면, 병원성 미생물, 바이러스, 일반세균, 대장균군, 효모, 곰팡이, 기생충, 원충 등을 들 수 있다. 위해요소 중 가장 중요하게 다루어져야 할 부분이 생물학적 위해이며 그중 가장 흔히 발생되는 것이 세균성 위험이다.

화학적 위해요소로는 식품에 내재하면서 인체의 건강을 해할 우려가 있는 중금속, 농약, 항생물질, 잔류수의약품, 호르몬제, 사용금지 식품첨가물, 환경호르몬, 비식용 화학물질 등이 있다. 화학적 위해요소는 HACCP 계획에서 생물학적 혹은 물리적 위해요소보다 중요성이 낮다. 왜냐하면, 화학적 위해요소는 내재된 위험성이 일반적으로 낮고, 또한 HACCP 계획 자체에 의하기 보다는 선행프로그램에 의해 더욱 효과적으로 관리될 수 있기 때문이다.

물리적 위해요소로는 식품에 내재하면서 인체의 건강을 해할 우려가 있는 돌, 유리파편, 금속조각, 플라스틱 조각 등 유해성 이물 등이 있다. 화학적 위해요소와 마찬가지로, 상당부분의 물리적 위해요소는 해충방제 프로그램, 원료관리, 위생관리 및 절차, 장비유지관리 프로그램 등 식품공장 전반에 걸친 적정제조기준 등 선행프로그램에 의해 관리되기 때문에 생물학적 위해요소보다 중요성이 낮다. 식육 처리장에서의 위해요소 목록표의 예는 <표 12-3>과 같다.

▌표 12-3▐ 식육 처리장에서의 위해요소 목록표의 예

<table>
<tr><th rowspan="2"></th><th rowspan="2">원재료
/공정</th><th colspan="2">위해요소 종류</th><th rowspan="2">관리공정
/단계</th><th rowspan="2">예방관리방법</th></tr>
<tr><th>원료육 입고</th><th>위해요소</th></tr>
<tr><td rowspan="6">생물학적 위해요소</td><td rowspan="3">성형가열</td><td rowspan="3">도축장에서의 오염</td><td rowspan="3">병원균</td><td>도축장</td><td>위생관리</td></tr>
<tr><td>원료육 입고</td><td>보증서확인, 입고검사</td></tr>
<tr><td>동결</td><td>가열온도 및 시간관리</td></tr>
<tr><td rowspan="3">금속검사</td><td>가열 불균일</td><td rowspan="3">선모충 잔존</td><td>성형</td><td>성형기 조정, 보수 점검</td></tr>
<tr><td>가열온도 저하</td><td rowspan="2">가열</td><td>가열기 내 온도 측정, 확인</td></tr>
<tr><td>컨베이어 작동불량으로 시간 단축</td><td>컨베이어 속도측정, 확인
가열 후 품온 측정</td></tr>
<tr><td colspan="2" rowspan="3">화학적 위해요소</td><td rowspan="2">생산자의 사용기준 미준수</td><td rowspan="2">합성항균제 잔류</td><td>농장</td><td>생산자의 사용기준 준수</td></tr>
<tr><td>입고</td><td>보증 계약</td></tr>
<tr><td>세제의 제거 불량</td><td>세제 혼입</td><td>동결</td><td>작업표준 준수, 위생교육</td></tr>
<tr><td colspan="2">물리적 위해요소</td><td>금속탐지기 미통과</td><td>금속조각 잔존</td><td>금속 검사</td><td>작업표준 준수, 위생교육</td></tr>
</table>

2) 위해분석

위해분석이란 원재료, 제조공정, 유통과정에서 잠재적 위해에 대한 발생 가능성이나 위해 정도를 밝혀냄으로써 각각의 위해에 대한 관리방법을 명확히 하는 것을 말한다. 위해분석의 순서와 절차는 다음과 같이 이루어진다.

첫째, 위해목록의 작성으로 모든 작업공정별로 위해발생 가능성이 있는 원재료, 공정, 원인물질, 발생요인, 방지조치 등을 기재한다. 둘째, 위해 및 그 발생조건에 관한 정보수집으로 위해발생 가능성, 위해의 중요성, 발생빈도, 증상, 사망률 등을 밝힌다. 셋째, 위해의 평가로 HACCP 계획 중에 포함시켜야 할 사항들을 결정하고, 이를 관리할 수 있는 방법을 분명히 한다.

상기의 위해요소 목록표에서와 같이, 위해요소 영향인자로는 위치, 환경, 원료상태,

제조·가공방법, 포장방법, 보관·유통방법, 종사자 의식·형태 등을 들 수 있으며, 위해요소 유래인자로는 제품(원재료, 물, 얼음, 증기 등), 환경(온도/시간, 공기, 바닥, 천장, 벽 등), 생물체(종사자, 위생동물 등), 기계·기구류(기계, 기구, 용기, 포장자재 등) 등을 들 수 있다. 위해 평가결과 예는 <표 12-4>와 같다.

▌표 12-4▐ 위해 평가결과 예

공정	파악된 위험	구분	평가	위해요인	방지조치
냉동	이물혼입	P	중	교반기 부품혼입	냉동기 보수, 점검

7. 원칙 2 : 중점관리점(CCP) 설정

CCP(Critical Control Point: 중점관리점)란 HACCP시스템을 적용하여 낭 업소 식품의 위해요소를 예방, 제거하거나 허용수준으로 감소시키기 위하여 중점적으로 관리해야 할 지점, 공정 또는 절차를 말하며, 일상적인 관리지점 또는 절차인 관리점(CP : Control Point)과는 구별된다. CP란 HACCP시스템을 적용하여 기업의 식품위해요소를 방지하기 위하여 일상적으로 관리해야할 지점, 공정 또는 절차를 의미한다.

식품의약품안전처에서는 'HACCP를 적용하여 식품의 위해를 방지, 제거하거나 안전성을 확보할 수 있는 단계 또는 공정'이라 정의하고 있으며, Codex에서는 'A point, step or procedure at which control can be applied and a food safety hazard can be prevented, eliminated to acceptable levels'라 정의하고 있다.

위해요소분석을 통하여 확인된 생물학적, 화학적 및 물리적 위해요소와 예방조치 방법을 목록화한 후에 어떤 수준으로 관리할 것인가를 결정하기 위하여 CCP 결정단계를 거친다. CCP의 결정은 아래에 제시된 CCP 결정도를 통상적으로 활용한다.

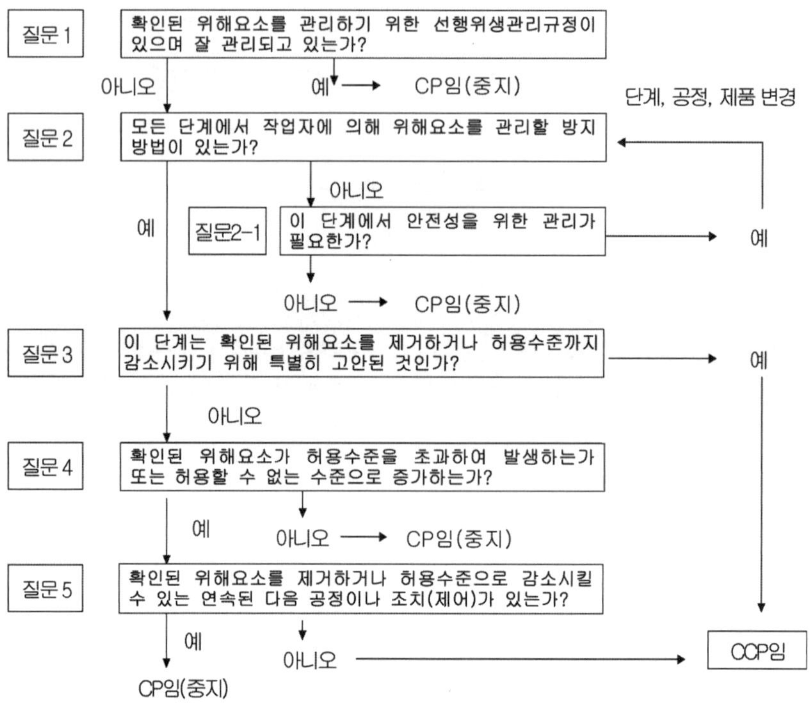

상기 CCP 결정도의 질문별 고려사항은 다음과 같다.

- **질문 1** : 선행위생관리규정에 의한 관리가 가능한가?

  선행위생관리규정의 확립은 물론이고, 그것에 의해 위생관리가 실질적으로 잘 수행되어 확인된 위해요소가 잘 예방 관리되고 있음을 보증할 수 있어야만 '예'라고 답할 수 있다. 따라서 현재 위생관리상태에 대한 일정기간 현장 확인과 정확한 판단이 필요하다.

- **질문 2** : 방지방법이 있는가?

  해당공정뿐만 아니라 전후공정에서 작업자에 의한 관리방법이 실제로 있는지를 검토하여, 위해요소분석에서 예방조치가 있는 경우 '예'라고 답할 수 있다.

- **질문 2-1** : 해당공정의 안전성을 위한 관리가 필요한가?

  기본적으로 위해요소의 분석에서 확인된 위해요소는 해당 식품의 안전성 관리를 위하여 꼭 필요한 것이므로 이 질문으로 넘어간 위해요소에 대해서는 관리를 위하여 단계나 공정, 제품을 변경해야 한다.

- **질문 3** : 특별히 고안한 방법이 있는가?
  공정설계 당시에 왜 그 공정을 넣게 되었고 해당공정의 목적을 충분히 달성하는가에 대한 정확한 개념정립이 필요하다.
- **질문 4** : 허용수준의 초과 가능성이 있는가?
  먼저 위해요소에 대한 허용수준을 어느 정도로 할 것인가를 결정해야 한다. 따라서 예상되는 위해요소에 대한 현장분석이 요구된다.

허용수준의 결정단계

- 해당공정 : 허용수준 결정 용이성, 작업 복잡성
- 최종제품, 중간제어단계 : 작업의 용이성, 공정별 상관관계 규명 필요

- **질문 5** : 확인된 위해요소에 대한 공정이나 조치가 있는가?
  예를 들어 가열이나 금속검출, 또는 제품검사 등으로 확인된 위해요소를 제어할 수 있는 공정이나 조치가 이에 해당된다. 만약 없다면 확인된 위해요소의 발생을 해당공정에서 차단하는 대책을 강구해야 하나 절대적인 것은 아니다.

아래에 제시된 CCP 결정서식에 따라 CCP 결정도를 활용하여 CCP를 결정한다. 일반적인 CCP 결정서식은 <표 12-5>와 같고 식품별 CCP 예는 <표 12-6>과 같다.

표 12-5 CCP 결정서식

공정	위해요소 종류	질문 1	질문 2	질문 2-1	질문 3	질문 4	질문 5	CCP
1 공정		Y: 다음 위해요소로 CP임 N: 질문 2로	N: 질문 2-1로 Y: 질문 3으로	N: 다음 위해요소로, CP임 Y: 공정, 제품조정 후 질문 2로	N: 질문 4로 Y: CCP임	N: CP임 Y: 질문 5로	N: CCP임 Y: CP임	
	위해요소 나열	관련규정 언급	관리방법 언급		이유 설명	허용수준 언급	해당공정 언급	

표 12-6 식품별 CCP 예

식품유형	CCP 1	CCP 2
우유	살균, 균질, 냉각, 용기멸균	원료유가공품, 저유, 용기살균, 제품보관
크림	살균, 냉각	원유, 숙성, 제품보관
발효유	용해액 살균, 시럽살균	종균배양, 본 배양, 시럽냉각, 제품보관
가공 치즈	가열	원료치즈, 유화, 냉각, 제품보관
검은 후추	건조	청정화포장, 예비저장, 수송, 오염제거
숙면	가열 살균	수세, pH조정, 계량포장, 냉각, 검사
튀긴 어묵	1차 유탕	배합, 2차 유탕, 제품보관, 출하
유탕 라면	유탕	숙성, 스프 포장, 제품 포장
로스햄	증자, 탕자	원료육, 냉각, 표면살균, Slicing, 포장
절단채소	세척	제균, 세절, 제품보관
도시락류	가열조리	냉각, 담기, 포장, 제품보관, 운송
신선어류	냉각	내장 제거, 상자 담기, 수송, 박피, 절단

8. 원칙 3 : CCP에 대한 한계기준(CL)의 설정

1) 한계기준의 정의

한계기준(CL : Critical Limits)의 정의는 Codex에서 'A value which separates acceptability from unacceptability'로 정의하고 있고, 식품의약품안전처에서는 '위해요소의 관리가 한계치 설정대로 충분히 이루어지고 있는지 여부를 판단하는 기준'이라고 정의한다. 한계기준이란 직역하면 '한계점'을 뜻하며, 안전·위생의 관점에서 본다면 '허용가능과 허용불가능을 구별하는 기준'이란 해석으로서 '허용한계기준'이라 번역할 수도 있다. 즉 한계기준이란 CCP에서 특정 위해가 발생하지 않도록 적절히 제어·관리되고 있는지 여부를 판정하기 위하여 설정하는 기준치를 말한다. 따라서 모든 CCP에 대하여 적어도 하나의 한계기준을 설정하여야 한다. 만일 한계기준을 위반한 경우는 원료가 제품의 안전성에 나쁜 영향을 줄 수 있거나, 아니면 제품이 안전성을 보증할 수 있는 조건으로 제조되지 않을 가능성이 있는 것이다. 즉 소비자에 대한 위해가 존재하고 있거나(세균의 오염, 생존 또는 잔존), 아니면 위해가 증폭(위해원인세균 혼입·증식・산생)될 위험성이 있음을 의미하는 것이다.

2) 한계기준의 설정 조건

관리기준의 설정은 중점관리점이 적절히 관리되고 있는지 여부를 확인하기 위하여 가장 적합한 관리기준을 설정해야 한다. 관리기준의 효과적인 설정을 위한 조건은 다음과 같다.

첫째, 표적미생물 등의 위해 원인물질을 확실하게 사멸, 제거 또는 허용범위까지 감소시킬 수 있다는 확증이 있어야 한다. 즉 가장 과학적인 근거에 따라 입증된 수치가 제시되어야 한다. 왜냐하면 다음 모니터링 단계에서 한계기준에 적합하다는 판단을 가능하게 할 수 있기 때문이다. 만일 한계기준의 설정근거가 잘못되었거나, 적절치 못할 경우에는 모니터링에서 관리상태가 적절하다고 판단되더라도 최종제품에는 위해가 발생할 가능성이 있기 때문이다.

둘째, 가능한 현장에서 즉시 판단 가능한 기준을 설정할 필요가 있다. 즉 그 판단지표로서 관능지표(색상・광택・냄새・맛・점도・물성・거품・소리) 또는 수분활성도, pH 등 화학적인 검사치와 온도・시간 등 단시간에 결과가 판단될 수 있는 측정치를 사용하여야 한다.

이 밖에도 한계기준은 누구나 이해할 수 있도록 명확하게 정의된 문장이거나 정량적 수치일 필요가 있다.

한계기준의 예를 들면 다음과 같다.

- 저산성 음료의 경우 : pH와 충전온도로 살균이 불충분하거나 충분치 못하여 병원균의 성장 우려
- 햄버거 : 내열성 병원균 관리로 햄버거 패티 내부의 최저 도달온도, 오븐의 온도 및 시간, 패티의 두께 등

3) 한계기준의 설정 절차

- 결정된 CCP별로 식품 안전성을 보증하기 위하여 어떤 법적인 한계기준이 있는지 확인한다.
- 법적 한계기준이 없는 경우, 각 사업장은 CCP에 대해 위해요소를 관리하고 예방

하기에 적합한 한계기준을 자체적으로 설정한다. 필요 시 외부 HACCP 전문가의 조언을 구한다.

- 설정한 한계기준을 뒷받침할 수 있는 자료 또는 과학적 문헌 등의 모든 자료를 유지 · 보관한다.

한계기준의 설정 시 식품위생관련 법규상의 기준 · 규격, 과학적 문헌, 연구논문, 전문가 조언, 기존 위생관리 결과 및 별도 실험한 데이터 등을 활용하여야 한다.

표 12-7 식품공전상 살균 또는 멸균 조건

식품유형	살균, 멸균 조건
우유, 분유, 버터, 산양유	LTLT(63~65℃, 30분) HIST(72~75℃, 15~20초)
살균 탁주	65℃, 30분 이상
아이스크림, 빙과류	68.5℃, 30분 이상
가열 햄, 가열 소시지	80℃(제품 중심부 온도), 45분
두부	100℃, 5분 이상
멸균 식육제품	120℃(제품 중심부 온도), 4분 이상

9. 원칙 4 : CCP에 대한 모니터링 방법 수립

1) 모니터링의 의의

모니터링이란 중점관리점이 적절히 관리되고 있는지를 판정하기 위하여 계획된 일련의 관찰 또는 측정, 시험검사를 수행하는 것을 말한다. 이와 같은 관찰, 측정, 시험검사는 단시간에 정확한 결과가 나와야 하며, 연속적인 감시가 가능해야 한다. 따라서 한계(치)기준의 설정에서도 설명한 바와 같이 pH, 온도, 시간, 압력, 유량 등의 기준치를 사용하여야 한다. 또한 모니터링은 연속적 또는 상당한 빈도로 시행해야 한다. 즉 위해 발생 방지조치가 모든 제품에 빠짐없이 적용되고 있는지를 확인하기 위해서는 최초의 제품에서부터 최후의 한 개까지 한계기준 상태를 감시해야 한다. 이 밖에도 모니터링은 신속한 결과를 얻을 수 있는 방법으로 수행할 필요가 있다. 즉, 한계기준의 위반이 발견되거나, CCP의 관리상태가 불충분하다고 판단될 경우에는 될 수 있는 대로 그 영향을 최소화하고 개선조치를 쉽게 강구해야 하기 때문이다.

2) 모니터링 조건

모니터링의 조건은 첫째, 신속하게 결과가 나올 수 있는 방법으로 하여야 한다. 관리상태가 불충분하다고 판명될 경우, 그 영향을 최소한으로 줄이고, 바로 개선조치를 강구할 수 있도록 한다. 둘째, 연속적 또는 상당한 빈도로 감시할 수 있는 방법으로 하여야 한다. 위해방지를 위한 조치가 해당 생산 제품 모두에 골고루 영향을 주는지를 확인할 수 있도록 한다. 셋째, 각각의 CCP에서 모니터링 요구사항들과 CCP가 관리한계 안에 있다는 것을 보장하기 위한 수단들은 구체화되어야 한다. 넷째, 모니터링 절차에는 신속하게 이루어질 수 있는 시험, 시각적 체크, 문서의 모니터링 또는 다른 적절한 절차가 포함되고, 모니터링의 빈도, 모니터링 책임자, 절차 등이 구체화되어야 한다. 다섯째, 모니터링은 3W1H, 즉 What(무엇을), How(어떻게), When(언제, 얼마의 빈도로), Who(누가)를 충족시키는 것이 중요하다.

상기 조건으로 결정된 모니터링 방법은 <표 12-8>과 같다.

표 12-8 모니터링 방법

What	How	When	Who	Where/Record
Dispatch Inspection and Test	Temperature check Physical check(packaging and labeling) Check of Documentation : Dispatch orders, Customer specification, Statutory documents	Every dispatch	Warehouse manager Shipping clerk Laboratory assistant	Dispatch monitoring log Dispatch documents Warehouse log
급송배달 검사 및 시험	온도 체크 육안 체크(포장상태 및 표시) 규제요구사항 체크 문서 체크 : 급송배달 오더 고객 요구사항(시방), 법적 문서	모든 급송 배달	창고관리자 출하담당 실험실 보조	배송배달 점검일지 급송배달 문서 창고일지

10. 원칙 5 : 한계기준 이탈 시 시정조치방법 수립

1) 개선조치의 의의

개선조치란 모니터링한 결과 관리항목이 한계기준이나 관리기준을 벗어났을 때 취하는 조치로서 최적의 공정조건으로 회복시키고 불안전한 제품이 소비자에게 도달되는 것을 회피하기 위해 필요한 조치가 정해져야 한다. 모니터링 결과 한계기준을 위반한 것을 발견하여, CCP의 관리상태가 적절하지 못하였다고 판단된 경우에는 신속하게 개선조치를 취할 필요가 있다. 왜 관리상태가 잘못되었는지 그 원인을 조사하여 적절한 관리상태로 시정하는 일이 선행되어야 하고, 그런 다음 관리기준을 위반한 제품과 반제품을 처리한다. 예를 들어, 살균상태가 불완전하였다면 먼저 그 공정을 정지시키고 한계기준을 위반한 대상재료를 특정화한 후 그 대상재료가 다음 공정에 들어가지 못하도록 제조공정에서 빼내어야 한다. 만일 그 재료를 다시 살균함으로써 해결할 수 있다면 재살균할 수 있는 조치를 취하면 되지만, 그렇게 할 수 없는 경우라면 바로 폐기 조치해야 한다. 이렇게 함으로써 안전성에 문제가 있는 제품의 출하를 막을 수 있다. 또한 실제로 누가 할 것인지를 문서로 규정해 두어야 한다. 적절한 조치를 취하는 책임자 및 그 절차 등을 분명히 하고 규정을 실천하는 훈련이 필요하다.

2) 시정조치의 중요한 면

- 오염된 제품의 처리

  CCP의 모니터링 결과 관리미흡이 나타나고 확인된 위해가 발생할 수 있을 때 제품에 대해 폐기 또는 재가공하여 한계기준을 충족시켜야 한다.

- 문제의 해결

  공정상의 실패에 대한 재발을 방지하기 위해 문제의 근본원인을 제거하는 대책이 강구되고 재발이 방지되어야 한다.

- 취해진 개선조치의 기록

  모니터링의 방법에 대해 가장 실제적으로, 특히 CCP에서 시정조치의 결과를 기술한 기록들을 보관할 필요가 있다. 기록은 재검토를 위한 것이고 또한 제품과 관련하여 적절한 시정조치가 취해졌다는 것을 증명하기 위함이다. 또한 시정조치

방법을 정하지 못한 것도 기록으로 남아야 한다.

한계기준을 위반한 경우의 개선조치절차로 식재료의 살균상태가 불충분함을 발견하면, 제조라인을 멈추고 관리기준을 위반한 식재료를 특정화한다. 한계기준을 벗어난 사실을 모두에게 알리고, 제조라인에서 제거하고, 상품이 될 수 없는 식재료는 바로 폐기하고, 안전성에 문제가 있는 제품은 시장에 출하하지 않는다.

11. 원칙 6 : HACCP시스템의 검증방법 수립

검증(verification)이란 CCP를 포함한 HACCP시스템이 적절히 확립되었는지를 확인하는 절차로, HACCP시스템을 정상적으로 가동시키기 위하여 전반적인 HACCP 계획의 타당성, 설정된 CCP들이 적절한가, 관리수단들이 한계기준에 대해 적절한가를 평가하기 위한 절차를 개발하여야 한다. 검증활동은 모니터링 절차와 취해진 시정조치의 평가, HACCP시스템과 그 기록들의 재검토, 불량과 제품처리의 재검토, CCP가 관리하에 있는지를 결정하기 위한 작업, 설정된 한계기준의 유효성 등을 포함한다.

1) 검증의 종류

① 검증주체에 따른 분류

- 내부검증 : 사내에서 자체적으로 검증원을 구성하여 실시하는 검증
- 외부검증 : 정부 또는 적격한 제3자가 검증을 실시하는 경우로 식품의약품안전처에서 HACCP 적용업소에 대하여 연1회 실시하는 사후 조사·평가가 이에 포함됨

② 검증주기에 따른 분류

- 최초검증 : HACCP 계획을 수립하여 최초로 현장에 적용할 때 실시하는 HACCP 계획의 유효성 평가
- 일상검증 : 일상적으로 발생되는 HACCP 기록문서 등에 대하여 검토 및 확인하는 것
- 특별검증 : 새로운 위해정보가 발생시, 해당식품의 특성 변경 시, 원료·제조공정 등의 변동 시 HACCP 계획의 문제점 발생 시 실시하는 검증

• 정기검증 : 정기적으로 HACCP 시스템의 적절성을 재평가 하는 검증

2) 검증의 실시 시기

HACCP 관리계획의 최초 실행과정, 즉 해당 계획서가 작성된 이후 현장에 적용하면서 실제로 해당 계획이 효과가 있는지 확인하기 위하여 최초검증(유효성 평가)을 반드시 실시하고 문제점을 개선·보완한 이후 본격적으로 HACCP 관리계획을 적용하여야 한다.

HACCP 관리계획은 식품이나 공정상에 실질적인 변경사항이 있는 경우, 또는 기존 계획서가 충분히 효과적이지 못할 수 있음을 나타내는 경우마다 특별검증(재평가)을 실시하여야 하며, 이러한 이유 중 하나에 해당되지 않는 경우에도 적어도 년 1회 이상 정기검증을 실시하여야 한다.

특별검증(재평가)을 실시하여야 하는 경우

• 해당 식품과 관련된 새로운 안전성 정보가 있을 때
• 해당 식품이 식중독, 질병 등과 관련 될 때
• 설정된 한계기준이 맞지 않을 때
• HACCP 계획의 변경 시(신규원료 사용 및 변경, 원료 공급업체의 변경, 제조나 조리 공정의 변경, 신규 또는 대체 장비 도입, 작업량의 큰 변동, 섭취대상의 변경, 공급체계의 변경, 종업원의 대폭 교체 등)

또한, 일상적으로 발생되는 HACCP 관련 기록들에 대한 일상검증을 주기를 정하여 실시하여야 한다. 즉, 위해를 제거 또는 감소시키기 위한 공정이 제대로 이행되었는지 확인하는 CCP 모니터링 기록 등을 해당제품이 출고되기 이전에 반드시 확인하여야 한다. 이외에 HACCP 계획의 유효성 및 실행성을 확인하기 위하여 필요한 경우 특정 부분에 대하여 주, 월, 반기 등 주기를 정하여 검증을 실시할 수 있다.

HACCP 시스템을 정상적으로 가동시키기 위해서는 정기적인 검증이 필요하다. 주로 CCP 및 모니터링 방법의 타당성 등에 대하여 HACCP 팀이 주체가 되어 검증하고,

그 검증사항은 기록의 확인(모니터링과 개선조치의 결과 등), 실질적인 모니터링 작업의 적절성에 대한 현장 확인, 원재료, 중간제품, 최종제품의 검사와 시험 방법 및 결과의 확인, 모니터링에 사용한 측정 장치의 교정상태 확인(장비의 신뢰성 확인), 소비자로부터의 고발 및 법적 위반내용에 관한 기록 자료 및 대책의 확인, HACCP 시스템 전반적인 재검토 등이다.

즉 HACCP 시스템의 검증에는 각각의 CCP에 대한 검증과 HACCP 전체에 대한 검증이 포함된다. 또한 검증의 빈도는 HACCP 계획을 실천하는 과정에서 그 실적을 평가함으로써 임의적으로 변경할 필요가 있다. 예를 들면 원료납품업자의 보증서 내용을 검증할 경우, 처음에는 월1회 시험검사로 검증하기로 하였으나, 그 검증결과 또는 공급자의 안전과 위생관리 시스템의 확인 결과에 따라서 문제가 있으면 원료별로 직접 검증할 수도 있는 것이다. 반대로 문제가 없으면 그 검증간격은 연장되어 4분기에 1회가 될 수도 있다. 이와 같이 검증빈도를 정하는 것은 HACCP 계획을 작성함에 있어 HACCP 팀에서 그 납품업자의 신뢰도에 따라 정할 필요가 있다.

또한 검증결과 HACCP 시스템 전체를 개선할 경우는,

첫째, 검증의 결과 HACCP 시스템에 어떤 결함이나, 결함의 가능성이 있다고 확인된 경우

둘째, 동일 식품 또는 같은 식품군에서 새로운 위해가 발생한 경우

셋째, 제조라인, 제조방법 또는 원재료의 변경 등으로 위해분석을 다시 새로 이해할 필요성이 있는 경우

넷째, 제품의 안전성에 관한 새로운 정보가 생겼을 경우

이외에 1년에 1회 정도는 HACCP 계획 전체를 재검토할 필요가 있다.

12. 원칙 7 : 기록유지 및 문서화방법 수립

HACCP는 기록하는 것을 매우 중요시하고 있다. 또한 정확한 기록을 보존하는 것은 HACCP의 본질이라고 할 수 있다. 정확한 기록이 있음으로써 HACCP 원칙에 입각한 공정관리를 기준대로 실시하였다는 증거가 된다. 이는 자율적 관리의 귀중한 증거인 동시에 시설에서의 안전 · 위생관리 및 공정관리의 상태를 증명하는 데 유력한 자

료로 활용이 가능하다. 또한 식품안전성에 관한 문제가 발생한 경우에도 해당제품 또는 안전・위생관리의 상황을 추적하여 그 원인을 밝혀낼 수 있음은 물론 제품의 회수가 필요한 경우에는 원재료, 포장자재, 최종제품 등의 해당 제품에 대해서 빠르게 조치를 취할 수 있다. 따라서 HACCP 계획을 실천함에 있어서는 모니터링, 개선조치, 일반적 위생관리계획 및 검증의 결과를 기록하는 방법을 정하여 기록함은 물론 일정기간 보존해야 한다.

또한 HACCP시스템에 관한 모든 문서를 보존하는 것이 중요하다. 표준작업절차 등의 문서는 누가 어떻게 기록하고 기재된 기록을 누가 검증하는지를 명확히 기입해야 한다. 또한 이와 별도의 문서보존규정으로 문서보존의 책임자, 장소 및 기간에 대하여 명기된 문서의 작성도 필요하다.

HACCP에서 중요시하는 기록 등은 모니터링된 CCP에서 수집된 데이터의 기록, 한계기준 설정을 위하여 실시하는 실험에 관한 기록, 위해발생 가능성을 제거하기 위하여 취해진 시정조치 기록, 검증실시 결과 기록, 선행요건 프로그램의 실시 결과 기록, 각종 관리규정, 기준서 등이고 HACCP에서 필요로 하는 문서는 HACCP팀의 구성과 역할분담, 원재료 및 제품에 대한 설명(기술), 제조공정 흐름도, 시설의 도면, 표준작업 매뉴얼, 위해분석에 사용된 각종 자료, 위해요인 및 작성 시 논의 결과, 일반적 위생관리 계획, CCP 및 한계기준 결정 시의 논의 결과 및 근거자료, CCP에서 개선조치의 효과에 관한 자료, 원재료・공정별 위해 및 위해발생 원인과 방지조치, 모니터링 방법, 개선조치 및 검증방법, HACCP 계획의 총괄표, CCP 정리표, 제품 등의 시험성적서, 기타 HACCP 관리에 필요한 절차 및 기준 등을 포함하여야 한다.

HACCP시스템의 문서화 및 기록유지는 회사의 기존 시스템을 활용하거나 ISO 9001 등 국제표준과 통합하여 운영하는 것이 바람직하다. HACCP 7원칙을 전개한 결과는 아래의 <표 12-9>와 같이 HACCP 총괄표로 유지되어야 한다.

▌표 12-9▌ HACCP 총괄표 예

CCP	위해	CL			모니터링	시정조치	검증방법	기록
		관리항목	관리한계	관리방법				

12-7-3. HACCP의 도입효과

기업은 고객의 요구와 기대를 이해하여 고객만족이 증진될 수 있는 품질이 우수하고, 안전성이 확보된 제품을 공급하여야 한다. 식품은 일반 공산품에 비해 수명이 짧고 경시변화가 있다. 또한 사람이 섭취하는 것으로서 제품이 안전하지 못하면 심각한 위험이 초래될 수도 있다. 따라서 식품의 안전성과 건전성을 확보하기 위한 국제적인 제도가 HACCP이다.

HACCP시스템은 농장에서부터 소비자의 식탁까지 안전성을 확보하는 시스템으로서, 추진단계에서의 핵심은 HACCP 7원칙으로 건강에 피해를 줄 수 있는 위해를 분석하여 중요관리점의 결정, 관리한계 및 관리방법을 정하고, 그 결과를 모니터링 및 검증하여 안전성을 확보하는 것이다. 따라서 HACCP시스템은 위해의 발생을 예방하는 제도로서 생물학적, 화학적, 물리적인 위해의 발생을 방지하기 위한 관리상의 도구라고 할 수 있다.

HACCP시스템의 도입 필요성 및 효과는 다음과 같다.

첫째, 국제적 환경변화에의 능동적 대비로 국제경쟁력 확보
둘째, 식품의 안전성을 사전에 과학적으로 확보 가능
셋째, 이해관계자에게 안전한 식품 확보 및 선택의 기회 제공
넷째, 조직의 제품에 대한 안전성과 신뢰성 확보

다섯째, 능동적인 작업분위기 및 위생수준의 향상
여섯째, 제품에 대한 책임제도

HACCP시스템을 도입함으로써 얻을 수 있는 궁극적인 효과를 요약하면 다음 <표 12-10>과 같이 식품업체 측면과 소비자 측면으로 나누어 볼 수 있다.

▌표 12-10▐ HACCP시스템 도입에 의한 효과

구 분		효 과
식품업체 측면	일반적인 효과	자주적 위생관리체계의 구축
		위생적이고 안전한 식품의 제조
		위생관리 집중화 및 효율성 도모
		경제적 이익 도모
	실질적인 효과	경쟁력 강화
		폐기 회수율의 감소
		종업원의 의식 향상
		안정된 제품의 제조
		지정품목의 표시와 광고 허용
소비자 측면	안전한 식품을 소비자에게 제공	
	안전한 식품 선택의 기회를 제공	

[그림 12-3] HACCP 지정업체 로고

HACCP시스템은 타 경영시스템과의 병용성 및 포괄성의 결여, 방법론 중심의 유연성 결여, 규제차원의 법적 근거, 국가인증과 민간인증의 공존, 국가별로 규격과 시스템관리의 혼란으로 인한 기준의 상이성 등으로 인한 한계성이 있다. 이 한계성을 극복하기 위하여 세계적인 공통 규격인 1SO 22000이 2005년 9월 탄생하였다.

12-7-4. 외국의 HACCP 도입현황

미국은 1995년 12월 수산식품에 대한 HACCP의 최종규칙을 고시하였고, 1996년 7월 도축장 등의 HACCP 최종규칙을 고시하였다. 캐나다는 1992년 수산식품에 대하여 HACCP에 근거한 QMP(Quality Management Program)를 의무화하였고, 1996년 농·축산식품에 HACCP에 근거한 FSEP(Food Safety Enhancement Program)를 임의 도입하였다. EU는 1996년부터 HACCP 방법에 따른 위생관리를 의무화하였고, 뉴질랜드는 1985년 유제품에 대한 HACCP 의무화 및 1993년 식육, 수산식품을 위한 HACCP 매뉴얼을 작성하였다.

호주는 1992년 9월 축·수산식품에 대하여 HACCP에 근거한 FPA(Food Processing Accreditation System), 또는 ISO 9000에 근거한 AQA(Approved Quality Assurance)를 의무화하였고, 1994년 도축장 등에 ISO 9000과 HACCP에 근거한 MSQA(Meat Safety Quality Assurance)를 도입하였으며. 1997년 1월 도축장에 HACCP 도입을 의무화하였다. 일본은 1994년 조리 냉동식품에 대한 HACCP 매뉴얼을 발표하였으며, 1995년 5월 종합위생관리제조과정에 후생대신의 승인을 제도화하였고, 1998년 7월 HACCP 지원법 시행을 발표하였다.

12-7-5. 국내의 HACCP 도입현황

우리나라에서는 1995년 12월 개정된 식품위생법에 HACCP의 근거가 마련되었고 보건복지부에서는 1996년 12월 5일 식품위해요소 중점관리기준을 확정 고시하였으며 (보건복지부 고시 제1996-75호, 1996. 12. 5), 1996년에는 식육제품류에 적용을 시작으로 1997년에는 어육연제품류, 1998년 2월 냉동수산식품류, 1998년 5월 유가공품류,

1998년 6월 냉동식품류와 냉동면류, 1999년 빙과류, 2000년 단체 급식류, 2001년부터 식품 전반에 확대 적용하고 있으며, 또한 축산물가공처리법 시행규칙에서는 도축장의 경우 규모별로 2000년 7월부터 2003년 7월까지 의무적으로 적용하도록 규정하고 있다. 식품의약품안전처의 식품안전관리인증 기준별에 의거 2014년 11월 29일자로 HACCP 신규 인증 및 인증 내용 변경업무 담당 기관은 한국식품안전관리인증원으로 변경되었다. "식품위해요소 중점관리기준"의 용어는 "식품안전관리인증기준"으로 2014년 11월 29일자로 변경되어 시행되고 있다.

12-7-6. HACCP제도 적용범위

현재 자율적으로 적용하는 HACCP를 의무적용을 병행하는 체계로 확대되고 있으며 2006년부터 어육가공품(어묵류), 냉동수산식품(어류, 연체류, 조미가공품), 냉동식품(피자류, 만두류, 면류), 빙과류, 비가열음료, 레토르트식품 등을 제조·가공하는 경우 HACCP 적용이 의무화되고 있다. 연매출액과 종업원수 규모에 따라 4단계로 실시할 예정인데 그 계획은 <표 12-11>과 같다. 식품의약품안전처, 농림수산식품부, 보건복지부는 안전한 식품의 제조·가공의 기반 조성을 위하여 HACCP 적용업소 확대 및 제도 활성화를 위한 우대조치와 각종 재정·기술자원을 지속적으로 확대할 계획이다. 해당 품목의 연매출액 5억원 미만이거나 종업원 수가 21인 미만인 식품제조·가공업소 및 건강기능식품제조업소(이하 "소규모 업소"라 한다)는 별표 1의 소규모 업소용 선행요건을 준수할 수 있다.

표 12-11 HACCP 적용계획

단계	내용
1단계(2006)	연매출액 20억 이상이면서 종업원수 51인 이상
2단계(2008)	연매출액 5억 이상이면서 종업원수 11인 이상
3단계(2010)	연매출액 3억 이상이면서 종업원수 6인 이상
4단계(2012)	연매출액 1억 이상이면서 종업원수 5인 이하

12-7-7. 식품 안전을 위한 위기관리 대응 시스템 현황

국내에서의 식품안전과 관련된 위기대응 절차로 우선 식품의약품안전처의 사례를 살펴보면 아래 [그림 12-4]와 같다. 소비자안전 경보발령을 할 때까지 거쳐야하는 기존 5단계를 긴급 시 2단계, 평상시 3단계로 단축하여 신속한 대응이 가능하도록 하였다.

[그림12-4] 식품의약품안전처의 위기대응 10단계 흐름도 예

1) 식품안전을 위한 기본적인 품질보증시스템의 운영

식품안전을 보다 체계적이고 합리적으로 보장하기 위한 수단으로서 앞서 설명한 위해요소중점관리기준(HACCP)을 도입하여 “식품위생법” 제48조 1항의 규정에 “식품의약품안전처장은 식품의 원료관리 및 제조·가공·조리·소분·유통의 모든 과정에서 위해한 물질이 식품에 섞이거나 식품이 오염되는 것을 방지하기 위하여 각 과정의 위해요소를 확인·평가하여 중점적으로 관리하는 기준을 식품별로 정하여 고시할 수 있다.”라고 되어있다. HACCP는 식품안전 문제로부터 위해요소 관리를 체계적으로 구축

하고 관리하는데 필요한 최소한의 기본적인 관리체계 구축이라 할 수 있다.

2) 과학적이고 체계적인 국제적인 품질보증시스템 운영

식품안전을 위한 HACCP 외에도 국제적으로 도입되고 있는 식품안전경영시스템으로서 ISO22000과 FSSC 22000 등이 있다. ISO22000은 업무프로세스를 정립하고 프로세스별로 업무시스템을 운영하며 끊임없는 예방조치 활동에 큰 의의를 두는 식품안전을 위한 품질시스템이며, FSSC 22000 시스템은 ISO 22000을 기반으로 하여 선행요건을 제조업종의 특성에 맞게 적용한 표준에다 유틸리티의 관리, 식품방어 등에서 확장된 리스크관리 개념을 도입한다. 단순한 HCCP의 이행이 식품안전의 보장을 의미한다면 한 걸음 더 나아가 성과의 개선(P-D-C-A의 적용)을 통한 안전수준을 지속적으로 높여 나감을 의미한다.

이러한 시스템 도입으로 식품안전 문제로부터 유래되는 모든 위기를 예방할 수 있는 것은 아니다. 해당 회사에서 생산 중인 식품의 유형에 따라 사용한 원료와 부자재로부터 최종 제품안전 보증까지 적절한 위해요소들을 분석하고 관리할 수 있는 실천적인 체계를 구축하는 것이 매우 중요하다고 할 수 있다.

FOOD HYGIENE

13 환경오염과 식품위생

13.1 개 요

식품산업의 급속한 발달은 인간에게 다양한 먹을거리를 제공하지만, 한편으로는 식품의 생산에서 소비에 이르는 과정 중 유해 · 유독한 물질이 침입할 수 있는 기회가 확대되어 인간의 건강을 위협하고 있다. 식품가공 중 고의, 오용, 부주의 등으로 인하여 발생하는 사고는 범위가 제한적인 데 비하여 연기, 먼지, 자동차 배기가스, 유기물이나 독성물질을 함유한 공장폐수, 농약, 방사성 낙하물 등에 의한 환경오염은 광범위하고 직 · 간접적으로 식품을 오염시키기 때문에 이러한 것들이 원료나 식품에 혼입되어 급성 및 만성중독을 일으킨다.

공해란 용어는 18세기 중엽 영국의 산업혁명 때 처음 표기하였고, 1950년대 일본에서 공업발달로 인하여 환경오염문제가 거론되자 공해(公害)라는 용어를 사용하였다. 우리나라에서는 1960년대 공업발달로 인한 환경오염을 공해란 용어로 사용하기 시작하였으나, 최근에는 이를 환경오염 또는 환경보전이라는 용어로 대치하여 사용하고 있다.

환경오염(environmental pollution)이란 '인간활동에 의해 발생하는 대기 · 수질 · 토양오염 및 소음 · 진동 등으로 인하여 자연환경이나 일반공중 또는 다수인에게 생명, 안전, 재산상 위해를 끼치고, 공중의 공통권리 행사를 방해하는 것'을 말한다.

13.2 오 · 폐수에 의한 식품오염

13-2-1. 개 요

물이 없으면 생명을 유지할 수가 없어 인간생활에 절대 필요하고 식품의 제조나 가공 등에서 매우 중요한 요소이다. 그러나 모든 환경오염물질에 의하여 오염되기 쉽고 오염물질의 집합장소이기도 하다. 자연수역이라 함은 눈에 띄는 표면수로 하천 · 호수 · 해역 등을 말하고 폐수라 함은 생활하수, 산업폐수, 광산폐수, 축산폐수 등 문명사회로부터 발생되는 액상폐기물을 말한다.

공장폐수는 폐수에 함유되어 있는 물질의 특성에 따라 무기성폐수와 유기성폐수로 구분하며 무기성폐수는 도금공장, 금속공장, 화학공장 등에서 배출되고 유독한 화학물질을 함유하고 있어 수산물, 농산물 등에 직접적인 피해를 주고 있다. 유기성폐수는 주로 식품공장에서 배출되는 폐수로 단백질, 탄수화물, 지방 같은 유기물이 다량 함유되어 있어 생물학적 산소요구량(BOD)과 부유물질 함량이 높아 자연수역으로 유입 시 공공용수의 오염으로 2차적인 피해를 주고 있다.

13-2-2. 수질오염 발생원

1. 생활하수

부엌 · 화장실 · 욕실 · 세탁 등과 같이 일상생활에서 배출되는 하수와 상업시설 및 공공기관에서 배출되는 하수를 말한다. 산업폐수, 축산폐수 등과 함께 수질을 오염시키는 3대 오염원이다.

2. 산업폐수

농업 · 임업 · 어업 · 광공업 등과 같은 산업활동에서 배출되는 폐수로 중금속, PCB, 농약, 폐유 등 고농도의 난 분해성 물질을 함유하고 있다. 특히 피혁공장, 금속공장, 펄프공장, 광산 등에서 배출되는 폐수는 중금속을 함유하고 있어 문제이다.

3. 축산폐수

가축의 분뇨와 축사를 청소한 물이 가축분뇨에 섞인 폐수로 유기물 함량이 매우 높아 처리에 어려움이 있다. 가축 사육시설의 수가 증가하고 위생시설이 잘 갖추어져 있지 않으며 상수원 근처에 위치하고 있어 공공용수의 오염에 문제가 되고 있다.

4. 광산폐수

광산에서 발생하는 산성물질이나 각종 중금속이 함유된 폐수가 상수원이나 농업용수에 유입되어 오염피해를 주고 있다. 최근에 석유수요의 증가로 폐광이 증가하고 있어 폐광에 적절한 사후조치를 취하지 않으면 2차오염은 가중될 것이다.

13-2-3. 수질오염의 지표

배출되는 오염물질은 제품의 종류에 따라 다르므로 사업장마다 시험항목이 달라진다. 오염 정도를 측정하기 위하여 물리적 · 화학적 · 생물학적 분석을 개별적보다는 종합적으로 시행하여 판단하는 것이 필요하다.

1. 냄새와 색

폐수의 냄새와 색은 중요 원료의 색에서 유래되는 경우가 대부분이다. 유기물이 부패하여 아민이나 황화합물의 생성으로 악취가 나고 방산되어 공기오염의 원인이 되며, 하천에 유입되면 어류로 이행되어 식용하기에 부적당한 상태가 된다.

2. 용존산소

물속에 산소가 많이 녹아 있어 용존산소 함량이 높으면 수질이 좋다는 것을 의미하기 때문에 용존산소를 측정하면 오염 정도를 알 수 있다. 폐수의 분석에서 용존산소와 생물학적 산소요구량은 항상 같이 분석한다.

3. 생물학적 산소요구량

물에 오염되어 있는 산화・환원성 물질이 생물학적으로 산화되어 무기성 산화물과 가스가 되는데 이때 소비되는 산소량을 ppm으로 표시한 것으로 물속의 호기성 미생물이 호흡할 때 필요로 하는 산소의 양을 말한다. 생물학적 산소요구량이 높으면 물속에 유기물 농도가 높아 부패가 쉬움을 의미하고, 하천이나 해수 중에 방류되면 물속의 용존산소를 소비하여 호기성 생물이 살수 없는 혐기성 상태가 된다.

4. 화학적 산소요구량

물속에 녹아 있는 물질이 산화되어 무기성 산화물과 가스가 되기 위해 소비되는 산화제($KMnO_4$, $K_2Cr_2O_7$)에 상당하는 산소량을 ppm으로 나타낸 것이다. $KMnO_4$나 $K_2Cr_2O_7$을 가하여 20℃에서 산화하였을 때 그 소비량으로 물속의 유기물 양을 측정하는 것이다.

5. 부유물질

폐수에 함유되어 있는 2mm 이하의 물에 용해되지 않는 물질로 폐수의 오염 정도를 표시하는 지표이다. 부유물이 많으면 물의 탁도가 높아지고 하천으로 유입되면 바닥에 침전되어 서서히 분해되므로 물속의 용존산소를 소비하여 환경오염의 원인이 된다.

6. 용해성 물질

물속에 용해되어 있는 물질로 생물에 유해한 것이 많다. 식품공장이나 화학공장 등의 폐수에 용해되어 있는 물질이 직접적인 피해를 주는 경우도 있으며 유기물 중 알코올이나 유기산 함량이 높으면 어패류에 큰 피해를 준다.

7. 유지류

식품공업의 폐수에는 유지류로 유지, 유리지방산, 왁스, 비누류, 광유(鑛油) 및 용제에 녹는 여러 가지 물질들이 함유되어 있다. 유지류 함량이 높은 폐수가 하천으로 유입되면 생물이 유지로 덮여 사멸하거나 부패의 원인이 되고 생물학적으로 정화하기에 매우 어렵고 시간도 많이 소요된다.

13-2-4. 공장폐수에 의한 식품오염 중독사고

공장폐수에 함유되어 있는 유기수은, 카드뮴, PCB, 농약 등이 식품에 오염되어 건강에 위해를 가한다.

1. 유기수은

공장폐수에 의한 식품오염의 대표적인 예로 1953년 일본의 미니미디현에 위치한 신일본질소주식회사에서 유기수은의 일부가 폐수와 함께 흘러나와 하천 → 해수 → 해산물의 순서로 축적되어 이것을 먹은 어민 111명이 미나마타병을 일으켜 그중 47명이 사망하였다. 유기수은은 건전지, 제지공업, 농약 등에 사용하여 폐수는 물론 토양 및 식품오염의 원인이 된다.

2. 카드뮴(Cd)

공업적으로 합금, 전기도금, 배터리, 용접, 도료 등에 널리 쓰이고 환경오염이나 식품용 기계, 용기, 식기 등에 도금하기 때문에 카드뮴 성분의 용출로 중독이 일어나는 경우가 많다. 카드뮴은 체내에서 적혈구나 알부민과 결합하여 수송되고 metallothioneine과 결합하기도 한다. 체내 카드뮴의 1/2~1/3은 간장과 신장에 축적되고 조직에서 칼슘과 인대사의 불균형을 초래하여 골다공증을 일으킨다. 영양학적으로 칼슘이 부족할 때 카드뮴을 섭취하면 중독증상이 악화된다.

급성중독의 주요증상은 메스꺼움, 구토, 설사, 복통 등이고 만성중독으로는 신장기능에 장애를 일으키고 당, 아미노산, 저분자 단백질 등이 소변으로 배설되는 양이 증가한다. Metallothioneine은 분자량 6,000 정도의 특수한 저분자 단백질로 cysteine 잔기를 많이 가지고 있어 카드뮴과 결합하여 독성을 약화시키는 작용이 있는 것으로 알려져 있다. 카드뮴에 의한 식품오염의 대표적인 것은 이타이이타이병이다.

3. 비소(As)

비소는 의약품, 안료, 방부제, 살서제, 농약 등으로 널리 사용되어 왔다. 대부분의 식품에는 비소가 함유되어 있으나 특히 해산물의 비소함량이 높다. 섭취된 무기비소는 대부분이 흡수되어 비소의 80%는 간, 신장, 뼈, 피부, 손톱, 발톱, 모발 등에 축적된다. 주로 소변으로 배설되고 대변, 손, 발톱, 모발 등으로도 배출되며 피부박리, 땀, 모유 등을 통하여 배설되기도 하지만 그 양은 매우 적다.

급성중독의 주요증상은 구토, 설사, 연하곤란, 위통, 탈수, 흑피증 등이며 심하면 허탈에 빠져 죽는다. 아비산(삼산화비소, As_2O_3)의 독성이 높으며 사람에 대한 치사량은 100~300mg/70kg이다. 만성중독량은 0.2~0.4ppm 정도이고 증상은 청색피부, 손발・피부의 각화현상, 구토, 복통, 빈혈, 체중감소, 신열 등이 나타나고 황달이 특징적이다. 식품 중의 비소에 의한 중독사건은 1955년 일본 모리나카(森永) 조제분유사건이다.

4. 납(Pb)

납은 토양에 약 10ppm 정도 존재하기 때문에 육상식물에 2.7ppm, 동물에 2.0ppm, 수생식물에 8.4ppm, 어류에 0.5ppm 정도 함유되어 있는 것으로 조사되었다. 일상적으로 우리가 섭취하는 식품 중에도 납이 함유되어 있어 인체 섭취량 중 약 60%가 쌀, 채소, 어패류 등과 같은 식품에서 유래한다. 특히 어패류는 수질오염을 통하여 오염되는데 1990년 해산어패류에 대한 기준이 2ppm으로 설정되었다. 유약처리가 불량한 도자기가 산성식품과 접촉하면 납이 용출되어 중독이 일어나는 경우가 있다.

납은 급성중독이 거의 없고 대부분 만성중독으로 식품으로 섭취하면 간장에 들어가 대부분은 담즙에 의해 대변으로 배설되지만 일부는 혈액으로 들어가 뼈 등의 경조직에 침입한다. 혈중농도가 400ng/mL(정상치 100~300ng/mL)을 넘으면 빈혈 등의 혈액장해가 일어난다.

중독증상은 전신권태, 두통, 피로감, 식욕부진 등에 이어 변비, 납통증(배꼽부위를 찌르는 듯한 통증), 납창백(모세혈관의 수축에 의해 창백한 얼굴), 납연(잇몸의 가장자리가 황화납에 의해 흑자색으로 착색) 등의 전형적인 증상이 나타난다.

13-2-5. 폐수에 의한 피해

폐수는 직·간접적으로 인체나 식물에 피해를 주고, 식품이나 어패류에 영향을 주어 상품가치를 저하시킨다. 공장폐수가 논에 흘러 들어가 벼의 성장에 지장을 주고 축산폐수가 집중호우 시 하천으로 유입되어 오염되며, 항만 주변의 어패류에서 유취(油臭)가 나고, 석탄 타르나 피치를 함유하는 폐수는 조개류에 쓴맛을 주어 식용이 불가능하게 되는 등 여러 가지로 피해가 발생하고 있다. 오물이나 분뇨를 함유하는 폐수는 수산물을 오염시켜 각종 질병을 유발하여 식품위생상 문제가 되고 있다. 이외에도 어패류의 기형화, 사멸, 착색화 등과 같은 문제가 발생하고 있다.

13.3 농약에 의한 식품오염

농산물의 단위면적당 생산량 증대와 안정적 생산 및 공급은 농민이나 소비자에게 매우 중요하다. 병충해나 잡초로부터 농작물을 보호하여 생산성을 향상하고 품질을 안정화시키기 위하여 많은 양의 농약을 사용하게 되었고, 그의 부작용으로 농약의 독성이나 잔류성이 부각되었다.

농약은 소량으로 약효가 있고, 농작물·인축·어패류에는 안전하고, 가격이 저렴하여야 하나 거의 대부분의 것이 인축에 유독하다. 최근에는 농약을 쓰지 않는 유기농법의 연구가 활발히 진행되어 이 방법으로 농작물을 재배하는 데 관심이 많아지고 있다.

13-3-1. 농약의 분류

사용목적에 따라 해충의 방제에 사용하는 살충제(insecticide), 병원미생물을 제거하는 살균제(fungicide), 잡초를 제거하는 데 사용하는 제초제(weed killer, herbicide), 식물의 생장을 촉진하거나 억제하기 위한 식물생장조절제(plant growth regulator), 병해충을 동시에 방제하기 위하여 사용하는 살균·살충제, 전착제(spreader)·유화제(emulsifier)·증량제(diluent)·협력제(synergist)와 같은 보조제(supplement agent) 등이 있다. 농약의 형태에 따라 유제, 액제, 분제, 수화제·수용제, 입제, 훈증제, 정제 등이 있으며 성분특성에 따라 무기농약, 천연유기농약, 합성유기농약 등으로 분류한다.

13-3-2. 농약의 종류

1. 유기염소제(Organochloride pesticide)

화합물의 분자구조 내에 염소원자를 함유하고 있는 농약으로 살충제나 제초제로 주로 쓰인다. 유기인제에 비하여 독성은 낮으나 잔류성이 크고 지용성으로 인체의 지방조직에 축적되므로 각국에서는 사용을 금지하고 있다. 토양 중에 오랫동안 잔류하여 물을 오염시키고 만성중독을 일으킨다. BHC, 디페닐, DDT, aldrin 등이 있다.

2. 유기인제(Organophosphorus pesticide)

농약 중 가장 많은 종류가 있으며 인(P)을 중심으로 각종 원자 또는 원자단으로 구성되어 있다. 신경독 약제로 신경세포 내의 cholinesterase의 작용을 억제한다. Parathion, methyl parathion, sumithion, malathion, EPN 등이 있다.

3. 카바메이트제(Carbamate pesticide)

카바민산(carbamic acid)과 amine의 반응에 의하여 얻어지는 화합물로서 주로 살충제로 사용되나 일부 제초제로 개발된 것도 있다. 작용기전은 cholinesterase의 활성을 저해하기 때문에 정상적인 신경자극 전달이 방해되어 생리작용의 이상으로 살충효과를 낸다. 살충제로 carbaryl, NAC, BPMC, CPMC, fenobucarb, carbosulfan, isoprocarb 등과 제초제로 barban, chlorpropham, propham, benthiocarb 등이 있다.

4. 비소제(Fluorine pesticide)

비소 화합물로 유독하여 오래전부터 살충제로의 사용에 논란이 되어 왔다. 현재 우리나라에서 사용하고 있는 유기비소제는 네오아소진뿐이다. 살충력이 강한 비화소다(NaF)는 개미 구제용이나 계사와 우사 등의 살충제로 사용되어 왔다.

5. 금속화합물

비소, 구리, 수은 등의 화합물이 농약으로 사용되며 사람에게 독성을 나타낸다. 비소와 구리 화합물은 생체 내에서 단백질 변성을 일으켜 세포의 생리기능을 상실하게 하거나 특정한 효소 단백질의 -SH기와 결합해 그 기능을 저해함으로써 독성작용을 나타낸다. 수은제는 축적성이 강하고 운동신경, 뇌신경 등 신경계에 작용한다.

6. 유기수은제

유기수은제는 방미제(fumigicides), 살균제, 종자소독, 벼의 도열병 방제, 과수・채소의 각종 병해 방제용 살포제, 토양 소독제 등으로 광범위하게 사용되어 왔으나, 강한 축적작용과 만성중독 때문에 1978년부터 사용을 전면 금지하였다. 유기수은제의 주성분은 phenyl mercuric acetate로 흡수속도가 느려 주로 만성중독을 일으킨다.

7. 침투성 농약

침투성 살충제는 약제 처리 시 식물체내에 신속히 흡수되어 전체에 퍼져서 효력이 2~6주간 지속된다. 침투성 살균제는 자체로는 살균력이 없으나 식물체로 침투하여 식물의 대사를 변화시키거나 기생균이 분비하는 독소 또는 효소를 불활성화시켜 식물 자체의 저항성을 높여주는 특성을 가지고 있다.

13-3-3. 식품과 잔류농약

농약은 식물 재배 시 병해충과 잡초의 발생으로 인한 손실을 방지하고, 식량의 안정적 공급을 가능하게 하며 노동력 부족을 대체할 수 있는 가장 경제적이고 빠른 효과를 주는 화학물질이다. 따라서 농산물 증산에 필수적 수단이 되는 농약의 사용이 날로 증대되고 있어 농약이 식품 중에 잔류하는 기회도 그만큼 많아졌다. 농약은 대부분이 극독으로 급성중독에 의한 사고도 많지만 식품위생적인 면에서 만성중독이 더욱 큰 문제점으로 등장하고 있다.

세계 각국에서는 농약으로 인한 위해를 사전에 방지하기 위해 사용을 규제하고 있다. 또한 FAO/WHO의 농약잔류 문제를 다루는 합동위원회(JMPR)에서는 농작물이나 식품 중의 잔류농약을 평가함에 있어서 다음의 세 가지 전제조건을 매우 중요시한다. 첫째, 해당 농약의 주요 물리적·화학적·생물학적 특성, 둘째, 철저한 감독하에 수행된 시험성적이나 선별연구를 통해 얻은 신빙성 있는 잔류자료, 셋째, 잔류농약의 독성 가능성을 평가하기 위한 신빙성 있는 독성자료를 요구하고 있는데 이로 인해 사람에 대한 1일 섭취허용량을 평가할 수 있는 자료여야 한다.

농약의 규제방법으로는 수확 전 사용기간 제한 설정법과 잔류허용량 설정법이 있다. 전자는 농약의 분해성과 사용 농작물의 수확시기 등을 고려해 수확 전 최종사용일, 사용횟수, 사용방법 등을 규정한 농업상의 제한에 의한 방법으로 영국, 스위스 등 유럽 여러 나라에서 채택하고 있다. 후자는 농작물이 식품으로서 상품화되는 단계에서 잔류하는 농약의 양을 제한한 식품위생상의 입장에서 규제하는 방법으로 미국, 캐나다 등에서 채택하고 있다. 잔류독성이 크거나 잔류농약의 분석방법이 확립되어 있지 않은 농약에 대해서는 수확 전 사용제한 기간설정법을 적용해 양자를 병용하는 나라가 많다.

식품 중 잔류농약은 식품위생법에 의거해 보건복지부에서 관장하며, 농산물이나 수질·토양 중의 농약잔류는 환경보존법에 의거하여 환경부에서 담당하고 있다. 또한 농약의 작물별 안전사용기준 설정은 농약관리법에 의거 농림수산식품부에서 관장하고 있다. 농약 약제별 잔류성은 농약의 분해속도, 구성성분의 화학구조 특성에 따라 각각 다르다.

13-3-4. 농약의 오염방지

농약은 맹독성 물질로 식품에 유입되지 않도록 취급하여야 한다. 식품에 오염되는 것을 사전에 예방하기 위하여 식품 중의 잔류농약 한도를 규제하고 있다. 농약 오염 방지법으로 농산물에 잔류하는 농약의 양을 제한하는 잔류허용량 설정 방법과 농약의 최종사용일부터 수확까지 사용제한기간을 설정하는 방법이 있다. 잔류허용량이란 농산물 중에 함유된 농약의 양이 일생 동안 그 농산물을 섭취하여도 전혀 해가 없는 수준을 법으로 규제한 것으로, 1일 섭취허용량, 국민평균체중, 해당 농약이 사용된 식품의 1일 섭취량에 의해 산출한다. 이 방법은 나라마다 식생활습관, 체중, 기타 여건에 따라 실정에 맞게 설정하기 때문에 다소 차이가 있을 수 있다. 최근에는 농산물 이외에 식육과 인삼에도 농약 잔류허용기준을 설정하여 시행하고 있다.

13.4 항생물질에 의한 식품오염

최근에 육류, 유제품, 수산물 등의 소비가 증가하면서 가축을 사육하는 농가나 수산물 양식과정에서 병원균에 대한 질병예방이나 발육촉진으로 생산성을 높이기 위하여 배합사료에 항생물질이나 합성호르몬제를 첨가하고 있다. 이들은 식육이나 수산물에 잔류하여 식품 섭취 시 인체에 이행될 가능성이 있어 관심의 대상이다. 항생물질은 미국의 왁스먼이 anti(항)+bios(생명)에서 antibiotics(항생물질)라고 명명하고 1945년부터 일반화되었다.

항생물질의 작용기작을 분류하면 세균의 세포벽 합성을 저해하는 페니실린계와 세팔로스포린계, 세포막에 장애를 주는 폴리펩타이드나 폴리엔계, 핵산의 합성을 저해하는 리팜피신이나 항종양성(抗腫瘍性) 항생물질, 단백질의 합성을 저해하는 마클로라이드나 테트라시클린계, 살균작용을 하는 아미노 배당체계 등이 있다.

13-4-1. 식품 중의 항생물질

식품에는 항생물질, 합성항균제, 합성호르몬제 등을 첨가하지 못하도록 식품위생법에 규정되어 있으나 식육이나 수산물에는 사료로부터 이행되어 잔류가 불가피하므로 잔류허용기준을 정하여 규제하고 있다. 식품에 항생물질이 잔류하는 경우는 첫째, 치즈 제조 시 낙산균 증식을 억제하기 위하여 tyrosine, chlortetracycline, oxytetracycline, nastatin, pimaricin 등의 첨가, 둘째, 농작물의 병충해 방제에 사용하는 항생물질로 항곰팡이성(cycloheximide, kasugamycin 등), 항세균성(streptomycin, cellocidin, chloramphenol 등), 항바이러스성 등의 첨가, 셋째, 동물의 발육촉진이나 질병을 예방하기 위한 목적으로 첨가하여 항생물질이 식육, 알, 젖 등에 잔류하는 것으로 나눌 수 있다.

13-4-2. 항생물질 잔류의 문제점

국내의 가축항생제 사용량은 외국에 비해 많은 양으로 사용빈도가 높아 가축 사육 시 항생제에 지나치게 의존하고 있음을 알 수 있다. 항생물질을 과다섭취하면 급·만성독성, 내성균의 출현, 균교대증, allergy의 발현 등과 같은 부작용이 발생할 수 있다. 식품에 저농도의 잔류는 급성중독에 문제가 되지는 않으나 만성중독에서 건강에 위해를 가져올 수 있다. 새로운 항생물질의 출현은 감염증의 방지에 큰 공헌을 했으나, 한편으로는 내성균의 증가, 감염증의 변모, 부작용 출현 등의 문제점도 제기되었다. 이러한 결과는 항생물질의 남용·오용이 가장 큰 원인이므로 각각의 특성을 파악하여 정확한 사용법에 따라야 한다. 현재는 농약, 가축사료 작물의 발육증진제, 식품의 신선도 보존 등의 목적으로도 사용하고 있다. 오늘날 항생물질의 사용은 피할 수 없는 일이므로 식품에서 불검출은 기대할 수 없으나 다만, 잔류허용기준을 초과하지 않으며 안전사용기준을 지키도록 하고 잔류를 모니터할 수 있는 감시체계를 갖추어 나감과 동시에 정확한 잔류량을 측정할 수 있는 방법을 확립하여 보급할 필요가 있다.

13.5 방사능에 의한 식품오염

13-5-1. 개 요

1895년 독일의 물리학자인 Wilhelm Röentgen(1845~1923)이 X선을 발견하였고, 1898년 퀴리부처(1867~1934)에 의해 radium 원소가 분리된 이래 원자물리학의 급진적인 발전으로 α선, β선, γ선, 중성자선, 양자선 등의 방사선이 발견되었다. 방사선은 전자선이나 X선을 생성할 수 있는 전자선 발생장치에 의하여 생성되거나 Co-60 같은 방사성동위원소의 γ선으로부터 생성된다. 현대는 이러한 방사선을 주로 의학, 농학, 물리학, 화학, 생물학 분야 등 인류의 복지를 증진시키는 데 이용하고 있다. 방사선은 인간에 유용하게 이용되기도 하지만 방사선 물질에 의한 식품오염도 심각한 문제로 대두되었다. 방사능 오염이란 핵실험에 의한 방사성 낙진이나 원자력 시설에서 방출된 방사성 폐기물 등 인공방사능에 의해 환경이 오염되는 것을 말한다. 그러나 저신량의 방사선을 식품에 조사하여 발아·발근억제, 숙성지연 등으로 식품의 보존성을 향상시키거나 병원성 미생물, 기생충, 해충 등을 사멸하여 위생적인 식품을 만들 수 있어 이러한 것을 방사선조사식품이라 한다.

13-5-2. 방사성 물질에 의한 식품오염

핵폭발 시 대기 중으로 방출되는 핵분열생성물이 대류권이나 성층권으로 확산되어 장기간 지구상의 각지로 이동하면서 방사성 강하물로 지표나 수면에 낙하하여 동·식물을 직접 오염시키거나, 토양이나 물을 거쳐 간접적으로 식품을 오염시킨다. 방사성 강하물의 70~90% 정도가 비에 섞여 지상에 내려온다고 알려져 빗물을 직접 마시는 것은 위생상 위험하며, 농작물에 오염된 방사성 강하물은 물이나 중성세제로 충분히 씻어서 먹어야 한다.

1. 음료수

음료수의 자원인 빗물, 수돗물, 우물물 중 가장 문제가 되는 것은 빗물로 방사성 강하물이 빗물과 함께 지표로 떨어져 오염되므로 빗물을 음료수로 직접 사용하는 것은 위험하다. 수돗물은 정수장에서 처리 시 반감기가 짧은 핵종은 대부분 제거되고 반감기가 긴 것도 농도가 크게 줄어든다. 우물물은 지하암반의 여과작용으로 오염물질이 거의 제거되기 때문에 뚜껑을 덮으면 큰 문제가 되지 않는다.

2. 식물체

식물체에는 토양에 있는 방사성 강하물이 뿌리로 흡수, 표면에 부착, 직접 흡수 등으로 오염된다. Sr-90은 토양 중에 낙하하여 식물체 뿌리로부터 흡수되는 경우가 대부분이고 표면에서의 흡수는 비교적 적으며 Cs-137은 식물체표면으로 흡수되어 열매에 농축된다.

3. 축산물

축산물에는 방사선 강하물에 오염된 사료나 음료수를 가축이 경구섭취하여 오염되며 문제가 되는 핵종은 I-131, Sr-89, Sr-90, Cs-137 등이다.

4. 수산물

방사성 강하물이나 원자력발전소에서 방류될 수 있는 방사선 핵종은 수중의 어패류나 해조류의 표면으로 흡수되거나 아가미나 먹이연쇄를 통한 섭취로 수산물에 축적되어 오염되나 농작물에 비하면 수산물의 오염도는 낮은 편이다.

13-5-3. 오염된 식품이 인체에 미치는 영향

방사선을 생체에 직접 조사하면 세포가 사멸하거나 장해로 방사선 증상이 나타난다. 식품과 함께 생체 내로 유입된 방사선 핵종은 흡수되어 혈액과 함께 이동하여 특정의 조직에 침착하였다가 배설된다. 방사선 핵종은 체내에 체류하는 동안 계속 붕괴하여 방사선을 내어 주위조직에 조사로 장기가 손상을 입는다. 방사선 핵종은 여러 가지로 어떤 종은 대단히 위험하고 어떤 종은 위험하지 않아 인체에 미치는 영향이 다르다.

방사선이 인체에 미치는 영향은 식품에 기인하면 만성적인 것이 대부분으로 탈모, 눈의 자극, 세포분열 억제, 세포기능 장애, 생식불능, 백혈병, 염색체의 파괴, 유전자의 변화, 돌연변이 유발 등이고 방사선은 체내에 침착하는 성질이 있어 친화성과 침착하는 부위에 따라 장애가 다르게 나타난다. 방사선 핵종 중 가장 위험한 것은 Sr-90으로 혈액으로 흡수되어 뼈로 이행하여 침착된다. Cs-137은 체내에서 β선을 방출하여 근육에 장해를, I-131은 β, γ선을 방출하여 갑상선 장해를 일으킨다.

13-5-4. 식품에의 오염 허용량

식품의 방사능 오염 허용량을 설정하는 것은 식품위생상 바람직하나 경계선을 결정하기란 매우 어려운 일이다. 체내로 들어온 방사성 물실이 미량일 때는 인체에 미치는 장해가 만성으로 나타나고 또한 섭취하는 식품의 종류가 많아 통합된 식품에 대하여 방사능 양을 알아내기가 쉽지 않기 때문이다. 따라서 개개의 식품에 대하여 개개의 핵종 허용량을 숫자로 결정하기란 불가능에 가깝다.

13.6 기타 유해물질에 의한 식품오염

13-6-1. PCBs

1929년에 도입되고 1935년부터 생산하여 시장에 선보이기 시작하였다. PCB란 폴리클로리네이티드 비페닐(polychlorinated biphenyls)의 약자로 페놀이 2개 결합된 화합물(비페닐)에 수소 대신 염소가 치환된 다가 염소화합물이다. 이론적으로 210개의 이성체가 가능하나 실제로 반수 정도가 확인되고 지금까지 생산된 것은 주로 염소수가

2~6개 정도이다. 무색의 기름, 노란색 점성유, 갈색 수지와 유사한 상태로 모두 물에 불용이나 유기용매에는 잘 녹는다. 산, 알칼리, 열에 안정한 불연성 화합물로 구리 이외의 금속은 부식되지 않는다.

화학적으로 안정하다는 것은 그만큼 분해가 잘 되지 않아 먹이사슬을 통해 생물체의 몸속에 축적될 수 있다는 의미이다. 독성이 매우 커서 우리나라에서는 독성폐기물로 분류하여 함부로 버리지 못하도록 하고 있으며, 1983년부터 수입을 금지하여 사용을 규제하고 있다. PCB는 전기산업, 윤활제, 유압액, 절삭유, 액체접착제, 전기절연체, 열교환 매체, 비인화성 인조목재, 플라스틱, 페인트, 잉크, 살충제, 복사지 등의 제조에 널리 사용되며 이들과 다른 경로로 환경에 유입된다.

물에 녹지 않기 때문에 미생물에 의한 분해속도가 대단히 느리고 또한 물리·화학적으로 안정하여 환경오염물질로서 관심의 대상이 되고 있다. 염소가 들어가는 화합물은 대부분 2차독성이 강한데 이 화합물도 처리가 쉽지 않고 특히 PCB를 열분해하면 다이옥신이 생성되어 더 큰 위험을 초래한다. 1966년 옌센에 의해 오염물질임이 보고되었고, 1976년부터 미국은 PCB의 생산을 금지했다.

인체에 대한 증상은 간의 효소 생성량을 증가시키고 사람의 생식기관에 영향을 주어 간독성과 생식기능 이상을 가져오는 것으로 알려져 있다. 또한 여러 동물들에 암을 유발할 뿐만 아니라 사람에게도 발암성이 있는 것으로 알려져 있다. 가장 심각한 것은 자연에서 거의 분해가 안 되고 먹이사슬에 의해서 고농도로 축적된다는 점이다. 특히 어류와 무척추동물에게 유독하며 낮은 농도에서도 치명적이다.

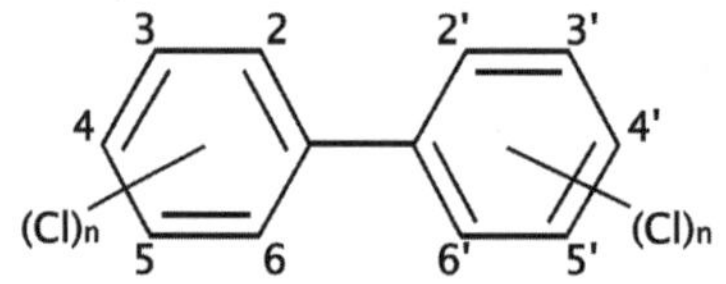

PCB(polychlorinated biphenyls)

13-6-2. 다이옥신(Dioxin)

다이옥신이란 폴리클로리네이티드디벤조-파라-다이옥신(polychlorinated dibenzo-p-dioxin; PCDD)으로서 두 개의 벤젠고리를 가진 유기화합물로 벤젠고리의 수소가 염소로 치환된 물질이다. 물리·화학적 특성과 독성이 비슷한 폴리클로로디벤조다이옥신류(PCDDs)와 폴리클로로디벤조퓨란류(PCDFs)를 총칭하는 용어로서, 각각 75가지, 135가지의 동종화합물이 알려져 있다. 여러 다이옥신 동종화합물 중 독성이 가장 강한 것으로 밝혀진 화합물은 2, 3, 7, 8-테트라클로로디벤조다이옥신(2,3,7,8-tetrachlorodibenzo-p-dioxin)인데 흔히 TCDD라고 부르며 상온에서는 백색의 고체로 섬유모양이다. 다이옥신과 화학적 구조나 독성작용이 아주 비슷한 것으로 폴리염화디벤조프란코프라나 PCB가 있는데 이들 화합물까지를 포함하여 넓게 다이옥신류라고 한다.

다이옥신은 인간이 만들어낸 화합물질 중 가장 독성이 강한 물질 중의 하나로, 주로 금속제련 및 정련 관련 산업, 종이 · 펄프산업, 의료 및 산업폐기물 소각로, 도시쓰레기 소각로 등이 배출 가스나 폐수형태로 배출된다. 쓰레기 소각장에서 생성되는 다이옥신은 염화비닐 등 염소원이 되는 플라스틱류가 주원인이며, 소각로 내의 불완전 연소가 다이옥신 생성을 증가시킨다.

다이옥신은 매우 안정한 화합물로 열, 산, 알칼리, 미생물 등에 의하여 분해되지 않아 체내에 들어가면 지방에 축적되어 면역계와 생식계통에 치명적인 영향을 주는 발암성 물질이다. 다른 독성 물질과는 비교가 되지 않을 정도로 낮은 피코그램(picogram)으로 독성을 나타낸다. 인체에는 대부분 식품섭취를 통하여 들어오며, 공기호흡과 토양을 통해서도 미량 유입되나, 음용수에 의한 유입은 미미하다. 물에는 녹지 않으나 지방에 잘 녹고 유기물 등에 흡착하기 쉬워 토양이나 하천바닥을 오염시키고 먹이사슬에 의해 쉽게 체내로 유입된다. 국가별 다이옥신의 일일허용섭취량은 <표 13-1>과 같다.

▌표 13-1▐ 국가별 다이옥신의 일일허용섭취량(TDI : Tolerable Daily Intake)

국 가	TDI(pg/kg체중/day)	국 가	TDI(pg/kg체중/day)
WHO	10	독 일	1
미 국	1	캐나다	10
덴마크	1	일 본	5
네덜란드	4		

동물실험결과 다이옥신은 혈액, 간, 근육, 피부, 지방에 분포하고, 특히 간과 지방에 많이 축적되는 것으로 밝혀졌다. 체내에 흡수된 다이옥신은 잘 배설되지 않으며, 그 배설속도는 사람과 실험동물 사이에 큰 차이가 있다.

여러 동물에 대한 다이옥신의 LD_{50}은 <표 13-2>와 같다. 흡수된 다이옥신의 반감기는 쥐에서 12~24일, 원숭이에서 약 1년, 사람에서 5.8~9.7년이며, 베트남 참전군인 경우 다이옥신의 반감기는 7.1, 8.7, 11.3년이었다고 보고되어 있다.

1979년경 다이옥신의 독성효과 이외에 여성호르몬을 분해하고 동시에 여성호르몬이 결합하는 수용기의 수를 감소시키며, 사이토키닌을 비정상적으로 생산하여 장애를 유발하는 것으로 밝혀졌다.

다이옥신은 의도적으로 생산하는 물질이 아니어서 짧은 기간 동안 많은 양에 노출될 기회는 적다. 일반적으로 다이옥신의 90% 이상이 식품을 통하여 인체에 섭취되고 있는데 지방함량이 높은 생선이나 고기류와 먹이사슬의 최종단계에 해당되는 생물에 많이 함유되어 있다. 그러나 다이옥신의 오염 정도가 걱정할 수준은 아니기 때문에 염려할 필요는 없다.

▌표 13-2▐ 다이옥신의 동물에 대한 LD_{50}

동 물	LD_{50}(μg/kg)	동 물	LD_{50}(μg/kg)
기니아피그	1	마우스	114
쥐(수컷)	22	개	>300
쥐(암컷)	45	황소개구리	>500
원숭이	<70	햄스터	5,000
토 끼	115		

13-6-3. 프탈산에스테르(Phthalate esters)

프탈산에스테르는 각종 플라스틱류의 가소제, 방바닥의 비닐 장판, 접착제, 랩, 컵라면, 인쇄잉크, 염료 및 살충제 등의 제조에 널리 사용되고 있어 최근 새로운 환경오염물질로 부각되고 있다. 자연에서 난분해성으로 그 측쇄의 형과 길이에 따라 분류하며 종류는 <표 13-3>과 같다. 가장 널리 사용되는 것은 dioctyl phthalate(DOP)와 dibutyl phthalate(DBP)로 전체의 70% 이상을 차지한다.

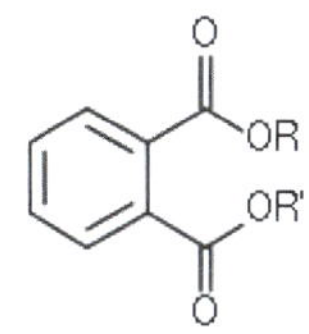

R & R' = C_nH_{2n+1}
n = 4~15
phthalates

최근에 환경호르몬 작용이나 발암성 및 생식기능에 장애를 일으킨다고 알려져 있다. WHO에서 규제하는 DOP의 허용량은 0~1mg/kg/day이다. 우리나라에서는 기구, 용기 및 포장지를 제조하는 데 DOP의 사용을 금하고 있다. 쥐와 토끼에 대한 프탈산에스테르의 급성독성은 <표 13-4>와 같다.

표 13-3 여러 프탈산에스테르의 약어와 분자식

phthalates	약어	분자식
Dimethyl phthalate	DMP	$C_6H_4(COOCH_3)_2$
Diethyl phthalate	DEP	$C_6H_4(COOC_2H_5)_2$
Diallyl phthalate	DAP	$C_6H_4(COOCH_2CH{=}CH_2)_2$
Di-n-propyl phthalate	DPP	$C_6H_4[COO(CH_2)_2CH_3]_2$
Di-n-butyl phthalate	DBP	$C_6H_4[COO(CH_2)_3CH_3]_2$
Diisobutyl phthalate	DIBP	$C_6H_4[COOCH_2CH(CH_3)_2]_2$
Butyl cyclohexyl phthalate	BCP	$CH_3(CH_2)_3OOCC_6H_4COOC_6H_{11}$
Di-n-pentyl phthalate	DNPP	$C_6H_4[COO(CH_2)_4CH_3]_2$
Dicyclohexyl phthalate	DCP	$C_6H_4[COOC_6H_{11}]_2$
Butyl benzyl phthalate	BBP	$CH_3(CH_2)_3OOCC_6H_4COOCH_2C_6H_5$
Di-n-hexyl phthalate	DNHP	$C_6H_4[COO(CH_2)_5CH_3]_2$

phthalates	약어	분자식
Diisohexyl phthalate	DIHxP	$C_6H_4[COO(CH_2)_3CH(CH_3)_2]_2$
Diisoheptyl phthalate	DIHpP	$C_6H_4[COO(CH_2)_4CH(CH_3)_2]_2$
Butyl decyl phthalate	BDP	$CH_3(CH_2)_3OOCC_6H_4COO(CH_2)_9CH_3$
Di(2-ethylhexyl) phthalate	DEHP, DOP	$C_6H_4[COOCH_2CH(C_2H_5)(CH_2)_3CH_3]_2$
Di(n-octyl) phthalate	DNOP	$C_6H_4[COO(CH_2)_7CH_3]_2$
Diisooctyl phthalate	DIOP	$C_6H_4[COO(CH_2)_5CH(CH_3)_2]_2$
n-Octyl n-decyl phthalate	ODP	$CH_3(CH_2)_7OOCC_6H_4COO(CH_2)_9CH_3$
Diisononyl phthalate	DINP	$C_6H_4[COO(CH_2)_6CH(CH_3)_2]_2$
Diisodecyl phthalate	DIDP	$C_6H_4[COO(CH_2)_7CH(CH_3)_2]_2$
Diundecyl phthalate	DUP	$C_6H_4[COO(CH_2)_{10}CH_3]_2$
Diisoundecyl phthalate	DIUP	$C_6H_4[COO(CH_2)_8CH(CH_3)_2]_2$
Ditridecyl phthalate	DTDP	$C_6H_4[COO(CH_2)_{12}CH_3]_2$
Diisotridecyl phthalate	DIUP	$C_6H_4[COO(CH_2)_{10}CH(CH_3)_2]_2$

출처 : Wikipedia, the free encyclopedia

표 13-4 쥐와 토끼에 대한 프탈산에스테르의 급성독성

가 소 제	사용동물	투여방법	LD_{50}(g/kg)
dimethyl phthalate(DMP)	마우스	복막내	1.38(0.89~1.99)
diethyl phthalate(DEP)	마우스	복막내	2.83(2.42~3.29)
	토 끼	경 구	1.00
dibutyl phthalate(DBP)	마우스	복막내	4.00(2.94~5.45)
	흰 쥐	경 구	8.0
dioctyl phthalate(DOP)	마우스	복막내	128
	흰 쥐	경 구	30.6
	토 끼	경 구	33.9

14 식품첨가물 (Food Additives)

14.1 식품첨가물의 정의

농·식물성 원료를 가공·조리하여 식품을 제조할 때 식품의 품질을 유지하거나 개량하여 저장성 증가, 맛과 풍미의 개선, 영향 강화, 색의 변화나 유지로 외관의 만족과 기호성 등을 높이기 위한 목적으로 사용하는 것으로 식품이 가지고 있는 본래 성분 이외에 첨가하는 물질을 식품첨가물(food additives)이라고 한다. 어떤 목적을 가지고 첨가할 때를 의도적 식품첨가물이라 하고, 오염이나 혼입 등으로 식품에 들어가는 것을 비의도적 식품첨가물이라 하는데 일반적으로 식품첨가물이라 함은 의도적 식품첨가물을 말한다.

우리나라 식품위생법 제2조 제2항에 '식품첨가물이란 식품을 제조·가공 또는 보존하는 과정에서 식품에 넣거나 섞는 물질 또는 식품을 적시는 등에 사용되는 물질을 말한다. 이 경우 기구(器具)·용기·포장을 살균·소독하는 데 사용되어 간접적으로 식품으로 옮아갈 수 있는 물질을 포함한다.'고 되어 있다. 이 정의에서 보면 어떤 용도나 목적을 가지고 첨가되는 물질이 천연물이든 화학적 합성품이든, 최종제품에 존재하든 안 하든가에 관계없이 식품에 사용하는 것은 모두 식품첨가물로 간주한다.

FAO/WHO의 식품첨가물 합동전문위원회(JECFA : Joint FAO/WHO Expert Committee on Food Additives)에서는 '식품첨가물이란 식품의 외관(appearance), 향미(flavor), 조직(texture), 저장성 등을 향상시키기 위하여 식품에 보통 의도적으로 미량 첨가하는 비영양성물질'이라 정의하였고, 미국의 국립과학학술원 및 국립연구협의회 산하의 식품보호위원회(Food Protection Committee of the National Academy of Science-National Research Council)에서는 '식품첨가물이란 생산(production), 가공(processing), 저장(storage), 포장(package) 중 식품에 첨가되는 물질 또는 물질들의 혼합물로서 우발적인 오염물은 포함되지 않는다.'고 정의하였다.

위와 같은 정의를 종합해 보면 식품첨가물은 식품에 미량으로 첨가되는 비영양 물질로 식품과 공존할 때에만 의미를 갖고 단독으로는 의약품이나 화학물질에 불과한 우리의 식생활과 관계가 없는 비식품이다.

14.2 식품첨가물의 특성과 종류

식품의 향미 증가나 착색 개선으로 품질을 향상시키고, 부패・산패・산화로 인한 품질저하를 방지하며, 영양강화 등의 용도를 가지는 식품첨가물은 거의 화학물질로 그 자체를 식품으로 섭취하지 않고 식품의 일반 성분으로도 사용하지 않는다.

오늘날 식품공업의 발달로 다양한 식품의 제조・가공・보존에 사용하는 식품첨가물도 그 종류가 크게 늘었으며, 식생활에서 섭취하는 거의 모든 식품에 어떤 형태로든 첨가되고 있어, 이러한 가공식품의 섭취로 매일 여러 종류의 화학물질을 첨가물 형태로 섭취하고 있는 실정이다. 식품첨가물은 일반적으로 식품의 가공이나 제조과정에서 첨가되기 때문에 가공식품을 섭취하는 소비자는 자신의 의사와 관계없이 여러 가지 식품첨가물을 섭취하게 된다.

식품첨가물은 천연물과 화학적 합성품으로 분류하는데, 식품위생법 제2조 제3호에 의하면 '화학적 합성품이란 화학적 수단으로 원소(元素) 또는 화합물에 분해반응 외의 화학반응을 일으켜서 얻은 물질을 말한다.'고 되어 있다. 여기에는 화학물질을 화학적으로 합성하여 만든 것뿐만 아니라 동물, 식물, 광물 등과 같은 천연물 또는 그

추출물을 원료로 하여 화학반응을 일으켜서 만든 것도 포함되며, 원래 천연물에서 얻은 첨가물이라도 화학반응을 일으켜 합성으로 만들어진 것도 화학적 합성품으로 간주한다. 예를 들면 같은 첨가물이지만 β-carotene, L-ascorbic acid, α-tocopherol 등은 천연품과 화학적 합성품의 2종이 있다.

식품위생법에서 화학반응 중 분해반응에 의하여 만든 물질은 화학적 합성품으로 취급되지 않는다. 분해반응으로 얻는 물질은 보통 그 성상 등이 이미 알려져 있고 위험성이 적기 때문이다. 화학적 합성품은 법적 규제가 매우 엄격하여 보건복지부 장관이 식품위생상 지장이 없다고 인정한 것만을 식품첨가물로 지정하고 있다. 화학적 합성품 중에는 천연물과 달리 인체에 해로운 것이 많고 미량이라도 장시간 섭취하면 인체에 해를 끼칠 염려가 있기 때문이다.

14.3 식품첨가물의 분류

식품첨가물은 일반적으로 기능과 용도에 따라 분류하며 그 기준은 나라별로 다르다. 국제식품규격위원회(Codex Alimentarius Commission)에서는 다음과 같이 23종류로 분류하였다.

- 산(Acid) : 산도를 높이는 데 사용하거나 신맛을 주는 물질
- 산도조절제(Acidity regulator) : 식품의 산도 또는 알칼리도를 조절하는데 사용하는 물질
- 고결방지제(Anticaking agent) : 식품의 구성성분이 서로 엉겨 덩어리가 형성되는 것을 방지하는 물질
- 소포제(Antifoaming agent) : 거품형성을 방지하거나 감소시키는 물질
- 산화방지제(Antioxidant) : 지방의 산패나 색상의 변화 등과 같은 산화로 인한 식품의 품질저하를 방지하여 식품의 저장기간을 연장하는 물질
- 증량제(Bulking agent) : 식품의 열량에 관계없이 식품의 중량에 기여하는 공기나

물 이외의 물질

- 착색제(Food coloring) : 식품에 색소를 부여하거나 복원하는 데 사용되는 물질
- 발색제(Colour retention agent) : 식품에 색소를 부여하거나 복원하는 데 사용하는 물질
- 유화제(Emulsifier) : 물과 기름과 같이 섞이지 않는 두 개 또는 그 이상의 물질을 균일하게 섞어주거나 이를 유지시켜 주는 물질
- 유화제 염류(Emulsifying salt) : 가공치즈의 제조과정에서 지방이 분리되는 것을 방지하기 위하여 단백질을 안정화시키는 물질
- 응고제(Firming agent) : 과일이나 채소의 조직을 견고하게 유지하도록 하거나 겔화제와 상호작용하여 겔을 형성하거나 강화하는 물질
- 향미증진제(Flavor enhancer) : 식품의 맛이나 향미를 증진시키는 물질
- 밀가루개량제(Flour treatment agent) : 빵의 품질이나 색을 증진시키기 위해 밀가루나 반죽에 추가되는 물질
- 기포제(Foaming agent) : 액체 또는 고체식품에 기포를 형성시키거나 균일하게 분산되도록 하는 물질
- 겔화제(Gelling agent) : 겔 형성으로 식품에 물성을 부여하는 물질
- 광택제(Glazing agent) : 제품의 표면에 광택을 내고 보호막을 형성토록 하는 물질
- 습윤제(Humectant) : 식품이 건조되는 것을 방지하는 물질
- 보존료(Preservative) : 미생물에 의한 변질을 방지하여 식품의 보존기간을 연장시키는 물질
- 추진제(Propellant) : 식품용기로부터 식품에 주입하는 공기 이외의 가스 물질
- 팽창제(Raising agent) : 가스를 방출하여 반죽의 부피를 증가시키는 물질이나 혼합물
- 안정제(Stabilizer) : 두 개 또는 그 이상의 섞이지 않는 성분이 균일한 분산상태를 유지하도록 하는 물질
- 감미료(Sweetener) : 식품에 단맛을 부여하는 설탕 이외의 물질
- 증점제(Thickener) : 식품의 점성을 증가시키는 물질

우리나라 식품첨가물공전에는 식품첨가물의 용도에 따라 분류하지는 않았으나 식품 등의 표시기준에는 용도를 분류하고 있으며, 식품첨가물을 사용하여 만든 제품에는 반드시 명칭과 용도를 함께 표시하여야 한다. 식품첨가물을 사용목적에 따라 분류하면 <표 14-1>과 같다.

표 14-1 식품첨가물의 사용목적에 따른 분류

사용목적	명칭
관능을 만족시키는 첨가물	조미료 감미료 산미료 착색료 착향료 발색제 표백제, 탈염소제
식품의 변질, 변패를 방지하는 첨가물	보존료 살균제 산화방지제
식품의 품질개량이나 품질유지에 사용되는 첨가물	품질 개량제 밀가루 개량제 효료, 안정제 유화제 피막제 용 제
식품의 제조에 필요한 첨가물	식품제조용 첨가제 소포제
식품의 영양강화를 위한 첨가물	강화제
기 타	팽창제 껌 기초제 추출제

14.4 식품첨가물의 법적 규제

모든 나라는 식품첨가물의 종류와 사용기준을 법적으로 규제하고 있으며 그 방법은 나라마다 차이가 있어 특히 특정첨가물의 사용에 대해서는 엄격히 법적으로 규제하고 있다. 우리나라는 식품위생법 제7조에 '식품 또는 식품첨가물에 관한 기준 및 규격'으로 판매를 목적으로 하는 식품 또는 식품첨가물에 대하여 제조 · 가공 · 사용 · 조리 · 보존 방법과 성분에 관한 규격을 정하여 고시하였다.

기준과 규격이 고시되지 않은 화학적 합성품이 아닌 식품 또는 식품첨가물에 대하여는 제조 · 가공업자가 기준과 규격을 만들어 제출하면 지정된 식품위생검사기관의 검토를 거쳐 기준과 규격이 고시될 때까지 그 식품 또는 식품첨가물의 기준과 규격으로 인정한다. 수출하고자 하는 식품이나 식품첨가물에 대한 기준과 규격은 수입자 측에서 요구하는 기준과 규격을 따라야 한다. 기준과 규격이 정해진 식품이나 식품첨가물은 그 기준에 따라 제조 · 수입 · 가공 · 사용 · 조리 · 보존하여야 하며 이를 위반하면 3년 이하의 징역 또는 2,000만 원 이하의 벌금에 처하도록 규정하고 있다.

14.5 식품첨가물의 안전성

식품첨가물은 인체에 해로운 영향을 미치지 않는 것이 가장 중요하다. 이러한 이유로 각 나라는 안전성을 충분히 검토한 후에 식품첨가물로 지정하고 있으며 이미 지정된 식품첨가물도 계속적으로 안전성을 검토하여 삭제하거나 새로운 규제 등을 만들고 있다.

미국에서는 건강상의 위해나 유해성이 없고, 과학적인 실험으로 안전성이 확보된 것을 국립과학기술원이 추천한 전문가들이 판단하여 GRAS(Generally recognized as safe) 품목으로 지정하고 있다. 우리나라에서 식품첨가물로 사용되고 있는 품목들은 아주 엄격한 평가를 거쳐 안전성이 입증된 것들을 사용하도록 하고 있다.

식품첨가물로 지정받기 위해서는 식품의약품안전처의 지침에 따라 지정받고자 하는 물질이 식품첨가물로서 효과와 암을 비롯한 각종 질병 등을 유발하지 않는지, 인체에 해로운 영향을 주지는 않는지 등을 입증해야 하기 때문에 보존료, 발색제, 착색료, 감미료 등과 같은 가공식품에 사용하는 식품첨가물을 허가받는 것은 매우 어려운 일이다.

식품첨가물전문가위원회(JECFA)에서는 사람이 어떤 물질을 평생 동안 매일 섭취하더라도 유해한 작용을 주지 않는 1일 섭취허용량(Acceptable Daily Intake; ADI)을 설정하였다. 1일 섭취허용량은 마우스 등의 동물실험에서 유해한 작용을 나타내지 않는 양, 즉 독성을 전혀 나타내지 않는 최대무독성량을 구하고, 동물과 사람, 사람과 사람 간의 차이를 고려하여 100분의 1 수준의 안전계수로 나누어 결정하였다. 이렇게 평생 먹어도 전혀 유해한 영향을 나타내지 않는 1일 섭취허용량보다 훨씬 적은 안전성을 고려한 양으로 사용기준이 설정되기 때문에 인체에 유해하지 않다.

식품첨가물의 구비조건으로는 인체에 무해할 것, 체내에 축적되지 않을 것, 미량으로 효과가 있을 것, 이화학적 변화에 안정할 것, 값이 저렴할 것, 식품의 영양가를 유지시키며 외관을 좋게 할 것 등이 있다.

14.6 식품첨가물 지정절차

화학적 합성품은 유해한 것이 많아 섭취 시 건강을 해칠 우려가 있어 식품의약품안전처장이 기준과 규격을 고시한 식품첨가물만을 사용・판매하도록 하고 있다. 식품첨가물로 지정을 받기 위해서는 이해당사자인 제조자나 사용자가 식품첨가물로 필요한 충분한 자료를 갖추어 식품의약품안전처장에게 신청서와 관련자료(원본 및 사본 2부)를 제출한다. 식품의약품안전처 식품첨가물평가부는 제출된 신청서와 자료에 대하여 안전성, 사용의 기술적 필요성 및 정당성 등을 검토하고 필요에 따라서는 신청서와 관련자료 이외에 관계문헌, 표준품, 제품에 사용된 원료성분, 시험에 필요한 특수시약, 기구, 균주배지 등을 요구할 수도 있다. 식품첨가물로 안전성, 기술적 필요성, 정당성 등이 인정된 경우 기준 및 규격(안)을 마련하여 입법예고하고 WTO에 통보한다. 기준 및 규격(안)에 대한 국내·외 등 각계의 의견을 수렴·검토하고, 식품위생심의위원회의 심의를 거쳐 식품의약품안전처장은 식품첨가물의 기준·규격을 고시하면 식품첨가물로 지정된다. 처리기간은 신청서 접수부터 식품첨가물 제정까지 1년을 원칙으로 하나 서류나 자료제출의 미비로 보완하는 기간이나 입법공고 기간은 포함하지 않는다.

14.7 식품첨가물 각론

14-7-1. 살균제(Fungicide)

미생물에 정균작용이 있는 보존료와 달리 살균제는 미생물을 단시간에 사멸시키는 작용을 하는 식품첨가물로, 현재 허용되어 있는 것은 차아염소산나트륨(sodium hypochlorite)을 비롯하여 표백분(bleaching powder), 고도표백분(calcium hypochlorite), 과산화수소(hydrogen peroxide) 등이 있으나 과산화수소는 표백제로 사용되어 표백료로 분류한다. 허용 살균제와 사용기준은 <표 14-2>와 같다.

표 14-2 허용 살균제와 사용기준

살균제 명	사용기준
표백분(bleaching powder)	-
고도표백분(calcium hypochlorite)	-
차아염소산나트륨(sodium hypochlorite)	참깨에 사용금지, 최종식품의 완성 전에 제거
과산화수소(hydrogen peroxide)	최종제품 완성 전에 분해·제거할 것

- 표백분(bleaching powder)은 $CaCl_2 \cdot Ca(ClO)_2 \cdot 2H_2O$가 주성분으로 강한 염소냄새가 나는 백색 또는 유백색 분말이다. 유효염소량은 25~40%로 유효염소가 살균작용과 표백작용을 한다. 채소나 과일의 소독에 유효염소 50~500ppm, 식기나 기구

의 소독에 100~200ppm, 손 소독에는 100ppm 정도 사용한다.

- 고도표백분(calcium hypochlorite; $CaCl_2O_2$)은 표백분을 정제하여 유효염소량이 60% 이상으로 백~유백색의 과립 또는 분말로서 염소 냄새가 난다. 공기 중에서 안정하여 장기간 저장에 좋다.
- 차아염소산나트륨(sodium hypochlorite; NaOCl)은 무색~엷은 녹황색의 액체로 염소냄새가 나며 유효염소 4% 이상을 함유한다. $2NaOH + Cl_2 = NaOCl + NaCl + H_2O$ 반응으로 얻으며 살균작용 이외에 소독, 표백, 탈취 등의 목적에 사용한다. 살균력은 비해리형의 차아염소산(HClO) 농도에 의하며 pH가 낮을수록 비해리형인 HClO이 많이 생겨 살균력이 증가한다. 유효염소량이 동일하면 pH가 낮은 경우에 더 효과적이다. pH에 따른 비해리형의 차아염소산 양은 <표 14-3>과 같다.

표 14-3 pH와 비해리형의 차아염소산

pH	비해리형의 차아염소산(%)	pH	비해리형의 차아염소산(%)
4.0	100.0	8.0	18.7
5.0	99.6	9.0	2.2
6.0	95.8	10.0	0.2
7.0	69.7		

14-7-2. 보존료(Preservatives)

보존료는 식품의 보존성을 향상시키기 위하여 첨가하는 식품첨가물로 미생물에 의한 손상을 방지하여 식품의 저장수명을 연장시킨다. 보존료는 미생물의 증식을 억제하거나 살균작용을 하지만 식품에 대하여 살균작용(殺菌作用, bacteriocidal action)보다는 정균작용(靜菌作用, bacteriostatic action)을 하므로 보존기간을 연장시킬 뿐이다.

미생물의 성장조건을 기초로 식품의 종류, 성분, pH, 제조 시의 가열온도에 따라 억제작용이 달라지므로 보존료를 잘 선택하여 사용해야 한다. 예를 들어, 프로피온산이나 그 염은 곰팡이나 세균에 대하여 강력한 항균력을 나타내지만 효모에는 약하므로 베이커리 제품의 보존료로 사용한다. 허용되어 있는 보존료는 파라옥시안식향산메틸과 파라옥시안식향산에틸 이외에 모두 유기산과 그 염류로 이들은 산성영역에서 비해리형 분자가 증가하여 보존효과가 좋아진다. 보존료를 규정량 이상 사용하면 인체에 위해하므로 식품위생법상의 사용기준을 엄격히 지켜야 한다.

1. 프로피온산(Propionic acid)과 그 염

자극적인 냄새가 나는 액체로 순수한 상태에서 색이 없으나 부식성이 있다. 빵류나 과자류의 곰팡이 오염에 의한 부패 억제, 채소류 발효 시 각종 미생물들의 2차적 발효를 억제하는 데 효과가 있으며 pH가 낮을수록 효과가 좋다. 체내에서는 다른 지방산들과 마찬가지로 쉽게 신진대사되며 독성이 낮다.

프로피온산나트륨(sodium propionate)은 백색의 결정분말로 물(100g/100mL)에 잘 녹으며 냄새가 없다. 산성용액에서 작용이 강하고 곰팡이나 호기성 포자 형성균에 효과가 있으나 효모에는 거의 영향을 미치지 않는다. 빵이나 케이크류에 프로피온산 함량으로 2.5g/kg 이하 사용이 허용되어 있다.

프로피온산칼슘(calcium propionate)은 백색의 결정분말로 물에 잘 녹으며 냄새가 없거나 약간의 산취가 있다. 열이나 햇볕에 안정하나 흡습성이 있다. 산성용액에서 작용이 강하고 빵용 이스트에는 거의 영향을 주지 않아 빵이나 케이크류에 프로피온산 함량으로 2.5g/kg 이하 사용이 허용되어 있다.

$(CH_3CH_2COO)_2Ca \cdot 0{\sim}1H_2O$	CH_3CH_2COONa
calcium propionate	sodium propionate

2. 소르빈산(Sorbic acid)과 그 염

소르빈산(sorbic acid)은 무색의 침상결정 또는 백색의 결정성 분말로 냄새가 없거나 약간의 자극적인 냄새가 있으며 물에 잘 녹지 않는다. 인체 내에서 쉽게 신진대사되는 특징이 있고, 살균작용보다는 정균작용이 있다. 식품의 pH가 낮을수록 비해리 분자가 많아져 항균효과가 증가하는데 pH 5.0 이하에서는 효과가 있으나 5.0 이상이면 효과가 저하되고 주로 효모와 곰팡이에 효과가 크나 세균에는 선택적으로 효과를 나타낸다. pH에 따른 비해리형의 소르빈산 양은 <표 14-4>와 같다.

안전한 보존료로 세계적으로 널리 사용하고 있으며 우리나라에서도 여러 식품에 사용하고 있다. 1,000~2,000배로 미생물 발육을 억제하는 능력이 있고 어류, 식육가공품(2g/kg), 된장, 간장 및 고추장(1g/kg), 잼, 케첩, 절임류(0.5g/kg) 등에 널리 사용된다. 소르빈산칼슘은 무미, 무취의 백색결정으로 소르빈산보다 물(58.2g/100mL)에 잘 녹아 사용이 간편하다.

표 14-4 pH와 비해리형의 소르빈산

pH	비해리형 소르빈산(%)	pH	비해리형 소르빈산(%)
7.0	0.6	4.4	70.0
6.0	6.0	4.0	86.0
5.8	7.0	3.7	93.0
5.0	37.0	3.0	98.0
4.75	50.0		

$CH_3 - CH = CH - CH = CH - COOH$ sorbic acid

$CH_3 - CH = CH - CH = CH - COOK$ potassium sorbate

3. 데히드로초산(Dehydroacetic acid)과 그 염

데히드로초산(dehydroacetic acid; DHA)은 무색~백색의 침상 또는 판상의 결정 또는 백색의 결정성 분말로 냄새가 없거나 약간 있다. 유기용매에 잘 녹으나 물에는 거의 녹지 않고, 열에 안정하나 직사광선에 의해서 다소 분해된다. 세균, 곰팡이, 효모 등에 강하게 작용한다. 자연치즈, 가공치즈, 버터류, 마가린류 이외의 식품에는 사용할 수 없으며 사용량은 데히드로초산으로 0.5g/kg 이하여야 한다.

데히드로초산나트륨(sodium dehydroacetate; DHA-S)은 백색의 결정성 분말로 냄새가 없거나 약간 있다. 데히드로초산나트륨 및 이를 함유하는 제제는 자연치즈, 가공치즈, 버터류, 마가린류 이외의 식품에는 사용할 수 없고 사용량은 데히드로초산으로서 0.5g/kg 이하이다.

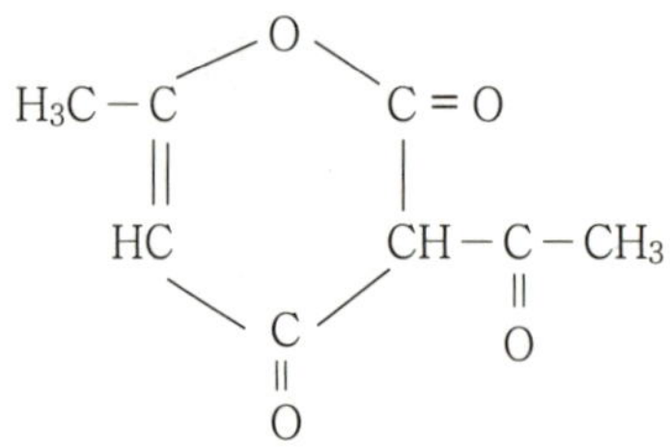

dehydroacetic acid

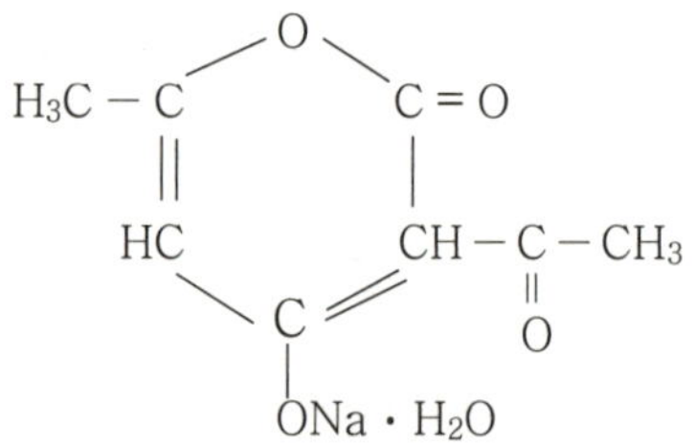

sodium dehydroacetate

4. 안식향산(Benzoic acid)과 그 염

안식향산(benzoic acid)은 광택이 있는 작은 엽상 또는 침상의 결정으로 냄새가 없거나 벤즈알데히드 같은 냄새가 조금 있다. 물에 잘 녹지 않으나 온도가 높을수록 용해도가 증가한다. 항균효과는 비해리형 분자량에 따라 결정되어 산성용액에서 강력한 항균효과를 나타내 pH 2.5～4.0에서 최대이다. pH가 높아지면 비해리 부분이 감소하므로 가능한 한 pH가 낮은 상태에서 사용할수록 효과적이다. pH에 따른 비해리형의 안식향산 양은 <표 14-5>와 같다. 따라서 pH 4.5 이상인 식품에서는 효과가 비교적 적은데 곰팡이보다 효모와 세균의 생육 억제에 더 효과적이다. 안식향산은 glycine과 결합하여 마요산으로 해독되어 대부분 소변으로 배설되기 때문에 체내에 축적되지 않는다. 주로 비탄산함유 청량음료, 과일주스, 사이다 등과 같은 산성식품과 간장, 된장 등에 대해서 0.6g/kg 이하의 양을 사용한다.

표 14-5 pH와 비해리형의 안식향산

pH	비해리형 안식향산(%)	pH	비해리형 안식향산(%)
3	93.5	6	1.44
4	59.3	7	0.144
5	12.8		

안식향산나트륨은 백색의 입상 또는 결정성 분말로 냄새가 없으며 공기 중에서 안정하고 물(55.6g/kg)에 잘 녹아 알칼리성(pH 8)이며 안식향산보다 사용이 간편하다. 약 1.2배를 사용하여야 안식향산과 같은 효과가 난다.

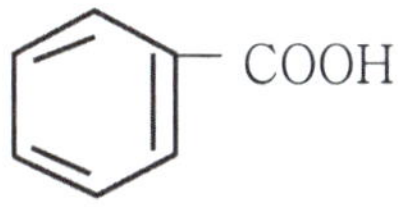

benzoic acid

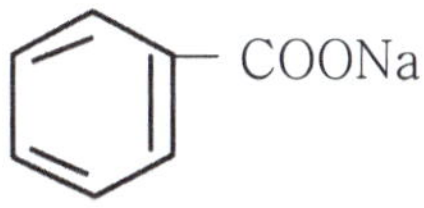

sodium benzonate

5. 파라옥시안식향산에틸(Ethyl ρ-hydroxybenzoate; $C_9H_{10}O_3$)과 파라옥시안식향산메틸(Methyl ρ-hydroxybenzoate; $C_8H_8O_3$)

무색의 결정 또는 백색의 결정성 분말로 물에 약간 녹고 메탄올, 프로필렌글리콜, 아세톤, 에테르 등에 잘 녹는다. 캡슐류에 1.0g/kg 이하, 잼류에 1.0g/kg 이하(병용 시 합계는 1.0g/kg 이하), 망고치트니에 0.25g/kg 이하(병용 시 합계는 0.25g/kg 이하), 한식간장, 양조간장, 산분해간장, 효소분해간장 및 혼합간장 등에 0.25g/L 이하, 식초에 0.1g/L 이하, 과일·채소류 음료(비가열제품 제외), 기타 음료(분말음료 제외), 인삼·홍삼음료 등에 0.1g/kg 이하, 소스류에 0.2g/kg 이하, 과실 채소(표피부분에 한정)에 0.012g/kg 이하 사용할 수 있다.

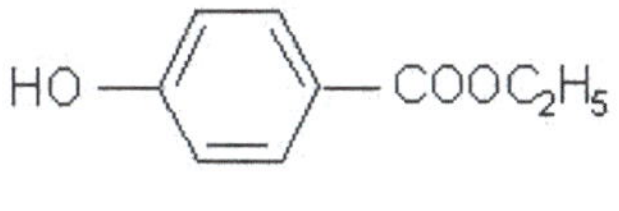

Ethyl ρ -hydroxybenzoate

14-7-3. 산화방지제(Antioxidants)

유지는 공기 중의 산소에 의해 자연적으로 변질되어 이미, 이취, 변색 및 퇴색된다. 유지의 불포화지방산은 공기 중의 산소와의 접촉으로 산패되어 외관상의 변질·변화 이외에 산화・중합・분해 등의 화학반응을 일으킨다. 이의 방지를 위하여 보관 중 공기접촉을 차단하거나 산화방지제를 첨가하는 방법이 있다. 산화방지제는 항산화제라고 하며 유지식품에 들어 있는 천연항산화제와 인공적으로 첨가되는 합성항산화제로 구분한다. 천연항산화제는 토코페롤, sesamol, quercetin 등이 있으나 산화방지제로 이용하지는 않는다. 합성항산화제는 에리소르빈산(erythorbic acid), 아스코르빈산(ascorbic acid) 등의 수용성과 몰식자산프로필(propyl gallate), 부틸히드록시아니졸(butyl hydroxy anisole; BHA), 디부틸히드록시톨루엔(di-butyl hydroxy toluene; BHT), 터셔리부틸히드로퀴논(tert-Butylhydroquinone; TBHQ) 등의 지용성이 있는데, 수용성은 주로 색소 산화방지제로, 지용성은 유지와 유지함유 식품에 이용된다.

산화방지제는 단독 혹은 병용하여 사용하는데 병용하는 것이 상승효과가 있다. 유지의 산화는 처음에 느리고 그 기간이 지나면 급격히 진행된다. 느린 기간을 유도기(induction period)라고 하는데 산화방지제는 유도기를 연장하여 산화를 방지할 수 있으나 완전히 방지할 수는 없다. 산화에 영향을 미치는 인자는 유지의 불포화도와 금속, 수분, 열, 광선 등이 있다. 산화방지제의 종류 및 사용기준은 <표 14-6>과 같다.

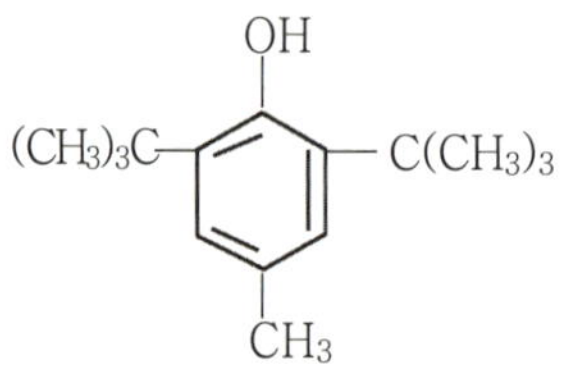

dibutyl hydroxy toluene(BHT)

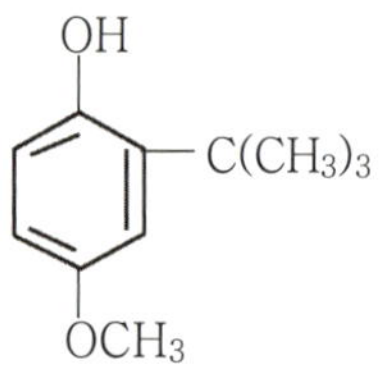

3-BHA

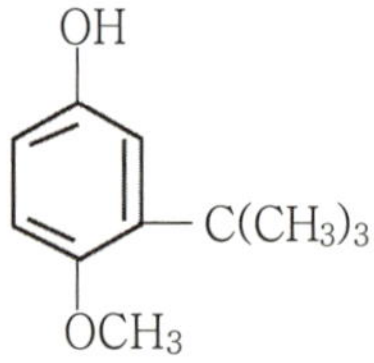

2-BHA

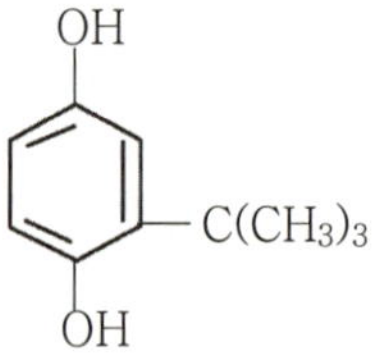

TBHQ

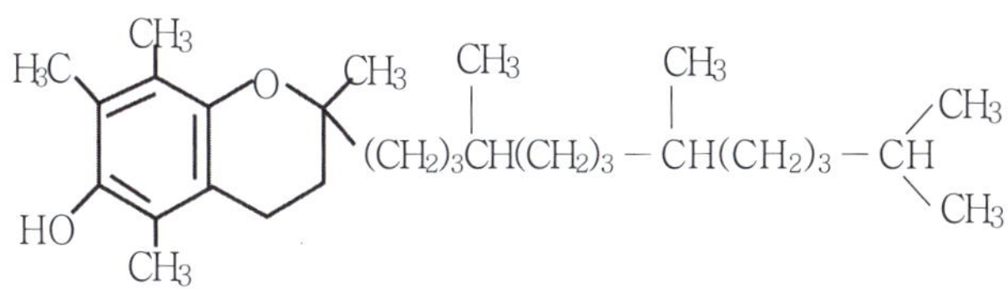

D-α-tocopherol

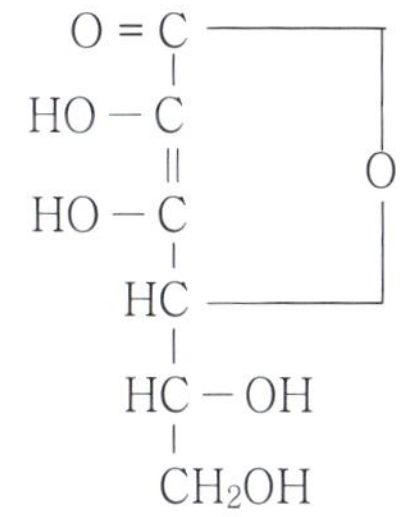

erythorbic acid

표 14-6 산화방지제의 종류 및 사용기준

산화방지제	사 용 기 준
디부틸히드록시톨루엔 (di-butyl hydroxy toluene, BHT) 부틸히드록시아니졸 (butyl hydroxy anisole, BHA) 터셔리부틸히드로퀴논 (tert-butylhydroquinone, TBHQ)	• 유지(향미유 제외), 우지, 돈지, 버터, 어패건제품, 어패염장품에 0.2g/kg 이하 • 어패냉동품(생식용 냉동선어패류, 생식용 굴 제외), 고래냉동품(생식용 제외)의 침지액 1g/kg 이하 • 추잉껌에 0.75g/kg 이하 • 체중조절용 조제식품, 시리얼류에 0.05g/kg 이하 • 마요네즈에 0.06g/kg 이하 • 식육(가금류)에 0.1g/kg 이하(지방함량기준) TBHQ는 식육(가금류)에는 사용불가(병용 시 합계는 0.2g/kg 이하)
몰식자산프로필(propyl gallate)	• 유지(향미유 제외), 우지, 돈지, 버터류에 0.1g/1kg 이하
에리소르빈산(erythorbic acid) 에리소르빈산나트륨 (sodium erythorbate)	• 산화방지 이외의 목적에 사용 금지
아스코르빌팔미테이트 (ascorbyl palmitate)	• 유지(향미유 제외), 우지, 돈지에 0.5g/kg 이하(L-아스코르빌스테아레이트와 병용 시 합계는 0.5g/kg 이하) • 마요네즈에 0.5g/kg 이하 • 조제유류, 영아용 조제식, 성장기용 조제식에 0.05g/L 이하(표준조유농도에 대하여) • 영·유아용 곡류제조식, 기타 영·유아식에 0.2g/L 이하(표준조유농도에 대하여) • 기타 식품에 1.0g/kg 이하(단, 건강기능식품에는 제한 없음)

<table>
<tr><th>산화방지제</th><th>사 용 기 준</th></tr>
<tr><td>L-아스코르빌스테아레이트
(L-ascorbyl Stearate)</td><td>• 유지(향미유 제외), 우지, 돈지에 5g/kg 이하(아스코르빌팔미테이트와 병용 시 합계는 0.5g/kg 이하)</td></tr>
<tr><td>D-α-토코페롤(비타민 E)
(D-α-tocopherol)</td><td rowspan="2">-</td></tr>
<tr><td>D-토코페롤(혼합형)
(D-tocopherol con. mixed)</td></tr>
<tr><td>이 · 디 · 티 · 에이 칼슘이나트륨
(calcium disodium EDTA)</td><td rowspan="2">• 드레싱(마요네즈 포함), 소스류에 0.075g/kg 이하
• 통조림, 병조림에 0.25g/kg 이하
• 캔, 병포장된 음료류에 0.035g/kg 이하
• 마가린류에 0.1g/kg 이하
• 오이초절임, 양배추초절임에 0.22g/kg 이하
• 건조과실류(바나나)에 0.265g/kg 이하
• 서류가공품(냉동감자)에 0.365g/kg 이하
• 땅콩버터에 0.1g/kg 이하
*병용 시 합계는 각각의 사용 기준량 이하</td></tr>
<tr><td>이 · 디 · 티 · 에이 이나트륨
(disodium EDTA)</td></tr>
</table>

14-7-4. 표백제(Bleaching agents)

식품이 가지고 있는 본래의 색을 파괴하여 흰색으로 만들거나 혹은 색소를 착색하기 전에 일단 표백하여 그 식품이 완성되었을 때 색을 아름답게 하기 위하여 사용하는 것을 표백제(bleaching agents)라 한다. 이와 같이 유색물질을 화학적 분해에 의하여 탈색시키는 것을 표백이라 하는데, 영양성분을 파괴하거나 그 자신이 색소를 가지고 있어서는 안된다. 표백제의 종류 및 사용기준은 <표 14-7>과 같다.

표 14-7 표백제의 종류 및 사용기준

<table>
<tr><th>표백제</th><th>사용기준</th></tr>
<tr><td>메타중아황산칼륨
(potassium metabisulfite)</td><td rowspan="6">• 박고지(속을 제거하고 육질 건조한 것)에 5.0g/kg
• 당밀 및 물엿에 0.30g/kg
• 기타 엿에 0.40g/kg
• 과실주에 0.350g/kg
• 5배 이상 희석하여 음용하거나 사용하는 과일주스, 농축과일즙 및 과·채가공품에 0.150g/kg 이하
• 건조과실류에 2.0g/kg
• 곤약분에 0.90g/kg
• 새우살에 0.10g/kg
• 설탕에 0.020g/kg
• 발효식초에 0.170g/kg
• 건조감자에 0.50g/kg
• 기타 식품[참깨, 두류, 서류, 과실류, 채소류 및 그 단순가공품(탈피, 절단 등) 제외]에 0.030g/kg</td></tr>
<tr><td>메타중아황산나트륨
(sodium metabisulfite)</td></tr>
<tr><td>무수아황산
(sulfur dioxide)</td></tr>
<tr><td>아황산나트륨
(sodium sulfite)</td></tr>
<tr><td>차아황산나트륨
(sodium hyposulfite)</td></tr>
<tr><td>산성아황산나트륨
(sodium bisulfite)</td></tr>
<tr><td>과산화수소
(hydrogen peroxide)</td><td>최종식품 완성 전에 분해 또는 제거할 것</td></tr>
</table>

식품의 표백은 표백제의 산화작용과 환원작용에 의하며 산화표백제로는 과산화수소가 있고 환원표백제는 메타중아황산칼륨, 메타중아황산나트륨, 무수아황산, 아황산나트륨, 차아황산나트륨, 산성아황산나트륨 등의 아황산염류가 있다. 산화표백제는 착색물질을 산화하거나 파괴하는 정도가 환원표백제보다 강하다. 산화표백제의 발생기 산소는 착색물질을 비가역적으로 파괴하여 무색 또는 백색이 되고 표백이 되면 식품의 조직을 다소 파괴하여 다시 원상태로 회복되지 않는다. 과산화수소는 표백제와 살균제로 허용되어 최종 식품에서 검출되지 않아야 한다.

환원표백제는 색소 중의 산소를 빼앗아 환원작용으로 표백하는 것인데, 표백제가 존재하고 있는 동안만 효과가 있고 표백제가 없어지면 다시 복원되고 식품 중의 금속 이온과 산화 혹은 환원작용으로 색소가 복원되는 결점이 있다. 식품에 아황산 잔존량이 많으면 향료, 착색료 및 다른 첨가물에 영향을 준다. 환원표백제는 모두 아황산에 의한 환원표백작용으로 사용기준도 사용 후 식품에 남은 이산화황(아황산가스)의 양으로 규정하고 있다.

14-7-5. 밀가루 개량제(Maturing agents)

밀가루는 카로티노이드계 색소를 함유하고 있어 제분하면 약한 노란색을 띠며 제분한 밀가루의 pH는 6.1~6.2로 이스트에 의한 발효가 느리고, 글루텐의 교질화가 이루어지지 않아 반죽형성에 적합하지 않다. 숙성을 위하여 제분한 밀가루를 공기 중(온도 20℃, 습도 60%)에 2~3개월 방치하면 산소와 밀가루의 효소에 의하여 숙성·표백되나 시간이 오래 걸리는 단점이 있다. 이러한 점을 보완하기 위하여 화학적 숙성표백제를 사용하여 인공적인 산화작용으로 표백 및 품질을 개선하고자 밀가루 개량제를 사용한다. 밀가루 개량제의 종류와 사용기준은 <표 14-8>과 같다.

표 14-8 밀가루 개량제의 종류와 사용기준

밀가루 개량제	사용기준
과산화벤조일(희석) (diluted benzoyl peroxide)	밀가루에 0.3g/kg 이하
과황산암모늄 (ammonium persulfate)	
염소(chloride)	밀가루에 2.5g/kg 이하
이산화염소(chlorine dioxide)	밀가루(빵류 제조용 밀가루) 30mg/kg 이하
아조디카르본아미드 (azodicarbonamide)	밀가루에 45mg/kg 이하
스테아릴젖산나트륨 (sodium stearoyl lactylate)	빵류 및 이의 제조용 믹스, 면류, 식물성크림, 소스류, 자연치즈 및 가공치즈, 과자(한과류 제외)에만 사용
스테아릴젖산칼슘 (calcium stearoyl lactylate)	빵류 및 이의 제조용 믹스, 식물성크림, 난백, 과자(한과류 제외)에만 사용

과산화벤조일은 백색분말로 산화작용이 강하고 충격에 의한 폭발위험성이 있다. 희석하여 사용하며 밀가루의 카로티노이드계 색소를 산화작용에 의하여 표백한다. 효소를 불활성화시키고 미생물을 죽이며 글루텐 질을 개선하여 제빵적성을 향상시킨다. 제분공정 중에 첨가하며 많이 사용하면 표백효과는 좋아지지만 글루텐 질이 저하되고 비타민 B_1이 파괴된다.

과황산암모늄은 무색의 결정 또는 백색의 결정성 분말로 조해성이 있고 물에 잘 녹는다. 강한 산화력으로 각종 금속을 부식시키므로 취급에 주의한다. 밀가루의 색소를 산화·탈색하고 제빵효과를 개선하여 개량제로 사용한다. 독성은 약한 편이고 밀가루에 분말 또는 용액으로 첨가하거나 이스트푸드에 넣어 사용하기도 한다.

염소와 이산화염소는 엷은 녹황색의 자극적인 기체로 고율배합 케이크 제조용의 박력분 표백·숙성에 널리 사용되고 있다. 아조디카르본아미드는 밀가루에 표백·숙성작용이 있으며 적색의 결정으로 온수에 잘 녹는다. 스테아릴젖산나트륨과 스테아릴젖산칼슘은 밀가루의 안전성과 탄력성을 증가시키며 노화를 지연시키고 빵의 부피가 커진다. 사용량 규제는 없으나 밀가루의 0.5% 정도 사용한다.

14-7-6. 호료(Thickeners, Gelling agents)

식품의 점착성 증가, 유화안전성 향상, 가공식품의 선도 유지 및 형체의 보존에 도움, 미각에 대한 점활성 등으로 촉감을 개선하기 위하여 첨가하는 것을 호료(thickeners, gelling agents)라 한다. 천연물이 많으나 천연 동·식물을 원료로 하여 화학처리하거나 폴리아크릴산나트륨과 같은 순합성품을 사용한다. 호료의 종류 및 사용기준은 <표 14-9>와 같다.

표 14-9 호료의 종류 및 사용기준

호 료	사 용 기 준
폴리아크릴산나트륨 (sodium polyacrylate)	0.2% 이하

호료	사용기준
알긴산프로필렌글리콜(propylene glycol alginate)	1% 이하
메틸셀룰로오스(methyl cellulose)	2% 이하 (병용 시 합계는 2% 이하)
카르복시메틸셀룰로오스나트륨(sodium carboxymethylcellulose)	
카르복시메틸셀룰로오스칼슘(calcium carboxymethyl cellulose)	
카르복시메틸스타치나트륨(sodium carboxymethyl starch)	
알긴산나트륨(sodium alginate) 카세인(casein)	-
카세인나트륨(sodium caseinate)	-
폴리덱스트로스(polydextrose)	
변성전분(food starch modified)	
알긴산암모늄(ammonium alginate)	-
알긴산칼륨(potassium alginate)	-
알긴산칼슘(calcium alginate)	-

폴리아크릴산나트륨(sodium polyacrylate)은 백색의 분말로서 냄새와 맛이 없다. 수용액 상태에서 점성이 커 첨가량이 극히 적고 300℃까지 분해되지 않는 내열성으로 가열식품에 사용할 수 있다. 또 천연 호료와 같이 부패되거나 변질되지 않아 저장성이 좋다. 호료뿐만 아니라 안정제, 습윤제, 응고제, 유화분산제, 조직개량제 등으로도 이용한다.

알긴산프로필렌글리콜(propylene glycol alginate)은 백색의 미세한 분말이나 약간 굵은 분말로 냄새가 없으며 맛도 거의 없다. 냉수나 온수에 잘 녹고 pH 3~4의 용액에서도 점도가 저하되지 않으나 가열에 의하여 저하된다. 호료 이외에 유화안정제, 산성식품에 사용하며 반드시 물에 녹여서 사용해야 한다.

메틸셀룰로오스(methyl cellulose)는 흰색 고체로 수용액은 중성으로 안정하여 산성, 알칼리성 식품에 사용할 수 있다. 유화제, 안정제, 습윤제 등으로 사용하며 체내에서 소화되지 않고 수분을 보유하므로 만복감을 주는 다이어트 식품으로도 이용한다.

카르복시메틸셀룰로오스나트륨(sodium carboxymethyl cellulose)은 CMC라고 하며 맛과 냄새가 없고 냉수나 뜨거운 물에 잘 녹으며 중성에서 안정하다. 점성, 안정제, 보호콜로이드성, 피막형성제, 고형제 등의 용도로 사용한다.

카르복시메틸셀룰로오스칼슘(calcium carboxymethyl cellulose)은 물에 잘 녹지 않고 물을 흡수하여 수배로 팽윤하며 점성은 별로 나타나지 않는다. 초콜릿에 첨가하면 입속에서 빨리 붕괴하여 치아에 붙지 않고 혀에 대한 촉감이 좋아진다. 인스턴트커피나 청량음료에서는 분산, 용해 및 촉진효과가 있다.

카르복시메틸스타치나트륨(sodium carboxymethyl starch)은 냄새와 맛이 없고 장시간 보존하여도 부패나 변질되지 않으며 열이나 광선에 안정하고 상온에서 물에 잘 녹는다. 아이스크림의 유화제, 빵의 노화방지제 등에 이용한다. 산성식품에서는 물에 녹지 않고 점도가 저하되어 사용하지 않는다.

알긴산나트륨(sodium alginate)은 물에 녹아 점조한 액이 되어 식품의 점착성 및 점도를 증가시키고 유화안정성을 증진한다. 식품의 안정제, 농화제, 분산제, 겔화제로 널리 사용하며 반드시 물에 녹여 사용한다.

카세인(casein)은 천연물이나 제조 시 화학적 처리를 하므로 합성품에 준하여 취급한다. 물에 녹지 않으나 알칼리용액에 녹는다. 식품에 유화제, 증점제, 안정제, 영양강화제 등으로 사용한다.

카세인나트륨(sodium caseinate)은 수용성으로 식품의 점착성 및 점도를 증가시키고 유화안정성을 증진한다. 육류연제품의 유화안정제로 사용한다.

변성전분(food starch modified)은 전분을 화학물질로 처리하여 변형시킨 것이나 호화한 것으로 전분 본래의 물리적 특성을 변형시킨 것이다. 안정제, 농화제, 결착제, 증점제 등으로 이용한다.

알긴산암모늄(ammonium alginate), 알긴산칼륨(potassium alginate), 알긴산칼슘(calcium alginate) 등은 안정제, 농화제, 분산제, 겔화제 등으로 이용한다.

비지정품인 천연품으로 젤라틴, 한천, 카라기난, 알긴산, 셀룰로오스, 펙틴, 잔탄검, 아라비아검, 구아검, 로커스트콩검, 카라야검, 젤란검, 타마린드검 등이 있어 증점제, 분산안정제, 결착보수제, 피복제 등으로 사용한다.

14-7-7. 발색제(Color fixatives, Color developers)

발색제(color fixatives, color developers)는 색소제와 달리 그 자체에는 색이 없어 식품을 착색시킬 수는 없으나 식품의 색소물질과 작용으로 그 색소를 유지·강화하여 선명하게 발색케 하는 물질로 색소고정제라고 한다. 발색제의 종류 및 사용기준은 <표 14-10>과 같다.

표 14-10 발색제의 종류 및 사용기준

발색제	사용기준
아질산나트륨 (sodium nitrite)	식품에 남아 있는 아질산이온으로 • 식육가공품(포장육, 식육추출가공품, 식용우지, 식용돈지 등 제외), 고래고기제품에 0.07g/kg • 어육소시지에 0.05g/kg • 명란젓, 연어알젓에 0.005g/kg
질산나트륨(sodium nitrate)	식품에 남아 있는 아질산이온으로 • 식육가공품(포장육, 식육추출가공품, 식용우지, 식용돈지 등 제외), 고래고기제품에 0.07g/kg • 어육소시지, 자연치즈, 가공치즈에 0.05g/kg
질산칼슘(potassium nitrate)	식품에 남아 있는 아질산이온으로 • 식육가공품(포장육, 식육추출가공품, 식용우지, 식용돈지 제외), 고래고기제품에 0.07g/kg • 어육소시지, 자연치즈, 가공치즈에 0.05g/kg • 대구알 염장품에 0.2g/kg
황산제일철 (ferrous sulfate)	-

식육제품이나 어육제품에는 질산염과 아질산염을 사용하고 L-아스코르빈산, L-아스코르빈산나트륨, 에리소르빈산, 에리소르빈산나트륨 등의 산화방지제를 사용한다. 아질산염은 육제품의 색소고정 이외에 향미개선 및 생성, 항산화작용에 의한 지방의 산패억제, 세균의 증식억제와 식중독균인 *Clostridium botulinum*의 독소생성 억제 등의 기능이 있다.

아질산나트륨은 독성이 강하므로 사용기준에 맞게 사용하여야 한다. 특히 WHO에서는 어린이용 식품의 사용을 자제하도록 권고하고 있다. 발색의 유효량이 100ppm이므로 보통 0.01~0.02% 정도 첨가한다. 질산칼륨과 질산나트륨은 발색유효량이 3,000ppm으로 햄, 소시지 등 식육제품에 아질산나트륨과 병용하며 발색의 목적 이외에 청주나 치즈 제조 시 발효 조정제로도 사용된다.

황산제일철은 과일, 채소, 다시마, 콩 등의 발색제로 특히 가지를 소금 절임할 때 변색방지를 위하여 사용한다. 과채 중의 anthocyanin 색소류가 철 이온과 결합하여 선명한 색을 낸다.

14-7-8. 착향료(Flavoring agents)

향료라 하며 상온에서 휘발성 물질로 특유한 향미를 느끼게 하고 식욕을 증진할 목적으로 첨가한다. 천연향료와 인공향료로 구분하며 천연향료에는 식물성과 동물성이 있다. 합성향료는 천연향료의 유효성분을 꼭 같게 합성한 것과 천연에 존재하지 않지만 향기가 유사한 것을 합성한 것이 있다. 단독보다는 여러 종류의 향료를 조합하여 합성향료로 만들어 사용한다. 착향료는 다음과 같이 네 가지로 분류한다.

- 수용성 향료 : 에센스라고 하며 물에 녹지 않는 유상의 방향성분을 알코올, 글리세린, 물 등에 잘 녹게 만든 것으로 주로 청량음료나 냉과에 이용하며 가열식품에는 부적당하다.
- 유성향료 : 오일이라고 하며 지용성과 내열성으로 가열식품에 사용한다.
- 유화향료 : cloudy, 콩크라고 하며 유화제를 사용하여 향료를 물속에 유화 분산시

킨 것으로 내열성이 있고 물에 잘 녹는다.

• 분말향료 : 향료를 포도당이나 젖당 같은 분말에 혼합하여 만든 것으로 산화에 안정하고 취급이 용이하며 장시간 보존이 가능하다.

착향료의 화학적 합성품은 너무 많아 개별적으로 그 성분 규격을 법으로 규정하기란 대단히 어려워 개별지정품목으로 73품목, 유별지정품목으로 18품 등 모두 91품목이 있다. 이들은 모두 착향의 목적 이외로 사용하여서는 안된다고 사용기준이 정해져 있다. 그러나 예외로 초산에틸은 초산비닐수지의 용제로 사용할 수 있다.

14-7-9. 착색료(Coloring matters)

식품의 조리나 가공 중 탈색, 변색하는 경우 색소를 부여하거나 복원하는데 사용하는 것으로 캐러멜, β-카로틴, 타르색소 등이 있다. 식품 가공 시 식품의 가치를 높이고 식품 본래의 색 유지로 소비자에게 구매의욕이 증가되도록 색소를 첨가하게 된다. 착색료는 천연색소와 인공색소로 구분한다. 천연색소는 자연계에 존재하는 식물에서 추출한 것으로 추출하기가 어렵고 선명도나 착색성이 떨어지고 원료의 제약 때문에 쉽게 구할 수가 없으며 식품공업의 발달로 수요를 충당할 수 없는 단점이 있다. 천연색소는 식물성색소와 동물성색소로 분류하는데 식물성색소에는 클로로필이나 당근 같은 녹황색채소의 카로티노이드와 안토시아닌, 플라보노이드 등과 같은 것이 있고 동물성색소에는 사람이나 동물의 혈액에 있는 헤모글로빈, 미오글로빈, 오징어 먹물 등이 있다.

인공색소는 타르계 색소와 비타르계 색소가 있는데 타르계 색소는 원래 직물을 염색하는 데 사용하기 위하여 합성한 것으로 유해한 것이 많아 사용을 엄격히 규제하고 있다. 현재 식용 타르계 색소가 8품목, 타르계 색소의 알루미늄 레이크가 7품목, 비타르계 색소가 10품목으로 모두 25품목의 합성착색료가 허용되어 있다. 착색료의 종류 및 사용기준은 <표 14-11>과 같다.

▌표 14-11▐ 착색료의 종류 및 사용기준

착색료	사용기준
식용색소녹색제3호(Fast Green FCF) 식용색소녹색제3호 알루미늄 레이크(Fast Green FCF Aluminium Lake) 식용색소적색제3호(Amaranth) 식용색소적색제40호(Allura Red) 식용색소적색제40호 알루미늄 레이크(Allura Red AC Aluminium Lake) 식용색소청색제1호(Brilliant blue FCF) 식용색소청색제1호 알루미늄 레이크(Brilliant Blue FCF Aluminium Lake) 식용색소청색제2호(Indigocarmine) 식용색소청색제2호 알루미늄 레이크(Indigocarmine Aluminium Lake) 식용색소황색제4호(Tartrazine) 식용색소황색제4호 알루미늄 레이크(Tartrazine Aluminium Lake) 식용색소황색제5호(Sunset Yellow FCF) 식용색소황색제5호 알루미늄 레이크(Sunset Yellow FCF Aluminium Lake)	면류, 단무지, 특수용도식품(정제의 제피 또는 캡슐은 제외), 건강기능식품(정제의 제피 또는 캡슐은 제외), 유가공품(아이스크림류, 아이스크림분말류, 아이스크림믹스류 제외), 두유류, 발효음료류, 과일·채소류음료(과·채음료 제외), 인삼·홍삼음료, 두부류 또는 묵류, 젓갈류, 김치류, 절임식품(밀봉 및 가열살균 또는 멸균처리한 절임제품은 제외), 조림식품, 천연식품[식육류, 어패류(고래고기 포함), 채소류, 과실류, 해조류, 두류 등 및 그 단순가공품(탈피, 절단 등)], 벌꿀, 장류, 식초, 소스류, 토마토케첩, 잼류(기타 잼류 제외), 고춧가루 또는 실고추, 후춧가루, 향신료가공품[고추냉이가공품(와사비) 및 겨자가공품 제외], 카레, 식육가공품(소시지류 제외), 어육가공품(어육소시지 제외), 식용유지류, 버터류, 다류 및 커피, 식빵, 마요네즈, 카스텔라, 레토르트식품, 즉석건조식품, 복합조미식품, 코코아버터, 땅콩 및 견과류가공품, 수프류, 코코아분말, 조미김, 과·채가공품류, 추출가공식품, 알가공품 등에 사용 금지
식용색소적색제2호(Food Red No. 2) 식용색소적색제2호 알루미늄 레이크(Food Red No. 2 Aluminum Lake)	식용색소녹색제3호에 금지된 품목 이외에 잼류, 식육가공품, 유가공품 전부와, 과자, 캔디류, 초콜릿류, 추잉껌, 빙과류, 탄산음료류, 기타 음료, 시리얼류, 엿류 등에 사용할 수 없다.
이산화티타늄(titanium dioxide)	식용색소녹색제3호에 금지된 품목 이외에 잼류와 천연향신료에도 사용할 수 없다.
삼이산화철(iron sesquioxide)	바나나(꼭지의 절단면), 곤약 이외의 식품에 사용 금지

착색료	사용기준
β-카로틴(β-carotene) β-아포-8'-카로티날 (β-apo-8'-carotenal) 철클로로필린나트륨 (Sodium iron chlorophylin)	천연식품[식육류, 어패류(고래고기 포함), 과실류, 채소류, 해조류, 두류 등 및 그 단순가공품(탈피, 절단 등)], 다류 및 커피, 고춧가루, 실고추, 김치류, 고추장, 조미고추장, 식초 등에는 사용할 수 없다.
수용성안나토(annato water sol.) 안나토색소(Annatto extract) 카르민(carmine)	β-카로틴에 금지한 품목 이외에 향신료가공품(고추 또는 고춧가루 함유제품에 한함)에도 사용할 수 없다.
동클로로필(copper chlorophyll) 동클로로필린나트륨 (sodium copper chlorophylline) 동클로로필린칼륨 (potassium copper chlorophylline)	동으로서 채소류 또는 과실류의 저장품에 0.1g/kg 이하 • 다시마(무수물)에 0.15g/kg 이하 • 추잉껌, 캔디류에 0.05g/kg 이하 • 완두콩 통조림 중의 한천에 0.0004g/kg 이하

1. 식용 타르계 색소, 알루미늄 레이크

식용 타르계 색소는 benzene, xylene, toluene, naphthalene 등의 원료를 합성하여 만든 수용성의 산성색소로 지용성은 없으며 나트륨염으로 되어 있어 물에 잘 용해된다. 이 수용액에 염기성 알루미늄염을 다량 가하면 색소와 알루미늄이 결합하여 물에 불용인 유색화합물이 얻어지는데 이를 알루미늄 레이크라 한다. 레이크 색소는 물에 녹지 않고 산이나 알칼리용액에 난용성이다. 이 색소는 분산에 의하여 착색되어 레이크 분말의 색조가 그대로 식품의 색이 되는 것을 이용하여 착색시간이 오래 걸리고 균일하게 착색되지 않는 분말식품, 유지식품, 당의과자, 껌, 알사탕, 용기, 포장의 착색 등과 같은 식품에 사용한다.

타르색소는 일반적으로 급성독성뿐 아니라 만성독성이 문제가 되는 것이 많아 안전성이 확인된 것만 허용되어 있다. 따라서 타르계 색소는 다음과 같은 사항을 주의하여 사용한다.

- 제품검사를 하여 합격증지를 첨부 · 봉합한 제품을 사용한다.
- 색소의 성질을 잘 파악하여 사용조건에 맞는 것을 사용한다.
- 분말은 물에 완전히 용해하여 사용하고 사용수의 수질에 주의한다.
- 배합색을 조제할 때에는 용액으로 만들어 혼합한다.
- 사용하는 용기나 기구에 주의한다.
- 흡습성인 것이 많으므로 보존에 주의한다.

표 14-12 식용 타르색소의 성질

색소명	원래의 색조	0.1% 용액의 색조	색소명	원래의 색조	0.1% 용액의 색조
녹색제3호	녹색	청록색	청색제2호	청색	남색
적색제2호	자적색	대자적색	황색제4호	황금색	황금색
적색제3호	적색	앵두색	황색제5호	등색	등황색
청색제1호	청색	청색	적색제40호	자적색	적색

2. 비타르계 식용색소

원래 천연물이나 수용성과 안전성을 높이기 위하여 간단한 화학처리를 한 것과 합성한 것의 두 종류로 구분한다.

- β-카로틴(β-carotene)
  분자식은 $C_{40}H_{56}$로 적자색~암적색의 결정 또는 결정성 분말로서 약간 특이한 냄새와 맛이 있다. 비타민 A의 효과가 있으며 독성은 없고 산이나 광선 등에 산화, 분해되기 쉽다.
- β-아포-8'-카로티날(β-apo-8'-carotenal)
  분자식은 $C_{30}H_{40}O$로 β-카로틴의 산화 생성물이며 자연계에 널리 분포하고 있는 짙은 자색의 결정 또는 결정성 분말이다.

- 수용성 안나토(Annatto, water-soluble)

  Bixa Orellana L.(Bixaceae) 종자의 적색피복물을 알칼리로 가수분해하여 얻는 norbixin의 칼륨염 또는 나트륨염이다. 적갈색의 액체, 덩어리, 분말 혹은 페이스트상 물질로서 약간의 특이한 냄새가 있다. 일종의 carotenoid 색소로서 수용액은 황색 또는 등적색이다.

- 안나토색소(Annatto extract)

  유용성색소와 물분산성색소가 있어 유용성색소는 Bixa orellana L.의 종자에서 얻는 카로티노이드계의 빅신($C_{25}H_{30}O_4$)이고, 물분산성색소는 Bixa orellana L.의 종자 피복에서 얻는 카로티노이드계의 빅신 또는 노르빅신($C_{24}H_{28}O_4$)이다. 적갈색의 액체, 덩어리, 분말 또는 페이스트상의 물질로서 약간 특유한 냄새가 있다.

- 삼이산화철(Iron sesquioxide)

  분자식은 Fe_2O_3로 '벤가라'라 하며 적색~황갈색의 분말로서 착색력이 강하고 수분, 공기, 광선 등에 안정하다.

- 철클로로필린나트륨(Sodium iron chlorophyllin)

  암녹색의 결정성 분말로 냄새가 없거나 또는 약간 특이한 냄새가 있다. 녹색의 잎에서 추출한 chlorophyll을 알칼리로 가수분해하여 chlorophylline으로 만들고, 분자 내의 Mg을 Fe로 치환하여 안정화시킨 것이다.

- 동클로로필(Copper chlorophyll)

  흑청색~흑녹색의 분말, 조각, 덩어리 또는 점성물질로서 특이한 냄새가 있으며 엽록소 분자 내의 Mg을 Cu로 치환하여 안정화시켜 만든다.

- 동클로로필린칼륨(Potassium copper chlorophyllin)

  암녹색~청·흑색의 분말이나 암녹색의 액체로 동클로로필을 수산화칼륨으로 가수분해하여 얻는다.

- 동클로로필린나트륨(Sodium copper chlorophyllin)

  흑청색~흑녹색의 분말로 냄새가 없거나 약간 특이한 냄새가 있으며 chlorophyllin의 Mg을 Cu로 치환하여 얻는다. 식품에 널리 쓰이며 특히 껌의 착색에 쓰인다.

- 이산화티타늄(Titanium dioxide)

백색분말로 냄새나 맛이 없는 대단히 안정하고 독성도 거의 없다.

- 카르민(Carmine)

  선인장 등에 기생하는 연지벌레 암컷인 건조충체를 물로 추출하여 얻은 코치닐 추출색소의 색소성분인 카르민산에 수산화알루미늄 등의 알루미늄염을 작용하여 얻은 알루미늄 또는 칼슘-알루미늄 레이크이다. 적~암적색의 편상, 분말 또는 페이스트상 물질로서 약간의 특이한 냄새가 있다.

14-7-10. 산미료(Acidulants)

식품의 가공이나 조리 시 적합한 신맛을 부여하여 청량감과 자극을 주거나 산도를 증가시킬 목적으로 사용하는 식품첨가물을 산미료라 한다. 신맛의 증가로 소화액의 분비나 식욕을 증진시킨다. 산미료 중 무기산인 인산, 탄산가스 등을 제외하면 모두 유기산으로 수용액에서 해리된 수소이온에 의하여 강한 신맛이 나고, 흡습성이 있는 것으로는 사과산, 구연산, 주석산, 푸마르산 등이 있다.

산미료는 다른 정미료 물질과 함께 사용하면 맛에 영향을 주며, 단백질이나 아미노산은 완충작용으로 신맛이 완화되어 부드럽게 느껴진다. 산은 설탕에 대한 전화력이 있어 식품 중의 당과 작용하여 풍미에 영향을 주고 식용색소의 퇴색을 촉진하기도 한다. 산미료인 유기산은 미생물의 증식을 지연시켜 식품에 보존효과를 부여하고 향료나 유지의 산화방지에도 영향을 준다. 사용기준이 설정되어 있지 않아 각 식품에 사용량 제한은 없다.

1. 구연산(Citric acid)

식물의 씨나 과즙 속에 유리산으로 존재하고 감귤류에 많이 함유되어 있으며 미생물 발효로도 생산한다. 무색투명한 결정, 입상, 덩어리 또는 결정성 분말로 냄새가 없으며 강한 신맛이 있다. 물에 잘 녹으며 모든 유기산 중에서 가장 부드럽고 상쾌하여 산미료의 표준이다. 과즙, 청량음료, 주스, 젤리, 잼, 드롭스 등에 사용한다.

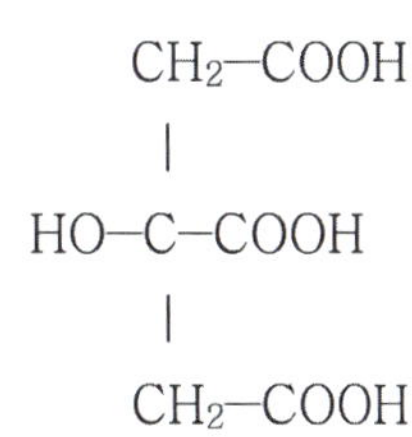

citric acid

2. 젖산(Lactic acid)

무색~엷은 황색의 고체 또는 무색~엷은 황색의 투명한 시럽상의 액체로 냄새가 없거나 거친 신맛이 있다. 청량음료, 청주양조, 주스, 젤리, 시럽, 아이스크림 등의 산미료로 이용하며, 양조에서 pH를 낮추어 잡균오염 방지, 발효 초기의 부패 방지제로 이용하고 청량음료수에서 제품의 혼탁을 방지한다.

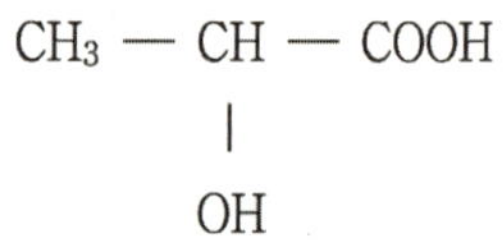
lactic acid

3. L-주석산 및 DL-주석산(L- or DL-tartaric acid)

L-주석산은 포도에 많이 함유되어 있고 구연산보다 신맛이 약 1.2~1.3배 강하다. 무색투명한 결정 또는 백색의 미세한 결정성 분말로 냄새가 없고 신맛이 있으며 물에 잘 녹아 청량음료수(0.1~0.2%), 청주에 산미완충제로 사용한다. 이외에 과즙, 캔디, 젤리, 잼, 소스, 포도주스 등에도 사용한다. DL-주석산은 무색이나 백색의 결정성 분말로 냄새가 없으나 떫은맛이 나는 신맛이 있다. 산도 조절제로서 포도주스, 청량음료, 과자, 캔디, 젤리 등에 사용한다.

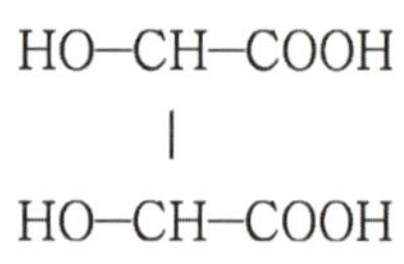
tartaric acid

4. DL-사과산(DL-malic acid)

백색의 결정 또는 결정성 분말로 냄새가 없으며 특이한 신맛이 있고 물에 잘 녹고 조해성이 있다. 사과나 천연과일 중에 존재하는 L-사과산의 이성체로 합성으로 얻는다. 청량음료, 젤리, 젖산균 음료 등에 다른 유기산과 병용한다.

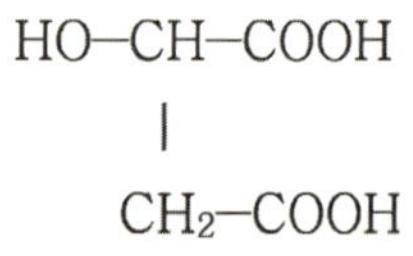
DL-malic acid

5. 푸마르산(Fumaric acid)

백색의 결정성 분말로 냄새가 없고 특이한 신맛이 있다. 물에 잘 녹지 않아 청량음료, 과일 통조림 등에 구연산 혹은 주석산과 함께 사용한다. 흡습성이 없어 분말식품에 사용하면

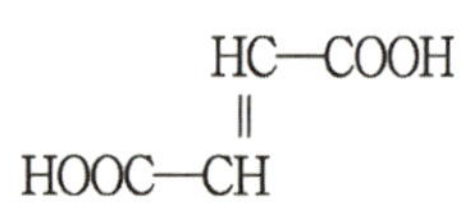
fumaric acid

효과적이고 팽창제의 산성물질 및 유지에 산화방지제와 함께 병용한다.

6. 푸마르산일나트륨(Monosodium fumarate)

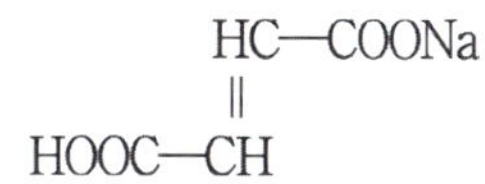

monosodium fumarate

백색의 결정성 분말로 냄새가 없으며 청량감을 주는 특이한 신맛이 있다. 푸마르산보다 용해도는 10배이고 온화한 신맛을 가져 합성청주, 청량음료, 주스, 캔디, 과자 등에 푸마르산과 함께 사용한다. 빵이나 과자용 합성팽창제의 산제로 사용한다.

7. 글루코노-δ-락톤(Glucono-δ-lactone)

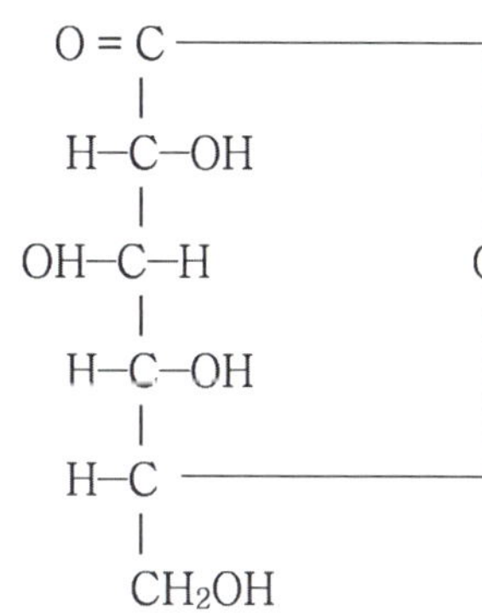

glucono-δ-lactone

D-글루콘의 분자 내 탈수물로 백색결정 또는 결정성 분말로 냄새가 없거나 약간 있으며 맛은 처음에는 달지만 이어 약간 신맛이 난다. 물에 잘 녹고 온화한 산미료로 셔벗, 젤리 등에 첨가하며 비스킷, 도넛, 빵 등의 합성팽창제로 사용한다. 식육이나 어육연제품의 pH 강하제로 사용하고 두부응고제로 사용하면 부드러운 두부를 만들 수 있다.

8. 빙초산(Glacial acetic acid)

초산함량이 99% 이상인 것을 빙초산이라 하며 무색투명한 휘발성액체로 특이한 자극성의 냄새가 있다. 희석하여 식품이나 합성식초의 제조원료로 사용한다. 피부에 닿으면 염증을 일으키며 용매 또는 합성원료로 쓰인다.

9. 초산(Acetic acid)

초산 29.0~31.0%를 함유하는 무색투명한 액체로 특이한 자극성의 냄새와 신맛이 있다. 식초는 초산함량이 4~7%이다.

10. 아디핀산(Adipic acid)

백색의 결정 또는 결정성 분말로 물에는 잘 녹지 않으나 아세톤, 알코올에는 잘 녹는다. 냄새가 없고 부드러운 신맛이 있으며 합성팽창제의 산제, 청량음료수의 산미료, 젤리의 겔화제, 알코올음료의 향미증진제 등으로 사용하며 식품에 대하여 0.3% 이하를 사용한다.

11. 인산(Phosphoric acid)

인산(H_3PO_4) 75.0% 이상을 함유하며 무색투명한 시럽상의 액체로 냄새는 없다. 청량음료수 중 콜라의 산미료로 사용하며 사용량은 0.02~0.06%이다.

12. 이산화탄소(Carbon dioxide)

이산화탄소 99.5% 이상을 함유하며 무색, 무미, 무취의 가스로 수용액은 약한 신맛이 나고 청량음료의 산미료로 사용한다.

14-7-11. 조미료(Seasonings, Flavor intensifiers)

식품을 가공하거나 조리할 때 본래의 맛을 상승시키거나 개인의 기호에 맛과 풍미를 조절하여 미각을 좋게 하는 식품첨가물이다. 맛의 종류에 따라 감미료, 산미료, 염미료, 조미료 등으로 분류한다. 식품첨가물로서 협의의 조미료는 감미료, 산미료 등과 구분하여 음식물의 감칠맛을 증진시키려는 목적으로 첨가하는 물질을 가리켜 사용하는 것이 보통이다. 조미료는 핵산계, 아미노산계, 유기산계 등으로 분류하고 사용기준은 정해져 있지 않다.

1. 핵산계 조미료

- 5'-이노신산이나트륨(Disodium 5'-inosinate)
  무색~백색의 결정 또는 백색의 결정성 분말로 특이한 맛과 냄새가 있다. 가다랭이, 어육, 육류 등에 함유되어 있어 이들로부터 추출하거나 발효법으로 생산하며 물에 잘 녹고 열에 안정하다. 독특한 감칠맛이 있는 핵산계 조미료로 어육소시지, 어묵, 수프, 라면 분말, 카레, 조미김, 간장, 소스, 케첩 등에 사용하며 그 양은 식품에 대하여 0.05~0.2%이다.

- 5'- 구아닐산이나트륨(Disodium 5'-guanylate)

무색~백색의 결정, 백색의 결정성 분말로 냄새는 없으나 특이한 맛이 있다. 표고버섯의 정미성분으로 물에 잘 녹고 흡습성은 강하나 조해성은 없고 효소에 의하여 분해한다. 핵산계조미료 중 효과가 가장 우수하여 정미력은 이노신산이나트륨의 3배고 글루탐산나트륨과 병용하면 효과가 상승한다. 주로 식초, 간장, 조미료, 어육연제품, 통조림 식품 등에 사용한다.

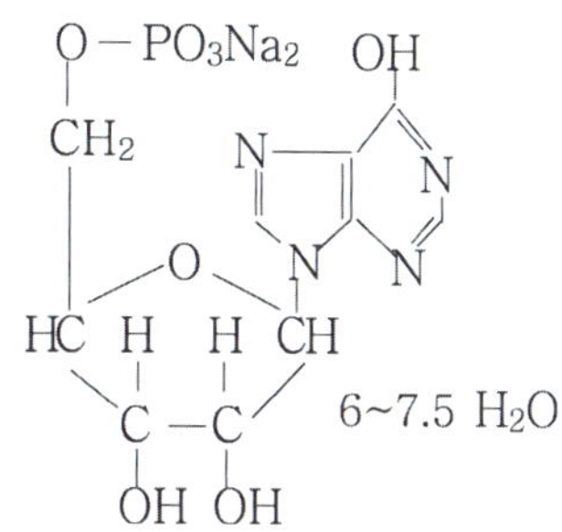

disodium 5'-inosinate

- 5'-리보뉴클레오티드이나트륨(Disodium 5'-ribonucleotide)

5'-이노신산이나트륨, 5'-구아닐산이나트륨, 5'-시티딜산이나트륨 및 5'-우리딜산이나트륨 등의 혼합물 또는 5'-이노신산이나트륨과 5'-구아닐산이나트륨의 혼합물로 95.0% 이상이 5'-이노신산이나트륨과 5'-구아닐산이나트륨이다. 핵산을 효소로 분해하거나 발효법으로 생산하며 물에 잘 녹으나 흡습성이 있고 phosphatase에 의하여 분해되고 정미력은 이노신산이나트륨의 2배이다.

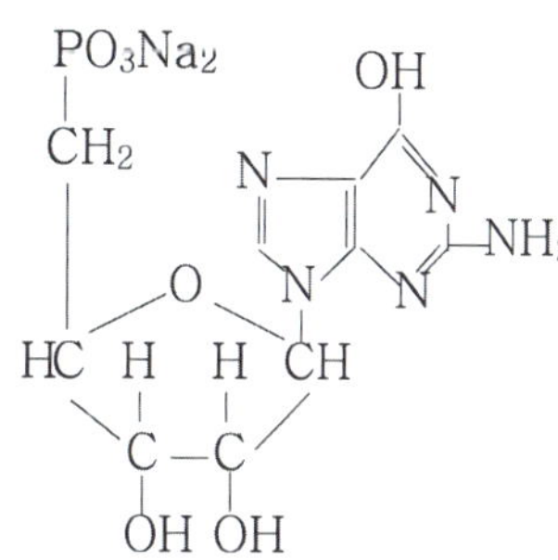

disodium 5'-guanylate

- 5'-리보뉴클레오티드칼슘(Calcium 5'-ribonucleotide)

5'-이노신산칼슘, 5'-구아닐산칼슘, 5'-시티딜산칼슘, 5'-우리딜산칼슘 등의 혼합물로 대부분 5'-이노신산칼슘과 5'-구아닐산칼슘이다. 백색~유백색의 결정 또는 분말로서 냄새가 없고 약간 특이한 맛이 있다. 상온에서 물에 잘 녹지 않고 효소로 분해되지 않아 phosphatase가 있는 어육연제품의 조미료로 사용한다.

2. 아미노산계 조미료

- L-글루타민산(L-glutamic acid)

백색의 결정성 분말로 냄새는 없으나 특이한 맛이 있고 물에 녹지 않으며 수용액은 산성이다. 자연계에 널리 존재하며 밀 단백질의 gluten이나 casein에 다량 함유되어 있고 다시마의 감칠맛이 대표적이다.

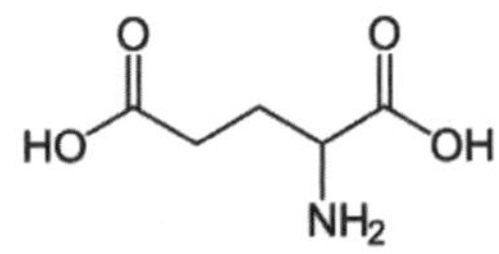

L-glutamic acid

- L-글루탐산나트륨(Monosodium L-glutamate; MSG)

무색~백색의 침상결정 또는 백색의 결정성 분말로 특이한 맛이 있어 조미료의 대표적인 물질이다. 다시마의 정미성분으로 단백질 분해, 당질의 발효 및 화학적 합성으로 만든다. D형과 L형 중 L형의 맛이 강하여 조미료로 사용하고 최저 정미도는 0.03%로 다량 사용하면 중화음식증후군을 나타내는 경우가 있다. 핵산계 조미료와 병용하면 정미력이 강화되어 복합화학조미료로 이용하고 소금의 짠맛이 공존하면 특유의 감칠맛이 난다.

$$\begin{array}{l} HOOC - \underset{\displaystyle NH_2}{\underset{|}{CH}} - CH_2 - CH_2 - COONa \cdot H_2O \end{array}$$

monosodium L-glutamate

- 글리신(Glycine)

백색결정 또는 결정성 분말로 단맛이 있으며 가장 간단한 구조의 아미노산이다. 동물성 단백질에 비교적 많이 함유되어 있고 정미작용 이외에 제균작용, chelate작용, 완충작용, 당과 반응하여 산화방지작용 등이 있다. 오징어, 새우, 게 등의 정미성분으로 합성청주, 인스턴트라면, 과자류 등에 이용한다. 수산연제품에는 소르빈산과 병용하여 사용한다.

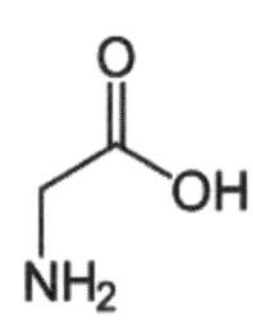

glycine

- DL-알라닌(DL-alanine)

  무색~백색의 결정성 분말로 냄새가 없는 특유의 단맛을 가지며 글리신보다 감미가 강하다. 합성청주에 0.01~0.03% 첨가하면 부드러운 맛을 돋우고 맥주에는 효모 취 감소효과가 있다.

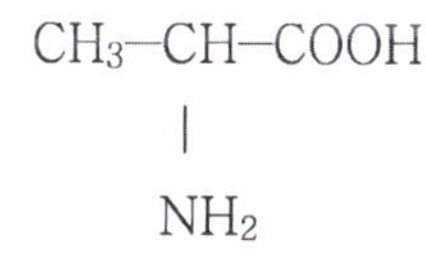

DL-alanine

3. 유기산계 조미료

- L-, DL-주석산나트륨(Disodium L-, DL-tartrate)

  무색의 결정 또는 백색의 결정성 분말로 천연에서 얻는 것은 L형이고 합성으로 만든 것이 DL형이다. 물에 잘 녹고 수용액은 중성이며 정미료로 마요네즈, 빙과류, 청량음료수, 청주 등에 사용한다.

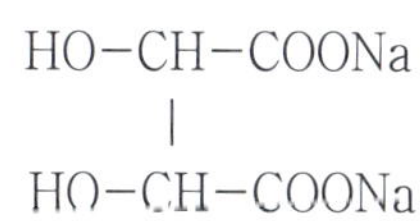

disodium L-tartrate

disodium DL-tartrate

- 구연산삼나트륨(Trisodium citrate)

  무색~백색의 결정성 분말로 냄새가 없는 청량한 짠맛이 있다. 물에 잘 녹고 청량음료수의 신맛 완화, 잼, 젤리 등의 pH 조정제, 유제품의 산패방지제, 증점제, 유화제, 안정제 등으로 사용한다.

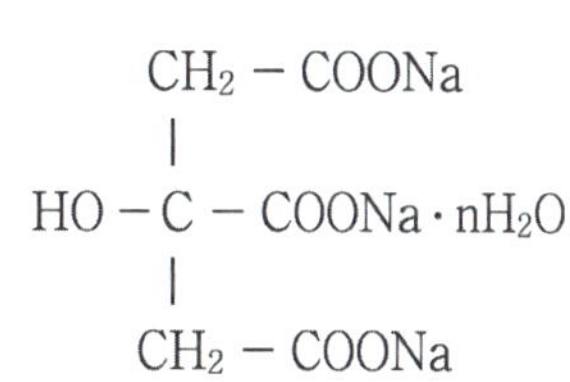

trisodium citrate

- 젖산나트륨(Sodium lactate)

무색투명한 시럽상 액체로 냄새가 없거나 약간 특이한 냄새가 있다. 흡습성이 우수하며 유화제, 향미 향상제, 습윤제, pH조정제로 사용한다.

$$\begin{array}{c} CH_2 - CH - COONa \\ | \\ OH \end{array}$$

sodium lactate

- DL-사과산나트륨(Sodium DL-malate)

백색의 결정성 분말이나 덩어리로 냄새는 없으나 짠맛(소금의 1/3 정도)이 있고 조해성이 있으며 물에 잘 녹는다. 환자식에 소금 대용이나 청량음료에 산미료로 사용한다.

$$\begin{array}{l} HO - CH - COONa \\ \quad\quad | \quad\quad\quad\quad \cdot nH_2O \\ \quad\quad CH_2 - COONa \end{array}$$

sodium DL-malate

- 호박산(Succinic acid)

무색~백색의 결정 또는 결정성 분말로 특이한 신맛이 있다. 자연계에 널리 분포하고 호박 속에 유도체가 함유되어 있다. 합성으로 만들고 조개국물 맛이 난다. 핵산계 조미료와 혼합하여 사용하며 청주, 합성청주, 된장, 간장 등에 사용한다.

$$\begin{array}{l} CH_2 - COOH \\ | \\ CH_2 - COOH \end{array}$$

succinic acid

- 호박산이나트륨(Disodium succinate)

무색~백색의 결정 또는 백색의 결정성 분말로 냄새가 없고 특이한 맛이 있다. 물에 잘 녹고 신맛이 전혀 없는 특유한 조개국물 맛이 난다. 패류, 발효양조식품, 양조제품, 식육제품, 어육연제품, 간장, 식초 등에 사용한다.

$$\begin{array}{l} CH_2 - COONa \\ | \quad\quad\quad\quad\quad\quad \cdot 6H_2O \\ CH_2 - COONa \end{array}$$

disodium succinate

14-7-12. 감미료(Non-nutritive sweeteners)

감미료는 영양성분을 함유하고 있는 천연감미료와 영양성분이 없는 인공감미료로 구분한다. 감미를 내면서 영양성분이 없는 화학적 합성품을 인공감미료라 하는데 급성독성뿐 아니라 발암성, 최기형성, 유전자변이 등과 같은 안전성에 미치는 영향이 문제로 제기되었다. 단독으로 사용하기보다는 천연감미료와 혼합하여 사용하면 감미도가 상승한다. 인공감미료의 종류 및 사용기준은 <표 14-13>과 같다.

표 14-13 인공감미료의 종류 및 사용기준

감미료명	사용식품 및 사용량
삭카린나트륨 (sodium saccharin)	• 젓갈류, 절임식품, 조림식품 등에 1.0g/kg 이하 • 김치류에 0.2g/kg 이하 • 음료류(발효음료류 및 인삼·홍삼음료 제외)에 0.2g/kg 이하(다만, 5배 이상 희석하여 사용하는 것은 1.0g/kg 이하) • 어육가공품에 0.1g/kg 이하 • 영양소보충용 건강기능식품(단, 두 가지 이상의 건강기능식품원료를 사용하는 경우에는 영양소 사용함량 비율에 따름), 특수의료용도 등 식품, 체중조절용 조제식품, 시리얼류 등에 1.2g/kg 이하 • 뻥튀기에 0.5g/kg 이하
글리실리진산이나트륨 (disodium glycyrrhizinate) 글리실리진산삼나트륨 (trisodium glycyrrhizinate)	한식된장, 된장, 한식간장, 양조간장, 산분해간장, 효소분해간장 및 혼합간장 이외에는 사용할 수 없다.
아스파탐(aspartame)	빵류, 과자 및 이의 제조용 믹스에 0.5% 이하(단, 기타 식품의 경우 제한이 없다)
스테비올배당체(steviol glycoside)	식빵, 조제유류, 영아용 조제식, 성장기용 조제식, 영·유아용 곡류조제식, 기타 영·유아식, 백설탕, 갈색설탕, 포도당, 물엿, 캔디류, 벌꿀, 유가공품(아이스크림류, 아이스크림분말류, 아이스크림믹스류, 발효유류, 가공유류 제외) 등에 사용할 수 없다.
D-소르비톨(D-sorbitol), D-소르비톨액(D-sorbitol sol.), D-말티톨(D-maltitol), D-말티톨시럽(D-maltitol syrup), 자일리톨(xylitol), 락티톨(lactitol), 이소말트(isomalt), D-키실로오스(D-xylose), 만니톨(mannitol), 감초추출물(licorice extract) 등은 사용기준이 없다.	

1. 삭카린나트륨(Sodium Saccharin) 제제

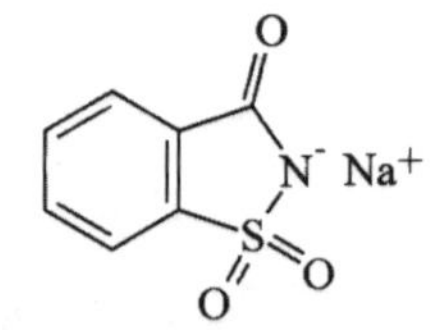

sodium saccharin

삭카린나트륨을 5% 이상으로 하여 포도당, 전분, 중탄산나트륨, 염화나트륨 또는 DL-알라닌, 글리신, D-소르비톨, D-소르비톨액 또는 L-글루타민산나트륨 1종 이상을 혼합희석한 제제이다. 삭카린나트륨은 무색~백색의 결정 또는 백색의 결정성 분말로 물에 녹지 않는 삭카린의 수용성염으로 10,000배의 수용액에서도 단맛이 난다. 감미가 설탕의 400~500배로 감미제 중 가장 강하다. 농도에 따라 감미가 달라져 0.05% 이상에서는 감미가 낮고 쓴맛이 나며 농도가 묽으면 감미가 강해져 대개 0.01~0.05%를 사용한다. 급성독성으로 마우스에 대한 LD_{50}은 경구투여 시 삭카린으로 17.5g/kg이고 토끼에는 4~8g/kg이다. 설탕의 보조제로 사용하고 간장, 소스, 잼, 아이스크림, 청량음료, 과자 등에 사용한다. 최근에 방광종양, 발암성 등에 대한 위해성 여부가 논란의 대상이 되고 있다.

2. 글리실리진산이나트륨(Disodium glycyrrhizinate) 및 글리실리진산삼나트륨(Trisodium glycyrrhizinate)

백색~엷은 황색의 분말로 단맛이 매우 강하다. 감초의 근경에서 추출한 글리실리진산의 나트륨염으로 물이나 글리세린에는 잘 녹으나 유지에는 녹지 않는다. 설탕보다 약 200배 지속성이 있는 독특한 단맛을 내며 간장과 된장식품 이외에는 허용되어 있지 않다.

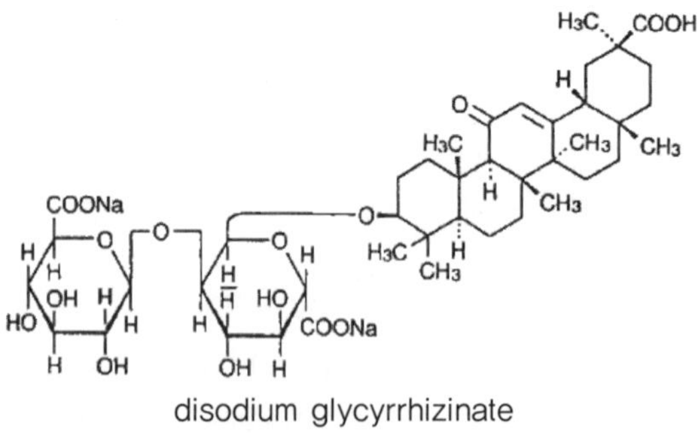

disodium glycyrrhizinate

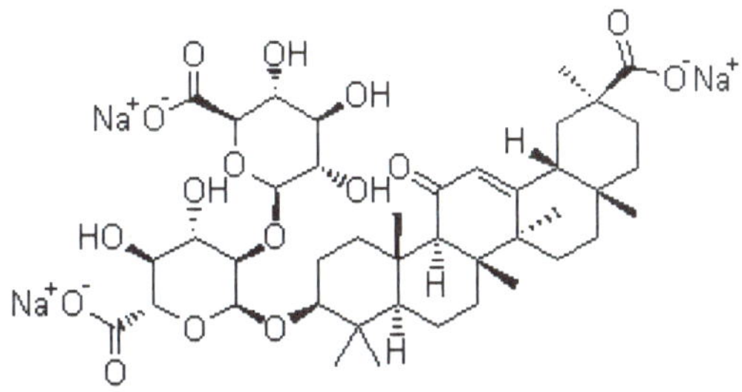

trisodium glycyrrhizinate

3. 아스파탐(Aspartame)

백색의 결정성 분말 또는 과립상으로 냄새가 없고 감미가 강하며 물에 조금 녹고 에틸알코올에는 잘 녹지 않으며 산성이나 뜨거운 물에서 용해도가 증가한다. 아미노산인 phenylalanine과 aspartic acid의 결합으로 이루어진 dipeptide로 설탕의 약 200배 단맛이 난다. 고감미 감미료 중 설탕과 맛이 비슷하여 식품에 설탕 대용의 저칼로리 감미료로 사용하며 특히, 다이어트 콜라와 같은 제품에 사용한다.

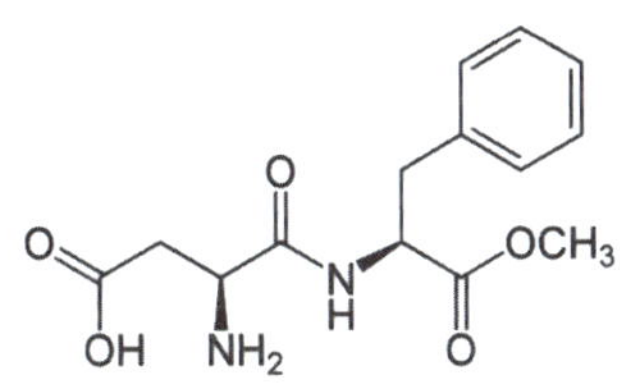

aspartame

4. 스테비올배당체(Steviol glycoside)

백색~엷은 황색의 분말, 박편, 과립 등으로 냄새가 없거나 약간 특유한 냄새가 있고 강한 단맛이 난다. 스테비아(stevia rebaudiana Bertoni)의 건조 잎에서 추출한 감미제로 설탕의 약 200~300배 감미가 난다. 감미질이 설탕과 비슷하여 입 안에서 상쾌한 청량감을 준다. 저칼로리, 충치예방, 갈변방지, 발효방지 식품 등에 사용한다.

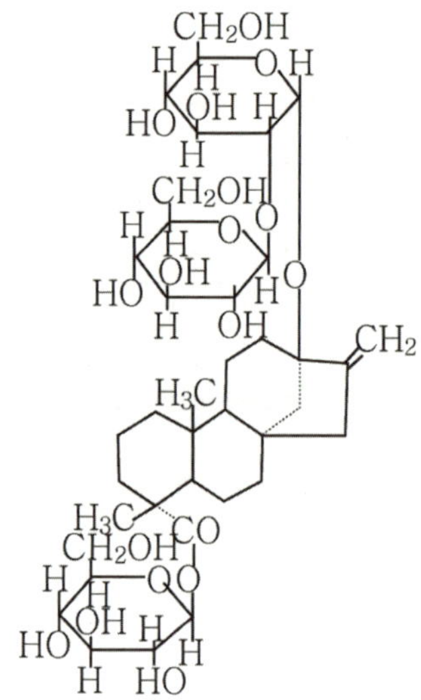

stevioside

5. D-소르비톨(D-sorbitol) 및 D-소르비톨액(D-sorbitol sol.)

백색의 알맹이나 분말 또는 결정성 분말로 냄새가 없고 청량한 단맛이 있는 당알코올이다. 자연계에 널리 분포하며 특히 해조에 많이 함유되어 있다. 물에 잘 녹고 흡습성이 있으나 수용액 중이나 묽은 산과 알칼리에도 안정하다. 감미도는 설탕의 50% 정도이며 보습효과가 좋아 식품의 보습제, 전분의 노화방지, 소금의 결정화 방지, 제과에서 갈변방지 등에 이용한다. 냉동어묵의 고기풀에 단백질 변성방지용이나 당뇨병 환자의 감미제로도 사용한다.

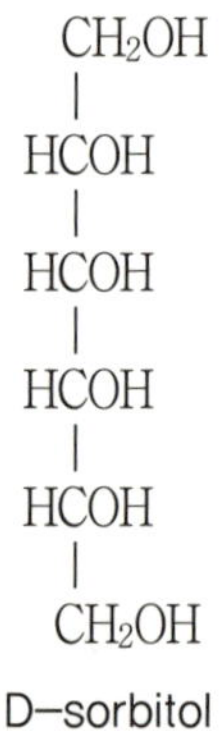

D-sorbitol

소르비톨액은 무색투명한 시럽상의 액체로 차가울 때 무색의 결정이 석출하는 경우가 있다. 냄새는 없고 단맛이 있으며 소스, 마요네즈, 케첩, 수산가공품, 과일통조림, 청주, 된장, 간장 등에 사용한다.

6. D-말티톨(D-Maltitol) 및 말티톨 시럽(Maltitol syrup)

백색의 결정성 분말로 맥아당을 환원시킨 당알코올이다. 물에 녹으며 감미도는 설탕의 80~90%로 부드럽고 온화한 감미를 나타내면서도 난소화성이다. 전분의 노화방지, 당뇨병식, 충치예방용 등의 식품과 껌, 아이스크림, 과자나 빵류, 음료류 등에 사용한다.

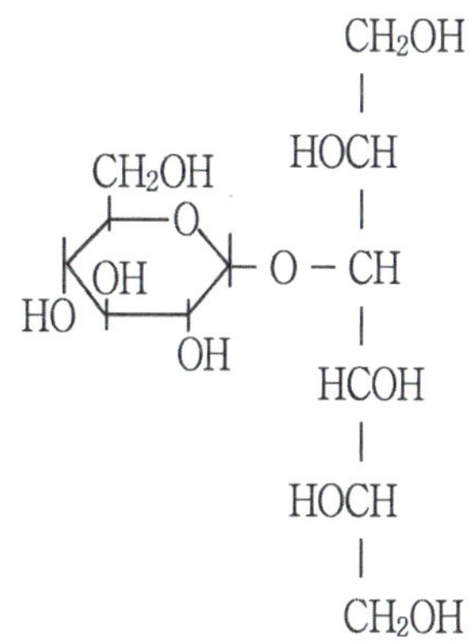

D-maltitol

7. 만니톨(Mannitol)

백색의 결정성 분말로 냄새가 없는 부드럽고 상쾌한 단맛이 나는 당알코올로 설탕의 40~50배 감미가 있다. 물에 잘 녹고 추잉껌이나 캔디류에 사용한다.

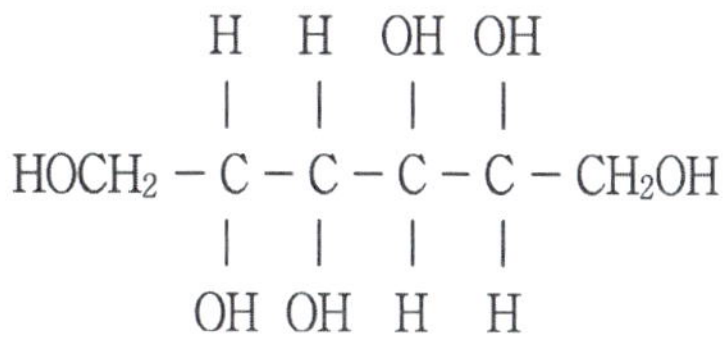

mannitol

8. 자일리톨(Xylitol), 락티톨(lactitol), 이소말트(isomalt)

자일리톨은 백색의 결정 또는 결정성 분말로 냄새는 없으나 흡습성이 있고 물에 잘 녹는 당알코올이다. 감미도는 설탕의 80% 정도이며 입 안을 시원하게 해주는 청량감 있는 단맛이 난다. 잼, 젤리, 초콜릿, 빵 등의 여러 식품에 설탕 대용으로 사용하며 특히 당뇨병 환자식이나 충치예방을 위하여 추잉껌에 사용한다.

락티톨은 결정성 분말로 냄새가 없고 단맛이 있다. 감미도는 설탕의 80% 정도이며 칼로리는 설탕의 50% 정도이다. 탄산음료, 과일시럽, 절임류 등에 사용한다.

이소말트는 흡습성이 조금 있는 백색의 결정으로 냄새가 없고 단맛이 있다. 당알코올 중 하나인 설탕 치환제로 감미도는 설탕의 45%이나 설탕과 유사한 맛이 나고 뒷맛이 산뜻하다. 감미료, 증량제, 고결방지제, 피막제 등에 사용한다.

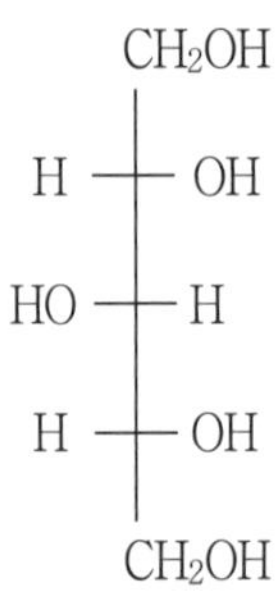
xylitol

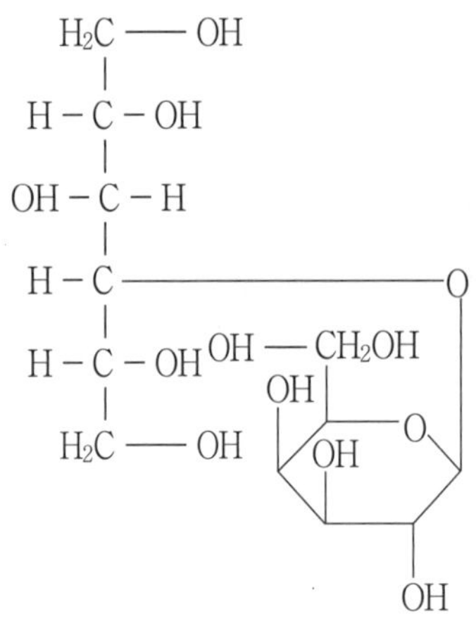
lactitol

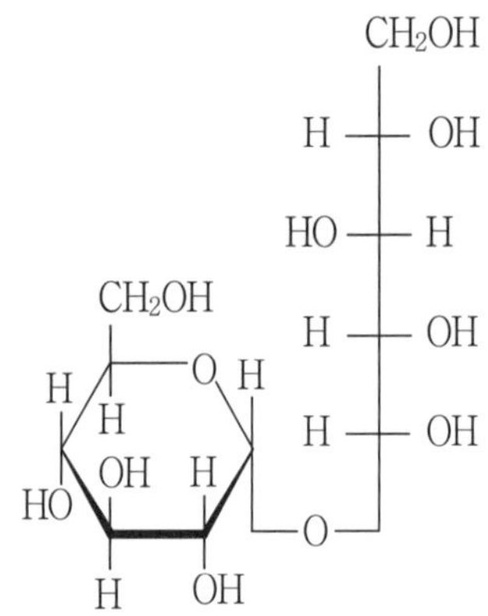
isomalt

9. D-키실로스(D-xylose)

무색~백색의 결정 또는 백색의 결정성 분말로 냄새가 없으며 감미가 있다. 천연의 5탄당으로 목당이라고도 하며 식물에 존재하는 xylan을 가수분해하여 얻는다. 감미도는 설탕의 40% 정도이며 미생물은 거의 분해하지 못한다. 식품에 첨가하여 가열하면 착색 및 구수한 냄새가 나고 amine취를 제거하기도 하여 식품의 풍미를 개선하는 데 사용한다.

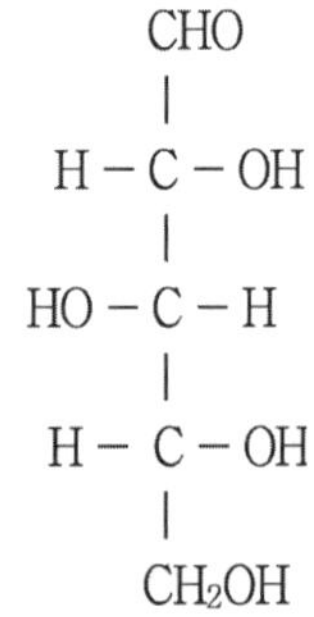
D-xylose

10. 감초추출물

감초추출물에는 감초정제물과 감초조제물이 있으며, 콩과식물인 감초에서 얻어지는 것으로 주성분은 글리실리진산이다. 감초정제물은 백황색의 결정 또는 분말이고, 감초조제물은 황색~갈색의 분말, 박편, 알맹이, 덩어리, 액체 또는 페이스트상의 물질이다. 물에 잘 녹으며 감미도는 설탕의 약 200배이고 감미의 지속성이 있고 열에 안정하다.

14-7-13. 팽창제(Leavening agents)

팽창제는 빵이나 과자류를 굽는 과정에서 이들을 부풀려 일정한 모양을 갖추고 특유의 조직을 형성하게 할 목적으로 사용하는 첨가물로 천연품인 이스트와 합성품인 탄산수소나트륨을 비롯하여 단일 혹은 이들을 혼합한 합성팽창제가 있다. 이스트를 사용하여 CO_2를 발생시키거나, 화학적 합성팽창제를 사용하여 CO_2 또는 NH_3 가스를 발생시키는 방법은 팽창제의 온도가 올라감에 따라 CO_2의 방출속도가 빨라진다. 단일팽창제는 가격이 저렴하고 보전성이 좋으며 사용할 때 안전성이 높은 장점이 있으나, 빵과 과자의 맛과 냄새가 바람직하지 않고 알칼리성으로 제품의 색상이 나빠진다. 또 비타민류를 파괴하고 발생하는 가스의 양이 적어지는 단점도 있다. 단일팽창제의 반응식은 다음과 같다.

탄산수소나트륨 $2NaHCO_3 \rightarrow CO_2 + H_2O + Na_2CO_3$

탄산수소암모늄 $2(NH_4)HCO_3 \rightarrow 2CO_2 + 2H_2O + 2NH_2$

탄산암모늄 $(NH_4)_2CO_3 \rightarrow CO_2 + H_2O + 2NH_3$

따라서 위와 같은 단점을 보완하기 위하여 단독으로 사용하지 않고 산염을 가하여 합성팽창제를 만들어 사용한다.

1. 합성팽창제의 종류

• 일제식 합성팽창제

탄산염류나 중탄산염류에 산성물질과 증량제로 전분 등을 혼합하여 만든 팽창제로 일제식의 것을 말하며 암모니아계 합성팽창제는 제외한다. 백색, 회백색의 분말 또는 부서지기 쉬운 덩어리로 물과 혼합하여 가열하면 탄산가스가 강렬하게 발생한다. 팽창제에 사용하는 산성물질에 따라 반응속도가 다르며 물에 난용성인 것을 사용하면 가스발생이 늦다. 가스발생 상황에 따라 속효성 합성팽창제, 지효성 합성팽창제로 구분한다.

- 이제식 합성팽창제

탄산염류나 중탄산염류에 속효성 및 지효성 산제를 일정량 혼합하고 증량제로 전분 등을 혼합하여 만든 팽창제로 이제식의 것을 말한다. 반죽 중이나 굽기 중 이산화탄소가 발생하도록 만든 것으로 제과에서 많이 사용하고 있다.

- 암모니아계 합성팽창제

암모니아염류로 탄산암모늄, 탄산수소암모늄, 제이인산암모늄, 염화암모늄, 암모늄명반, 소암모늄명반 등을 주성분으로 하여 탄산수소나트륨, 탄산마그네슘과 산성물질인 주석산, 주석산수소칼슘, 전분 등을 혼합하여 만든 팽창제로 백색이나 회백색의 분말이다. 열을 가하면 암모니아가 발생하여 팽창작용을 하나 많이 사용하면 구운 제품에서 암모니아 냄새가 나는 단점이 있다.

2. 알칼리제 및 산제

- 탄산수소나트륨(Sodium bicarbonate)

중조 혹은 소다라 하며 단독 혹은 합성팽창제를 만들어 과자 제조 시 팽창제로 사용한다. 산과 반응하여 이산화탄소를 발생한다.

- 탄산수소칼륨(Potassium bicarbonate)

탄산수소나트륨과 같은 작용을 한다.

- 탄산암모늄(Ammonium carbonate)

백색~반투명의 덩어리나 결정 또는 결정성 분말로 강한 암모니아 냄새가 난다. 단독 혹은 합성팽창제를 만들어 사용하나 알칼리성으로 식품에서 암모니아 냄새가 난다.

- 탄산수소암모늄(Ammonium bicarbonate)

단독 혹은 합성팽창제를 만들어 사용하며 반응 후 잔류물이 남지 않으며 쿠키 제조 시 퍼짐성을 좋게 한다.

- 염화암모늄(Ammonium chloride)

암모니아계 팽창제로 사용한다.

- 산성피로인산나트륨(Disodium dihydrogen pyrophosphate)

 지효성으로 합성팽창제의 산제로 사용한다.

- 제일인산칼슘(Calcium phosphate monobasic)

 지효성으로 합성팽창제의 산제로 사용하며 칼슘강화 목적으로 식품에 1% 이하를 사용한다.

- 황산알루미늄칼륨(Aluminium potassium sulfate)

 명반 혹은 소명반이라 하며 지효성으로 합성팽창제의 산제로 사용한다.

- L-주석산수소칼륨(Potassium L-bitartrate), DL-주석산수소칼륨(Potassium DL-bitartrate)

 속효성으로 합성팽창제의 산제로 사용한다.

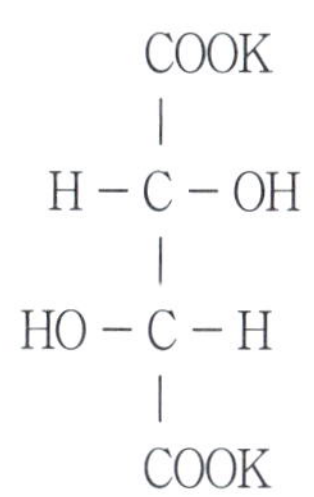

potassium L-bitartrate

potassium DL-bitartrate

- 글루코노-δ-락톤(Glucono-δ-lactone)

 알칼리와 공존함으로써 글루콘산이 되는 성질을 이용하여 합성팽창제의 산제로 사용한다.

- 탄산마그네슘(Magnesium carbonate)

 합성팽창제에서 구성분이 보존 중 서로 반응하지 않도록 보호역할을 한다.

▮표 14-14▮ 산제 및 알칼리제의 종류와 대상식품

품 명	대 상 식 품	작 용	사용기준
황산알루미늄칼륨 (aluminium potassium sulfate)	빵, 과자 등	산제	한식된장, 된장 및 조미된장에 사용할 수 없다.
황산알루미늄암모늄 (aluminium ammonium sulfate)			
염화암모늄(ammonium chloride)	비스킷, 전병 등	NH_3	-
D-주석산수소칼륨 (potassium D-bitatartrate)	빵, 과자 등	산제	-
DL-주석산수소칼륨 (potassium DL-bitartrate)	빵, 과자 등	산제	-
탄산수소칼륨 (potassium bicarbonate)	빵, 전병, 비스킷 등	CO_2	-
탄산수소나트륨(sodium bicarbonate)	빵, 전병, 비스킷 등	CO_2	-
탄산수소암모늄 (ammonium bicarbonate)	비스킷, 과자 등	CO_2, NH_3	-
탄산암모늄(ammonium carbonate)	비스킷, 과자 등	CO_2, NH_3	-
산성피로인산나트륨 (disodium dihydrogen pyrophosphate)	빵, 과자 등	산제	-
제일인산칼슘 (calcium phosphate monobasic)	빵, 전병, 비스킷 등	CO_2	칼슘으로서 식품의 1% 이하, 특수용도식품 및 건강기능식품은 제외
글루코노델타락톤(glucono-δ-lactone)	케이크 도넛, 비스킷, 식빵	산제	-
탄산마그네슘(magnesium carbonate)	빵, 과자 등	CO_2	-

14-7-14. 유화제(Emulsifiers)

물과 기름같이 서로 혼합되지 않는 두 종류의 액체를 혼합 및 분산시켜 분리가 일어나지 않도록 안정화시키는 역할을 하는 것을 유화제 혹은 계면활성제라 한다. 계면활성제는 한 개의 분자 내에 친수기(hydrophilic group)와 친유기(lipophilic group)를 가지고 있는 화합물로 액체를 다른 액 중에 미세한 입자로 분산시켜 분산입자를 강한 흡착막으로 싸서 입자의 병합을 막아 안정한 유화물(emulsion)이 되도록 한다. 즉, 유화제는 물과 기름의 경계면에서 작용하는 힘을 저하시켜 물 중에 기름을 분산시키거나 기름 중에 물을 분산시켜 분산된 입자가 다시 응집하지 않도록 한다.

물과 기름을 혼합하여 만드는 식품의 종류가 많아 사용범위가 상당히 넓다. 어느 유화제를 사용할 것인가는 유화제의 성격을 파악하여 결정하고, 유화제에 대하여는 사용기준이 없으므로 사용량이나 대상식품에 제한이 없다. 필요 이상을 첨가하면 품질에 악영향을 주므로 보통 0.1~0.5% 정도 사용한다. 유화제의 종류와 사용기준은 <표 14-15>와 같다.

표 14-15 유화제의 종류와 사용기준

유화제	사용기준
글리세린 지방산 에스테르(glycerin fatty acid ester)	대상식품이나 사용량 규제 없음
소르비탄 지방산 에스테르(sorbitan fatty acid ester)	
자당 지방산 에스테르(sucrose fatty acid ester ; sugar ester)	
프로필렌 글리콜 지방산 에스테르(propylene glycol fatty acid ester)	
대두인지질(lecitin, soybean phospholipid)	
폴리소르베이트 20, 60, 65, 80(polysorbate 20, 60, 65, 80)	

1. 글리세린지방산에스테르(Glycerin esters of fatty acids)

무색~담황색의 분말, 박편, 조말, 입상, 덩어리, 반유동체 또는 액체로서, 냄새가 없거나 특이한 냄새가 있다. 모노, 디, 트리에스테르의 세 종류가 있으나, 유화제로 사용하는 것은 모노에스테르(모노글리세라이드)이다. 극성용매에는 녹으나 비극성용매에는 녹지 않는다. 계면활성작용이 좋은 비이온성 계면활성제로서 식품의 유화, 분산 및 유화식품을 안정화한다. 과자나 빵에는 밀가루에 대하여 0.3~0.5% 사용하며 노화를 지연시키는 작용도 있다. 마가린, 아이스크림, 초콜릿, 어육연제품 등에도 사용한다.

2. 자당지방산에스테르(Sucrose esters of fatty acids)

백색~담황색의 분말이나 무색~미황색의 점조성 물질로 냄새가 없거나 약간의 냄새와 단맛이 있다. 냉수에는 녹기 어려우나 온수에 녹아 유상 혹은 겔상이 되고 에탄올, 메탄올, 아세톤, 벤젠 등에 녹는다. 점도가 높고 습윤성이 있어 유화작용이 크다. 식품용 유화제 중 친수성이 가장 높아 O/W형으로 다른 것과 병용하는 경우가 많다. 빵과 케이크의 노화방지, 마가린, 쇼트닝, 아이스크림의 유화안정과 크리밍성 개선, 초콜릿, 마요네즈에 유화제로 사용한다.

3. 소르비탄지방산에스테르(Sorbitan esters of fatty acids)

백색~황갈색의 가루, 박편, 과립, 밀랍과 같은 덩어리나 액체상이다. 비이온계면활성제로서 소르비탄에 결합한 지방산의 종류와 수에 따라 성질과 용도가 다르다. 유화작용과 분산작용이 우수하여 빵과 케이크에서 노화방지, 기포의 균일화, 기름의 분산, 부피 증가 등의 효과가 있고, 크림의 크리밍성 향상, 아이스크림의 빙결정 성장 방지, 껌 기초제의 노화방지, 초콜릿의 블루밍(blooming) 방지 등에 사용하고 있다.

4. 프로필렌글리콜지방산에스테르(Propylene glycol esters of fatty acids)

백색~엷은 황갈색의 가루, 작은 조각, 과립, 밀랍 같은 덩어리 또는 점조성 액체로 냄새가 없거나 특이한 냄새가 있으며 맛은 없다. 물에 녹지 않고 구성 지방산의 종류에 따라 성질이 다르며, 친유성이 강하여 W/O형 비이온계면활성제로 사용하나 유화제로의 활성이 크지 않아 다른 유화제와 함께 사용한다. 마가린, 쇼트닝, 아이스크림, 양과자 등에 사용하고 특히, 케이크에서 부피증가, 노화방지, 반죽시간 단축 등의 효과가 있다.

5. 레시틴(Lecithin)

대두유에서 분리·정제하여 얻는 천연유화제로 담황색~갈색의 투명하거나 반투명한 점조성 물질로 특이한 냄새와 맛이 있으며 물에는 녹지 않으나 에테르, 벤젠, 클로로포름 등에 녹는다. 초콜릿과 캐러멜에 0.5~2.0%, 마가린과 쇼트닝에 0.1~0.5%를 사용하면 광택과 촉감이 좋아진다. 빵이나 과자의 노화방지 및 산화방지, 장류의 품질개량 등과 마카로니, 아이스크림 등에 사용한다.

6. 폴리소르베이트류(Polysorbates)

폴리소르베이트 20은 황색~적갈색의 액체, 폴리소르베이트 60은 황색~등황색의 유동성 액체 혹은 겔, 폴리소르베이트 65는 황갈색의 고체, 폴리소르베이트 80은 황색~등황색의 유동성 액체로 모두 특이한 불쾌취와 쓴맛이 약간 있으며 공업적으로는 Tween으로 알려져 있다. 단독 혹은 병용하며 유화작용 외에 비타민의 용해분산제, 제과·제빵, 아이스크림, 초콜릿, 샐러드 드레싱 등에 사용한다.

14-7-15. 강화제(Enriched agents, Nutrients)

식품의 영양강화를 목적으로 사용하는 식품첨가물로 비타민, 아미노산, 무기염류 등이 있다. 식품의 영양소는 가공 중 열로 파괴되거나 식품에 따라서 영양소가 부족한 경우가 있어 이를 보충하거나 원래 함유되어 있지 않은 영양소를 첨가하여 식품의 영양가를 높이고자 할 때 사용한다. 강화제가 물에 녹기 쉬운지, 일일 필요량이 얼마인지, 안전성이 있는지, 식품에 악영향을 주지 않는지 등을 고려하여 사용하며 소량으로 효과가 있어야 한다. 식품으로 지정된 강화제는 다음과 같다.

1. 아미노산류(23종)

<table>
<tr><td>L-라이신염산염(L-Lysine Monohydrochloride)</td><td rowspan="2">L-시스테인염산염
(L-Cysteine Monohydrochloride)</td></tr>
<tr><td>L-발린(L-Valine)</td></tr>
<tr><td>DL-메티오닌(DL-Methionine)</td><td>L-시스틴(L-Cystine)</td></tr>
<tr><td>L-메티오닌(L-Methionine)</td><td>L-아르기닌(L-Arginine)</td></tr>
<tr><td>DL-트레오닌(DL-Threonine)</td><td>L-아스파라긴(L-Asparagine)</td></tr>
<tr><td>L-트레오닌(L-Threonine)</td><td>L-아스파르트산(L-Aspartic Acid)</td></tr>
</table>

L-이소로이신(L-Isoleucine)	L-티로신(L-Tyrosine)
DL-트립토판(DL-Tryptophan)	L-세린(L-Serine)
L-트립토판(L-Tryptophan)	L-로이신(L-Leucine)
DL-페닐알라닌(DL-Phenylalanine)	L-알라닌(L-Alanine)
L-페닐알라닌(DL-Phenylalanine)	L-프롤린(L-Proline)
L-히스티딘염산염(L-Histidine Monohydrochloride)	L-히스티딘(L-Histidine)

* L-시스테인염산염 : 밀가루, 과일주스, 빵류 및 이의 제조용 믹스 이외에 사용 금지

2. 비타민류(34종)

분말비타민 A(Dry Formed Vitamin A)	이노시톨(Inositol)
유성비타민 A 지방산에스테르(Vitamin A in oil)	염화콜린(Choline chloride)
비타민 B_1 나프탈린-1, 5-디설폰산염(Vitamin B_1 Naphthalene-1.5-disulfonate)	주석산수소콜린(Choline Bitartrate)
비타민 B_1 나프탈린-2, 6-디설폰산염 (Vitamin B_1 Naphthalene-2,6-disulfonate)	비타민 B_{12}(Cyanocobalamin)
비타민 B_1 라우릴황산염 (Vitamin B_1 Dilaurylsulfate)	판토텐산나트륨(Sodium Pantothenate)
비타민 B_1 로단산염(Vitamin B_1 Rhodanate)	비타민 C(Vitamin C)
비타민 B_1 염산염(Vitamin B_1 Hydrochloride)	아스코르빈산칼슘(Calcium Ascorbate)
비타민 B_1 질산염(Vitamin B_1 Mononitrate)	L-아스코르빈산나트륨 (Sodium L-Ascorbate)
비타민 B_1 프탈산염(Vitamin B_1 Phenolphthalinate)	아스코르빌 팔미테이트(Ascorbyl Palmitate)
디벤조일티아민(Dibenzoyl Thiamine)	L-아스코르빌 스테아레이트(L-Ascorbyl Stearate)
디벤조일티아민산염 (Dibenzoyl Thiamine Hydrochloride)	비타민 D_2(Vitamin D_2)
비타민 B_2(Vitamin B_2)	비타민 D_3(Vitamin D_3)
비타민 B_2 인산에스테르나트륨 (Vitamin B_2 Phosphate Sodium)	비타민 E(dl- α-Tocopherol)

비타민 B_6 염산염(Vitamin B_6)	비타민 E 초산에스테르 (dl-α-Tocopherol Acetate)
엽산(Folic Acid)	수용성비타민 P(Methyl Hesperidin)
니코틴산(Nicotinic Acid)	비오틴(Biotin)
니코틴산아미드(Nicotinamide)	비타민 K_1(Phylloquinone)

* 니코틴산 및 니코틴산아미드 : 식육 및 선어패류(고래고기 포함)에 사용 금지
* 비타민 K_1 : 특수의료용도 등 식품, 영양소보충용 건강기능식품 이외에 사용 금지

3. 칼슘제(12종)

구연산칼슘(calcium citrate)	제이인산칼슘(calcium phosphate, monobasic)
글루콘산칼슘(calcium gluconate)	제삼인산칼슘(calcium phosphate, tribasic)
수산화칼슘(calcium hydroxide)	탄산칼슘(calcium carbonate)
염화칼슘(calcium chloride)	판토텐산칼슘(calcium pantothenate)
젖산칼슘(calcium lactate)	황산칼슘(calcium sulfate)
제일인산칼슘(calcium phosphate, monobasic)	글리세로인산칼슘(calcium glycerophosphate)

* 글루콘산칼슘 : 빵류 1.75% 이하, 기타 식품 1% 이하. 다만, 특수용도식품 및 건강기능식품에는 사용제한 없음
* 제일인산칼슘, 제이인산칼슘, 제삼인산칼슘, 판토텐산칼슘, 글리세로인산칼슘 : 칼슘으로서 식품의 1% 이하. 다만, 특수용도식품 및 건강기능식품 이외에는 사용제한 없음

4. 철제(11종)

구연산철(ferric citrate)	황산제일철(ferrous sulfate)
구연산철암모늄(ferric ammonium citrate)	푸마르산제일철(ferrous fumarate)
인산철(ferric phosphate)	피로인산제이철(ferric pyrophosphate)
전해철(iron, electrolytic)	피로인산철나트륨(sodium ferric pyrophosphate)
환원철(iron, reduced)	글루콘산철(ferrous gluconate)
젖산철(ferrous lactate)	

* 글루콘산철 : 철로서 올리브에 0.15g/kg 이하, 영양보충용 건강기능식품 이외에 사용 금지

5. 기 타

- **산화아연** : 백색의 미세한 분말로서 냄새가 없으며 영양의 목적 이외에는 사용할 수 없다.
- **황산아연** : 무색투명한 침상, 과립상 또는 결정성 분말로서 냄새가 없으며, 영양소보충용 건강기능식품, 특수의료용도등식품, 체중조절용 조제식품 및 시리얼류 이외에는 사용할 수 없다.
- **요오드칼륨** : 불투명・투명~무색으로 6각형의 결정이거나 백색~유백색의 과립상 분말로 영양의 목적 이외에는 사용할 수 없다.
- **황산동** : 청색의 결정・덩어리 또는 청백색의 결정성 분말로 영양소보충용 건강기능식품, 특수의료용도등식품, 체중조절용 조제식품 및 시리얼류 등 이외에는 사용할 수 없으며 포도주에는 동으로 1mg/kg 이하여야 한다.
- **글리세로인산칼슘** : 백색분말로 냄새와 맛이 없고 흡수성이 조금 있으며 칼슘으로 식품의 1% 이하여야 한다(특수용도식품 및 건강기능식품의 경우는 제한이 없다).
- **황산망간** : 엷은 홍색의 과립이나 분말로 냄새가 없다.
- **제삼인산마그네슘** : 백색의 결정성 분말로 냄새와 맛이 없으며, 영양 및 pH 조절용 이외에는 사용할 수 없다.
- **제이인산마그네슘** : 백색의 결정성 분말로서 냄새가 없으며 영양 및 pH 조절용 이외에는 사용할 수 없다.
- **글루콘산동** : 청색의 분말로 조제유류, 영아용 조제식, 성장기용 조제식, 영양소보충용 건강기능식품, 특수의료용도등식품, 체중조절용 조제식품 및 시리얼류 등 이외에는 사용할 수 없다.
- **글루콘산망간** : 엷은 적색의 분말로 빵류, 탄산음료류, 기타음료, 어육가공품, 식육가공품(식육추출가공품, 식용우지, 식용돈지 제외), 유가공품(아이스크림류, 아이스크림분말류, 아이스크림믹스류 제외), 모조치즈, 식물성크림, 알가공품, 영양소보충용 건강기능식품 등 이외에는 사용할 수 없다.
- **글루콘산나트륨** : 백색~황갈색의 입상 또는 결정성 분말이다.

- **글루콘산아연** : 백색 과립 또는 결정성 분말로 조제유류, 영아용 조제식, 성장기용 조제식, 영양소보충용 건강기능식품, 특수의료용도등식품, 체중조절용 조제식품 및 시리얼류 등 이외에는 사용할 수 없다.

14-7-16. 품질개량제(Texturizers)

식육이나 어육연제품 제조 시 결착성을 증가시켜 씹는 촉감을 향상시키고 식품의 탄력성, 보수성, 팽창성 등의 증대로 조직을 개량하여 맛의 조화와 풍미의 향상을 가져오며, 변질·변색을 방지하게 하는 효과를 가진 첨가물을 품질개량제 혹은 결착제(binders)라 한다. 인산염을 많이 사용하는 데 허용된 품질개량제의 종류는 <표 14-16>과 같다.

폴리덱스트로스는 포도당, 소르비톨, 구연산을 89:10:1의 비율로 혼합하여 고온·고압하에서 중합시킨 합성다당류로 소르비톨과 구연산이 일부 결합한 D-포도당의 무작위 축중합체이다. 증량제, 습윤제, 안정제, 품질개량제 등으로 사용한다.

표 14-16 품질개량제의 종류

축합(중합)인산염	피로인산염	피로인산나트륨(sodium pyrophosphate)
		피로인산칼륨(potassium pyrophosphate)
	폴리인산염	폴리인산나트륨(sodium polyphosphate)
		폴리인산칼륨(potassium polyphosphate)
	메타인산염	메타인산나트륨(sodium metaphosphate)
		메타인산칼륨(potassium metaphosphate)
인산염	제일인산나트륨(sodium phosphate monobasic)	
	제이인산나트륨(sodium phosphate dibasic)	
	제삼인산칼륨(potassium phosphate tribasic)	
폴리덱스트로스(polydextrose)	-	

14-7-17. 피막제(Coating agents)

과채류의 신선도를 장기간 유지하고 외관을 보기 좋게 하기 위하여 표면에 피막을 입혀 호흡작용을 제한하고 수분증발을 방지하기 위한 목적으로 사용하는 것을 피막제라 한다. 이들 이외에는 사용이 금지되어 있으며 허용된 피막제의 종류와 사용기준은 <표 14-17>과 같다.

표 14-17 피막제의 종류와 사용기준

첨가물	사용기준
몰포린지방산염 (morpholine salts of fatty acids)	황색~황갈색의 유지와 같은 물질로, 과실·과채류의 표피에 피막제 용도 이외에는 사용할 수 없다.
초산비닐수지(polyvinyl acetate)	무색~엷은 황색의 알맹이나 투명한 유리모양의 덩어리로 추잉껌 기초제, 과실류 또는 과채류 표피의 피막제 용도 이외에는 사용할 수 없다.

14-7-18. 껌 기초제(Chewing gum bases)

껌 기초제는 껌에 적당한 점성과 탄력성을 갖게 하고 풍미를 유지하기 위한 목적으로 사용하는 껌 원료로 처음에는 천연수지인 치클 껌을 사용하였으나 현재는 화학적으로 합성한 합성수지를 많이 사용하고 있다. 초산비닐수지(polyvinyl acetate)는 과채류의 피막제로도 사용한다. 껌 기초제의 종류 및 사용기준은 <표 14-18>과 같다.

표 14-18 껌 기초제의 종류 및 사용기준

첨가물	사용기준
에스테르검(ester gum)	에스테르 화합물로 추잉껌 기초제 이외에 사용할 수 없다. 단, 탄산음료나 기타 음료에는 0.10g/kg 이하여야 한다.
초산비닐수지(polyvinyl acetate)	-
폴리부텐(polybutene)	무색~엷은 황색의 점조성액체로 맛이 없고 약간의 특이한 냄새가 난다. 추잉껌 기초제 이외에 사용할 수 없다.
폴리이소부틸렌 (polyisobutylene)	무색~엷은 황색의 점성과 탄력성이 있는 반고체 고무모양으로 맛이 없고 약간의 특이한 냄새가 있다. 추잉껌 기초제 이외에 사용할 수 없다.

14-7-19. 소포제(Defoaming agents)

소포제는 식품의 제조과정 중 발효나 농축 시 발생하는 거품을 제거하거나 억제하기 위한 목적으로 사용하며 규소수지(silicon resin) 한 품목만 허용되어 있다. 규소수지는 담회색의 투명 또는 반투명한 점조성 액체나 페이스트상 물질로 냄새는 거의 없다. 비휘발성·불연성이며 물이나 알코올에 녹지 않는 매우 안정한 화합물이다. 거품을 없애는 목적 이외에 사용할 수 없으며 사용량은 규소수지로서 식품에 0.05g/kg 이하이다.

14-7-20. 이형제(Release agents)

이형제는 빵의 제조과정에서 반죽을 분할기로부터 분할이 용이하도록 하거나 구울 때 틀에서 잘 이탈되도록 하기 위한 목적으로 사용한다. 이형제는 식품에 안전하고, 틀에 대한 피짐성·부착성이 크고, 사용량이 적고, 산패에 대한 안진성이 우수하고, 찌꺼기를 발생하지 않으며 틀을 더럽히지 않고, 구운 제품의 색깔이 좋아야 하고, 불쾌한 냄새가 없고, 작업성이 좋고, 사용이 편리하여야 한다. 허가된 유동파라핀은 석유에서 얻은 탄화수소류의 혼합물로 빵류에 0.15% 이하(이형제로서), 캡슐류에 0.6% 이하(이형제로서), 건조 과실류 및 건조 채소류에 0.02% 이하(이형제로서), 과실·채소류의 표피 피막제 용도 이외에 사용할 수 없다.

14-7-21. 용제(Solvents)

용제는 식품첨가물이나 식품의 유효성분을 용해하여 균일하게 혼합되도록 할 목적으로 사용하는 용매를 말한다. 용제가 갖추어야 할 조건은 독성이 적거나 없고, 각종 첨가물을 잘 용해하고, 풍미에 영향을 주지 않고, 물과 잘 혼합하고, 유지에 잘 녹아야 한다. 허용된 것은 글리세린(glycerin)과 프로필렌글리콜(propylene glycol) 두 종이다. 용제의 종류 및 사용기준은 <표 14-19>와 같다.

표 14-19 용제의 종류 및 사용기준

첨가물	특성 및 사용기준	화학구조
글리세린(glycerin)	• 무색의 점조성 액체로 냄새는 없으나 설탕의 50% 정도 단맛이 있다. • 착향료나 착색제의 용제로 많이 사용하고 청주나 합성주 등의 주류에 점성을 위하여 0.5% 정도 첨가한다.	CH_2OH | $CHOH$ | CH_2OH
프로필렌글리콜 (propylene glycol)	• 무색투명한 점조성 액체로 냄새가 없거나 약간의 냄새가 있으며 단맛과 쓴맛이 조금 있다. • 보존료, 착색료, 착향료, 산화방지제 등의 용제로 사용한다. • 허용식품은 만두 및 만두피에 0.2% 이하, 견과류 가공품에 5% 이하, 아이스크림류에 2.5% 이하, 기타 식품에 2% 이하이다.	CH_3 | $CHOH$ | CH_2OH

14-7-22. 추출제(Extracting agents)

용제의 하나로 고체 또는 액체의 혼합물에서 어떤 특정물질을 용해·추출하거나 유지추출을 용이하게 하기 위한 목적으로 사용하는 것을 말한다. 허용된 추출제는 헥산뿐이고 최종식품 완료 전에 완전히 제거하여야 하며 수증기 증류방법으로 쉽게 제거된다. 헥산의 특성 및 사용기준은 <표 14-20>과 같다.

표 14-20 헥산의 특성 및 사용기준

첨가물	특성 및 사용기준
헥산(hexane)	• 무색투명한 휘발성 액체로 특이한 냄새가 있으며 유지성분 추출목적 이외에는 사용할 수 없다. • 식품에서 잔류량은 헥산으로서 식용유지류(향미유 제외) 원유에 0.005g/kg 이하, 건강기능식품의 기능성 원료에 0.005g/kg 이하이다(단, 건강기능식품의 기능성원료 분리 등의 목적으로 사용할 수 있다).

14-7-23. 기타 식품 제조제

1. 양조용 첨가물

양조공장에서 발효조절의 목적으로 사용하며 종류는 <표 14-21>과 같고 사용량 제한은 없다.

표 14-21 양조용 첨가물의 종류

양조용 첨가물의 종류
황산마그네슘(magnesium sulfate)
황산암모늄(ammonium sulfate)
황산칼슘(calcium sulfate)
제일인산암모늄(ammonium phosphate, monobasic)
제삼인산칼슘(calcium phosphate, tribasic)
제일인산나트륨(sodium phosphate, monobasic)
인산(phosphoric acid)
제삼인산나트륨(sodium phosphate, tribasic)
염화칼슘(calcium chloride)
제이인산칼륨(potassium phosphate, dibasic)
제삼인산칼륨(potassium phosphate, tribasic)
탄산칼슘(calcium carbonate)
글루코노-δ-락톤(glucono-δ-lactone)

2. 흡착제, 여과제, 제거제

식품공업에서 불순물 제거, 정제, 탈색·탈취 등의 목적으로 사용하며 첨가물의 사용기준은 <표 14-22>와 같다.

표 14-22 흡착제, 여과제, 제거제의 종류 및 사용기준

첨가물	사용기준
규조토(diatomaceous earth) 백도토(kaolin, china clay) 산성백토(acid earth) 벤토나이트(bentonite) 퍼라이트(perlite) 활성탄(active carbon)	• 식품의 제조·가공상 여과보조제(여과, 탈색, 탈취, 정제 등)의 목적 이외에 사용하지 못한다. • 단, 사용 시 최종식품에서 제거하여야 하며, 식품 중의 잔존량은 0.5% 이하여야 한다. • 병용 시도 동일하다.
이온교환수지 (ion exchange resin)	이온교환수지(입상, 분상, 현탁액)은 최종식품 완성 전에 제거하여야 한다.
탤크(talc)	• 추잉껌, 여과보조제(여과, 탈색, 탈취, 정제 등), 정제류 표면처리제의 목적 이외에 사용할 수 없다. • 단, 여과보조제로 사용하면 최종식품 완성 전에 제거하고, 식품 중의 잔존량은 0.5% 이하여야 한다. • 병용 시도 동일하다. • 껌에는 5.0% 이하여야 한다.
실리코알루민산나트륨 (sodium silicoaluminate, sodium aluminosilicate)	식품에 2% 이상 사용할 수 없다.
폴리비닐폴리피로리돈 (polyvinyl Polypyrrolidone)	최종식품 완성 전에 제거하여야 한다.

3. 산 제

표 14-23 산제의 종류 및 사용기준

첨가물	사용기준
수산(oxalic acid) 염산(hydrochloric acid)	최종식품 완성 전에 제거하여야 한다.
인산(phosphoric acid)	-
황산(sulfuric acid)	최종식품 완성 전에 중화 또는 제거하여야 한다.
피틴산(phytic acid)	건강기능식품 및 특수용도식품에 사용하여서는 아니된다.
무수 탄산칼륨(potassium carbonate, anhydrous)	-

4. 알칼리제

식품 제조과정 중 중화제나 박피제로 쓰이며 최종제품의 완성 전에 중화하거나 제거하여야 한다. 면 제조 시 밀가루 반죽의 점탄성을 향상시키기 위하여 사용하고 구연산칼륨은 pH 조정, 금속봉쇄제, 완충제로 사용한다. 알칼리제의 종류 및 사용기준은 <표 14-24>와 같다.

표 14-24 알칼리제의 종류 및 사용기준

첨가물	사용기준
수산화나트륨(sodium hydroxide)	최종식품 완성 전에 중화 또는 제거하여야 한다.
수산화칼륨(potassium hydroxide)	
구연산칼륨(potassium citrate)	-
탄산칼슘(calcium carbonate)	• 면 제조 시 반죽의 점성, 신축성 증가 • 식품에 독특한 담황색, 광택, 풍미 제공
탄산나트륨(sodium carbonate)	

5. 기 타

- 고결방지제 : 실리코알루민산 나트륨
- 두부응고제 : 염화마그네슘, 염화칼슘, 글루코노델타락톤, 황산칼슘
- 유화안정제 : 카세인, 카세인나트륨
- 특수용도제 : 천연카페인

14-7-24. 천연첨가물

각종 향신료와 염료 같은 천연첨가물은 오래전부터 사용하여 온 것으로 그 수가 적지 않다. 그러나 요즈음은 다양한 가공식품의 생산으로 천연첨가물보다는 화학적합성 식품첨가물을 많이 사용하고 있다. 천연첨가물의 공급에 한계가 있고 품질이 일정하

지 못하며 값이 비싸고 화학적 합성품보다 효과가 떨어지는 단점이 있기 때문이다. 하지만 소득수준의 향상으로 화학적 합성품으로 인한 건강장해를 우려하면서 천연첨가물에 대한 수요가 증가하고 있다.

천연첨가물은 식품위생법에서 규제의 대상이 되지 않고 표시의무가 없는 것은 화학적 합성품보다 안전하다고 생각하기 때문이다. 그러나 천연첨가물이라고 해서 모두가 건강에 유익하고 위해가 없는 것은 아니다. 천연첨가물에는 산탄검(xanthan gum), 젤라틴(gelatin), 아라비아검(arabic gum), 구아검(guar gum) 등과 같이 검류를 비롯하여 아밀라아제, 리파아제, 락타아제 등과 같은 효소제, 캐러멜색소, 카카오색소 등 식품첨가물 공전에 206가지가 등재되어 있다.

FOOD HYGIENE

15 식품위생검사

15.1 개 요

식품위생검사는 식품의 재배·생산으로부터 소비에 이르기까지 위해를 방지하여 안전성을 확보하기 위한 것으로 물, 식품, 식품첨가물, 기구, 용기·포장 등에 대한 유해여부를 조사하는 것이다. 검사하는 목적에 따라 다음과 같이 세 가지로 분류할 수 있다.

- 전염병이나 식중독 발생 원인식품을 대상으로 발병 병원성 물질 및 경로를 검사한다.
- 식품의 안전성 확보와 위해방지를 위하여 미생물, 비소나 중금속 등 유해물질을 검사한다.
- 식품위생에 대한 대책수립, 지도, 교육자료 등의 목적과 식품위생의 척도로 삼기 위한 검사를 실시한다.

식품위생검사의 목적을 이루기 위하여 현장검사, 관능검사, 이화학적 검사, 생물학적 검사 등이 병행하여 이루어져야 한다. 식품위생검사의 종류 및 항목은 <표 15-1>과 같다.

▮표 15-1▮ 식품위생검사의 종류 및 항목

종 류	항 목
관능적 검사	외관, 색, 냄새, 맛, 경도, 연도, 이물 등의 검사
물리적 검사	온도, 비중, pH, 융점, 점도, 방사능 등의 검사
화학적 검사	일반성분으로 수분, 회분, 조단백질, 조지방, 당질 등 특수성분으로 비타민, 무기물 등 식품첨가물, 금속류, 잔류농약, 잔류항생물질, 유독물질 등의 검사
생물학적 검사	일반세균과 오염지표균인 대장균군, 전염병균, 식중독균, 기생충 등
독성검사	급성독성, 아급성, 만성독성 등과 최기형성, 발암성 등의 검사

15.2 검체의 채취 및 취급법

15-2-1. 검체채취의 의의

식품위생관리는 채취한 해당검체를 검사기관에 보내어 검사 후 그 결과에 따라 조치를 취함으로써 이루어진다. 검체는 검사의 대상이 되는 시료 또는 표본으로 검사하고자 하는 대상을 대표할 수 있어야 한다. 제출된 검체의 검사결과가 전체 식품에 대한 평가는 아니나 검사결과를 대상으로 조치가 이루어지기 때문에 검체의 채취는 정확하고 일관성 있게 이루어져야 한다. 따라서 채취자는 검체의 특성, 채취목적・방법, 취급방법 등에 대하여 충분한 지식을 갈고 정확히 실시하지 않으면 안된다.

15-2-2. 검체의 채취방법

검사하고자 하는 대상식품 전체를 대표할 수 있도록 검체를 채취하고 그 양은 최소한으로 한다. 검사목적, 대상식품의 종류와 수량, 오염가능성, 균질여부, 물리・화학・생물학적 상태를 충분히 고려하여 검체를 채취한다.

검체가 균일하지 못한 경우는 채취량이 많아야 하지만 종합적으로 판단하여 의심스러운 곳을 채취한다. 작은 크기의 병, 캔, 상자 등에 포장되어 있는 경우는 용기 하나하나를 채취하고, 큰 용기에 포장된 것은 전체를 대표할 수 있는 곳을 선택하여 시료를 채취한다. 대상식품의 제조일자나 제조번호 표기가 동일한 것은 하나의 채취 대상으로 하고, 위와 같은 표기가 없는 것은 종합적으로 식품의 특성 및 검사목적을 고려하여 가능한 동일한 검체를 채취한다. 미생물 검사를 요하는 경우는 대상식품의 부위에 따라 미생물수가 다를 수 있어 검체를 균일하게 잘 섞어 무균적으로 채취한다. 이때 채취하는 기구나 용기는 살균한 것을 사용하고 검체마다 바꾸어 사용한다. 검체 채취 후에는 2차오염이 발생하지 않도록 주의한다.

15-2-3. 검체의 취급법

채취한 검체에 명칭, 채취장소, 채취일시, 채취자, 수량 등을 표시하고 시험에 필요한 특기사항이 있으면 기재한다. 검체의 운반 중 용기나 포장이 파손되거나 오염, 건조, 흡습, 손실, 변질 등이 발생하지 않도록 적합한 운반 수단을 이용한다. 변질우려가 있는 검체는 무균용기에 넣어 5℃ 이하의 냉장을 유지하며 4시간 이내에 운반하여 즉시 검사를 시행한다. 변질우려가 없는 곡류, 통조림 등과 같은 검체는 운반 중 2차오염이나 파손 등에 유의한다.

15.3 식품 중의 미생물 검사

1. 일반세균수 검사

표준평판법으로 측정하며 검체와 한천배지를 페트리접시 중에서 혼합·응고시켜 배양 후 발생한 세균의 집락수로 산출한다. 시험용액 1mL와 인산완충 희석수로 10배 단계로 희석하여 각 단계 희석액 1mL를 무균적으로 멸균 페트리접시 2매 이상에 취하여 약 43~45℃로 냉각한 표준한천배지 약 15mL를 무균적으로 분주하고 페트리접시 뚜껑을 덮고 좌우로 기울이며 회전하여 검체와 배지를 잘 섞어 냉각 응고시킨다.

확산집락을 방지하기 위하여 표준한천배지 3~5mL를 더 가하여 중첩시킨다. 35±1℃의 배양기에 냉각한 페트리접시를 거꾸로 놓고 1~2일 배양한다. 배양 후 집락계산기를 사용하여 확산집락이 없고 1평판당 30~300개의 집락을 생성한 평판을 택하여 계산한다.

2. 총균수의 검사

식품 중의 총균수를 측정하여 미생물 오염 정도를 판단하는 방법으로 균일한 검체의 일정량을 일정 면적 내에 골고루 펴서 그 단위용적당의 총균수를 산출하는 방법이다.

- Breed법

  일정량의 검체를 구획된 Breed 슬라이드상에 도말 → 건조 → 고정 → 염색 후 현미경으로 염색된 세균수를 정량적으로 측정하는 방법이다. 다량의 세균으로 오염되어 있어야 측정이 가능한 방법으로 원유, 분유, 건조란, 액상란 등의 검사에 이용한다.

- Haematometer법

  효모나 곰팡이 포자수를 측정하는 방법으로 Thoma의 혈구계수기(haematometer)를 이용한다. 균일한 검체의 일정량을 멸균 micropipette으로 혈구계수기의 중심부에 떨어뜨리고 기포가 들어가지 않게 cover glass를 덮은 다음 300배의 배율로 검경하여 효모수(곰팡이 포자수)/검체의 mL(g)로 나타낸다.

- Haward법

  곰팡이의 균사 검사에 이용하는 방법으로 검체를 Haward의 균사계산용 슬라이드글라스 위에 떨어뜨려 약 90배로 최소한 50회 반복 검경하여 균사의 출현횟수를 백분율로 나타내는 방법이다.

3. 대장균군의 검사

대장균군(coliform group)은 분변오염지표균으로 Gram 음성의 무아포의 간균, 유당을 분해하여 산과 가스를 생성하는 모든 호기성 또는 통성혐기성의 균을 총칭한다. 식품에 식중독균이나 병원균의 오염 여부를 판단하기 위하여 대장균군 검사를 하는 것은 대개 이들 균종이 대장균군과 공존하기 때문이다. 우유나 그 제품, 어육연제품, 식육 등 가공 시 가열살균이 정확히 이루어졌는지 확인하기 위한 방법으로 대장균군을 검사한다. 검사법에는 대장균군의 존재 유무를 검사하는 정성시험과 대장균군의 수를 산출하는 정량시험이 있다.

- 정성시험

  정성시험에는 유당부용법(lactose bouillon broth)과 BGLB배지법(brilliant green lactose broth)이 있어 추정시험・확정시험・완전시험의 3단계로 이루어진다. 추정시험은 Durham 발효관을 넣은 시험관에 유당부용배지 또는 BGLB 배지를 가하고 검체를 접종하여 35±1℃에서 48±3시간 배양한 후 가스가 발생하면 대장균이 존재한다고 추정한다. 확정시험은 추정시험에서 가스가 발생한 발효관으로부터 이식하여 EMB 또는 Endo 평판배지에 배양하였을 때 EMB 배지에서는 금속광택이 있는 황금흑색~갈색, Endo 배지에서는 적색을 나타내면 양성으로 한다. 완전시험은 확정시험의 집락을 다시 유당부용배지에서 배양 시 Gram 음성, 무아포성 간균, 가스생성 등이 확인되면 대장균군 양성으로 판정한다.

- 정량시험

  유당부용발효관법(MPN법)은 조제한 시료들을 5개의 유당부용시험관에 접종하여 정성시험의 유당부용발효관법과 같은 조작으로 양성발효관 수를 세어 최확수(most probable number; MPN)로부터 검체 100mL 또는 100g 중의 대장균군수를 산출하는 방법이다. BGLB 발효관법(MPN법)은 조제한 시료들을 BGLB법에 의한 정성시험과 같이 조작하여 대장균군 유무를 조사하고 MPN표에 의해 최확수를 산출하는 방법이다.

  Desoxycholate 한천배지법은 조제한 시료들 1mL를 각각 2개의 멸균 페트리접시에 넣고 50℃의 desoxycholate 한천배지 약 15mL를 가하여 혼합・응고 후 같은 배지를 그 위에 중층하여 평판으로 만든다. 30~37℃의 배양기에 페트리접시를 거꾸로 놓고 24시간 배양하여 발생한 적색집락은 대장균군으로 하여 생균수 계산법에 따라 1g 또는 1mL당의 대장균군수를 계산하는 방법이다.

4. 장구균

장구균(*Enterococcus*)은 사람이나 온혈동물의 장관에 상존하는 Gram 양성의 구균군으로 *Streptococcus faecalis*, *S. faecium* 등이다. 장구균은 동물의 장관에 많은 수가 존재하고 자연계에서는 증식하지 않으며 냉동에 대장균보다 저항성이 강하여 분변오염지표균으로 검사하고 있다.

장구균은 AD(azide dextrose)배지를 이용하여 검사한다. 추정시험과 확정시험의 결과 각 희석액의 양성관(배지)수에서 대장균군의 경우와 똑같이 검체 100mL(g)당의 균수를 MPN치로 나타낸다. 완전시험은 확정시험 양성의 검체를 포도당 한천배지에 평판배양하여 생긴 집락을 대상으로 균의 성상을 조사하여 장구균 완전시험 양성 유무를 확인한다.

5. 세균성 식중독균

세균성 식중독균은 형태, 생화학적 성상 및 특성, 항원이 각각 다르기 때문에 각 균의 검사항목에 맞는 배지를 선택하여 검사한다.

1) 살모넬라(*Salmonella* sp.)

살모넬라는 증균배양, 분리배양, 확인시험의 단계로 검사한다. 검체를 증균배지(Selenite F, EEM broth, lactose broth 등)에서 배양 후 증균배양액을 MacConkey 한천배지나 Brilliant green agar에 접종하여 분리배양한다. 분리배양된 평판배지상의 집락을 보통한천배지에 이식하여 배양 후 TSI 사면배지의 사면과 고층부에 접종하여 생물학적 성상을 검사한다. 유당, 자당 비분해, H_2S 생성, 투명집락의 중심부가 흑색, Gram 음성의 간균 등이 확인되면 확인시험을 한다.

2) 황색포도상구균(*Staphylococcus aureus*)

황색포도상구균은 증균배양, 분리배양, 확인시험의 단계로 검사한다. 검체를 TSB배지에 접종하여 16시간 증균배양한다. 증균배양액을 난황함유 mannitol 식염한천평판상에 도말하여 배양 후 평판상에 불투명한 황색 집락을 형성하고 주변에 혼탁한 백색환 집락을 대상으로 확인시험을 한다. 평판배지상의 집락을 보통한천배지에서 배양하여 포도송이 모양으로 배열된 Gram 음성, 구균, coagulase 시험 등으로 확인시험한다.

3) 대장균 O157:H7

대장균은 증균배양, 분리배양, 확인시험, 혈청형 시험 등의 순서로 검사한다. 검체를 mEC 배지에 접종하여 증균배양 후 배양액을 MacConkey Sorbitol 한천배지에 이식하여 sorbitol을 분해하지 않는 무색집락을 취하여 EMB 한천배지에 접종하여 배양한다. 녹색의 금속성 광택이 있는 집락을 한천배지에 이식하여 배양 후 Gram 음성, 간균 등으로 확인시험을 한다. 확인시험에서 양성균으로 동정된 균의 혈청형 시험으로 O157 항혈청과 H7 혈청형 검사를 한다.

4) 장염비브리오(*Vibrio parahemolyticus*)

장염비브리오균은 증균배양, 분리배양, 확인시험 등으로 검사한다. 검체를 peptone 수에 가하여 증균배양 후 배양액을 TCBS한천배지에 접종하여 분리배양한다. 확인시험은 직경 2~4mm의 청록색 집락(자당 비분해)을 TSI 사면배지, LIM 배지, 보통한천배지에 각각 접종하여 배양한다. TSI 사면배지에서 유당과 자당을 비분해하여 사면부가 적색, 포도당을 발효하여 고층부는 황색, 가스 비생성, 황화수소 비생성 등과 LIM 배지에서 lysine decarboxylase 양성, indole 생성, 운동성 양성, oxidase 양성 등의 특징을 나타낸다.

5) 클로스트리디움 퍼프리젠스(*Clostridium perfrigens*)

클로스트리디움 퍼프리젠스는 증균배양, 분리배양, 확인시험 등으로 검사한다. 증균배양으로 조제하여 만든 시료를 Cooked Meat 배지 아랫부분에 접종하여 혐기배양한다. 배양액을 카나마이신을 첨가한 난황 CW한천평판배지에 접종하여 혐기배양한 결과 분리배지상에서 직경 2mm 정도의 돌기된 유황색으로 주변에 혼탁한 백색환이 있는 집락에 대하여 확인시험을 한다.

집락을 보통한천배지에 이식하여 혐기배양 후 Gram 염색을 실시하고 동시에 보통한천배지를 호기배양하여 균이 발육하지 않는 것을 확인한다. Gram 양성 간균을

GAM 당분해용 반유동배지에 옮겨 배양 후 BTB-MR지시약을 가해서 붉은색으로 변하는 것을 양성으로 판정한다. GAM 당분해용 반유동배지에 배양하여 운동성이 없으면 lecithinase 억제시험을 한다. 다시 난황이 포함된 TSC 한천배지에 접종하여 혐기배양 후 2~4mm의 불투명한 환의 황회색 집락을 양성으로 판정한다.

6) 클로스트리디움 보툴리눔(*Clostridium botulinum*)

클로스트리디움 보툴리눔은 증균배양, 분리배양, 확인시험 등으로 검사한다. 증균배양으로 조제하여 만든 시료를 Cooked Meat 배지에 접종하여 배양하고, TPGY 배지에 같은 방법으로 접종하여 배양 7일 후 클로스트리디움을 관찰한다. 분리배양은 증균배양액과 무균의 알코올을 잘 혼합하여 Liver-Veal 난황한천배지나 혐기성 난황한천배지에 접종하여 혐기적으로 배양한다. 집락이 융기, 매끄럽거나 거침, 불규칙한 것 등을 선택하여 간균, Gram 양성, 아포, 편모 등의 확인시험을 한다.

7) 바실루스 세레우스(*Bacillus cereus*)

바실루스 세레우스는 분리배양, 확인시험 등으로 검사한다. 인산완충희석액으로 균질화한 검체를 MYP 한천배지에 접종하여 배양 후 혼탁한 환을 갖는 분홍색 집락에 대하여 확인시험을 한다. 선별한 집락을 보통한천배지에 접종하여 배양 후 Gram 양성, 포자, 간균, 운동성, β-hemolysis, 혐기배양 시 포도당 이용 등의 생화학시험을 한다.

8) 캠필로박터 제주니(*Campylobacter jejuni*)

캠필로박터 제주니는 증균배양, 분리배양, 확인시험 등으로 검사한다. 검체를 HUNT배지에 넣고 균질화하여 미호기적으로 1차증균배양한다. 1차증균배양균 후 cefoperazone용액을 첨가하여 42℃에서 24~48시간 미호기적으로 2차증균배양한다. 분리배양은 배양액을 Modified Campy Blood Free 한천배지 또는 Abeyta-Hunt 한천배지에 각각 접종하여 미호기적으로 암소에서 배양한다. Modified Campy Blood Free 배지에서 원형·불규칙한 형태의 반투명한 흰색·투명한 집락이나 Abeyta-Hunt 배지에서 무지갯빛 광택 집락을 선별하여 항생제를 넣지 않은 Abeyta-Hunt 한천배지에 접종하여 배양한다. 나타난 집락을 위상차현미경으로 검경 또는 대비염색하여 지그재그 모양을 관찰한다.

15.4 식품의 이화학적 검사

15-4-1. 식품첨가물 검사

1. 보존료

식품 중의 보존료는 용매추출법이나 수증기 증류법으로 분리한 다음 정성 및 정량시험을 한다. 정성시험에는 박층크로마토그래피법, 자외선흡수스펙트럼법, 가스크로마토그래피법 등이 이용되고, 정량시험에는 비색법, 적정법, 가스크로마토그래피법, 자외선흡수스펙트럼법, 고속액체크로마토그래피법 등이 있다.

2. 산화방지제

식품 중의 산화방지제는 용매추출법이나 증류법으로 추출한 후 확인 및 정량시험을 한다. 부틸히드록시아니졸(BHA), 디부틸히드록시톨루엔(BHT), 터셔리부틸히드로퀴논(TBHQ), 몰식자산프로필, 이 · 디 · 티 · 에이 · 이나트륨, 이 · 디 · 티 · 에이 · 칼슘이나트륨 등의 정성 및 정량 시험은 가스크로마토그래피법, 고속액체크로마토그래피법, 액체크로마토그래피법 등으로 한다.

3. 착색료

식품 중의 착색료는 검체로 시료용액을 조제하고 중화시켜 수용액상에서 증발, 농축하는 방법으로 색소를 추출 및 분리하여 확인한다. 모사염색법으로 타르색소를 용출하여 검사한다. 산성의 타르색소는 초산으로 가온하여 색소를 양모에 염착시키고, 다시 암모니아수로 가온하여 색소를 양모에서 용출시킨다. 염기성 색소는 반대 방법으로 용출시킨다. 용출된 시료를 여지크로마토그래피법, 박층크로마토그래피법, 용매분리법 등을 이용하여 단일색소로 분리하고, 표준색소를 대조하여 여지크로마토그래피법, 박층크로마토그래피법, 흡수스펙트럼법의 측정 등으로 색소를 확인한다.

4. 표백료

산화형 표백제인 과산화수소는 황산티탄법, 황산바나디움법으로 정성하고 요오드법으로 정량한다. 환원형 표백제인 아황산 및 차아황산염류는 요오드산칼륨 · 전분지법, 아연분말환원법 등으로 정성하고 Monier-Williams법(중화적정법), 수증기증류법, 비색법 등으로 정량한다.

5. 인공감미료

검체가 액상이면 용매추출법, 반유동상이나 고체이면 투석법으로 시험용액을 조제하여 박층크로마토그래피법, 고속액체크로마토그래피법 등으로 정성 및 정량시험을 한다.

6. 발색제

아질산 및 그 염류는 diazo화법, uranyl아연법 등으로 정량한다.

15-4-2. 잔류농약 및 공업약품의 검사

1. 잔류농약

유기염소계 살충제는 gas chromatography 전자포획검출기(Electron Capture Detector; ECD), 유기인계 살충제는 가스크로마토그래피법(염광광도형 혹은 열이온방시형 검출기 사용), Carbamate계 살충제와 유기수은 화합물은 gas chromatography(ECD)법으로 정량한다.

2. 공업약품

프탈산에스테르는 gas chromatography(ECD)법, Polychlorobiphenyl(PCB)은 유기염소계 살충제와 같은 방법으로 분리하여 gas chromatography(ECD)법으로 정량한다.

15-4-3. 이물의 검사

1. 체분별법

검체가 미세한 분말일 때 비교적 큰 이물을 체로 포집하여 육안으로 검사하는 방법으로 곡류나 곡분 등에 섞여 있는 곤충의 충체, 작은 금속편, 토사 등을 확인할 수 있다.

2. 정치법

장시간 방치하면 침강하는 원리를 이용한 방법으로 점성이 적고 투명한 액체식품에 함유된 소량의 침전물 등을 검사한다. 정치 후 침전물을 포집하여 검사한다.

3. 여과법

액상검체나 쉽게 용액으로 될 수 있는 식품을 여과지에 통과시켜 이물을 포집하여 검사하는 방법으로 상압여과, 흡인여과, 가압여과 등이 있다.

4. 침강법

물질의 비중 차이를 이용하여 검사하는 방법으로 검체에 비중을 1.49로 만든 클로로포름 용액을 가하여 저으면 무거운 것은 밑으로 가라앉는다. 비중이 무거운 하층을 취해 여과하여 이물을 검사한다.

5. 부상법

부상하는 가벼운 물질을 검사하는 방법으로 동물의 털이나 곤충 같은 물질의 검사에 이용한다. 전처리하여 만든 식품의 검체용액을 [그림 15-1]과 같은 Wildman trap flask에 넣고 휘발유나 피마자유 같은 유기용매를 가하여 교반 후 방치하면 기름은 위로 부상한다. 유층에 떠올라 분리된 이물층을 흡인 여과하여 이물을 검사한다. 무거운 흙, 모래, 쥐똥 등은 flask 바닥에 침전되므로 별도로 검사가 가능하다.

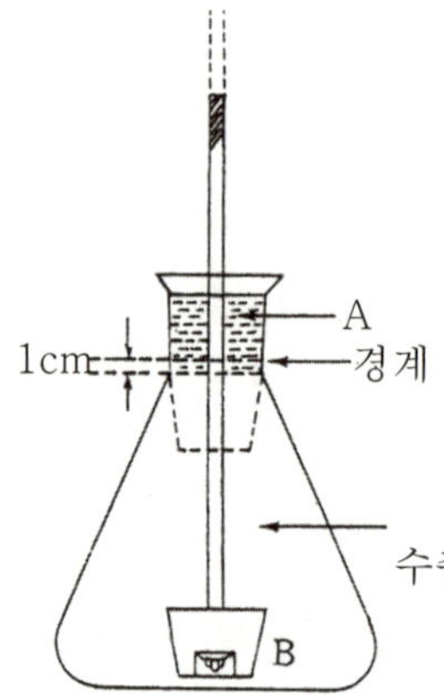

[그림 15-1] Wildman trap flask(A, B는 종류가 다른 용매)

15-4-4. 식품용 용기 및 포장지 검사

식품 중의 산이나 염류는 식품용 기구, 용기 · 포장의 유해성분을 용출할 우려가 있으므로 이들이 함유된 식품을 사용할 경우는 포장지 재질별로 기준 및 규격이 정해져 있는 시험방법에 따라 검사하여야 한다. 유리, 도자기, 법랑, 옹기류 등은 깊이에 따라 납, 카드늄, 비소 등의 규정이 정해져 있고 원자흡광광도법으로 단위면적당 용출량을 구한다. 합성수지 제품의 납과 카드늄은 원자흡광광도법으로, 증발잔유물은 건조법으로, $KMnO_4$소비량은 적정법으로 검사한다. 이외에 페놀, 포름알데히드, 중금속, 색소 등을 시험한다. 셀로판제품, 고무제품, 종이, 가공지, 금속제 등도 재질시험과 용출시험을 실시한다.

15.5 식품의 신선도 및 이상 검사

15-5-1. 어육의 신선도 검사

1. 암모니아, 휘발성 아민

부패육을 간단하게 감별하는 방법으로 Ebel법을 이용한다. 에벨시약을 시험관에 약 1cm 높이가 되도록 취하고 코르크 마개를 막아 흔든 다음 마개를 열고 작은 고기조각을 시험관의 시약 면에 약 1cm 높이로 넣었을 때 염화암모늄의 연기가 발생하면 초기 부패로 간주한다.

2. pH

일정량의 검체에 증류수를 가하여 균질화 및 여과 후 pH를 측정한다. 어육의 pH 변화는 사후 3~6시간이면 pH 5.0, 신선어육은 pH 5.5, 초기 부패육은 pH 6.0~6.2, 부패육은 pH 6.5 이상이다. 특히 pH가 8.0 이상이면 식용으로 적합지 않다.

3. 단백질 침전반응(Walkiewiez 반응)

육(肉)의 침출액을 승홍($HgCl_2$)으로 처리하여 생기는 혼탁 정도에 따라 부패 정도를 판정하는 방법이다.

4. 휘발성 염기질소

어육의 선도가 저하되면 NH_3, TMA, DMA 등의 휘발성 염기질소가 증가하는 것을 측정하여 선도를 판정하는 방법으로 정량법에는 감압법, 통기법, Conway의 미량확산법 등이 있다.

15-5-2. 식육의 신선도 검사

1. pH

어육의 pH 측정과 동일한 방법으로 검사하며 정상적인 식육의 pH는 6.5~6.8 정도이다.

2. 휘발성 염기질소

식육의 NH_3를 측정하여 부패 정도를 판정하는 것으로 Conway 검측기를 사용하여 증류 없이 휘발성염기의 확산을 이용하는 방법이다.

3. 히스타민 검출법

어육 중의 히스타민을 측정하여 식육의 부패 정도를 판정하는 방법이다.

4. 변질의 간이검사법(TTC Test)

신선한 어육편과 변질된 어육편을 세절하여 각각 시험관에 넣고 TTC용액을 가하여 방치한다. 검체 속의 부패세균 중 환원효소를 가지고 있으면 TTC는 환원되어 적색을 나타낸다.

15-5-3. 우유의 신선도 검사

1. 물리적 검사

우유의 물리적 검사에는 비중검사(specific gravity test), 점도검사(viscosity test), 진애검사(sediment test), 용해도검사(solubility test) 등이 있다.

2. 화학적 검사

- pH 검사 : pH meter로 우유의 pH를 측정한다.
- 알코올검사(alcohol test) : 우유와 같은 양, 같은 온도의 에틸알코올을 혼합하여 응고물이 생기면 안된다.

- 산도검사(titratable acidity test) : 우유 중의 산도를 검사하여 0.18~0.20% 이상이면 부패유로 간주한다.
- resazurin법 : 우유의 세균오염도를 측정하는 방법으로 resazurin 색소가 환원되는 원리를 이용하여 세균수를 간접적으로 측정한다.
- methylene blue법 : Hastring시험법이라 하며 일정량의 우유에 methylene blue 용액을 가하여 배양 시 청색이 퇴색할 때까지의 시간을 측정하여 간접적으로 세균수를 측정한다.
- alizarin법 : alizarin색소의 탈색 유무로 세균오염 정도를 판정한다.
- 지방검사(fat test) : Röse-Gottlieb법이 국제낙농연맹의 표준이며, 용량법으로 Gerber법과 Babcock법이 있다.

3. 생화학적 검사

가열도 검사로 우유의 저온살균이 정확한지 판정하는 phosphatase시험, 과산화수소에 의한 peroxidase시험, 탈색 정도로 우유의 신선도를 판정하는 reductase시험 등이 있다. 미생물 검사로는 총균수 · 대장균 · 장구균 검사 등을 실시하며 특수검사로 잔류항생물질(TTC), 항균제제(설파제), 곰팡이독(mycotoxin), 방사성물질 검사 등을 실시한다.

15-5-4. 달걀의 신선도 검사

달걀의 품질은 내적 검사와 외적 검사로 평가하는데 내적 검사는 투시검사, 할란검사 등이 있고 외적 검사는 난각질, 난각의 두께, 건전도, 청결도, 난각색, 비중, 진음법, 설감법 등이 있다. 신선한 달걀의 비중은 1.0784~1.0914인데, 보통 농도가 다른 식염수 용액에 넣어 부상하는 것과 가라앉는 비율로 판정하는 부침법을 이용하는데 떠오르는 것은 오래된 난이다. 할란검사에서 달걀을 깨었을 때 난백계수와 난황계수가 높은 것이 신선란이다.

FOOD HYGIENE

16 식품위생 행정 및 법규

16.1 식품위생 행정의 목적

식품위생 행정은 환경위생의 한 부분으로 국민식생활의 안전, 부정·불량식품의 섭취로 인한 각종 위해방지 및 식품으로 인간 건강장해가 발생하지 않도록 미연에 예방하기 위하여 식품위생법에 근거를 두고 식품, 식품첨가물, 기구·용기·포장 등에 관한 안전성, 건전성, 완전성 등을 확보하고 행정조직을 통하여 노력과 관리 및 정책을 개발하는 일련의 활동을 목적으로 한다.

16.2 식품위생 행정기구

16-2-1. 중앙행정기구

식품위생 행정의 중앙기구로 보건복지부, 식품의약품안전처, 식품의약품안전평가원 등의 기구조직 및 업무는 다음과 같다.

1. 보건복지부

국민보건과 사회복지 및 가족에 관한 국가정책을 담당하는 중앙행정기관으로 보건위생 · 방역 · 의정 · 약정 · 생활보호 · 자활지원 및 사회보장, 아동 · 청소년 · 노인 · 장애인 및 가족에 관한 업무를 관장한다. 보건복지부 조직도는 [그림 16-1]과 같다.

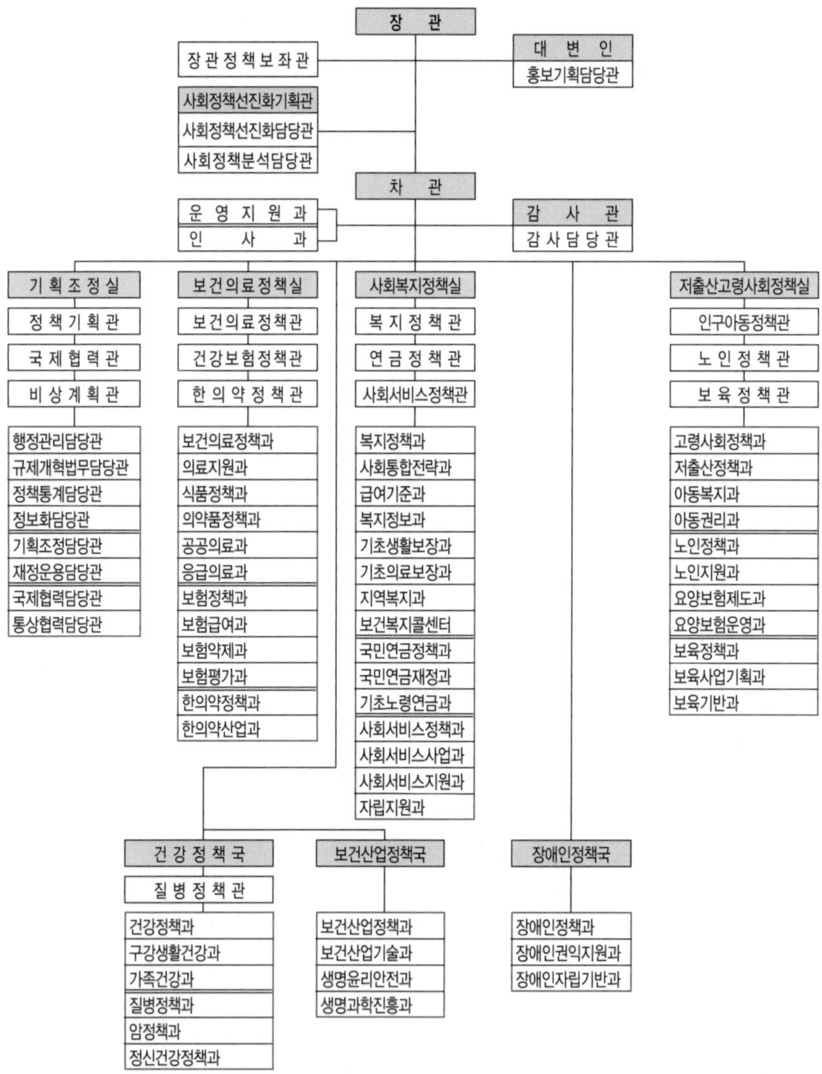

[그림 16-1] 보건복지부 조직도

2. 식품의약품안전처

예방 중심적인 식품·의약품 체계의 구축 운영을 통하여 국민의 기대에 부응하고, 관련 산업의 경쟁력 향상에 기여하고자 설립된 보건복지부 산하의 행정기관으로 식품·의약품·의료기기·화장품·의약부외품·위생용품·마약 등에 관한 업무를 관장한다. 본청과 전국의 6개 도시에 지방식품의약품안전처이 있다. 식품의약품안전처 조직도는 [그림 16-2]와 같다.

위해예방정책국에는 식품·의약품 등의 위해예방을 위한 정책 개발 등의 엄부를 다루는 위해예방정책과, 식품·의약품 등의 국내외 위해정보 수집, 위해정보의 분석 및 평가 등의 업무를 다루는 위해정보과, 식품·의약품 등의 시험검사 관련 법령 제정·개정 및 제도개선 총괄 조정 등의 업무를 다루는 검사제도과, 의약품 및 의료기기의 임상시험계획 승인 및 관리 등의 업무를 다루는 임상제도과 등이 있다.

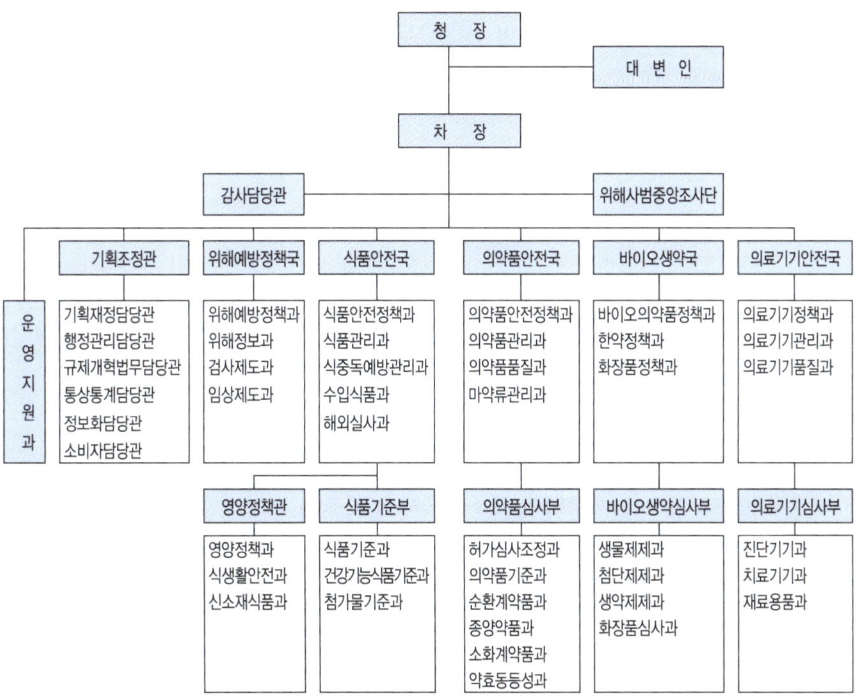

[그림 16-2] 식품의약품안전처 조직도

식품안전국에는 식품 등의 안전관리에 관한 종합계획의 수립 등의 업무를 담당하는 식품안전정책과, 식품등과 관련된 영업의 지도·단속에 관한 종합계획의 수립 등의 업무를 담당하는 식품관리과, 식중독예방종합대책의 수립 및 시행 등의 업무를 담당하는 식중독예방관리과, 수입식품 안전관리 종합계획 수립 및 제도개선 등의 업무를 담당하는 수입식품과, 수출국 제조업소 현지 안전관리 종합계획 수립 등의 업무를 담당하는 해외실사과 등이 있다.

지방식품의약품안전처은 식품·의약품 등의 수거검사, 수입식품 등의 검사, 표시기준 단속, 식품제조·유통업소의 지도·단속, 약사감시 업무, 식품·의약품 등의 이화학적 검사 및 미생물 검사 등의 업무를 관장한다.

3. 식품의약품안전평가원

2009년 4월에 신설된 기관으로 식품의약품안전처의 정책수행에 필요한 연구개발, 위해평가, 시험분석 및 허가심사기법 개발 등 과학기술적 지원체계를 구축하는 식품의약품 안전관리정책의 싱크탱크 역할을 수행한다. 식품의약품안전평가원의 조직도는 [그림 16-3]과 같다.

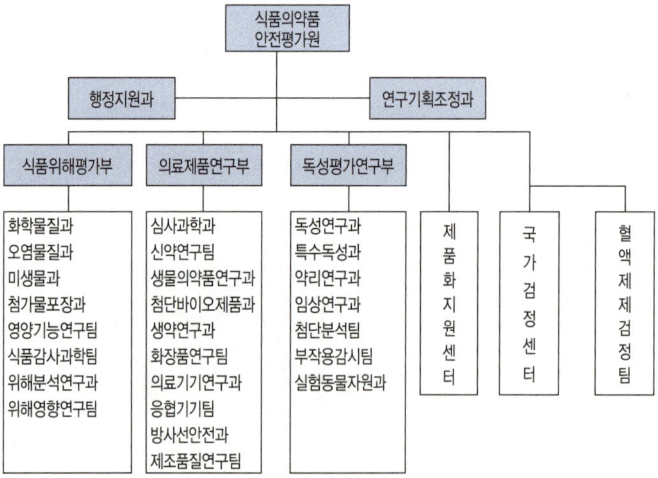

[그림 16-3] 식품의약품안전평가원 조직도

16-2-2. 지방행정기구

식품위생 행정의 지방업무는 특별시, 광역시, 도 등의 지방자치단체에 설치된 보건복지부 내의 보건위생과 등에서 담당하고 있다. 서울특별시와 광역시는 구청에서, 각 도는 시・군의 위생관계부서에서 담당하고 있다. 식품위생감시원은 식품위생 행정을 직접 수행하는 일선 공무원으로 식품의약품안전처, 지방행정기관의 위생관련부서에서 업무를 수행하고 있다. 보건소는 식중독이나 전염병 관계의 역학분야 업무와 보건교육, 영양개선사업, 공중위생, 식품위생, 응급의료, 보건의료사업, 지역주민의 질병관리 등의 업무를 담당하고 있다.

시험연구기관으로는 서울특별시, 광역시 및 각 도에 보건환경연구원이 있어 식품, 의약품, 전염병, 대기, 수질 등 보건환경 전 분야에 걸쳐 시험분석 및 조사연구를 수행하고 있다.

16.3 식품위생법

16-3-1. 식품위생법의 개요

식품위생법은 1962년 1월 법률 제1007호로 제정・공포된 뒤 수차례의 전면개정과 부분개정 과정을 거쳐 2009년 5월 21일 법률 제9692호로 개정하여 제13장, 제101조, 부칙으로 구성되어 있다. 식품으로 인한 위생상의 위해를 방지하고 식품영양의 질적 향상을 도모함으로써 국민보건의 증진에 이바지함을 목적으로 하고 있다.

식품위생법은 식품첨가물, 기구, 용기・포장 등에 관한 식품의 안전 및 위생과 가장 밀접한 관계를 갖고 있으며, 식품위생관리의 근간이 되는 법령이다. 국가와 국민과의 권리・의무관계를 규율하는 공법 중 행정목적을 달성하기 위한 일반행정법의 하나인 식품위생법은 식품위생에 관한 일반사항을 다루고 있다.

16-3-2. 식품위생법의 주요내용

식품위생법규에는 식품위생법 이외에 식품위생법에 근거하여 세부적인 사항은 식품위생법시행령 및 식품위생법시행규칙에 각각 구체적으로 규정되어 있다. 식품위생법시행령은 대통령령으로 식품위생법에서 위임된 사항과 그 시행에 필요한 구체적 사항을 규정하고 있으며, 식품위생법시행규칙은 보건복지부령으로 식품위생법 및 동법 시행령에서 위임된 사항과 그 시행에 필요한 구체적 사항을 규정하고 한다.

이들 법령 외에 행정규칙은 행정기관이 법령에 의해 부여된 권한의 범위 내에서 그 조직과 활동을 규율하기 위해 발하는 행정상 입법행위로 행정조직 운영, 행정업무, 법령 적용이나 해석에 대한 사항을 정하거나 시달·지시하는 훈령, 예규, 지시, 명령 등이 있다. 고시는 식품위생법·식품위생법시행령·식품위생법시행규칙이 정하는 바에 따라 행정기관이 일정한 사항을 다수인에게 널리 알리는 것으로 식품관리 행정기관뿐만 아니라 식품산업 현장에 필수적이거나 중요한 식품의 기준 및 규격, 식품첨가물의 기준 및 규격, 표시기준, 위해요소중점관리기준(HACCP) 등이 이에 해당된다.

식품위생법은 다음과 같은 내용으로 구성되어 있다.

제1조(목적) 식품위생법은 식품으로 인하여 생기는 위생상의 위해(危害)를 방지하고 식품영양의 질적 향상을 도모하며 식품에 관한 올바른 정보를 제공하여 국민보건의 증진에 이바지하는 것을 목적으로 하고 있다.

제2조(용어의 정의) 식품위생법에서 사용하는 식품, 식품첨가물, 화학적 합성품, 기구, 용기·포장, 위해, 표시, 영양표시, 영업, 영업자, 식품위생, 집단급식소, 식품이력추적관리, 식중독 등에 대한 용어를 정의하였다.

제3조(식품 등의 취급) 판매를 목적으로 하는 식품이나 식품첨가물을 채취·제조·가공·사용·조리·저장·소분·운반·진열할 때, 영업에 사용하는 기구, 용기·포장은 깨끗하고 위생적으로 다루어야 한다.

제4조(위해식품 등의 판매 등 금지) 썩거나 상한 식품, 유독·유해물질이나 병원성 미생물에 오염되었거나 가능성이 있는 식품, 불결한 식품, 안전성 평가를 받지 않거나

부적합 판정을 받은 식품, 수입금지 식품 등과 같은 위해식품의 판매를 금지하였다.

제5조(병든 동물 고기 등의 판매 등 금지) 질병에 걸렸거나 걸렸을 염려가 있는 동물, 질병으로 죽은 동물을 식품으로 판매하거나 가공 및 진열하지 못한다.

제6조(기준·규격이 고시되지 아니한 화학적 합성품 등의 판매 등 금지) 기준이나 규격이 고시되지 않은 화학적 합성품인 첨가물과 이를 함유한 물질을 식품첨가물로 사용, 판매 및 진열을 하지 못한다.

제7조(식품 또는 식품첨가물에 관한 기준 및 규격) 판매를 목적으로 하는 식품 또는 식품첨가물에 관한 기준을 정하여 고시하고, 살균이나 소독제는 성분명만을 고시하고, 기준과 규격이 정해진 식품 또는 식품첨가물은 그 기준에 맞게 처리하며 그렇지 않으면 판매나 판매할 목적으로 가공 및 진열할 수 없다.

제8조(유독기구 등의 판매·사용 금지) 유독·유해물질이 있어 건강장해를 주거나 우려가 있는 기구 및 용기·포장을 판매하거나 판매할 목적으로 제조·수입·저장·운반·진열하거나 영업에 사용하지 못한다.

제9조(기구 및 용기·포장에 관한 기준 및 규격) 기구, 용기·포장 등의 제조 방법에 관한 기준과 원재료에 관한 규격 등을 정하여 고시하고 기준과 규격에 맞지 않는 것은 판매, 가공, 진열하지 못한다.

제10조(표시기준) 식품이나 식품첨가물의 표시, 기구 및 용기·포장의 표시, 유전자재조합 식품 또는 식품첨가물의 표시 등에 관한 기준을 정하여 고시하여야 한다.

제11조(식품의 영양표시 등) 식품의 영양표시에 관한 기준을 정하여 고시하고, 영업자가 식품을 판매할 때는 정해진 영양표시 기준을 지켜야 하며 국민들이 영양표시를 식생활에서 활용할 수 있도록 교육과 홍보를 하고 있다.

제12조(육류 및 쌀·김치류의 원산지 등 표시) 식품접객업이나 집단급식소 영업자는 쇠고기·돼지고기·닭고기를 조리하여 판매하는 경우 원산지 및 종류를 표시한다. 영업장 면적이 100제곱미터 이상인 자가 쌀 또는 김치류를 조리하여 판매하는 경우에도 원산지를 표시한다.

제13조(허위표시 등의 금지) 식품 등의 명칭, 영양표시, 원산지, 식품이력추적관리 등의 정보를 허위표시 또는 과대광고 하지 못하고, 의약품과 혼동하지 않도록 표시·

광고 하여야 한다.

제14조(식품 등의 공전) 식품 또는 식품첨가물의 기준과 규격, 기구 및 용기 · 포장의 기준과 규격, 식품 등의 표시기준 등의 공전을 작성 · 보급하고 있다.

제15조(위해평가) 유해물질이 함유된 것이나 위해의 우려가 있는 식품 등은 평가하여 위해식품 등인지 결정하고, 위해평가가 끝나기 전 판매 등의 행위에 일시적 금지조치를 한 뒤 심의위원회의 심의 · 의결을 거쳐 위해가 없으면 금지조치를 해제한다.

제16조(소비자의 위생검사 등 요청) 일정 수 이상의 소비자 또는 소비자단체가 식품 등 또는 영업시설의 위생검사 요청에 14일 이내에 위생검사 등을 실시하고 그 결과를 알린다.

제17조(위해식품 등에 대한 긴급대응) 판매를 목적으로 하는 식품 등이 국민건강에 중대한 위해발생 우려가 제기되었거나 제기되면 긴급대응방안을 마련하고 필요한 조치를 취한다.

제18조(유전자재조합식품 등의 안전성 평가 등) 처음으로 유전자재조합식품 등을 식용(食用)으로 하고자 하는 자는 안전성 평가를 받아야 한다.

제19조(수입 식품 등의 신고 등) 판매나 영업을 위한 식품 등을 수입하는 자는 식품의약품안전처장에게 신고한다.

제20조(우수수입업소 등록 등) 수입식품의 안전성 확보를 위하여 수입하는 자는 수출국 제조업소의 위생관리 상태를 점검하고 식품의약품안전처장에게 우수수입식품업소로 등록할 수 있다.

제21조(특정 식품 등의 수입 · 판매 등 금지) 특정 국가나 지역에서 생산된 식품 등이 그 국가나 지역에서 위해하다고 밝혀지면 식품 등의 수입 · 판매 등을 금지할 수 있다.

제22조(출입 · 검사 · 수거 등) 식품 등의 안전성과 영업질서 유지를 위하여 영업자나 관계인에게 필요한 서류나 자료의 제출을 요구하고, 관계 공무원으로 하여금 출입 · 검사 · 수거 등의 조치를 취하도록 할 수 있다.

제23조(식품 등의 재검사) 식품 등의 검사 결과를 영업자에게 통보하고 검사 결과에 이의가 있을 때는 식품의약품안전처장이 인정하는 검사기관에서 발급한 검사성적서나 검사증명서를 첨부하여 재검사를 요청할 수 있다.

제24~30조(식품위생검사기관의 지정 등) 식품 등의 안전성 확보와 위해식품 등을 판명하기 위하여 식품위생검사기관을 지정할 수 있고 유효기간은 3년으로 한다. 식품위생검사의 적정성과 신뢰성 등을 확보하기 위하여 관계인의 보고 및 공무원이 제반사항의 검사, 장부나 서류를 열람할 수 있다. 식품위생검사기관이 허위로 지정, 거짓으로 성적서 발급, 업무정지 기간 중에 검사, 제반규정을 위반한 경우에는 지정의 취소, 6개월간 업무정지, 시정명령 등의 조치를 할 수 있다.

지정이 취소된 기관이 3년 이내 혹은 같은 장소에서 설립·운영하고자 하는 기관에 대해서는 지정하지 못하고 지정받은 자가 사망, 양도, 법인의 합병 등의 경우에는 법에 따른 지위를 승계 할 수 있다. 대표자나 검사원은 매년 교육을 받아야 한다.

제31조(자가품질검사 의무) 식품 등을 제조·가공하는 자는 기준과 규격에 맞는가를 검사 한다.

제32조(식품위생감시원) 관계 공무원의 직무와, 식품위생에 관한 지도 등을 위하여 식품위생감시원을 둔다.

제33조(소비자식품위생감시원) 소비자단체의 임직원 중 식품위생관리를 위하여 소비자식품위생감시원으로 위촉할 수 있다.

제34조(시민식품감사인) 소비자단체 장이 추천하는 자, 식품위생 관련 단체장이 추천하는 자, 식품 관련 학과에서 조교수 이상인 자로 식품위생에 관한 전문지식이 있는 자 중 위생관리 상태를 점검하는 시민식품감사인으로 위촉할 수 있다.

제35조(소비자 위생점검 참여 등) 식품위생에 관한 전문적인 지식이 있는 자, 소비자단체의 장이 추천한 자 중 위생관리 상태를 점검받을 수 있다.

제36조(시설기준) 식품 또는 식품첨가물의 제조업, 가공업, 운반업, 판매업 등의 영업을 하려는 자는 시설을 갖추어야 한다.

제37~39조(영업허가, 제한, 승계 등) 영업을 하려는 자는 허가를 받아야 하고 허가사항 중 중요한 사항을 변경할 때에도 같다. 폐업하거나 허가사항 중 경미한 사항을 변경할 때에는 신고하여야 한다.

시설기준에 맞지 않는 경우, 허가가 취소되고 6개월이 지나기 전에 같은 장소에서 같은 종류의 영업을 하려는 경우, 금치산자나 파산선고를 받은 자 등에는 영업허가를 하여서는 아니 된다. 영업소 폐쇄명령을 받으면 일정기간이 지나야 영업신고를 할 수 있고, 영업의 양도, 사망, 법인이 합병한 경우에는 영업자의 지위를 승계할 수 있다.

제40조(건강진단) 영업자나 종업원은 건강진단을 받아야 하며 타인에게 위해를 끼칠 질병이 있는 자는 영업에 종사하지 못한다.

제41조(식품위생교육) 영업자나 종업원은 매년 식품위생교육을 받아야 한다. 부득이 교육을 받을 수 없는 경우 영업 시작 뒤 교육을 받을 수 있다.

제42조(품질관리 및 보고) 식품 또는 식품첨가물에 종사하는 자는 원료관리, 제조공정, 식품 등의 위생적 관리를 위하여 규정 사항을 지켜야 한다.

제43조(영업 제한) 식품접객영업자와 그 종업원에 대하여 선량한 풍속을 유지하기 위하여 영업시간 및 영업행위를 제한할 수 있다.

제44조(영업자 등의 준수사항) 식품접객영업자나 종업원은 청소년을 유흥접객원으로 고용하는 행위, 청소년 출입 금지업소에 출입시키는 행위, 청소년을 고용하는 행위, 청소년에게 주류를 제공하는 행위 등을 하지 못한다.

제45조(위해식품 등의 회수) 영업자는 판매 목적의 식품 등이 식품위생법을 위반하였을 때 유통 중인 해당 식품 등을 회수하거나 조치를 취하고, 회수계획과 결과를 보고하여야 한다.

제46조(식품 등의 이물 발견보고 등) 영업자는 판매 목적의 식품 등을 섭취시 위해발생 우려가 있거나 섭취에 부적합한 물질(이물)을 발견한 사실을 신고 받은 경우 지체 없이 이를 보고하여야 한다.

제47조(위생등급) 위생등급 기준에 따라 위생관리 상태 등이 우수한 식품공장, 식품접객업소, 집단급식소 등을 우수업소 또는 모범업소로 지정할 수 있다.

제48조(위해요소중점관리기준) 식품의 원료부터 유통까지 위해한 물질이 유입되거나 오염되는 것을 방지하기 위하여 위해요소중점관리기준을 식품별로 정하여 고시할 수 있다.

제49조(식품이력추적관리 등록기준 등) 식품업자 중 식품이력추적관리를 하려는 자는 식품 등의 등록기준을 갖추어 등록할 수 있으며 등록한 식품은 식품이력추적관

리기준을 지켜야 한다. 등록의 유효기간은 3년이다.

第50조(위생수준 안전평가) 소비자에게 안전한 식품을 공급하고 식품위생 수준을 높이기 위하여 위해요소중점관리기준을 준수하여야 하는 영업자에 대하여 식품 등의 위생관리 수준과 안전한 식품공급 등에 대한 평가(위생수준 안전평가)를 실시한다.

第51~56조(조리사 및 영양사) 식품접객영업자와 집단급식소 운영자는 조리사를 두어야 하고 집단급식소 운영자는 영양사를 두어야 한다. 단 운영자 자신이 조리사나 영양사로 종사하는 경우에는 두지 않아도 된다.

조리사는 조리사 면허, 영양사는 영양사 면허를 받아야 한다. 정신질환자, 전염병환자, 마약, 약물 중독자, 조리사 또는 영양사 면허가 취소된 날부터 1년 이내의 자 등은 조리사나 영양사 면허를 받을 수 없다. 집단급식소에 종사하는 조리사와 영양사는 2년마다 교육을 받아야 한다.

第57조(식품위생심의위원회의 설치 등) 식중독 방지, 농약・중금속 등 유독・유해물질 잔류 허용 기준, 식품 등의 기준과 규격, 그 밖에 식품위생에 관한 중요사항 등을 소사・심의하기 위하여 식품위생심의위원회를 두고 연구위원도 둘 수 있다.

第58조(심의위원회의 조직과 운영) 심의위원회에 식품 등의 국제기준 및 규격을 조사・연구할 연구원을 둘 수 있다.

第59~63조(동업자조합 설립 등) 영업자는 영업 또는 식품의 종류별로 보건복지부장관의 설립인가를 받아 동업자조합을 설립할 수 있다. 영업의 발전과 조합원 공동의 이익, 영업시설 개선, 경영지도, 교육훈련, 복지증진, 보건복지부장관이 위탁하는 조사・연구 등의 사업을 한다. 조합원이 500명 이상이면 대의원을 둘 수 있으며 자율지도원도 둘 수 있다.

第64~66조(식품공업협회 설립 등) 식품공업의 발전과 식품위생의 향상을 위하여 한국식품공업협회(협회)를 설립하고, 협회는 식품공업에 관한 조사·연구, 식품 및 식품첨가물과 그 원재료(原材料)에 대한 시험・검사, 식품위생과 관련한 교육, 영업자 중 식품이나 식품첨가물을 제조・가공하는 자의 영업시설 개선에 관한 지도, 회원을 위한 경영지도 등의 사업을 한다.

第67~70조(식품안전정보센터의 설립 등) 식품안전정보센터(센터)는 식품이력추적관리와 식품안전 업무를 수행하는 기관으로 식품안전정보의 수집·분석·정보제공, 식품이력추적관리 등의 구축·운영·등록·관리·교육·홍보, 식품사고 발생의 원인규명과 회수·폐기 등을 위한 정보제공, 식품위해정보의 공동 활용·대응, 협력 네트워크 구축·운영 등의 사업을 한다. 센터는 매 사업연도 개시 전에 사업계획서와 예산서를 제출하여 승인을 받고, 필요한 사항을 보고하거나 자료를 제출하고 공무원은 필요한 서류 등을 검사할 수 있다.

제71조(시정명령) 위생기준에 맞지 않게 식품 등을 취급하는 영업자와, 법을 지키지 않는 자에게 시정을 명한다.

제72조(폐기처분 등) 공무원은 영업자가 법규를 위반한 식품 등에 대하여 압류 또는 폐기하게 하거나 용도·처리방법 등을 정하여 영업자에게 명하고, 무허가나 신고하지 않은 식품 또는 식품첨가물, 기구, 용기·포장 등은 압류나 폐기하게 할 수 있다. 위해소지가 있는 유통 중인 식품은 영업자에게 회수·폐기하게 하거나 해당 식품 등의 원료, 제조 방법, 성분 또는 그 배합 비율의 변경을 명할 수 있다.

제73조(위해식품 등의 공표) 식품위생에 관한 위해가 발생하였다고 인정되는 경우나 회수계획을 보고받은 경우에는 해당 영업자에 대하여 그 사실의 공표를 명할 수 있다.

제74조(시설 개수명령 등) 영업시설이 시설기준에 맞지 않는 경우 영업자에게 시설개수를 명할 수 있다.

제75조(허가취소 등) 영업자가 법규를 위반하면 영업허가 취소, 6개월 이내에서 영업의 전부나 일부 정지, 영업소 폐쇄를 명할 수 있다. 영업정지 명령을 위반하여 영업을 계속하면 허가취소나 폐쇄를 명할 수 있다.

제76조(품목 제조정지 등) 영업자가 법규를 위반하면 해당 품목 또는 품목류에 대하여 6개월 이내의 제조정지를 명할 수 있다.

제77조(영업허가 등의 취소 요청) 허가 또는 면허를 받은 자가 법규를 위반한 경우에는 관할 기관장에게 허가 또는 면허의 전부 또는 일부 취소, 일정기간 영업정지, 위생상 필요한 조치 등을 요청할 수 있다.

제78조(행정 제재처분 효과의 승계) 영업자가 영업의 양도나 법인이 합병되면 종전의

영업자에게 행한 행정 제재처분의 효과는 그 처분기간이 끝난 날부터 1년간 양수인이나 합병 후의 법인에 승계되며, 행정 제재처분 절차가 진행 중이면 양수인이나 합병 후 존속하는 법인에게 행정 제재처분 절차를 계속할 수 있다.

第79조(폐쇄조치 등) 허가받지 않거나 신고하지 않고 영업을 하는 경우 또는 허가취소나 폐쇄명령을 받은 후에도 영업을 하는 경우에는 해당 영업소를 폐쇄하기 위하여 공무원은 필요한 조치를 취할 수 있다.

第80조(면허취소 등) 조리사 또는 영양사가 교육을 받지 않은 경우, 식중독이나 위생과 관련한 중대한 사고 발생에 직무상의 책임이 있는 경우, 면허를 타인에게 대여한 경우, 업무정지 기간 중에 조리사 또는 영양사의 업무를 하는 경우에는 면허를 취소하거나 6개월 이내의 업무정지를 명할 수 있다.

第81조(청문) 식품위생검사기관의 지정취소, 위해요소중점관리기준 적용업소의 지정취소, 영업허가의 취소나 영업소의 폐쇄명령, 면허의 취소 등에 해당하는 처분을 하려면 청문을 하여야 한다.

第82조(영업정지 등의 처분에 갈음하여 부과하는 과징금 처분) 영업자가 법규를 위반하면 영업정지, 품목이나 품목류 제조정지 처분을 갈음하여 2억원 이하의 과징금을 부과할 수 있다.

第83조(위해식품 등의 판매 등에 따른 과징금 부과 등) 위해식품 등의 판매 등 금지에 관한 법규를 위반한 경우 그가 판매한 해당 식품 등의 소매가격에 상당하는 금액을 과징금으로 부과한다.

第84조(위반사실 공표) 행정처분을 받은 영업자에 대한 처분 내용, 식품의 명칭 등 처분과 관련한 영업 정보를 공표하여야 한다.

第85조(국고 보조) 식품위생검사기관의 검사와 실험비, 조합에서 실시하는 교육훈련비, 식품위생감시원과 소비자식품위생감시원 운영비, 센터의 설립·운영비, 조사·연구 사업비, 조합 또는 협회의 자율지도원 운영비 등의 전부 또는 일부를 보조할 수 있다.

第86조(식중독에 관한 조사 보고) 식중독 환자나 의심 증세를 보이는 자를 발견한 집단급식소 영업자는 관할 보건소장 또는 보건지소장에게 보고하고, 의사나 한의사는 혈액 또는 배설물을 보관 하여야 한다. 보건소장 또는 보건지소장은 보건복지부장관, 식품의약품안전처장, 시 · 도지사 및 시장 · 군수 · 구청장에게 보고하고, 원인을 조사하여 그 결과를 보고하여야 한다.

제87조(식중독대책협의기구 설치) 식중독 발생의 효율적인 예방 및 확산방지를 위하여 식중독대책협의기구를 설치 · 운영하여야 한다.

제88조(집단급식소) 집단급식소를 설치 · 운영하려는 자는 해당관청에 신고하고 시설을 위생적으로 관리하여 식중독 환자가 발생하지 않도록 한다. 매회 1인분의 식품을 144시간 이상 보관하고, 영양사의 업무를 방해하지 않고, 위생관리를 위하여 요청하는 사항에 따라주고, 위생적 관리를 위하여 필요한 사항을 지켜야 한다.

제89조(식품진흥기금) 식품위생과 국민의 영양수준 향상을 위한 사업을 하는 데에 필요한 재원을 충당하기 위하여 식품진흥기금(기금)을 설치한다. 기금은 출연금, 과징금, 수익금 등이며 영업자의 위생관리, 식품위생, 소비자식품위생감시원, 포상금, 집단급식소 등을 위하여 사용한다.

제90조(포상금 지급) 법에 위반되는 행위를 신고한 자에게 신고 내용별로 1천만원까지 포상금을 줄 수 있다.

제91조(권한의 위임) 보건복지부장관 또는 식품의약품안전처장의 권한은 그 일부를 시 · 도지사 또는 지방식품의약품안전처장에게, 시 · 도지사의 권한은 그 일부를 시장 · 군수 · 구청장 또는 보건소장에게 각각 위임할 수 있다.

제92조(수수료) 안전성 평가, 수입식품 등 사전확인등록, 식품위생검사기관 지정, 허가나 신고, 위해요소중점관리기준 적용업소 지정, 식품이력추적관리를 위한 등록, 조리사 또는 영양사의 면허, 집단급식소의 설치 · 운영의 신고 등에는 수수료를 내야 한다.

제93~102조(벌칙 및 과태료) 식품위생법의 각호를 위반하는 자는 그에 준하는 벌칙과 과태료를 부과토록 하고 위반 행위를 한 개인이나 법인에 대하여 양벌규정을 부과토록 하였다.

참고문헌

고정삼. 식품가공학. 유한문화사, 2006.

금종화 외. 21세기식품위생학. 도서출판효일, 2009.

김덕웅 외. 21C식품위생학. 수학사, 2010.

김병홍 외. 미생물의 생물학. 범한서적주식회사, 1992.

김지웅 외. 꼭 알아야 할 식품위생 및 HACCP 실무. 백산출판사, 2009.

김진수. 식품냉동저장학. 도서출판효일, 2003.

노병희 외. 실무식품위생학. 대학서림, 2006.

노봉수 외. 식품가공저장학. 수학사, 2009.

문창규 외. 식품위생학. 보문각, 2007.

민경찬 외. 필수식품미생물학. 광문당, 2004.

박무현 외. 식품포장학. 형설출판사, 1997.

박범수. 식품첨가물. 학문사, 1998.

박병호 외. 식품위생학. 도서출판진로, 2009.

박헌국 외. 식품미생물학. 문운당, 2004.

박현진, 이철호. 식품저장학. 고려대학교출판부, 2008.

박홍현 외. 공중보건학. 광문각, 2001.

박홍현 외. 실무를 위한 식품위생학. 광문각, 1999.

배기환 외. 한국의 독버섯. 교학사, 2000.

병원미생물시험법. 서울특별시 보건환경연구원, 1995.

소명환 외. 현대식품미생물학. 도서출판효일, 2006.

손태화 외. 식품가공학. 형설출판사, 2001.

송재철, 박현정. 식품가공저장학. 효일문화사, 2000.

송재철 외. 새로운 식품위생학. 동서문화원, 2005.

송형익 외. 현대식품위생학. 지구문화사, 1999.

수의과학연구소. 축산물 중 미생물검사법, 1997.

식중독 발생현황 및 예방대책. 식품의약품안전처, 2010.

식품공전. 식품의약품안전처, 2007.
심상국 외. 실무 식품위생학. 진로연구사, 2000.
심창환 외. 식품위생학. 문운당, 2008.
안병용 외. 식품미생물학실험서. 석학당, 2004.
양용석. 기생충병 진단을 위한 인체기생충학. 대학서림, 2003.
오문헌 외. 식품저장학. 도서출판진로, 2010.
오승희, 김동원. 최신식품위생학. 문운당, 1999.
우세홍 외. 최신식품위생학. 신광문화사, 2007.
위생교육교재. 한국조리사회, 2000.
유주현, 변유량. 식품미생물학. 도서출판효일, 2007.
윤효숙 외. 최신병원미생물학. 신광출판사, 2003.
이용욱, 김종규. 식품위생관리. 한국방송대학교출판부, 2000.
이흠숙 외. 식품위생학. 형설출판사, 2008.
장동석 외. 식품위생학. 정문각, 2008.
장정옥 외. 최신식품위생학. 보문각, 2005.
장현기 외. 식품위생학 및 실험. 형설출판사, 2000.
정강현 외. 식품가공학. 문운당, 2010.
정희곤 외. 최신식품위생학. 교문사, 2004.
주종윤. 인체기생충학. 계명대학교출판부, 2003.
허정욱. 축산식품가공학. 두양사, 2007.

Bernard L. Bruinsma et al. Food Plant Sanitation. Marcel Dekker, Inc., 2003.
Carol E. S., Doyle, M. E., and Barbara A. C. Food Safety. Marcel Dekker, Inc., 1996.
CODEX. Guidelines for the Application of the Hazard Analysis Critical control Point (HACCP) System. In report of the 26th Session of the Codex Committee on Food Hygiene, Alinorm 93/13A, CODEX Alimentarius Commission, FAO, Rome, 1993.
Doyle, M. P., Beuchat, L. R., and Montville, T. J. Food Microbiology. 1997.
John Henkel. Irradiation. A safe measure for safer food, U.S. Food and Drug Administration. FDA Consumer, May-June, 1998.
Michael M. Cramer. Food Plant Sanitation. Tylor and Francis Group, 2006.

Norman G. Marriott, & Robert B. Gravani. Principles of Food Sanitation. Fifth ed. Springer Science Business Media, Inc., 2006.

Norman G. Marriott. Essentials of Food Sanitation. Chapman & Hall, 1997.

Todd, E. C. D. Foodborne disease in Canada, A ten year summery from 1975 to 1984. J. Food Prot., 1996.

U.S. Food & Drug Administration Center for Food Safety & Applied Nutrition. Foodborne Pathogenic Microorganisms and Natural Toxins Handbook, 1992.

US FDA BAM method. Chapter 9, Vibrio. 2004.

US FDA method. Chapter 4, Enumeration of Escherichia coli. 2002.

Y. H. Hui. Foodborne Disease Handbook. vol. 1, 2, Marcel Dekker, Inc., 1994.

http://100.naver.com/100.nhn?docid=134807(전염성설사증)

http://animaldiversity.ummz.umich.edu/site/accounts/information/Gnathostoma _spinigerum.html(유극악구충)

http://blog.naver.com/osw5708/140018249312(캠필로박터)

http://blog.naver.com/osw5708/140019910734(장염비브리오)

http://blog.naver.com/vivamd?Redirect=Log&logNo=10069180235(바퀴)

http://cheonggye.encyber.com/search_w/ctdetail.php?masterno=773893& contentno=773893(전염성설사증)

http://emedicine.medscape.com/article/970186-overview(여시니아)

http://en.wikipedia.org/wiki/Phthalate(프탈레이트)

http://en.wikipedia.org/wiki/Anthrax_disease(탄저)

http://en.wikipedia.org/wiki/Codex

http://en.wikipedia.org/wiki/Corynebacterium_diphtheriae(디프테리아)

http://en.wikipedia.org/wiki/Hepatitis_A(A형간염)

http://en.wikipedia.org/wiki/Hepatitis_C(C형간염)

http://en.wikipedia.org/wiki/Hepatitis_D(D형간염)

http://en.wikipedia.org/wiki/Hepatitis_E(E형간염)

http://en.wikipedia.org/wiki/Karl_Joseph_Eberth(칼 조셉 에버스)

http://en.wikipedia.org/wiki/Leptospirosis(렙토스피라)

http://en.wikipedia.org/wiki/Norovirus(노로바이러스)

http://en.wikipedia.org/wiki/Salmonella(살모넬라)

http://en.wikipedia.org/wiki/Tularemia(야토병)

http://en.wikipedia.org/wiki/Vibrio_parahaemolyticus(장염비브리오)

http://en.wikipedia.org/wiki/Yersinia_enterocolitica(여시니아)

http://en.wikipedia.org/wiki/Yersiniosis(여시니아)

http://en.wikipedia.org/wiki/Zoonosis(인수공통전염병)

http://ezinearticles.com/?The-Hepatitis-Epidemic&id=431381(간염)

http://gallery2020.com/bbs/zboard.php?id=newsletter&no=211(납)

http://mdskorea.co.kr/html/food.htm?oper=view&table=board_03&uid=192(장염비브리오)

http://resources.ccc.govt.nz/files/BacillusCereus-healthsafety.pdf(세레우스)

http://vetmanual.org/mvm/index.jsp?cfile=htm/bc/50902.htm(돈단독)

http://web.uconn.edu/mcbstaff/graf/Student%20presentations/Salmonellatyphi/ Salmonellatyphi.html(장티푸스)

http://www.aflatoxin.info/health.asp(아플라톡신)

http://www.cbwinfo.com/Biological/Toxins/Botox.html(보툴리누스)

http://www.cehs.siu.edu/fix/medmicro/yersi.htm(여시니아)

http://www.chp.gov.hk/files/pdf/grp-cdw_v01_05-en-2004082500.pdf(장염비브리오)

http://www.codexalimentarius.net/web/index_en.jsp

http://www.epidemic.org/(간염)

http://www.epidemic.org/theFacts/hepatitisC/silentEpidemic.php(C형간염)

http://www.fda.gov/Food/FoodSafety/FoodborneIllness/FoodborneIllnes FoodbornePathogensNaturalToxins/BadBugBook/ucm070024.htm(캠필로박터)

http://www.fda.gov/Food/FoodSafety/Foodborneillness/FoodborneillnessFoodborne PathogensNaturalToxins/BadBugBook/ucm070483.htm(웰치)

http://www.fsis.usda.gov/about_fsis/NACMCF/index.asp

http://www.icmsf.iit.edu/main/home.html

http://www.icrisat.org/aflatoxin/aflatoxin.asp(아플라톡신)

http://www.idph.state.il.us/public/hb/hbtulare.htm(야토병)

http://www.kfda.go.kr/index.jsp

http://www.leptospirosis.org/(렙토스피라)

http://www.nasonline.org/site/PageServer

http://www.nhs.uk/conditions/scarlet-fever/Pages/Introduction.aspx(성홍열)

http://www.nlm.nih.gov/medlineplus/ency/article/001376.htm(렙토스피라)

http://www.nzfsa.govt.nz/science/data-sheets/bacillus-cereus.pdf

http://www.scribd.com/doc/26899390/Genus-Citrobacter(시트로박터)

http://www.stanford.edu/group/parasites/ParaSites2006/Enterobius/general%20 information.htm(요충)

http://www.tarakharper.com/b_botuln.htm(보툴리누스)

http://www.textbookofbacteriology.net/B.cereus.html(세레우스)

http://www.textbookofbacteriology.net/cholera.html(콜레라)

http://www.usda.gov/wps/portal/usda/usdahome

http://www.waldofarms.com/pdf_files/Erysipelas.pdf(돈단독)

http://www.who.int/csr/delibepidemics/clostridiumbotulism.pdf(보툴리누스)

http://www.who.int/en/

http://www.who.int/foodsafety/zoonoses/en/(인수공통전염병)

http://www.who.int/mediacentre/factsheets/fs114/en/(회백수염)

http://www.who.int/mediacentre/factsheets/fs255/en/(캠필로박터)

찾아보기

| ㅂ |

| ㅅ |

| ㅈ |

ㅊ

| ㅍ |

A

B

| L |

| M |

| N |

| O |

| P |

Q

R

S

| W |

| X |

| Y |

| Z |

| 기타 |

저자소개 ■ 이정훈
신안산대학교 호텔조리과 교수
NCS 및 NCS 학습모듈 개발위원

■ 윤미숙
을지대학교 식품산업외식학과 교수

■ 차욱진
연성대학교 호텔조리과 교수
NCS 및 NCS 학습모듈 개발위원

■ 유진현
신한대학교 식품조리과학부 교수

■ 이희태
수원여자대학교 제과제빵과 교수

■ 김민경
호원대학교 식품외식조리학부 겸임조교수

식품위생학

2010년 8월 25일 초 판 1쇄 발행
2022년 3월 10일 개정판 3쇄 발행

지은이 이정훈 · 윤미숙 · 차욱진
유진현 · 이희태 · 김민경
펴낸이 진욱상
펴낸곳 백산출판사
교 정 편집부
본문디자인 박채린
표지디자인 오정은

저자와의
합의하에
인지첩부
생략

등 록 1974년 1월 9일 제406-1974-000001호
주 소 경기도 파주시 회동길 370(백산빌딩 3층)
전 화 02-914-1621(代)
팩 스 031-955-9911
이메일 edit@ibaeksan.kr
홈페이지 www.ibaeksan.kr

ISBN 979-11-5763-136-0
값 26,000원